智能科学技术著作丛书

心音模式识别技术

成谢锋　马　勇　孙科学　著

科学出版社

北　京

内 容 简 介

心音模式识别是人工智能和生物医学的一个交叉应用领域，本书采用理论模拟、生物实验与电子测量相结合的分析方法，讨论了心音产生、变化的基本生物声学机理和信号传递规律，详细描述了基于心音的特征提取、表征和识别的相关算法，这些算法均适用于生物信息等应用。全书共8章，主要内容包括：绪论、心音产生机理与心血管模型的研究、心音采集设备、自构心音小波的方法及应用、独立子元变换分析、心音的特征提取与识别方法、心音的混沌特性与深度信任网络，以及心音模式识别的应用。另外，还介绍了心音模式识别技术在手机智能看诊器、汽车主动安全和家庭智能护理等方面的应用案例，并提供了部分智能手机平台上的开发代码和心音小波分析的MATLAB代码。

本书可作为电子工程、人工智能、生物医学工程和生物电子学等相关专业的研究生教材和本科生参考用书，也适合其他相关专业人员阅读参考。

图书在版编目(CIP)数据

心音模式识别技术/成谢锋，马勇，孙科学著. —北京：科学出版社，2020.6
ISBN 978-7-03-057473-2
(智能科学技术著作丛书)

Ⅰ.①心… Ⅱ.①成…②马…③孙… Ⅲ.①心音-自动识别系统 Ⅳ.①TP391.413

中国版本图书馆CIP数据核字(2018)第103645号

责任编辑：朱英彪 赵晓廷 / 责任校对：何艳萍
责任印制：吴兆东 / 封面设计：蓝正设计

科学出版社 出版
北京东黄城根北街16号
邮政编码：100717
http://www.sciencep.com
北京凌奇印刷有限责任公司 印刷
科学出版社发行 各地新华书店经销
*
2020年6月第 一 版 开本：720×1000 1/16
2022年1月第二次印刷 印张：18 1/4
字数：350 000

定价：120.00元

(如有印装质量问题，我社负责调换)

《智能科学技术著作丛书》序

“智能”是“信息”的精彩结晶，“智能科学技术”是“信息科学技术”的辉煌篇章，“智能化”是“信息化”发展的新动向、新阶段。

“智能科学技术”(intelligence science & technology，IST)是关于“广义智能”的理论方法和应用技术的综合性科学技术领域，其研究对象包括：

- “自然智能”(natural intelligence，NI)，包括“人的智能”(human intelligence，HI)及其他“生物智能”(biological intelligence，BI)。
- “人工智能”(artificial intelligence，AI)，包括“机器智能”(machine intelligence，MI)与“智能机器”(intelligent machine，IM)。
- “集成智能”(integrated intelligence，II)，即“人的智能”与“机器智能”人机互补的集成智能。
- “协同智能”(cooperative intelligence，CI)，指“个体智能”相互协调共生的群体协同智能。
- “分布智能”(distributed intelligence，DI)，如广域信息网、分散大系统的分布式智能。

“人工智能”学科自1956年诞生以来，在起伏、曲折的科学征途上不断前进、发展，从狭义人工智能走向广义人工智能，从个体人工智能到群体人工智能，从集中式人工智能到分布式人工智能，在理论方法研究和应用技术开发方面都取得了重大进展。如果说当年“人工智能”学科的诞生是生物科学技术与信息科学技术、系统科学技术的一次成功的结合，那么可以认为，现在“智能科学技术”领域的兴起是在信息化、网络化时代又一次新的多学科交融。

1981年，中国人工智能学会(Chinese Association for Artificial Intelligence，CAAI)正式成立，25年来，从艰苦创业到成长壮大，从学习跟踪到自主研发，团结我国广大学者，在“人工智能”的研究开发及应用方面取得了显著的进展，促进了“智能科学技术”的发展。在华夏文化与东方哲学影响下，我国智能科学技术的研究、开发及应用，在学术思想与科学方法上，具有综合性、整体性、协调性的特色，在理论方法研究与应用技术开发方面，取得了具有创新性、开拓性的成果。“智能化”已成为当前新技术、新产品的发展方向和显著标志。

为了适时总结、交流、宣传我国学者在“智能科学技术”领域的研究开发及应用成果，中国人工智能学会与科学出版社合作编辑出版《智能科学技术著作丛书》。需要强调的是，这套丛书将优先出版那些有助于将科学技术转化为生产力以及对社会和国民经济建设有重大作用和应用前景的著作。

我们相信，有广大智能科学技术工作者的积极参与和大力支持，以及编委们的共同努力，《智能科学技术著作丛书》将为繁荣我国智能科学技术事业、增强自主创新能力、建设创新型国家做出应有的贡献。

祝《智能科学技术著作丛书》出版，特赋贺诗一首：

智能科技领域广

人机集成智能强

群体智能协同好

智能创新更辉煌

涂序彦

中国人工智能学会荣誉理事长

2005 年 12 月 18 日

前　言

生物特征识别作为身份认知方式具有独特的优势。它既不像证件类持有物容易被窃取和丢失，也不像密码、口令容易被遗忘或破解，近年来已得到广泛应用。针对人的生物信息特征进行模式测量、比较和匹配的识别技术主要包括指纹模式识别技术、人脸模式识别技术和语音模式识别技术等，在学术上有着极大的研究价值，为信息化社会日益增长的保密和安全需求提供了一种解决方案。随着物联网的快速发展，智能信息处理技术将进入千家万户，这也是生物特征识别技术创新发展的趋势。为了提高识别的准确性和安全性，目前已有不少学者将目光投向来自人体内部的信息，如基因、心电图和大脑信号等。

心音信号应用于听诊辅助治疗已经有相当悠久的历史。它是人体重要的生理信号之一，含有心脏各个部分(如心房、心室、大血管、心血管及各个瓣膜)功能状态的大量生理信息，具备普遍性、独特性和可采集性的生物特征；它来自人体内部，不容易被模仿或复制。我们认为：①要获得人的心音真实信号，需经该人的同意并使用相应的听诊探头。我们曾将心音信号录音后再重放音，经听诊探头提取后与用听诊探头直接在胸部获得的心音信号相比较，二者的相似程度不到75%，而要重构一个人工心脏，其周围的生物属性必须与其身体结构一致，才能以相同的方式获取相同心音，这在目前尚难实现；②目前主要采用压电听诊探头可靠地获取心音信号，随着物联网技术的发展，可通过穿戴在人体身上的无线网络传感器来捕捉心音信号，再通过无线网络传输给远程的生物识别系统来进行身份认证，在人们到达某个地方之前即可完成身份认证；③一个人的情绪出现激烈波动，通常暗示有某种潜在的非正常因素或危险，需要配合其他手段进行进一步处理，一般情况下，平静与安全是相对应的，因此平静的心音是一个人安全的特征之一；④心音听诊是心脏疾病无创性检测的重要方法，在及时反映心脏杂音和病变方面具有心电图、超声心电图等不能取代的优势。目前，国内的心音信号采集和分析系统仍不成熟，少有实用意义上的心音智能信号分析与诊断方面的电子医疗产品。

心音模式识别技术是可信模式识别技术的一种，主要是对心音信号的特征进行测量和对比分析，通过判别样本与预留模板是否一致进行分类，与人类认知和识别的特性模式识别技术具有类似性，这是一个全新的研究内容，有很多新的理论与技术问题需要解决。

本书以多学科交叉融合的思想，采用理论模拟、生物实验与电子测量相结合的方法和多维度的技术路径，开展多层面的心音模型、实体和仿真实验，探索心音产生、变化的基本生物声学机理和信号传递规律，研究心音身份识别技术，并提出基于心音的特征提取、表征及应用的基础理论和方法。

本书是作者及其课题组在国家自然科学基金项目“心音特征提取和身份识别中新方法研究及应用”(61271334)等支持下所做研究工作的总结，涉及的主要内容均已在国内外核心期刊发表，获得了国内外同行的关注。全书共8章，第1章主要介绍心音模式识别的研究现状、发展过程和发展趋势，第2章详细介绍心音的产生机理与心血管模型，第3章主要介绍心音采集设备，第4章主要分析自构心音小波的方法及应用，第5章重点讨论独立子元变换的分析方法，第6章全面分析心音的特征提取与识别方法，第7章讨论心音的混沌特性与深度信任网络，第8章详细介绍心音模式识别的应用。

南京邮电大学成谢锋负责本书整体结构的确定和统稿工作，第1～3章由南京理工大学马勇撰写，第4～6章由南京邮电大学孙科学撰写，第7和8章由南京邮电大学刘启发撰写。参加本书撰写工作的还有硕士研究生陈亚敏、李吉、陈胤和姚鹏飞，博士研究生李允怡、王凯和佘辰俊。

限于作者水平，书中难免存在不足之处，欢迎广大专家和读者批评指正。

作　者

2019年12月

目　　录

《智能科学技术著作丛书》序
前言
第 1 章　绪论…… 1
1.1　心音模式识别的定义、目的和意义…… 1
1.2　心音模式识别技术的发展过程 …… 2
1.3　心音模式识别技术的特点及发展趋势 …… 6
1.3.1　心音模式识别技术的特点…… 6
1.3.2　心音模式识别技术的发展趋势 …… 7
1.4　本章小结 …… 8
参考文献…… 8
第 2 章　心音产生机理与心血管系统仿真模型 …… 12
2.1　心音信号的产生机理…… 12
2.1.1　心脏的位置及形状 …… 12
2.1.2　心房和心室 …… 13
2.1.3　心动周期和心音…… 14
2.1.4　心音的组成 …… 14
2.2　心血管系统仿真模型…… 16
2.2.1　基于集总参数的心血管系统仿真模型 …… 16
2.2.2　基于弹簧质量阻尼系统的内心音模型(第一心音) …… 35
2.2.3　非线性调频信号模型(第二心音)…… 39
2.3　基于心血管系统仿真模型的内在特征病态仿真…… 46
2.3.1　高血压病理仿真…… 46
2.3.2　心血管系统的心衰病理仿真 …… 50
2.4　基于第一心音复杂度的外在特征病理分析…… 53
2.4.1　心音信号采集 …… 53
2.4.2　多尺度化的基本尺度熵 …… 54
2.4.3　第一心音复杂度分析 …… 55
2.5　本章小结…… 56
参考文献 …… 57

第 3 章 心音采集设备 ………………………… 61
3.1 电子听诊器………………………… 61
3.2 双路心音听诊器………………………… 63
3.3 蓝牙心音听诊器………………………… 64
3.4 穿戴式心音听诊器………………………… 67
3.5 双模式听诊器………………………… 68
3.6 多普勒听诊器………………………… 68
3.7 光电位移心音传感器………………………… 70
3.8 压电薄膜型心音传感器………………………… 71
3.9 智能听诊器………………………… 72
3.10 本章小结 ………………………… 72
参考文献 ………………………… 73
第 4 章 自构心音小波的方法及应用 ………………………… 74
4.1 概述………………………… 74
4.2 心音信号的产生与预处理………………………… 75
4.2.1 心音的产生原理及成分 ………………………… 75
4.2.2 心音信号研究的意义 ………………………… 76
4.2.3 心音信号的预处理 ………………………… 77
4.3 心音信号的时频分析………………………… 79
4.3.1 短时傅里叶变换………………………… 79
4.3.2 小波变换 ………………………… 81
4.4 心音小波………………………… 82
4.4.1 最佳小波基 ………………………… 82
4.4.2 双正交小波基的构造 ………………………… 83
4.4.3 心音信号的特点………………………… 85
4.4.4 心音小波的构造原则 ………………………… 86
4.4.5 心音模型 ………………………… 86
4.4.6 HS 小波的构造方法 ………………………… 87
4.4.7 HS 小波簇………………………… 89
4.5 五种小波在心音信号处理中的分析与比较………………………… 90
4.5.1 不同小波对心音信号的处理效果对比 ………………………… 90
4.5.2 特征提取及分类………………………… 97
4.6 本章小结 ………………………… 104
参考文献………………………… 104

第 5 章　独立子元变换分析 …… 106
5.1　常见的信号分析方法 …… 106
5.1.1　Gabor 变换 …… 106
5.1.2　经验模态分解 …… 107
5.2　独立子元变换 …… 109
5.2.1　独立子元变换的基本概念 …… 109
5.2.2　信号的独立子元分解与重构 …… 110
5.3　独立子元变换在心音识别中的应用 …… 114
5.3.1　心音独立子元的获取 …… 114
5.3.2　基于心音独立子元的分类识别 …… 116
5.4　独立子元变换在欠定盲源分离中的应用 …… 116
5.4.1　单路混合信号盲分离 …… 116
5.4.2　基于独立子元变换的单路信号分层方法 …… 117
5.4.3　单路非平稳混合信号的欠定盲源分离 …… 122
5.4.4　含噪混合周期信号的欠定盲源分离 …… 124
5.5　本章小结 …… 128
参考文献 …… 128
第 6 章　心音的特征提取与识别方法 …… 130
6.1　心音识别系统 …… 130
6.2　基于数据融合的三段式心音身份识别技术 …… 132
6.2.1　三段式识别模型 …… 132
6.2.2　心音信息融合技术 …… 134
6.2.3　实验方法与结果 …… 138
6.3　基于线性频带倒谱的心音特征提取与识别技术 …… 139
6.3.1　心音信号的分析 …… 140
6.3.2　基于心音线性频带倒谱的心音特征提取与识别系统 …… 144
6.3.3　识别实验 …… 147
6.4　二维心音特征提取与识别方法 …… 151
6.4.1　二维心音图概念 …… 151
6.4.2　二维心音图预处理 …… 152
6.4.3　二维心音图特征提取 …… 152
6.4.4　二维心音图分类和身份识别 …… 155
6.5　心音纹理图特征提取与识别方法 …… 157
6.5.1　心音纹理图 …… 157
6.5.2　脉冲耦合神经网络与识别算法 …… 162

6.5.3　仿真实验 …… 164
6.6　径向基函数神经网络在心音识别中的应用 …… 169
6.6.1　径向基函数神经网络的结构和特点 …… 169
6.6.2　心音信号的 LPCC 和 MFCC 特征参数 …… 170
6.6.3　基于 RBF 神经网络的心音身份识别 …… 172
6.6.4　实验结果和比较 …… 174
6.7　小波神经网络在心音识别中的应用 …… 177
6.7.1　小波神经网络的定义与特点 …… 177
6.7.2　心音小波神经网络的构造 …… 177
6.7.3　心音小波神经网络的训练算法 …… 181
6.7.4　基于小波神经网络的心音身份识别 …… 181
6.8　本章小结 …… 184
参考文献 …… 185
第 7 章　心音的混沌特性与深度信任网络 …… 189
7.1　概述 …… 189
7.2　心音的混沌特征表示 …… 190
7.2.1　心音信号的相空间重构 …… 190
7.2.2　用互信息法确定时延 …… 190
7.2.3　用 Cao 法计算最佳嵌入维数 …… 190
7.2.4　用 GP 算法快速求解关联维数 …… 191
7.3　心音的预测模型 …… 191
7.3.1　基于混沌的 Volterra 级数预测模型 …… 191
7.3.2　心音信号的短期预测模型 …… 193
7.3.3　心音信号的长期预测模型 …… 195
7.4　心音混沌特性的应用 …… 199
7.4.1　运动状态变化对心音混沌特征的影响规律 …… 199
7.4.2　年龄变化对心音混沌特征的影响规律 …… 202
7.5　心音深度信任网络 …… 203
7.5.1　深度学习网络与深度信任网络 …… 203
7.5.2　进程择优法和深度学习网络的快速设计方法 …… 206
7.5.3　心音深度学习网络的构建 …… 210
7.5.4　心音深度信任网络的识别实验 …… 214
7.6　本章小结 …… 216
参考文献 …… 216

第 8 章 心音模式识别的应用…… 219
8.1 基于 LabVIEW 的心音分析与身份识别系统 …… 219
8.1.1 概述 …… 219
8.1.2 系统模块…… 219
8.1.3 实验结果与结论分析 …… 224
8.2 基于 Android 平台的心音识别系统 …… 226
8.2.1 系统功能模块设计 …… 226
8.2.2 系统用户界面设计与实现…… 229
8.2.3 系统测试实验 …… 230
8.3 人体运动强度检测方法 …… 232
8.3.1 小波包分解和能量熵算法…… 232
8.3.2 运动强度检测仿真实验 …… 234
8.3.3 运动强度检测的硬件实现…… 238
8.4 基于心音特征分析的汽车主动安全技术 …… 240
8.4.1 汽车背景噪声的特点 …… 240
8.4.2 用于汽车主动安全的心音采集装置 …… 242
8.4.3 心音信号的提取方法 …… 242
8.4.4 心音独立子波函数的算法实现 …… 243
8.4.5 心音的分类识别 …… 245
8.4.6 实验结果…… 245
8.5 胎儿心音的提取与分析系统 …… 248
8.5.1 基于 EMD 方法的单路混合信号盲分离方法 …… 248
8.5.2 单路混合胎音的盲分离实验…… 248
8.6 本章小结 …… 253
参考文献…… 253
附录…… 257

第1章 绪 论

1.1 心音模式识别的定义、目的和意义

模式识别是人类的一项基本智能，对人类来说，特别重要的是对光信息（通过视觉器官来获得）和声信息（通过听觉器官来获得）的识别。随着计算机技术和人工智能的快速发展，人们希望用计算机来代替或扩展部分脑力劳动。模式识别是对表征事物或现象的各种形式信息进行处理和分析，以对事物或现象进行描述、辨认、分类和解释的过程[1-3]。心音模式识别就是通过对心音信号的处理来对人或事进行描述、辨认、分类和解释，包含心音分类识别和心音身份识别等，是生物特征识别技术的一部分[4,5]。

生物特征识别技术作为一种身份识别手段具有独特的优势。生物特征既不像各种证件类持有物容易被窃取，也不像密码、口令容易被遗忘或破解，近年来得到了广泛研究。目前，国内外研究领域中常见的生物特征有指纹、手型、掌纹、虹膜、视网膜、耳郭、语音、步态以及手部、面部等[6-12]。这些特征中，有些比较容易被窃取和模拟，例如，目前网上就有推销指纹复制膜的指纹膜套。为了提高识别的准确性和安全性，已有学者将目光投向来自人体内部的信息，如基因（gene，指带有遗传信息的 DNA（deoxyribonucleic acid，脱氧核糖核酸）片段）、心电图（electrocardiogram，ECG）和大脑信号等。将两种或两种以上的生物特征相结合，以提高识别系统的性能，这是身份识别研究的一个重要发展方向。随着生活方式的改变，近年来我国冠心病患者呈年轻化趋势，心血管疾病以其高发病率、高死亡率而成为我国重大公共卫生问题。对心脏生理信号进行深度分析，获取心脏疾病的快速诊断新方法，逐渐成为国内外模式识别研究的一个热点，基于心音信号的模式识别新方法具有显著的理论意义和实用前景。

心音信号是一种自然信号，应用于听诊辅助治疗已有相当悠久的历史。它是人体最重要的生理信号之一，含有心脏各个部分（如心房、心室、大血管、心血管及各个瓣膜）功能状态的大量生理信息，具有普遍性、独特性和可采集性的生物特征[6-12]。这种来自人体内部的信号，不容易被模仿或复制，可以提供关于一个人身份认证的信息。另外，应考虑以下因素。

(1) 心音信号需经该人的同意并通过放置在胸部的听诊探头而获得。我们曾经做过实验，将心音信号录音后重放音再经听诊探头提取，与从放置在胸部获得的心音信号相比，二者的相似程度不到75%。

(2) 穿戴式传感器技术的成熟，是促使目前进行心音身份识别探索性研究的重要因素之一。

(3) 一个人的情绪发生激烈波动，通常暗示被检测者有某种潜在的非正常因素或面临危险，需要配合其他手段进一步处理。一般情况下，平静与安全是相对应的，因此平静的心音是一个人安全的特征之一。

(4) 心音听诊是心脏疾病无创性检测的重要方法，在及时反映心脏杂音和病变方面具有心电图、超声心电图等不可取代的优势。

目前，国内心音信号采集和分析系统仍不成熟，少有实用意义上的心音智能信号分析诊断方面的电子医疗产品。显然，对心音模式识别的研究应该包括心音信号的提取、去噪、特征提取、识别和仿真等，研究成果可广泛应用于心音自动辨识，构成智能听诊的核心技术。

1.2　心音模式识别技术的发展过程

早期的模式识别研究着重在数学方法上。20世纪50年代末，有学者提出一种简化的模拟人脑进行识别的数学模型——感知器，初步实现通过给定类别的各个样本对识别系统进行训练，使系统在学习完毕后具有对其他未知类别的模式进行正确分类的能力。后来又有学者提出用统计决策理论方法求解模式识别问题，促进了模式识别研究的迅速发展。20世纪60年代初，有学者提出了一种基于基元关系的句法识别方法。1985年傅京孙出版了《模式识别及其应用》，对句法模式识别做了详细的介绍[2]。有学者提出神经网络可用于模式识别，深刻揭示出人工神经网络所具有的联想存储和计算能力，进一步推动了模式识别的研究工作，短短几年在很多应用方面取得了显著成果，从而形成模式识别的人工神经元网络方法的新的学科方向[3]。

在模式识别中的生物特征可分为生理特征和行为特征，人体所固有的生理特征包括面部特征、指纹、手型、掌纹、虹膜、视网膜、体味、耳郭、DNA以及手部、面部等[1-12]；基于行为特征的识别包括击键动力学分析、签名识别、说话人识别和步态识别等[13,14]。生物特征可以说是用一组数据来描述一个人，且该数据能够代表一个人的特征。由于特征有很多种，模式识别算法也不同，例如，人脸识别算法主要有基于主成分分析(principal component analysis，PCA)的人脸识别方法、神经网络的人脸识别方法、弹性匹配的人脸识别方法、线段豪斯多夫距离(line segment Hausdorff distance，LHD)的人脸识别方法、支持向量机(support vector machine，

SVM)的人脸识别方法和几何特征的人脸识别方法等，当然这些算法各有差异，各有优劣。为了提高识别的准确性和安全性，目前已有不少学者将两种或两种以上的生物特征相结合进行研究，以提高识别系统的性能。在多生物特征识别系统中，主要考虑两方面的问题：一是不同生物特征的选择和实现，二是多种生物特征信息的融合。多种生物特征信息的融合可以在下面三个层次中的任意一层进行：①数据层；②特征层；③决策层[15-18]。现有关于多生物特征信息融合的研究主要集中在决策研究方面。例如，Goldberg 和 Rabson 利用人脸、唇部运动及声纹的“2-from-3”投票方法进行决策[17]；吴望一等利用超基函数(HyperBF)网络进行声纹和人脸特征的融合、指纹和声纹特征的融合、声纹和视觉特征的融合，以及指纹、人脸和手型的融合等[18]。

为了进一步提高生物模式识别的可靠性和安全性，扩大多模式生物识别系统的应用范围，人们不断提出各种新的生物识别方法，如血管模式、基因、体味、脑功能性磁共振成像(functional magnetic resonance imaging，FMRI)技术(以正常人为考察对象)和神经心理学方法(以脑损伤患者为考察对象)的生物模式识别等。

利用脑电图(electroencep-halogram，EEG)作为生物模式识别方法的技术也正在进行研究。文献[19]对 13 名少年进行了为期 50 天的心电图检测。训练和测试集由两个分别包括 85 个 EEG 信号和 50 个 EEG 信号的测量组组成，且分别得到 98%的识别率。一些学者通过要求被试者做一系列高低程度的应激任务来让他们处于一种焦虑的状态，研究这种焦虑状态对他们 EEG 特征的影响。测试结果显示从 EEG 信号中提取的特征对处于焦虑状态的人是不变的。这些学者还发现 EEG 识别的性能独立于电极放置的位置。美国威斯康星大学生物医学工程专业的相关人员运用模板匹配和决策神经网络相结合的方法通过 ECG 信号来识别人的身份，识别率也达到 98%左右。然而，ECG 识别方法通常很复杂，至少需要三个以上的电极，使用起来不太方便。

心音信号是人体内部最重要的生理信号之一，心音检测与分析是了解心脏和血管状态的一种重要且经济的手段，通常只需要一路信号。心音信号对某些心血管病变的敏感性比 ECG 信号高，而且心音检测是进行心脏变力性分析的理想工具，是分析心肌收缩变化趋势的基础。对心音信号的定量化、系统化分析在基础研究和临床诊断上都有十分重要的意义，目前很多专家在开展这方面的研究工作，并取得了不少成果[19-33]。心音特征提取的常见方法包括以小波变换(wavelet transform，WT)法为代表的时频分析方法[23]和以快速傅里叶变换(fast Fourier transform，FFT)法为代表的功率谱分析方法等[26]。

近几年，国外一些研究人员开始进行心音模式识别的研究。2010 年，Beritelli 和 Spadaccini 对心音用 Z 变换作为特征提取方法，在匹配阶段得出心音样本信号和测试信号的欧氏距离，该实验是在 20 个人的小数据库进行的[31]。Phua 等使用另一种方法，通过一个 10 人的数据库对矢量量化(vector quantization，VQ)和高斯混合模型(Gaussian mixture model，GMM)的分类方案进行比较[25]。在这项工作中，把算法用到整个心音序列，并认为基于高斯混合模型的方法要比基于矢量量化的方法好。

2010 年，Beritelli 提出一种基于高斯混合模型的心音身份识别方法[32]，获得的错误识别率小于 8.3%，识别速度较快且数据库可增大到 130 人以上；利用开放式软件(ALIZE/SpkDet)，对多种生物特征识别技术进行了比较；认为心音身份识别相对于人脸、指纹、虹膜、签名和声音等的身份识别，在普遍性、独特性、可采集性、接受程度和防欺骗性等方面具有独特的优势。

目前，国内也有一些单位在进行这方面的研究。例如，重庆大学郭兴明教授基于隐马尔可夫模型(HMM)和小波神经网络(WNN)对心音信号身份识别进行研究[34]；杭州电子科技大学赵治栋博士利用匹配追踪算法的稀疏分解、最大熵谱方法分解提取出心音信号的特征，采用欧氏距离等作为匹配算法完成心音身份识别[35]等。

作者所在的课题组开展了对心音特征提取与身份识别的研究。在心音特征提取和识别的实践中，采用设计制作的“双路心声检测装置”(已获中国发明专利)，在常规环境中采集 64 个人的单路心音信号[30]，每个心音记录时间大于 1min。训练阶段使用开始的 20s 心音信号，而测试阶段使用间隔 10s 后的 20s 心音信号。这些心音信号被输入初步设计的心音识别软件进行分析，结果表明，只有 1 个人的心音信号产生了明显错误匹配。因此，可知心音的确各不相同，具有独特性，且采集方便。然后进行了稳定性验证实验，从 64 名志愿者中随机抽取 10 名志愿者(6 男 4 女)，测试他们心音特征的不变性。利用超过 6 个月的时间从每名志愿者身上提取了 40 个以上的心音信号。每个心音记录的间隔至少超过 1h，且每次读取时听诊探头基本上放在胸部的同一位置。用提出的相似距离公式进行测试，相似距离大于 0.1 的心音信号只占 1.34%，因此心音的不变性特征也是明显的。代表性的文章包括发表在《中国科学(F)》的《心音身份识别技术的研究》[20]、《仪器仪表学报》的《基于数据融合的三段式心音身份识别技术》[30]，以及 *Science China—Information Sciences* 上的“Research on heart sound identification technology”[4]，这些文章论述了心音用于身份识别的特点，提出一些新的心音多特征提取方案和识别方法。

这里对于国内外比较有代表性的心音身份识别研究成果，根据数据库的大小、分类器、特征集和识别准确率四个方面进行归纳，如表 1.1 所示。

表 1.1　部分心音身份识别系统性能统计表

研究人员	数据库人数	采集信号数	分类器	特征提取方法	识别率/%
Phua 等	128 人	128 个	GMM	LBFC	99.00
	10 人	1000 个	GMM	MFCC	96.00
Beritelli 等	50 人	50 个	GMM	MFCC	EER=8.70
Beritelli 等	147 人	147 个	GMM	LFCC	EER=15.53
Beritelli 等	165 人	165 个	GMM	LFCC	EER=13.70
赵治栋等	30 人	30 个	GMM	MFCC	100
郭兴明等	80 人	160 个	GMM	LPCC	89.50
			HMM、WNN	LPCC	96.30
Girish 等	10 人	4000 个	MLP-ANN	小波	EER=9.48
				LBFC	89.68
Bendary 等	40 人	400 个	均方误差	自相关、互相关	80.70
			K 近邻法	倒谱	93.00
Beritelli 等	20 人	20 个	欧氏距离	STFT 频域	FRR=5 FAR=2.2
成谢锋等	12 人	12 个	相似距离	HS-LBFC	95～100
成谢锋等	200 人	200 个	相似距离	心音独立子波函数	FAR<7 FRR<10
成谢锋等	30 人	300 个	脉冲耦合神经网络	二维心音图纹理	96.55
成谢锋等	10 人	100 个	欧氏距离和 SVM	心音图纵横坐标比和拐点序列码	93.38
赵治栋等	40 人	280 个	VQ	HHT 边际谱	94.40
赵治栋等	—	—	VQ	Fourier 谱	84.32
刘娟等	30 人	30 个	欧氏距离	s_1、s_2 谱系数	100
周红标等	3 人	120 个	SVM	HHT 能量集	92.8
Beritelli 等	206 人	206 个	欧氏距离 GMM	MFCC	EER=36.86 EER=13.66

注：错误拒绝率 FRR(%)=NFR/NAA，错误接受率 FAR(%)=NFA/NIA，NFR 和 NFA 分别是错误拒绝和错误接受的次数，NAA 和 NIA 分别是目标和非目标识别的总次数。FRR 是指真正用户被系统拒绝接受的概率。FAR 是将冒名顶替者识别为真正用户造成差错的概率。等误率 EER 是 FRR 与 FAR 相等时的概率。特征提取方法中，LBFC 表示线性频带倒谱系数，MFCC 表示梅尔频率倒谱系数，LFCC 表示线性频率倒谱系数，MLP-ANN 表示多层感知器-神经网络，HS-LBFC 表示心音线性频带倒谱系数，STFT 表示短时傅里叶变换，HHT 表示希尔伯特-黄变换。

心音信息具有普遍性、独特性、稳定性和可采集性的生物特征，能够形成一种新的身份识别方法；同时心音模式识别的核心技术还可用于心脏疾病的智能识别，可发展成一种基于物联网的智能听诊医疗检测系统[36-39]。而医疗设备的简便、可靠、低价和实用是适合中国人口特点的医疗器械的一个重要的发展方向。因此，发展智能听诊系统、研制具有中国特色的医疗检测设备，是提高基层医疗条件，有效缓解群众看病难、看病贵问题的一个重要方法[40-48]。

总之，生物特征识别技术是基于个人独特的生理和行为特征进行自动身份验证的，不但在学术上有极大的研究价值，而且有着广泛的应用领域，为信息化社会日益增长的保密和安全需求提供了一种新的解决方案。随着物联网的快速发展，智能信息处理技术进入千家万户都是完全可能的，这也是生物特征识别创新发展的趋势。心音模式识别作为一种特定的生物特征识别技术具有显著的应用价值，并且可与其他模式识别方法融合，为特定人物的远程身份识别、特殊人群（如大面积烧伤患者）的识别、手机心音智能看诊器的研制和心脏疾病的智能诊断提供更有效、更可靠的技术。

心音模式识别的研究成果可广泛应用于各种混合信号的提取、分析，以及特殊领域的身份识别和新型智能听诊设备的研制。另外，心音模式识别也是理论与实践相结合的一个有意义的研究方向，必然涉及对传统意义下的“心音”、“心脏”信息的重新认识，因而将拓宽这些内容与相关概念的内涵，对促进心音信息的处理和生物特征识别技术的发展具有积极的意义。

1.3　心音模式识别技术的特点及发展趋势

1.3.1　心音模式识别技术的特点

心音模式识别具有如下特点。

(1) 模式识别对象即心音是微弱信号，采集仪器、采集参数和采集位置不同，会对获取的心音信号质量产生明显影响，对模式识别的结果带来一定的干扰。

(2) 心音信号的稳定性和线性是相对的，变异性和非线性是绝对的，各种心音模式识别算法的鲁棒性也是相对的。因此，心音信号存在多特征的表征方式，包括非线性的混沌特征参数，心音模式识别的研究具有广泛的内容和深度。

(3) 心音信号是一种普通的信号，在图像、声音领域行之有效的模式识别方法都可以用于心音信号；但是心音信号又有自身的特点，通常根据心音信号的特点进行改进的算法会获得更好的效果。

1.3.2　心音模式识别技术的发展趋势

现阶段，心音模式识别的大部分成果还处于实验室研究阶段，在心音采集设备、心音信号预处理、心音信号特征提取技术、心音信号识别技术、心音数据库和未来应用等方面都面临着一系列的挑战，具体如表 1.2 所示。

表 1.2　心音模式识别面临的挑战

主要研究内容	面临的挑战
心音采集设备	心音信号的采集是后续工作的保障，硬件平台性能的好坏直接关系到后续模块的进展顺利与否。最优的硬件平台必须要考虑成本、应用需求以及数据的准确性。心音采集软硬件技术是亟待解决的关键问题之一
心音信号预处理	预处理主要包括去噪、数据分段等，是心音身份识别系统中最基本的一部分。目前小波去噪是心音身份识别系统主要采用的去噪方法。现有研究者构建了专门针对心音的小波基，提高了去噪效果。未来对于心音小波基的构建还需要进一步改进以提高其去噪效果
心音信号特征提取技术	现有的特征提取技术大多是针对单一的特征参数集，未来的研究热点主要集中在多特征集融合技术上，找到最能表达心音信号的多特征集及其特征提取技术也是亟待解决的关键问题
心音信号识别技术	高效的识别技术必须是算法最优，同等条件下识别率高，未来的挑战主要在于制定最佳的适合心音身份识别、分类识别的模式识别算法。多模式识别技术也是未来考虑的方向
心音数据库	现有的心音数据库数量非常有限，部分已公开的心音数据库也因研究者所使用采集设备的不同而存在信号上的明显差异，这就导致缺乏一个相同的实验平台。未来的心音数据库应该是拥有足够多的心音信号数据且能获得大家认同的公共数据库
未来应用	基于心音的身份识别系统具有面向应用的特点，不同应用的特征与需求使得该系统硬件平台和软件的设计很难统一。在心音模式识别的推广应用中，商业模式的创新显得尤为重要，没有创新的心音身份识别商业模式很难调动产业链中每个角色的积极性

心音模式识别的发展趋势可以概括为以下方面。

(1) 进一步提高识别的准确率和识别系统的鲁棒性，结合其他生物特征的优点，与其他生物特征识别融合，建立多特征矢量融合的身份识别系统，从而达到更高的识别率。

(2) 建立大规模的心音数据库。受心音数据库规模较小的影响，当前的研究成果还不具有绝对说服力，因此需要建立更大规模数据库以使得心音身份识别技术得到更加广泛的研究。此外，一个被心音信号研究人员认可的统一的数据库的建立也是非常必要的。

(3) 研究新型心音检测设备，包括设计非接触式心音传感器。可考虑利用电极间电容变化效应、麦克斯韦磁感应原理和多普勒雷达效应等技术来实现心音的非接触式检测。

(4) 进一步研究年龄增长、健康状态的变化对心音信号的改变程度,以及如何减少这些因素对识别率的影响。

(5) 加快心音模式识别技术的推广应用。例如,用户可以用手机检测心音来识别手机主人;利用穿戴式心音传感器实现老人的健康监护;在汽车到达车库时,通过心音身份识别自动打开车库门;在汽车上监测驾驶员的心音,避免因心脏疾病引发的汽车事故实现汽车的自动安全驾驶;通过识别运动者运动前后的心音变化情况,对运动者的运动强度进行评估,减少过度运动带来的危害。总之,随着科学技术的快速发展,心音模式识别技术将应用到更加广泛的领域,获得更加快速的发展。

1.4 本章小结

本章重点介绍了心音模式识别的研究意义、发展过程和发展趋势。随着人工智能的发展,模式识别逐渐成为一门热门的学科,而生物特征识别在身份识别上具有独特的优势,唯一而不易被复制。生物特征有很多,如指纹、语音和面部等,心音也属于其中之一,然而对心音的研究目的不止如此,随着心脏疾病患者的年轻化,对心音的研究可以为心脏疾病的预防和诊断提供新的途径。

参考文献

[1] 杨淑莹. 模式识别与智能计算——MATLAB技术实现[M]. 北京:电子工业出版社,2008.

[2] 傅京孙. 模式识别及其应用[M]. 北京:科学出版社,1985.

[3] Tenenbaum J B, de Silva V, Langford J C. A global geometric framework for nonlinear dimensionality reduction[J]. Science, 2000, 290(5500): 2319-2323.

[4] Cheng X F, Ma Y, Liu C, et al. Research on heart sound identification technology[J]. Science China: Information Sciences, 2012, 55(2): 281-292.

[5] Goldstein Y, Beyar R, Sideman S. Influence of pleural pressure variations on cardiovascular system dynamics: A model study[J]. Medical & Biological Engineering & Computing, 1988, 26(3): 251-259.

[6] 丁宏光,吕传真. 脑 Willis 环循环的血液动力学研究[J]. 复旦学报:自然科学版,1996, 35(1): 99-107.

[7] 丁宏光,覃开荣,高健,等. 脑循环血流动力学研究:Willis 环定常流力学模型[J]. 中国生物医学工程学报,1998,17(1): 88-95.

[8] Furusato M, Shima T, Kokuzawa Y, et al. A reproduction of inflow restriction in the mock circulatory system to evaluate a hydrodynamic performance of a ventricular assist device in

practical conditions[J]. Monografías Inia Agrícola,2007,4(2):127-132.

[9] Ursino M. Interaction between carotid baroregulation and the pulsating heart:A mathematical model[J]. American Journal of Physiology,1998,275(2):1733-1747.

[10] Beyar R,Goldstein Y. Model studies of the effects of the thoracic pressure on the circulation[J]. Annals of Biomedical Engineering,1987,15(3/4):373-383.

[11] 鄂珑江,吴效明,胡玉兰. 心血管系统建模的研究进展[J]. 现代生物医学进展,2008,8(8):1545-1548.

[12] Westerhof N,Bosman F,de Vries C J,et al. Analog studies of the human systemic arterial tree[J]. Journal of Biomechanics,1969,2(2):121-134.

[13] Rideout V C. Mathematical and Computer Modeling of Physiological Systems[M]. Oxford:Prentice Hall,1991.

[14] Tsuruta H,Sato T,Shirataka M,et al. Mathematical model of cardiovascular mechanics for diagnostic analysis and treatment of heart failure:Part 1. Model description and the oretical analysis[J]. Medical & Biological Engineering & Computing,1994,32(1):3-11.

[15] Welten S M,Bastiaansen A J,de Jong R C,et al. Inhibition of 14q32 MicroRNAs miR-329,miR-487b,miR-494,and miR-495 increases neovascularization and blood flow recovery after ischemia[J]. Circulation Research,2014,115(8):696-708.

[16] 胡喆,刁颖敏. 心脏-肺循环-体循环系统建模初探[J]. 同济大学学报:自然科学版,2002,30(1):61-65.

[17] Goldberg H S,Rabson J. Control of cardiac output by systemic vessels[J]. American Journal of Cardiology,1981,47(3):696-702.

[18] 吴望一,戴国豪,温功碧. 心室-血管的动态耦合[J]. 应用数学和力学,1999,20(7):661-674.

[19] Zhang H W. Clinical analysis of changes of ECG,serum myocardial enzyme combined with EEG from 13 children with severe hand-foot-mouth disease[J]. Journal of Jiangsu Practical Electrocardiology,2013,22(2):570-572.

[20] 成谢锋,马勇,刘陈,等. 心音身份识别技术的研究[J]. 中国科学:信息科学,2012,42(2):237-251.

[21] Li X S,Bai J,Chui S Q,et al. Cardiovascular system model with cardiopulmonary interaction and computer simulation study[J]. Chinese Journal of Biomedical Engineering,2003,22(3):241-249.

[22] 代开勇. 心血管系统键合图模型仿真研究[D]. 杭州:浙江大学,2006.

[23] 成谢锋,陶冶薇,张少白,等. 独立子波函数和小波分析在单路含噪信号盲分离中的应用研究:模型与关键技术[J]. 电子学报,2009,37(7):1522-1528.

[24] Olansen J B,Clark J W,Khoury D,et al. A closed-loop model of the canine cardiovascular system that includes ventricular interaction[J]. Computers and Biomedical Research,2000,33(4):260-295.

[25] Phua K,Chen J,Dat T H,et al. Heart sound as a biometric[J]. Pattern Recognition,2008,

41(3):906-919.

[26] 王照,王铭,毛节明,等.正常人和心梗病人心音的 FFT 分析[J].中国医学物理学杂志,1987,(z1): 3-4.

[27] 杨艳,吴效明,陈丽琳.左心循环系统的建模与仿真[J].中国医学物理学杂志,2005,22(6):730-732,716.

[28] Yates F E. Good manners in good modeling: Mathematical models and computer simulations of physiological systems[J]. American Journal of Physiology,1978,234(5):159-160.

[29] 成谢锋,张正.一种双正交心音小波的构造方法[J].物理学报,2013,(16):168701-1-168701-9.

[30] 成谢锋,马勇,张少白,等.基于数据融合的三段式心音身份识别技术[J].仪器仪表学报,2010,31(8):1712-1719.

[31] Beritelli F,Serrano S. Biometric identification based on frequency analysis of cardiac sounds[J]. IEEE Transactions on Information Forensics and Security,2008,(2):596-604.

[32] Beritelli F,Spadaccini A. An improved biometric identification system based on heart sounds and Gaussian mixture models[C]. IEEE Workshop on Biometric Measurements and Systems for Security and Medical Applications,Taranto,2010.

[33] 岳利民.生理学[M].北京:科学出版社,2001.

[34] Guo X M,Ding X,Lei M,et al. Non-invasive monitoring and evaluating cardiac function of pregnant women based on a relative value method[J]. Acta Physiologica Hungarica,2012,99(4):382-391.

[35] 赵治栋,杨雷,陈甸甸.基于 FFT-Matching Pursuit 的心电身份识别算法研究[J].传感技术学报,2013,26(3):307-314.

[36] Patidar S,Pachori R B. Classification of heart disorders based on tunable-Q wavelet transform of cardiac sound signals[M]//Azar A T,Vaidyanathan S. Chaos Modeling and Control Systems Design. Berlin:Springer International Publishing,2015.

[37] Xu J,Durand L G,Pibarot P. Nonlinear transient chirp signal modeling of the aortic and pulmonary components of the second heart sound[J]. IEEE Transactions on Biomedical Engineering,2000,47(10):1328-1335.

[38] Campbell K,Zeglen M,Kagehiro T,et al. A pulsatile cardiovascular computer model for teaching heart-blood vessel interaction[J]. Physiologist,1982,25(3):155-159.

[39] Grodins F S. Integrative cardiovascular physiology:A mathematical synthesis of cardiac and blood vessel hemodynamics[J]. The Quarterly Review of Biology,1959,34(2):93-116.

[40] 王彦臻.改进的弹簧振子模型及其在虚拟手术中的应用研究[D].长沙:国防科技大学,2006.

[41] Yadollahi A,Moussavi Z M K. A robust method for heart sounds localization using lung sounds entropy[J]. IEEE Transactions on Biomedical Engineering,2006,53(3):497-502.

[42] Lamata P,Cookson A,Smith N. Clinical diagnostic biomarkers from the personalization of computational models of cardiac physiology[J]. Annals of Biomedical Engineering,2016,

44(1):46-57.

[43] Danielsen M,Ottesen J T. Describing the pumping heart as a pressure source[J]. Journal of Theoretical Biology,2001,212(1):71-81.

[44] Paeme S,Moorhead K T,Chase J G,et al. Mathematical multi-scale model of the cardiovascular system including mitral valve dynamics. Application to ischemic mitral insufficiency[J/OL]. BioMedical Engineering OnLine,2011,10(1):86-89. https://doi.org/10.1186/1475-925X-10-86.[2016-5-16].

[45] Hemalatha K. A study of cardiopulmonary interaction haemodynamics with detailed lumped parameter model[J]. International Journal of Biomedical Engineering & Technology,2011,6(3):251-271.

[46] Chandran K B,Aluri S. Mechanical valve closing dynamics:Relationship between velocity of closing,pressure transients,and cavitation initiation[J]. Annals of Biomedical Engineering,1997,25(6):926-938.

[47] Charleston-Villalobos S,Aljama-Corrales A T,González-Camarena R. Analysis of simulated heart sounds by intrinsic mode functions[J]. International Conference of the IEEE Engineering in Medicine and Biology Society,2006,1(1):2848-2851.

[48] 成谢锋,傅女婷.心音身份识别综述[J].上海交通大学学报,2014,48(12):1745-1750.

第 2 章　心音产生机理与心血管系统仿真模型

本章首先介绍心音信号的特点；然后详细介绍基于集总参数的心血管系统仿真模型，在此基础上讨论基于弹簧质量阻尼系统的内心音模型和非线性调频信号模型，用模型对第一心音和第二心音进行仿真并比较相关结果，借助模型对心音产生机理做出比较合理的解释；最后基于心血管系统仿真模型对高血压病理和心力衰竭病理进行仿真。

2.1　心音信号的产生机理

2.1.1　心脏的位置及形状

心脏的位置和形状通常因为呼吸、体态和姿势的不同而有所改变。心脏位于胸腔内，在膈肌的上方，外面有心包包绕。成人的右半心大部分在前上方，左半心大部分在后下方。

心脏的外形及组成部分如图 2.1 所示。心脏的外形近似前后略扁的圆锥体。中国人心脏的长度为 12～14cm，横径为 9～11cm，前后径为 6～7cm。成人心脏的平均重量为 260g，约为人体重量的 0.5%。心脏的外形可分为一底、一尖、四面和四缘等部分。心底朝向右后上方，呈方形，大部分由左心房构成，小部分由右心房

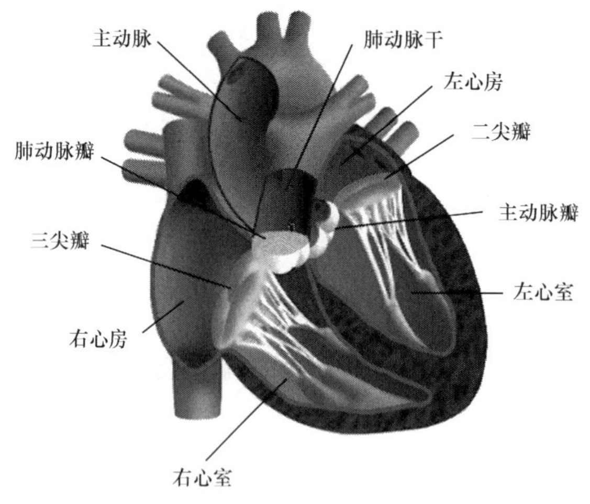

图 2.1　心脏的外形及组成部分

构成。左、右两对肺静脉分别从两侧注入左心房，上、下腔静脉分别从上、下方注入右心房。心尖朝向左前下方，是左心室的一部分。四面是指胸肋面、膈面、左侧面和右侧面。四缘是指上缘、下缘（锐缘）、右缘和左缘（钝缘）[1-7]。

2.1.2　心房和心室

右心房位于心脏的右上方，壁薄腔大，其向左前方突出的部分称为右心耳。按血液方向，右心房有三个入口和一个出口：上方有上腔静脉口，下方有下腔静脉口，在下腔静脉口与右房室口之间有冠状窦口，它们分别引导人体上、下半身的血液汇入右心房；出口是右房室口，右心房的血液由此流入右心室。

左心房位于右心房的左后方，构成心底的大部分，其向右前方突出的部分称为左心耳。左心房有四个入口和一个出口：入口均为肺静脉，出口是前下方的左房室口，左心房的血液由此流向左心室。

右心室有一个入口和一个出口。入口是右房室口，右房室口的周围存在三块叶片状的瓣膜，即右房室瓣，也称为三尖瓣。三尖瓣中根据三个瓣膜所处的位置不同分别称为前瓣、后瓣和隔瓣。瓣膜所处的平面与房室腔所处的平面相互垂直，三尖瓣通过线状的腱索与心室壁上的乳头肌相连接。三尖瓣关闭时产生的振动会对第一心音的某些特性造成影响。右心室的出口是肺动脉口，其周围也存在三个瓣膜，称为肺动脉瓣。肺动脉瓣关闭时产生的振动会对第二心音的某些特性造成影响。

左心室与右心室类似，也有一个入口和一个出口。入口是左房室口，左房室口的周围存在左房室瓣，也称为二尖瓣，按照二尖瓣中瓣膜的位置不同分别称为前瓣和后瓣，它们也通过腱索分别与前、后乳头肌相连接。二尖瓣关闭时产生的振动会对第一心音的某些特性造成影响。左心室的出口是主动脉口，位于左房室口的右前上方。主动脉瓣关闭时产生的振动会对第二心音的某些特性造成影响。

三尖瓣如同一个“单向阀门”，保证血液循环由右心房一定向右心室方向流动且通过一定流量。当右心室收缩时，挤压室内血液，血液冲击瓣膜。三尖瓣关闭，血液不倒流入右心房。右心室的前上方有肺动脉口，右心室的血液由此送入肺动脉。当心室舒张时，肺动脉瓣关闭，血液不倒流入右心室。

二尖瓣同样起到阀门的作用，保证血液循环由左心房一定向左心室方向流动且通过一定流量。当左心室收缩时，挤压室内血液，血液冲击瓣膜。二尖瓣关闭，血液不倒入左心房。左心室的右前上方有主动脉口，左心室的血液由此送入主动脉。由于左心室承担着输送全身血液的功能，所以左心室的肌层比右心室的肌层发达，约为右心室壁厚的三倍，左心室的主动脉口有三个半月瓣，起着防止主动脉内的血液倒流入左心室的作用。

2.1.3　心动周期和心音

心脏是一个肌肉器官，其功能是将血液射进肺部，在肺部获得氧气；带有氧气的血液再经过血管流回心脏；将带有氧气的血液输送到身体的其他部位；心脏自身的血液中的氧气由冠状动脉提供。心脏的四个腔室之间的血流方向由腔室间的瓣膜决定，包括三尖瓣、肺动脉瓣、二尖瓣和主动脉瓣。

正常的心动周期包括心房和心室的活动。首先心房开始收缩，将血液压缩到心室中，随着心房的舒张，心室开始收缩，并将血液压缩到主动脉管和肺动脉管中。接着进入心室舒张期，心房和心室都处于放松状态，直到心房再次开始收缩。心室舒张的持续时间取决于心率。在一个心动周期中，静脉血通过上、下腔静脉进入右心房，从右心房经过三尖瓣流入右心室；同时，动脉血经过由四个肺静脉组成的肺循环流入左心房，血流经二尖瓣流入左心室。

心室舒张分为两个阶段：第一阶段是心脏的被动填充阶段，此时，心房和心室都处于放松（自然）状态；第二阶段是心房收缩引起的互动填充阶段。

心房收缩发生在心室舒张结束之际，补足流向心室的血流称为“心房驱血”。流向心室的心脏电脉冲通常会在房室结点暂时延迟，使心房收缩从而增大心室的充血量，心房的收缩可以提高心室 20%～25%的充血量。如果心率较高，则该充血量就会变小。

心室收缩过程中，静脉血被动地从右心室通过肺动脉进入肺部获取氧气；同时，含氧的血液通过主动脉从左心室流入体循环。在心室开始收缩时，主动脉瓣和肺动脉瓣仍是关闭着的。这一阶段称为心室等容收缩期。当主动脉瓣和肺动脉瓣打开时，便进入了射血期。

心音产生至少满足下面两个条件。

(1) 血流的突然加速或减速：通常由下面两个因素影响。

① 心脏瓣膜的开和关。

② 心脏内部结构的突然紧张（乳头肌、腱索或房室壁）。

(2) 湍急的血流：通常在以下几种情况发生。

① 血管系统中出现单侧突出物。

② 血管直径减小。

③ 从直径较小的腔室流入直径较大的腔室。

④ 从直径较大的腔室流入直径较小的腔室。

⑤ 流速较快。

2.1.4　心音的组成

一般情况下，一个正常的心音信号主要可以分为第一心音（s_1）、收缩期、第二心音（s_2）和舒张期四个部分，组成心音信号的一个完整的心动周期。收缩期是指第一心音(s_1)起点持续到第二心音(s_2)起点的间隔，而舒张期是指第二心音(s_2)起点持续到与下一个心动周期的第一心音(s_1)起点的间隔。在实际的一段心音信号中，收缩期和舒张期是重复出现的，大多数人的心脏舒张期比收缩期要长一些。此外，在少数情况下还可能听见第三心音(s_3)和第四心音(s_4)，它们通常出现在儿童或者老年人身上。

图 2.2 给出了心音的四个基本组成部分及其与颈脉冲跟踪图(apex cardiogram，ACG)和心电图(ECG)之间的对应关系，从图中可以更加明确地理解心音的产生原理及过程。图 2.2 中，MC(mitral closure)表示二尖瓣关闭，MO(mitral opening)表示二尖瓣打开，TC(tricuspid closure)表示三尖瓣关闭，TO(tricuspid opening)表示三尖瓣打开，AC(aortic closure)表示主动脉瓣关闭，AO(aortic opening)表示主动脉瓣打开，PC(pulmonary closure)表示肺动脉瓣关闭，PO(pulmonary opening)表示肺动脉瓣打开。P、Q、R、S、T 分别是心电图中 5 种典型波形的位置标记，A、E、c、X、V 分别是颈脉冲跟踪图中 5 种典型波形的位置标记。

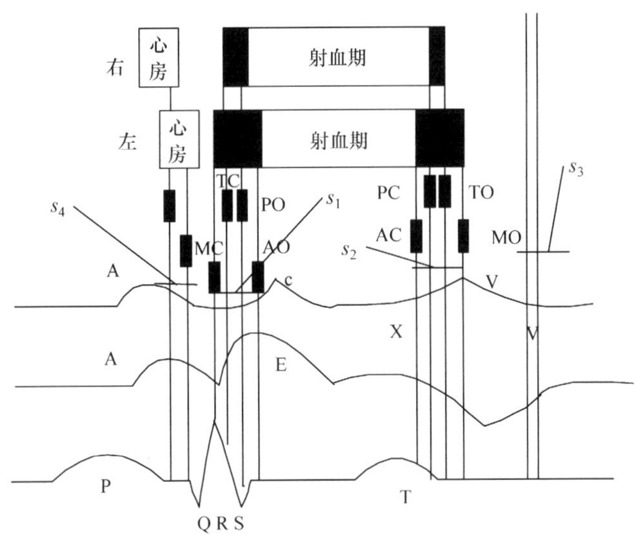

图 2.2　心音四个基本组成部分及其与颈脉冲跟踪图和心电图之间的关系

s_1、s_2 为瓣膜关闭的声音，首先是二尖瓣和三尖瓣关闭，接着是主动脉瓣和肺动脉瓣关闭。当心室收缩使得心室压大于心房压时，二尖瓣关闭，s_1 开始形成。心脏收缩，主动脉和肺动脉的射血减少，血管压力增大且超过心室压，导致逆流，瓣膜关闭，s_2 开始形成。s_3 为舒张初期心室被动填充的声音。s_4 为舒张末期心室主动填充的声音。在主动脉关闭之后、二尖瓣打开之前存在一个等容收缩期，此时心室压快速下降，当心室压和心房压相等时，二尖瓣和三尖瓣再慢慢打开。若瓣膜不正常关闭或瓣膜狭窄，则会产生心脏杂音。

s_3 是在二尖瓣打开之后，左心室快速充血时产生的。s_3 通常发生在健康的年轻人身上，或者可以在充血性心力衰竭者或心室扩张患者身上听到。

s_4 发生在舒张末期，正常情况下应当是听不到的，通常发生在儿童或者老年人身上，或者可以在高血压、局部贫血、出口阻塞等患者身上听到。

2.2 心血管系统仿真模型

2.2.1 基于集总参数的心血管系统仿真模型

1. 心血管仿真模型的研究现状

William 在 1628 年将量化实验引入对血液的研究中，揭开了现代生理学的序幕。1661 年，Marcello 在青蛙的肺部发现了微循环的存在，在这之后的一段时间内，心血管系统研究大多采用直观分析的方法，研究内容主要包括系统的单个机制和局部作用以及相互间的影响关系，这些成果为研究心血管循环仿真系统提供了很多有价值的资料。

对血流动力学及心血管仿真模型的定量分析[8,9]是从 18 世纪开始并迅速发展起来的。1733 年，英国生理学家 Hales 测量了马的动脉血压并引进了外周阻力的概念，指出外周阻力主要发生在细血管部位。1775 年，欧拉推导出在弹性管中不可压缩无黏性流动的一维方程，为了形成封闭方程，他提出一个反映血管内任一点的压力与横截面积的非线性关系的数学模型。

19 世纪初期，人们对主要的解剖特性、流动速度、压力、波的传播和黏性损失等现象无论从定性方面还是定量方面都有了一定的了解。英国学者 Young 提出弹性模量的概念，并首次推导出血管中脉搏波的传播速度及传播公式。19 世纪后期，泊肃叶(Poiseuille)指出流量与单位长度上的压力降与管径的四次方成正比。此定律后称为泊肃叶定律。由于德国工程师哈根在 1839 年曾得到同样的结果，Ostwald 在 1925 年建议将该定律称为哈根-泊肃叶定律。1898 年，德国生理学家 Frank 提出了著名的弹性腔模型，该模型将动脉看作一个弹性腔，由一个电阻和一个并联的电容组成，并且假设腔内的压力变化是时间的函数，与到心脏的距离无关。此弹性腔模型只是分析循环系统血流的一种比较粗糙的模型，经过后人的不断探索研究，弹性腔模型得到进一步的细化和丰富，如文献[10]提出的胸压对血管循环影响的心血管弹性腔模型。

进入 20 世纪，随着计算机技术的迅速发展以及电网络理论的进一步发展，有关心血管循环系统仿真模型的研究有了一定的进展[11-17]。1966 年，McLeod 建立了一个较完善的 PHYSBE 模型。1983 年，Coleman 建立了一个名为 HUMAN 的模型，包含肺部的呼吸、血液的气体交换等诸多生理因素。Tsuruta 等建立了心血管系统模型，对心力衰竭（简称为心衰）进行仿真，并预测了药物对心衰的治疗效果。2000 年，Goldberger 等建立心血管系统仿真模型 RCVSIM，包含了较多的神经调节机制。2002 年，胡喆等根据电网络理论，利用搏动间歇方法建立模型，提出了心脏-肺循环-体循环系统模型来模拟心脏的功能[16]。Goldstein 等建立了多分支的心血管系统模型并研究了呼吸对心血管系统循环的影响。吴望一等[18]将心室及血管的集中参数模型和分布参数模型耦合，并研究了动态耦合对人体动脉搏波传播的影响。Ravin 研制的光电合成器通过控制时间、振幅以及各种声音的光谱特性来产生各种心音。显然，对心音产生生理机制的准确理解是心音听诊的可靠基础[19-21]。2003 年，李新胜在多元非线性心血管系统模型的基础上建立了一个反映心肺交互作用的模型，仿真了呼吸运动对心血管系统的影响[21]。2006 年，代开勇建立了一个包含多个分支循环系统和神经调节机制且便于扩展的心血管系统数学模型[22]。

2. 心血管系统的生理结构

心血管系统是一个密闭的管道系统，它由心脏和血管组成。心脏是泵血的动力器官，通过血管系统运输血液。血管又分为动脉、静脉和毛细血管，血液在血管中由于心脏的周期运动而形成定向循环流动的过程称为血液循环。心血管循环系统包括心脏、体循环系统和肺循环系统，其中体循环系统和肺循环系统组成了血液循环系统，如图 2.3 所示。

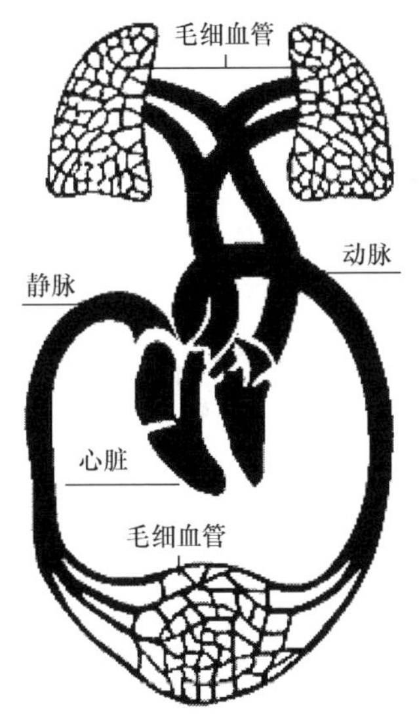

图 2.3　心血管循环系统示意图

动脉的主要作用是将血液运送到全身上下各段血管，动脉从心室出发，不断地进行分支，最后成为毛细血管。静脉的主要作用是将血液引流回到心房。毛细血管是身体内极其细微的小血管，位于小动脉血管和小静脉血管之间。毛细血管的平均管径为 7～9μm，主要功能是帮助血液与人体组织和细胞之间进行气体及物质交换[23]。

血液的循环根据其循环路径的不同可分为体循环和肺循环两种。体循环是由左心室收缩，动脉血注入主动脉血管，沿着升主动脉、主动脉和降主动脉的各级分支到达身体各部的毛细血管。氧气和营养物质是通过体循环运输到身体组织与细胞的。在毛细血管中，血液的流动速度较慢，这样有助于血液与周围的组织和细胞进行气体及物质交换。毛细血管中的血流速度较慢主要是因为毛细血管的管壁非常薄。血液与周围组织器官之间的气体和物质交换的过程主要是：组织和细胞从血流中吸收营养物质与氧气，组织和细胞的新陈代谢产物与二氧化碳进入血液中。这样，血液就从鲜红色的动脉血变成了暗红色的静脉血。毛细血管逐渐汇集到各级静脉血管，最后汇集到上、下腔静脉血管流回右心房再注进右心室。因为体循环在身体内部的循环路程长、经过的组织和细胞数量也比较多，所以也把体循环称为大循环。可见，体循环的主要作用是给各组织和细胞输送营养物质及氧气并将组织和细胞的代谢产物与二氧化碳输送到排泄器官，从而保证人体新陈代谢的正常进行。

肺循环的循环路径是血液从右心室出发，流进肺动脉，接着流进肺毛细血管。肺毛细血管位于肺泡之间，此时肺毛细血管的血液中氧气的浓度低但二氧化碳的浓度很高。吸气时，从气管和支气管进入肺部的空气中氧气的浓度较高但二氧化碳的浓度较低，则肺泡内的氧气压力比肺泡周围毛细血管内的氧气压力高。正常情况下，气体是从压力高的部位向压力低的部位扩散。因此，肺泡间毛细血管内部的二氧化碳扩散到肺泡内，肺泡内的氧气扩散到毛细血管内。气体交换过后，原先暗红色的静脉血变成了含氧量较高的动脉血。肺部毛细血管汇集至左、右各一对肺静脉，肺静脉血液从肺部流出后回到左心房，血液沿上述途径的循环称为肺循环。肺循环在体内循环的路程较短，又称为小循环，其主要功能是使人体内部的血液获得氧气，在肺部进行气体交换，使得含氧量较低的静脉血的含氧浓度提高，最终变成动脉血。肺循环作用的实现与人体的呼吸作用息息相关。

血液循环的主要功能是完成体内物质的运输。血液循环一旦停止，机体各器官组织将因失去正常的物质转运而发生新陈代谢障碍；同时体内一些重要器官的结构和功能将受到损害，尤其是对缺氧敏感的大脑皮质影响较大，只要大脑中的血液循环停止 3～4min，人就会丧失意识，血液循环停止 4～5min，半数以上的人将发生永久性脑损害，停止 10min，则会毁掉绝大部分甚至全部的智力。临床上的体外循环方法就是在进行心脏外科手术时，保持患者周身血液不停地流动。对各种原因造成的心搏骤停患者，紧急采用的心脏按压等方法也是为了代替心脏自动节律性活动以达到维持循环和促使心脏恢复节律性跳动的目的。

3. 心血管系统的建模

心血管系统模型框图如图 2.4 所示。心血管系统是一个复杂的系统，很难用一种方法完成整体建模。信息技术的发展为生理系统的研究提供了新方法，可以更方便地研究心血管的工作机制以及心血管疾病的影响因素。由心血管动力学原理和流体网络的相关理论可知，流体传输方程和电网中的传输方程以及流体网络中的等效网络和电网中的等效电路的数学形式相同，因此可以获得生理参数、流体参数与电气参数之间的类比关系[23]，如表 2.1 所示。

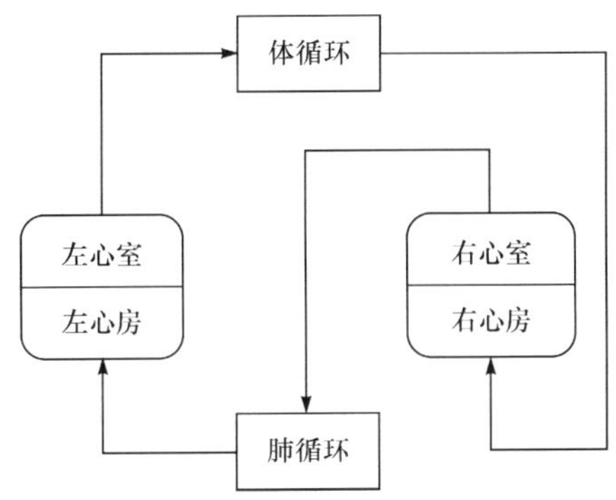

图 2.4　心血管系统模型框图

表 2.1　三种参数的类比

生理参数	血压	血流	血容量	血流阻力	血流惯性	血管顺应性
流体参数	压力	流量	容积	黏滞性	惯性	弹性系数
电气参数	电压	电流	电荷量	电阻	电感	电容

4. 构造心血管系统仿真模型的基本原则

为使心血管系统仿真模型尽可能地符合实际情况，在设计时力求遵循以下原则。

（1）一致性原则：通过模型所得到的参数或仿真波形尽可能与实测的参数或波形相一致。

（2）可解释原则：设计的心血管系统仿真模型可以解释心血管的生理机制以及心音的产生机制，并且能用状态变量来表示生理学上的心血管参数。

（3）可控制原则：通过改变模型的一个或几个参数能够模拟出心血管系统的健康或者病态的情形，可用于研究系统各个参数变化与心音变化以及心血管参数变化的关系。

5. 心脏子模型

心脏的主要动力来自心脏的周期性舒张和收缩运动，这里采用 Olansen 等提出的心脏五部分模型(左、右心室游离壁，左、右心房游离壁，以及心室中间的耦合壁)来进行等效建模，描述心脏的周期性舒张和收缩运动[24]。心室游离壁的时变特性用一个时变倒电容来等效表示，左心室游离壁的时变倒电容 e_{lv} 的表达式如下：

$$e_{lv}=\begin{cases}F_L E_{lva}\left(1-\cos\left(\frac{\pi t}{t_{ee}}\right)+\frac{E_{lvb}}{F_L}\right), & t<t_{ee}\\ F_L E_{lva}\left\{1+\cos\left[\frac{\pi(t-t_{ee})}{0.5t_{ee}}\right]+\frac{E_{lvb}}{F_L}\right\}, & t_{ee}\leqslant t<1.5t_{ee}\\ \frac{E_{lvb}}{F_L}, & \text{其他}\end{cases} \tag{2.1}$$

式中，t_{ee}表示收缩期心室压力达到峰值的时刻，取值为 0.3s；E_{lva}、E_{lvb}表示左心室时变倒电容的系数，其取值如表 2.2 所示；F_L 为一个比例因子[23]，用来描述左心室时变倒电容与心室血容量之间的非线性特性，可由式(2.2)来描述：

$$F_L=1-v_{lv}/v_{max} \tag{2.2}$$

其中，v_{max}为正常人的最大心脏流体体积，为 900mL；v_{lv}为左心室的血容量。将式(2.1)和式(2.2)中参数的下标 l 改成 r，即可得到右心室的相关参数。

表 2.2 心脏子模型中的参数值

E_{lva}	E_{lvb}	E_{laa}	E_{lab}	E_{rva}	E_{raa}	τ_{lac}	τ_{lar}	τ_{rac}	τ_{rar}
1.43	0.03	0.07	0.09	0.26	0.022	0.4	0.05	0.4	0.05

左心房游离壁的时变倒电容 e_{la}的计算方式如下：

$$e_{la}=\begin{cases}E_{laa}\left[1-e^{-(t-t_{ac})/\tau_{lac}}\right]+E_{lab}, & t_{ac}\leqslant t\leqslant t_{ar}\\ E_{laa}\left[1-e^{-(t_{ar}-t_{ac})/\tau_{lac}}\right]e^{-(t-t_{ar})/\tau_{lar}}+E_{lab}, & t_{ar}<t<(t_r+t_{ac})\\ E_{lab}, & \text{其他}\end{cases} \tag{2.3}$$

式中，t_{ac}表示心房开始收缩的时刻，取值为 0.696s；t_{ar}表示心房开始舒张的时刻，取值为 0.835s；t_r 表示一个心动周期，取值为 0.855s；E_{laa}、E_{lab}表示左心房倒电容的系数，分别表示一个心动周期内收缩期持续的时间和舒张期持续的时间，其取值如表 2.2 所示。将式(2.3)中参数的下标 l 改成 r，即可得到右心房的相关参数。

另外，在心脏建模时需要考虑左、右心室之间的相互作用，因为左、右心室实际上并不是独立起作用的，它们之间通过耦合壁(即心室之间的隔膜)来传递压力进而互相影响。为了解决这一问题，Olansen 等提出一个数学模型来表示心室间的相互作用，描述心室周期性的舒张和收缩运动，该模型的表达式如下[24]：

$$P_{lv}=E_s\frac{e_{lv}}{e_{lv}+E_s}v_{lv}+\frac{e_{lv}}{e_{lv}+E_s}P_{rv} \tag{2.4}$$

$$P_{rv}=E_s\frac{e_{rv}}{e_{rv}+E_s}v_{rv}+\frac{e_{rv}}{e_{rv}+E_s}P_{lv} \tag{2.5}$$

式中，E_s 表示耦合壁的弹性，为一个常数；P_{lv}、P_{rv} 分别表示左、右心室的压力；e_{lv}、e_{rv} 分别表示左、右心室游离壁的时变倒电容。

在建立心脏子模型时还需要考虑房室游离壁对血流的黏性阻力，在电路模型上，可在房室倒电容上分别串联一个电阻（s_{la}，s_{ra}，s_{lv}，s_{rv}）以表征血流黏性阻力。

心脏瓣膜的作用是阻止血管中的血流倒流回心脏或者心室的血流倒流回心房。一般情况下，可用理想二极管的单向导通性来模拟瓣膜的开和关，用电阻来模拟瓣膜的黏性阻力[25]。为了全面分析瓣膜的非线性特性以及探讨心脏瓣口的血流与瓣膜孔径的关系，用三个参数来表示瓣膜，如图2.5所示。

(1) 伯努利阻抗 B（基于伯努利原理表示压力流与孔径的关系，可以用简化的伯努利方程表示，压力为速率的乘积，速率由压力阶差和瓣膜的横截面积计算得到）。

(2) 血流惯性 L（反映血流的惯性）。

(3) 黏性阻力 R。

将上述的心房、心室以及瓣膜模型根据心脏的生理结构进行耦合，就形成了改进的心脏子模型，如图2.6所示。该模型包括心房（e_{la}，s_{la}，e_{ra}，s_{ra}）、心室（e_{lv}，s_{lv}，e_{rv}，s_{rv}）和瓣膜（B_{mv}，L_{mv}，R_{mv}，B_{av}，L_{av}，R_{av}，B_{tv}，L_{tv}，R_{tv}，B_{pv}，L_{pv}，R_{pv}），同时根据 Sundareswaran 等的研究[26]，还考虑心包压（P_{pc}）和胸廓内压（P_{it}）。心包压的功能是给心室施加压力，与整个心脏的容量呈指数关系，心脏容量包括心室容量、心房容量和心包容量。心室容量和心房容量随时间发生变化，心包容量取值为30mL。胸廓内压是一个常数，取值为5mmHg（1mmHg=0.133kPa）。

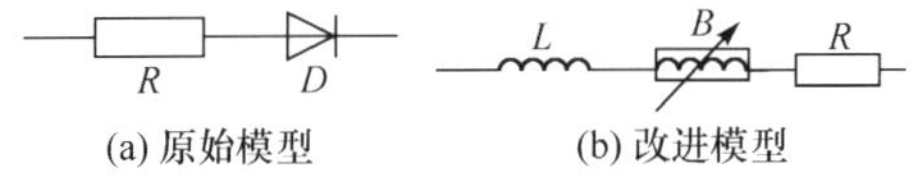

图2.5　心脏瓣膜子模型

左心房游离壁[27]的时变倒电容 e_{la} 的计算方式如式(2.3)所示。

对于心室的周期性舒张和收缩运动，通常采用压力-容积曲线来直观描述。心室的压力-容积曲线关系可以表示为[25]

$$P(t)=E(t)[v(t)-V_d] \tag{2.6}$$

式中，$P(t)$ 表示心室的压力；$v(t)$ 表示心室的血容量随时间的变化；V_d 表示心室收缩末期无张力的心室容积；$E(t)$ 为一个时变弹性函数。

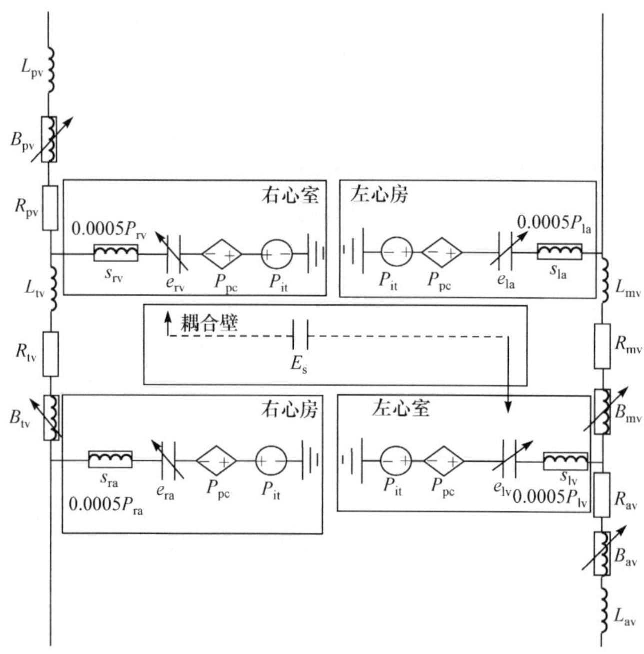

图 2.6　心脏子模型

在生理意义上，$E(t)$表示心肌的弹性系数，在相应的电路模型中等价于电容的倒数。国内外学者提出了 $E(t)$的多种数学模型，这里参考 Shroff 等提出的模型[25]，该模型指出 $E(t)$主要由两部分组成：心室的被动弹性 E_p，它是一个常数，表示心室充盈时心肌的被动拉伸，取值为 0.06mmHg/mL；心室的主动弹性 $E_A(t)$，表示心室的主动收缩性，$E_A(t)$可以由式(2.7)求得

$$E_A(t)=E_{max}E_n(t_n) \tag{2.7}$$

式中，归一化函数 $E_n(t_n)=1.5532\dfrac{\left(\dfrac{t_n}{0.7}\right)^{1.9}}{1+\left(\dfrac{t_n}{0.7}\right)^{1.9}}\dfrac{1}{1+\left(\dfrac{t_n}{1.1735}\right)^{21.9}}$；归一化时间 $t_n=\dfrac{HR}{0.2HR+4.5}$，HR 表示心率；$E_{max}$为心室的主动弹性最大值。

因此，心肌弹性系数 $E(t)$为

$$E(t)=E_A(t)+E_p \tag{2.8}$$

式(2.6)所示的压力-容积关系以及式(2.8)的心肌弹性系数可以描述在一个循环过程中的心室周期性舒张和收缩运动。

6. 体循环及肺循环子模型

建立体循环子模型时，采用杨艳等提出的一种体循环模型[27]，该模型是将左心系统与动脉系统通过耦合的方式形成的。为了体现体循环的细节部分，在该模型的基础上增加了动脉顺应性和外周阻力，如图 2.7 所示。该模型用时变倒电容来模拟心室的主动收缩作用，用 C_{ao}、L_{ao}、R_{ao}、C_{art}、R_1 来表示动脉系统，其中 C_{ao}、C_{art}分别表示动脉系统中血管的顺应性，L_{ao}表示主动脉中的集总血液的惯性效应，R_1 表示外周阻力。血流从心室流出，经过主动脉瓣流入动脉系统，经过外周阻力进入肺部，C_r 表示肺部和静脉系统的集总顺应性。

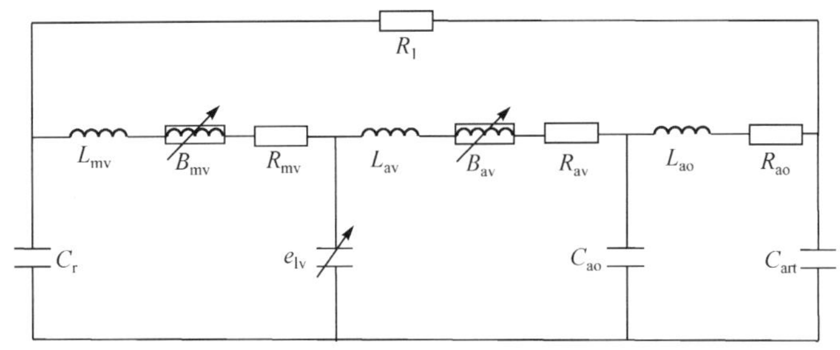

图 2.7　体循环子模型

肺循环由肺动脉、肺静脉和肺毛细血管组成，肺循环子模型可以看成由多段血管级联而成。血管可以用弹性腔模型来表示[28]，而一般的血管弹性腔的模型[27]没有考虑弹性腔内部阻力以及血液流动过程中的血流阻力，这里充分考虑了这两点，将弹性腔模型进行修正，形成血管模型，如图 2.8 所示。其中，S_{pua}表示弹性腔的内部阻力，E_{pua}表示血管的顺应性，R_{pua}表示血液流动产生的阻力，L_{pua}表示血流的惯性。

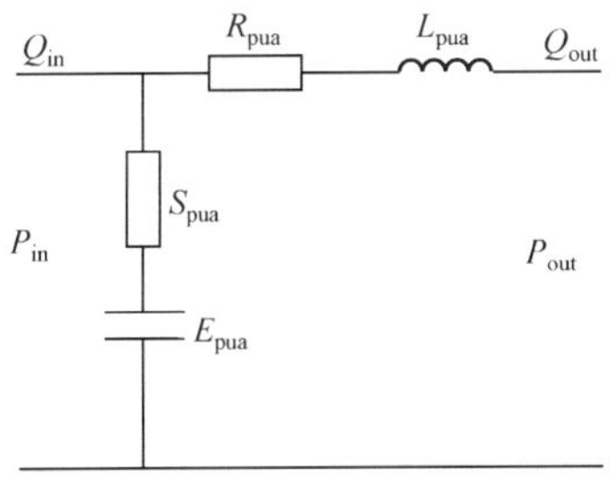

图 2.8　改进的血管模型

根据基尔霍夫定律，依据表 2.1 的类比关系，可以列出血管模型的电路表达式：

$$P_{in}=S_{pua}(\dot{Q}_{in}-\dot{Q}_{out})+P_{E_{pua}} \tag{2.9}$$

$$P_{out}=S_{pua}(\dot{Q}_{in}-\dot{Q}_{out})+P_{E_{pua}}-R_{pua}Q_{out}-L_{pua}\ddot{Q}_{out} \tag{2.10}$$

式中，P_{in}表示该段血管的输入血压；P_{out}表示该段血管的输出血压；Q_{in}表示流入该血管的血流量；Q_{out}表示流出该血管的血流量；$P_{E_{pua}}$表示E_{pua}两端的压力差。

由于实际的心血管系统中血管的顺应性具有非线性特性，且血管的顺应性并不全是固定的，不能都用常数电容来表示。这里用指数关系来表征肺循环中的各段血管的血流顺应性。肺循环中血管的P-V关系如下[12]：

$$P=E_0 e^{\frac{V}{Z}} Z \tag{2.11}$$

式中，E_0表示血容量为0时的倒电容；Z为容积常数；V为对应肺循环中各段血管的血容量；P表示血管的血压；改变E_0和Z的取值可以表征肺部不同的血管。肺循环子模型主要由肺动脉血管、肺毛细血管和肺静脉血管组成，可用三段如图2.8所示的血管模型级联而成。

7. 心血管系统仿真模型

心血管系统仿真模型是上述三个子模型的组合，结合实际心血管系统的生理特性采用动态耦合的方法将它们耦合在一起，根据一个心动周期内血流的方向以及各段血管的血流量将心脏、体循环和肺循环进行连接。其中体循环的部分是将图2.7的体循环子模型中的动脉系统具体化地分为主动脉、动脉、毛细血管、静脉和腔静脉，使其更接近动脉系统的生理结构。

心血管系统仿真模型如图2.9所示。由图可看出，体循环中血流从左心室(e_{lv}, s_{lv})流出，流经主动脉(C_{ao}, S_{ao}, L_{ao}, R_{ao})、动脉(C_{art}, S_{art}, L_{art}, R_{art})、毛细血管(C_{cap}, S_{cap}, L_{cap}, R_{cap})、静脉(C_{ven}, S_{ven}, L_{ven}, R_{ven})、腔静脉(C_{ve}, S_{ve}, L_{ve}, R_{ve})最后流入右心房(e_{ra}, s_{ra})。肺循环中血流从右心室(e_{rv}, s_{rv})流出，流经肺动脉(E_{pua}, S_{pua}, L_{pua}, R_{pua})、肺毛细血管(E_{puc}, S_{puc}, L_{puc}, R_{puc})、肺静脉(E_{puv}, S_{puv}, L_{puv}, R_{puv})流入左心房(e_{la}, s_{la})。

该心血管仿真模型遵循流入子模型血流量等于流出子模型血流量的原则将其进行耦合。在心脏子模型中，不仅考虑心室心房自身的周期性运动，还考虑到心室之间的相互作用，把体循环和肺循环子模型具体化到动脉、静脉和毛细血管三个部分。这些方法使得该模型能够比较详细地反映心血管系统的生理机制，比较接近心血管系统的生理结构，便于直观地理解心血管系统的工作原理。

8. 实验仿真及结果分析

1) 心脏子模型仿真

心脏的心动周期以心室收缩作为开始的标志，每一心动周期可产生四个心音，一般均能听到的是第一心音和第二心音[29,30]。第一心音发生在心室收缩期，持续时间约为0.1s，其音调较低，是心室开始收缩的标志。第一心音主要源于心室肌收缩，由房室瓣关闭及相伴随的心室壁振动形成。此外主动脉瓣和肺动脉瓣开放，血液向大血管内流动，大血管壁的振动也与第一心音的产生有关[31,32]。

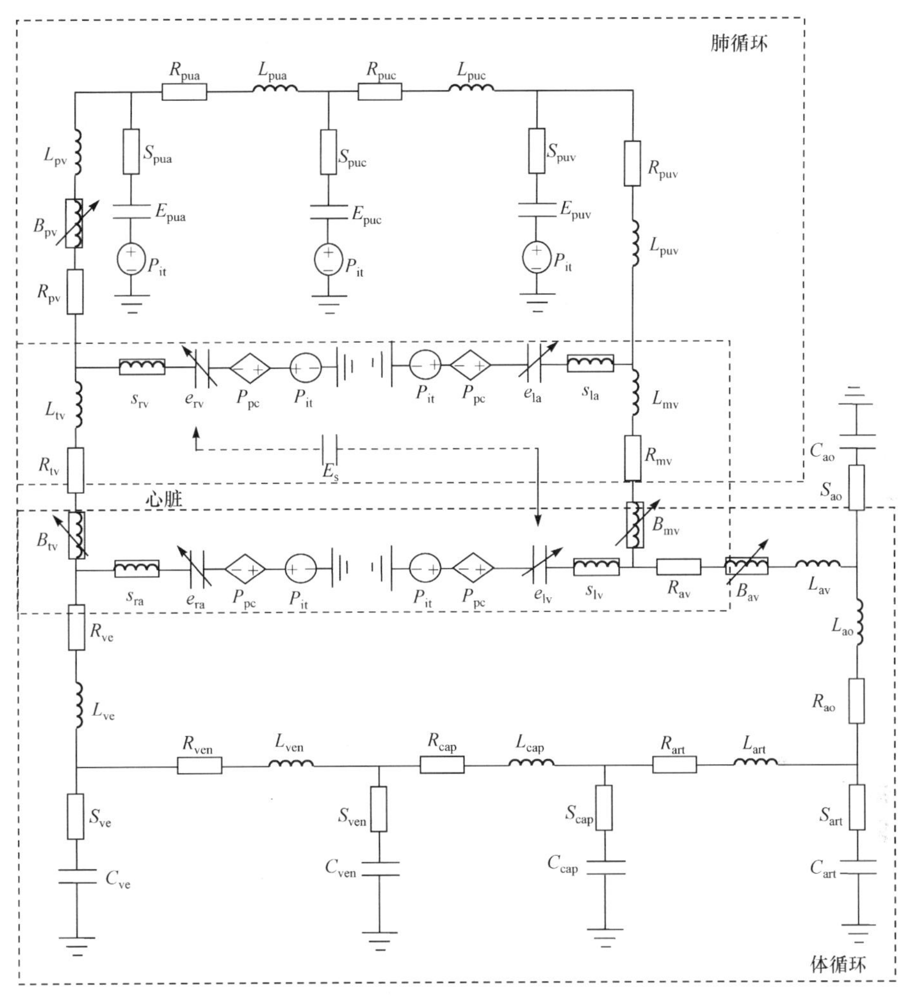

图 2.9　心血管系统仿真模型

从图 2.6 可以看出，心室部分和瓣膜部分电路模型中包含电阻(R_{mv})、电容(e_{lv})和电感(L_{mv})等器件。根据电路的基本原理，电路中含有这些元件时，若满足一定的条件，电路就会发生电磁振荡。第一心音的产生主要是在房室压差的作用下，由二尖瓣和三尖瓣关闭所引起的一系列机械振动造成的，机械振动和电路振荡具有相似性，因此可以用电路的电磁振荡来模拟二尖瓣和三尖瓣的机械振动。当心室和瓣膜模型在房室压差的作用下发生振荡时，根据图 2.6，可获得二阶电路方程如下：

$$\Delta P = L_{mv}\ddot{Q} + R_{mv}\dot{Q} + e_{lv}(Q - Q_0) \tag{2.12}$$

式中，ΔP 表示左右心室的压力差；Q 表示产生振动时流经二尖瓣的血流量；L_{mv} 表示二尖瓣中血液的惯性效应；R_{mv} 表示二尖瓣的血流阻力。

根据二阶微分方程的解法可求得该方程的特解和通解，并且根据特征方程可知，其振荡频率为

$$f=\frac{\sqrt{L_{mv}e_{lv}-\frac{R_{mv}^2}{4}}}{2\pi L_{mv}} \tag{2.13}$$

心室之间的耦合倒电容 E_s 和心包压(P_{it})对心房心室的压力差会产生影响，从而会影响第一心音的幅值，影响第一心音幅值的还有房室瓣(二尖瓣，三尖瓣)中的伯努利阻抗(B_{mv}，B_{tv})以及左右心室的时变倒电容。而瓣膜的黏性阻力(R_{mv}，R_{tv})和血流惯性(L_{mv}，L_{tv})会对第一心音的频率产生影响。

第二心音发生在心脏舒张期的开始，频率较高，持续时间较短(约 0.08s)。产生的原因是主动脉瓣和肺动脉瓣(B_{av}，L_{av}，R_{av}，B_{tv}，B_{pv}，L_{pv}，R_{pv})关闭，瓣膜互相撞击以及动脉(C_{art}，S_{art}，L_{art}，R_{art})中血液减速和室内压(P_{ra}，P_{rv})迅速下降引起的振动。第二心音的产生可以类比第一心音的产生过程，心室与动脉的压力差使得瓣膜关闭，可用类似的电路模型对其进行建模。将从心血管系统仿真模型中得到的心脏舒张期的一些心血管参数作为第二心音产生的初始条件，进行电路仿真，可以得到第二心音的仿真波形。

第三心音和第四心音是在心室充盈期，由房室的血流量以及血流量的梯度产生的[32]。第三心音和第四心音的频率及幅值与心室(e_{lv}，e_{rv})的心肌弹性系数和心室对血流的黏性阻力(s_{lv}，s_{rv})有关。

2) 体循环子模型仿真

根据表 2.1 的电气参数、流体参数和生理参数的类比关系，对图 2.7 进行电路分析，建立其数学模型。选取静脉系统的血容量 v_r、左心室血容量 v_{lv}、主动脉血容量 v_{ao}、动脉血容量 v_{art}、二尖瓣血流量 Q_{mv}、主动脉瓣血流 Q_{av}、主动脉血流量 Q_{ao}、外周阻力下的血流量 Q_{Rl}、主动脉血压 P_{ao}、左心房血管顺应性 C_{la}、主动脉血管顺应性 C_{ao}。作为状态变量，根据基尔霍夫电压定律和基尔霍夫电流定律列出如下状态方程：

$$\frac{dv_r}{dt}=Q_{R1}-Q_{mv}r(P_{la},P_{lv}),\quad \frac{dv_{lv}}{dt}=Q_{mv}r(P_{la},P_{lv})-Q_{av}r(P_{lv},P_{ao})$$

$$\frac{dv_{ao}}{dt}=Q_{av}r(P_{lv},P_{ao})-Q_{ao},\quad \frac{dv_{art}}{dt}=Q_{ao}-Q_{R1}$$

$$\frac{dQ_{mv}}{dt}=\frac{\frac{v_{la}}{C_{la}}-P_{lv}-R_{mv}Q_{mv}-B_{mv}Q_{mv}\left|Q_{mv}\right|}{L_{mv}}r(P_{la},P_{lv})$$

$$\frac{dQ_{av}}{dt}=\frac{P_{lv}-R_{av}Q_{av}-B_{av}Q_{av}\left|Q_{av}\right|-\frac{v_{ao}}{C_{ao}}}{L_{av}}r(P_{lv},P_{ao})$$

$$\frac{\mathrm{d}Q_{ao}}{\mathrm{d}t}=\left(\frac{v_{ao}}{C_{ao}}-R_{ao}Q_{ao}-\frac{v_{art}}{C_{art}}\right)\Big/L_{ao}$$

$$r(z,y)=\begin{cases}1, & x\geqslant y\\ 0, & x<y\end{cases} \tag{2.14}$$

左心室的心肌弹性系数可以根据式(2.7)和式(2.8)求得,其中心率取正常人的心率,这里取值为75次/min,得到左心室倒电容波形如图2.10所示。

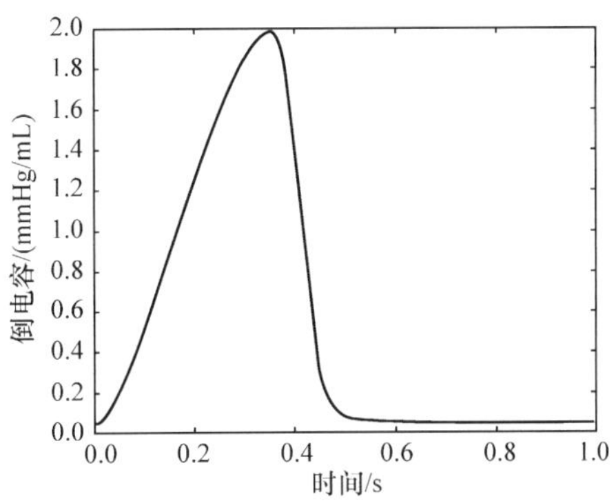

图2.10　左心室倒电容波形

利用四阶龙格-库塔算法对式(2.14)进行求解,给定初始条件为:$v_r=36$mL,$v_{lv}=120$mL,$v_{ao}=5.36$mL,$v_{art}=106.4$mL,二尖瓣、动脉瓣、动脉的流量为0,可获得一组仿真结果。图2.11为左心室血容量随时间变化的仿真曲线与实际生理曲线的对比。图2.12为一种健康心脏的血流动力学仿真结果。

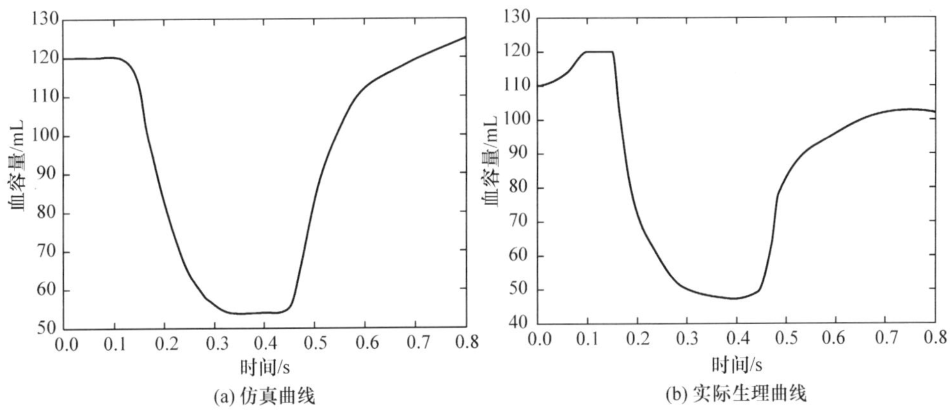

图2.11　左心室血容量随时间变化的仿真曲线与实际生理曲线的对比

从图2.11可以看出,左心室血容量的仿真变化曲线与图2.11(b)的实际生理曲线基本一致。收缩压为左心室压曲线的峰值,根据图2.12(a)可以得到收缩压为115mmHg;舒张压的值为动脉压曲线的谷值,从图2.12(a)可以得到舒张压为

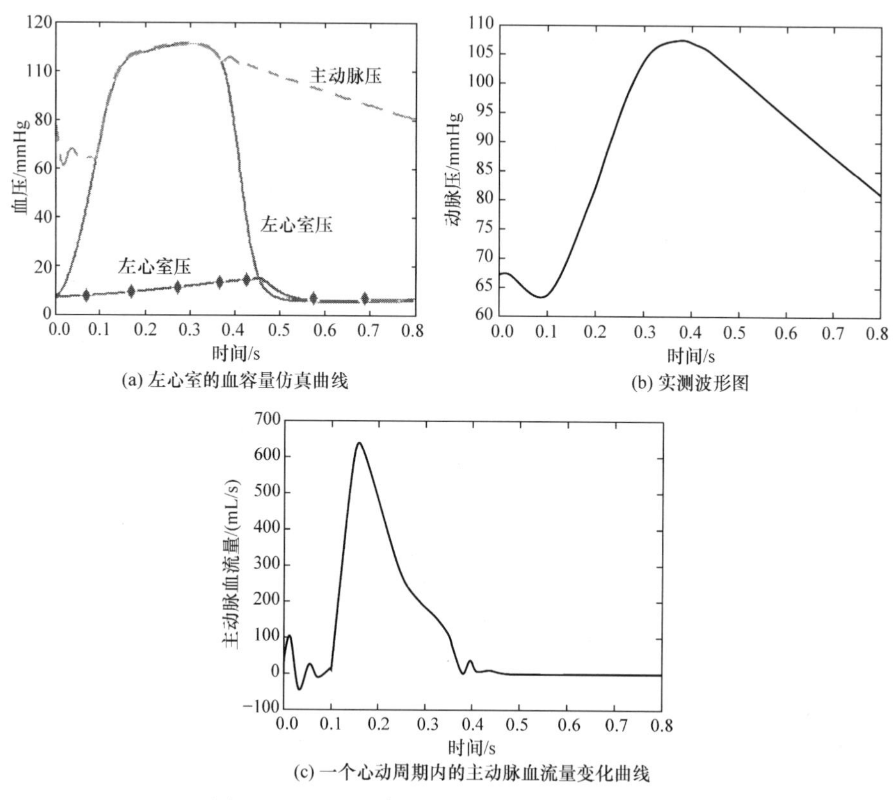

(a) 左心室的血容量仿真曲线

(b) 实测波形图

(c) 一个心动周期内的主动脉血流量变化曲线

图 2.12　一种健康心脏的血流动力学仿真结果

61.43mmHg；对图 2.12(c)中的曲线求积分可以获得一个心动周期内的主动脉血流量。一个正常人安静时的心输出量为 4.5～6L/min，左心室的收缩压小于 120mmHg，舒张压小于 90mmHg[33]。由此可见，该模型可以模拟正常人的体循环系统。根据相同的方法，改变模型(图 2.7)中的 R_{ao} 值可以仿真出动脉粥样化时的心血管参数的波形图。

3) 心血管模型仿真

根据图 2.9 建立的心血管系统仿真模型以及表 2.1 所示的流体参数与电网络的类比关系，用电路分析法(基尔霍夫电压定律和基尔霍夫电流定律)，选择各个电容的电压(对应生理器官的血容量)以及各个电感的电流(对应生理器官的血流量)共 24 个变量作为状态变量，列出图 2.9 中电路模型的状态方程，得到心血管系统仿真模型的数学模型。数学模型中，P 表示血压，Q 表示血流量，v 表示血容量，R 表示血流阻力，L 表示血流惯性，C 表示血管顺应性。

(1) 体循环部分数学模型：

$$\frac{dv_{ven}}{dt}=Q_{cap}-Q_{ven},\quad \frac{dv_{vc}}{dt}=Q_{ven}-Q_{vc},\quad \frac{dv_{ra}}{dt}=Q_{vc}-Q_{tv}$$

$$\frac{dv_{ao}}{dt}=Q_{av}-Q_{ao},\quad \frac{dv_{art}}{dt}=Q_{ao}-Q_{art},\quad \frac{dv_{cap}}{dt}=Q_{art}-Q_{cap},\quad \frac{dv_{lv}}{dt}=Q_{mv}-Q_{av}$$

$$\frac{dQ_{av}}{dt}=\frac{P_{lv}-\frac{v_{ao}}{C_{ao}}-R_{av}Q_{av}-B_{av}Q_{av}|Q_{av}|+S_{lv}\frac{dv_{lv}}{dt}-S_{ao}\frac{dv_{ao}}{dt}+P_{pc}+P_{it}}{L_{av}}r(P_{lv},P_{ao})$$

$$\frac{dQ_{ao}}{dt}=\left(\frac{v_{ao}}{C_{ao}}+S_{ao}\frac{dv_{ao}}{dt}-R_{ao}Q_{ao}-\frac{v_{art}}{C_{art}}-S_{art}\frac{dv_{art}}{dt}\right)\Big/L_{ao}$$

$$\frac{dQ_{art}}{dt}=\left(\frac{v_{art}}{C_{art}}+S_{art}\frac{dv_{art}}{dt}-R_{art}Q_{art}-\frac{v_{cap}}{C_{cap}}-S_{cap}\frac{dv_{cap}}{dt}\right)\Big/L_{art}$$

$$\frac{dQ_{cap}}{dt}=\left(\frac{v_{cap}}{C_{cap}}+S_{cap}\frac{dv_{cap}}{dt}-R_{cap}Q_{cap}-\frac{v_{ven}}{C_{ven}}-S_{ven}\frac{dv_{ven}}{dt}\right)\Big/L_{cap}$$

$$\frac{dQ_{ven}}{dt}=\left(\frac{v_{ven}}{C_{ven}}+S_{ven}\frac{dv_{ven}}{dt}-R_{ven}Q_{ven}-\frac{v_{vc}}{C_{vc}}-S_{vc}\frac{dv_{vc}}{dt}\right)\Big/L_{ven}$$

$$\frac{dQ_{vc}}{dt}=\left(\frac{v_{vc}}{C_{vc}}+S_{vc}\frac{dv_{vc}}{dt}-R_{vc}Q_{vc}-e_{ra}v_{ra}-S_{ra}\frac{dv_{ra}}{dt}-P_{pc}-P_{it}\right)\Big/L_{vc}$$

$$\frac{dQ_{tv}}{dt}=\frac{e_{ra}v_{ra}-P_{rv}-R_{tv}Q_{tv}-B_{tv}Q_{tv}|Q_{tv}|-S_{rv}\frac{dv_{rv}}{dt}+S_{ra}\frac{dv_{ra}}{dt}}{L_{tv}}r(P_{ra},P_{rv}) \tag{2.15}$$

（2）肺循环部分数学模型方程：

$$\frac{dv_{rv}}{dt}=Q_{tv}-Q_{pv},\quad \frac{dv_{pua}}{dt}=Q_{pv}-Q_{pua},\quad \frac{dv_{puc}}{dt}=Q_{pua}-Q_{puc}$$

$$\frac{dv_{puv}}{dt}=Q_{puc}-Q_{puv},\quad \frac{dv_{la}}{dt}=Q_{puv}-Q_{mv}$$

$$\frac{dv_{la}}{dt}=Q_{puv}+Q_{mv},\quad \frac{dv_{lv}}{dt}=Q_{mv}-Q_{av}$$

$$\frac{dv_{ao}}{dt}=Q_{av}-Q_{ao},\quad \frac{dv_{art}}{dt}=Q_{ao}-Q_{art},\quad \frac{dv_{cap}}{dt}=Q_{art}-Q_{cap}$$

$$\frac{dQ_{ven}}{dt}=\left(\frac{v_{ven}}{C_{ven}}+S_{ven}\frac{dv_{ven}}{dt}-R_{ven}Q_{ven}-\frac{v_{vc}}{C_{vc}}-S_{vc}\frac{dv_{vc}}{dt}\right)\Big/L_{ven}$$

$$\frac{dQ_{vc}}{dt}=\left(\frac{v_{vc}}{C_{vc}}+S_{vc}\frac{dv_{vc}}{dt}-R_{vc}Q_{vc}-e_{ra}v_{ra}-S_{ra}\frac{dv_{ra}}{dt}-P_{pc}-P_{it}\right)\Big/L_{vc}$$

$$\frac{dQ_{tv}}{dt}=\frac{e_{ra}v_{ra}-P_{rv}-R_{tv}Q_{tv}-B_{tv}Q_{tv}|Q_{tv}|-S_{rv}\frac{dv_{rv}}{dt}+S_{ra}\frac{dv_{ra}}{dt}}{L_{tv}}r(P_{ra},P_{rv})$$

$$\frac{dQ_{pv}}{dt}=\frac{P_{rv}-P_{pua}-R_{pv}Q_{pv}-B_{pv}Q_{pv}|Q_{pv}|+S_{rv}\frac{dv_{rv}}{dt}+S_{pua}\frac{dv_{pua}}{dt}+P_{pc}}{L_{pv}}r(P_{rv},P_{pua})$$

$$\frac{\mathrm{d}Q_{\mathrm{pv}}}{\mathrm{d}t}=\frac{P_{\mathrm{rv}}-P_{\mathrm{pua}}-R_{\mathrm{pv}}Q_{\mathrm{pv}}-B_{\mathrm{pv}}Q_{\mathrm{pv}}\left|Q_{\mathrm{pv}}\right|+S_{\mathrm{rv}}\frac{\mathrm{d}v_{\mathrm{rv}}}{\mathrm{d}t}-S_{\mathrm{pua}}\frac{\mathrm{d}v_{\mathrm{pua}}}{\mathrm{d}t}+P_{\mathrm{pc}}}{L_{\mathrm{pv}}}r(P_{\mathrm{rv}},P_{\mathrm{pua}})$$

$$\frac{\mathrm{d}Q_{\mathrm{pua}}}{\mathrm{d}t}=\left(P_{\mathrm{pua}}-P_{\mathrm{puc}}-R_{\mathrm{pua}}Q_{\mathrm{pua}}+S_{\mathrm{pua}}\frac{\mathrm{d}v_{\mathrm{pua}}}{\mathrm{d}t}-S_{\mathrm{puc}}\frac{\mathrm{d}v_{\mathrm{puc}}}{\mathrm{d}t}\right)\Big/L_{\mathrm{pua}}$$

$$\frac{\mathrm{d}Q_{\mathrm{puc}}}{\mathrm{d}t}=\left(P_{\mathrm{puc}}-P_{\mathrm{puv}}-R_{\mathrm{puc}}Q_{\mathrm{puc}}+S_{\mathrm{puc}}\frac{\mathrm{d}v_{\mathrm{puc}}}{\mathrm{d}t}-S_{\mathrm{puv}}\frac{\mathrm{d}v_{\mathrm{puv}}}{\mathrm{d}t}\right)\Big/L_{\mathrm{puc}}$$

$$\frac{\mathrm{d}Q_{\mathrm{puv}}}{\mathrm{d}t}=\left(P_{\mathrm{puv}}-e_{\mathrm{la}}v_{\mathrm{lv}}-R_{\mathrm{puv}}Q_{\mathrm{puv}}+S_{\mathrm{puv}}\frac{\mathrm{d}v_{\mathrm{puv}}}{\mathrm{d}t}-S_{\mathrm{la}}\frac{\mathrm{d}v_{\mathrm{la}}}{\mathrm{d}t}-P_{\mathrm{pc}}\right)\Big/L_{\mathrm{puv}}$$

$$\frac{\mathrm{d}Q_{\mathrm{mv}}}{\mathrm{d}t}=\frac{e_{\mathrm{la}}v_{\mathrm{la}}-P_{\mathrm{lv}}-R_{\mathrm{mv}}Q_{\mathrm{mv}}-B_{\mathrm{mv}}Q_{\mathrm{mv}}\left|Q_{\mathrm{mv}}\right|-S_{\mathrm{lv}}\frac{\mathrm{d}v_{\mathrm{lv}}}{\mathrm{d}t}+S_{\mathrm{la}}\frac{\mathrm{d}v_{\mathrm{la}}}{\mathrm{d}t}}{L_{\mathrm{mv}}}r(P_{\mathrm{la}},P_{\mathrm{lv}}) \tag{2.16}$$

利用图 2.9 中所标出的各个参数值，对式(2.15)和式(2.16)进行仿真，可以得到心脏正常状态下的一组仿真结果。图 2.13 为心房心室血容量及瓣膜的血流量，

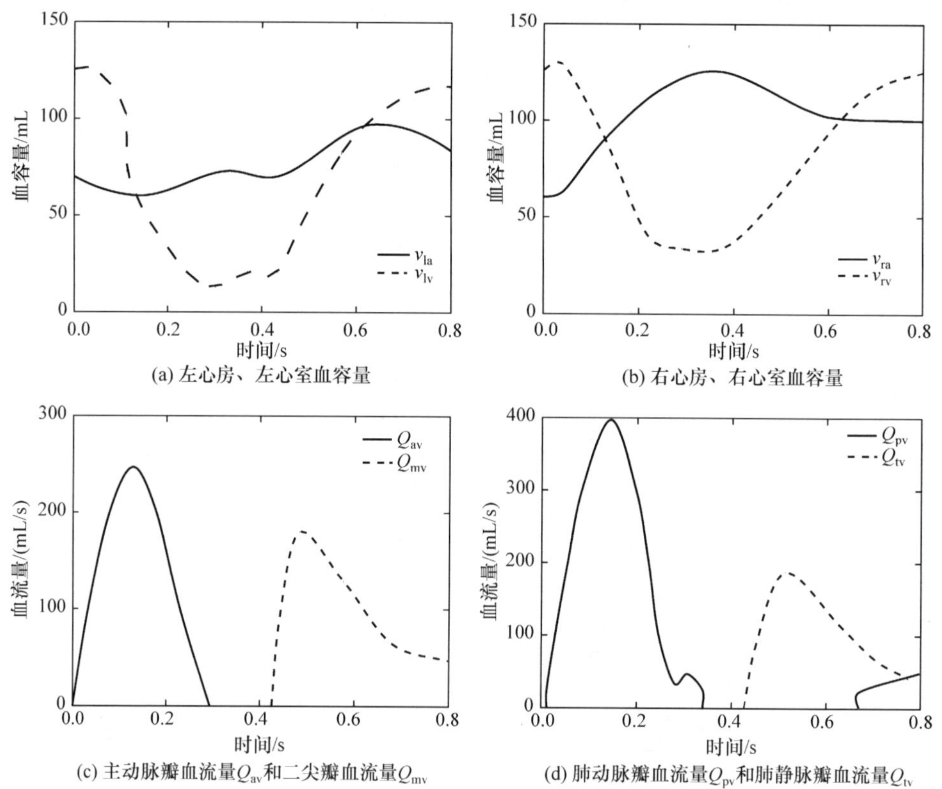

图 2.13 心房心室血容量及瓣膜血流量

图 2.14 为体循环和肺循环中的血管血流量，图 2.15 为心房心室压力随时间的变化图，表 2.3 显示了仿真结果获得的一组特征参数值和正常值的比较。

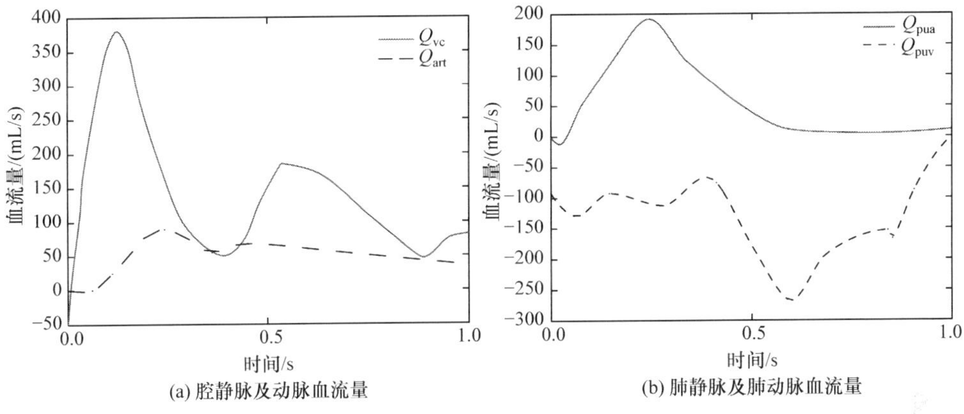

图 2.14　体循环和肺循环中的血管血流量

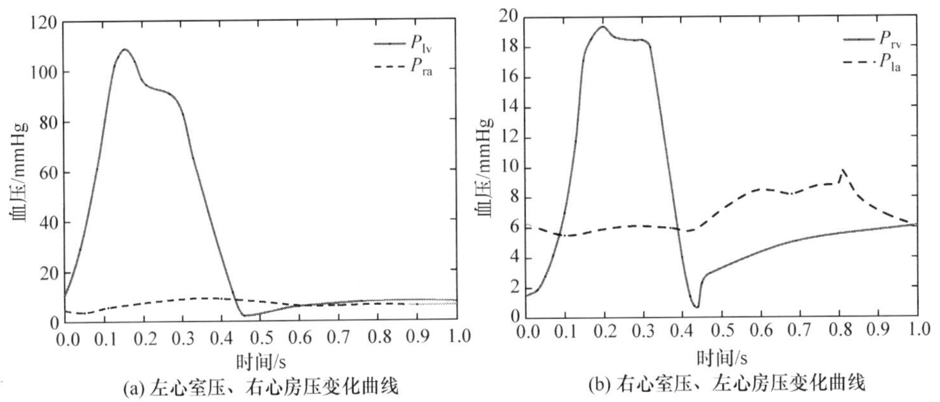

图 2.15　心房压、心室压随时间的变化

表 2.3　心血管模型仿真结果与正常值比较

特征参数	仿真结果	正常值
左心室收缩压/mmHg	115.8	90～120
左心室舒张压/mmHg	4.28	0～10
主动脉收缩压/mmHg	117	90～140
主动脉舒张压/mmHg	64	60～90
右心室收缩压/mmHg	19	18～30
右心室舒张压/mmHg	2.1	−5～3
肺动脉收缩压/mmHg	20.1	18～25
肺动脉舒张压/mmHg	6.2	6～10
心输出量/(L/min)	5.695	4.5～6

图 2.13(a)表示一个心动周期内左心房和左心室的血容量随时间的变化关系，对左心室的血容量曲线求积分可以求出一个心动周期内左心室射入主动脉的血容量为 75.9398mL，根据正常人的心率为 75 次/min，可以求出总输出量为 5.695L/min；图 2.13(b)表示一个心动周期内右心房和右心室的血容量随时间的变化关系，心室的血容量在心室收缩时会迅速减小，舒张时血容量慢慢恢复[33]，因此图 2.13(a)和图 2.13(b)能够反映一个心动周期内心室的血容量随时间的变化关系；图 2.13(c)和图 2.13(d)反映一个心动周期内瓣膜的血流量，可见当心房压小于心室压时，瓣膜关闭，流经瓣膜的血流量接近 0。图 2.14(a)描述的是一个心动周期内体循环中的腔静脉及动脉血流量，图 2.14(b)描述的是肺循环中的肺静脉和肺动脉血流量，通过图 2.14 可以看出一个心动周期内心脏在舒张期和收缩期的体循环与肺循环中相应血管的血流量。图 2.15(a)描述的是一个心动周期内左心室压和右心房压随时间的变化关系，图 2.15(b)描述的是一个心动周期内右心室压和左心房压随时间的变化关系，可以将图 2.15 中的左心室压与左心房压差作为第一心音仿真时的初始条件。图 2.15(b)中右心室压曲线峰值表示右心室收缩压为 19mmHg，谷值表示右心室舒张压为 0.5mmHg；图 2.15(a)中左心室压曲线的峰值表示收缩压为 115.8mmHg，谷值表示左心室舒张压为 4.28mmHg；主动脉收缩压可以根据式(2.15)中的主动脉的血容量 v_{ao} 与主动脉的顺应性 C_{ao} 的比值的最大值求出，为 117mmHg；主动脉舒张压可以根据式(2.15)中主动脉的血容量 v_{ao} 与主动脉的顺应性 C_{ao} 的比值的最小值求出，为 64mmHg；肺动脉收缩压为 20.1mmHg，是取式(2.16)中的 P_{pua} 的最大值；肺动脉舒张压为 64mmHg，是取 P_{pua} 的最小值。这些特征参数值如表 2.3 所示，它们均在正常心脏生理参数值范围内。根据同样的原理，改变心血管仿真模型中左右心室间耦合倒电容的值，可以仿真出高血压和低血压的情况。

人类心血管系统是一个闭合的循环系统，各个独立的部分可以通过血流动力学参数进行相互作用，现在很多研究者在不同精度层面上研究心血管的各个子部分[34-47]，但是将整个心血管系统组合起来进行研究的成果较少。与其他心血管系统模型相比，本模型的主要特点如下。

(1) 在体循环子模型的基础上进行扩展，用耦合壁对左右心室进行耦合，增加肺循环的各段血管使其形成一个闭合的循环，构成了心血管系统模型。该模型不仅可以得到体循环子模型中的血流参数，还可以得出右心室舒张压、右心室收缩压、肺动脉收缩压、肺动脉舒张压等肺循环部分的参数。

(2) 对体循环子模型中的瓣膜模型进行改进，将理想二极管换成伯努利阻抗来表示瓣膜，这样更有助于反映瓣膜孔径与血流的关系，更贴近瓣膜的生理机制，能够方便地讨论心音产生的机制及影响因素。

(3) 将该模型所产生的数据作为第一心音仿真时的初始条件，对心脏子模型进行仿真得出第一心音的仿真波形，与实测的第一心音波形相似度为 69.8%。用该模型可以初步探讨各个参数的变化对心音及心血管参数的影响。

本节提出的心血管系统仿真模型满足了构造模型所需的三个基本原则，体现了心血管系统的一些细节特征，为心音信号的产生机理分析奠定了良好的基础，也为心血管疾病的研究提供了一种新途径。

9. 正常第一心音的仿真

这里利用前面提出的心血管仿真模型，仿真得到一些特殊情况下的心血管血流动力学特性参数，根据这些参数利用心脏子模型对第一心音进行仿真，得到正常情况下的第一心音及几种病态的第一心音。

1) 正常第一心音的仿真

用式(2.12)所示的电路振荡来模拟心音的产生过程：将心房和心室的压力差作为一个驱动源，使心室和瓣膜组成的电路模型产生电磁振荡，用该振荡波形来模拟第一心音。同理，右心室和三尖瓣组成的电路模型在右心房和右心室的激励下产生振荡，形成三尖瓣的振动波形。将二尖瓣和三尖瓣的振动波形进行合成就形成第一心音的仿真波形图，如图 2.16 所示。其中，图 2.16(a)为仿真波形，图 2.16(b)为实测波形。对这两组波形进行比较分析，发现两者的频域相同，均为 0～150Hz；提取两者的包络进行相似度对比[48]，相似性为 69.8%。

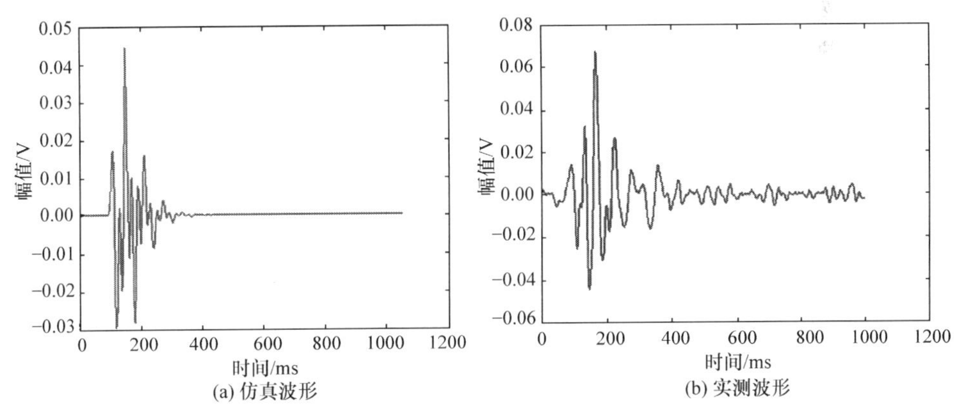

(a) 仿真波形　(b) 实测波形

图 2.16　第一心音的仿真波形及实测波形的对比

2) 心音产生机理的分析

从图 2.16 的仿真结果可以看出，心室之间的耦合倒电容 E_s 和心包压对心房心室压差产生影响，进而影响第一心音的幅值、房室瓣(二尖瓣和三尖瓣)中的伯努利阻抗(B_{mv}, B_{tv})以及左右心室的心肌弹性系数。而瓣膜的黏性阻力(R_{mv}, R_{tv})和血流惯性(L_{mv}, L_{tv})会对第一心音的频率产生影响[49-51]。

10. 异常第一心音的仿真

本节讨论两种异常第一心音的仿真结果，分析心音出现异常的原理及心脏产生病变的原因。

1）二尖瓣关闭不全情况下的第一心音

正常的二尖瓣关闭功能取决于瓣叶、瓣环、腱索、乳头肌和左心室这五个部分的完整结构与正常功能，任一部分发生结构与功能的异常均可使二尖瓣关闭不全。二尖瓣关闭不全，会导致血液反流[51]。轻度的血液反流会导致轻微的呼吸困难，严重时则会引起左心衰竭。减小心脏子模型中二尖瓣的伯努利阻抗(B_{mv})，使得当二尖瓣关闭时瓣膜两端仍有血压，这样就可以利用心血管仿真模型得到二尖瓣回流情况下的血流动力学参数，作为心脏子模型的初始条件，根据公式仿真出二尖瓣关闭不全情况下的第一心音仿真波形，波形如图 2.17 所示。

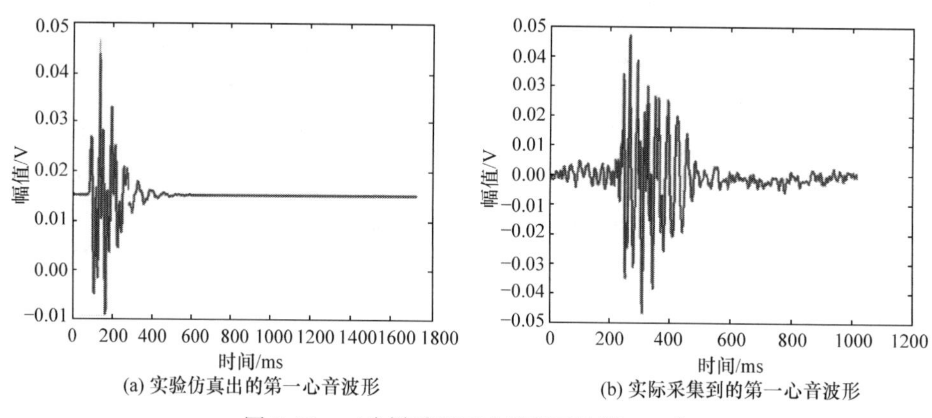

(a) 实验仿真出的第一心音波形　(b) 实际采集到的第一心音波形

图 2.17　二尖瓣关闭不全情况下的第一心音

2）二尖瓣狭窄情况下的第一心音

正常的二尖瓣瓣口面积为 4～6cm^2，轻度狭窄的二尖瓣瓣口面积为 1.5～2.0cm^2，中度狭窄的二尖瓣瓣口面积为 1.0～1.5cm^2，重度狭窄的二尖瓣瓣口面积小于 1.0cm^2。在心血管仿真模型中增大二尖瓣的血流阻力 R_{mv} 和伯努利阻抗 B_{mv} 可以模拟出二尖瓣狭窄情况下的心血管系统的血流动力学参数。从血流动力学参数中可看出左心房压变大，肺动脉收缩压增大，这与二尖瓣狭窄的一些临床症状相一致。将所得到的血流动力学参数作为心脏子模型的初始条件，根据公式来模拟二尖瓣狭窄情况下的第一心音模型[51]，波形如图 2.18 所示。

图 2.18(a)为实验仿真出的第一心音波形，图 2.18 (b)为实际采集到的第一心音波形。对二者的包络相似度进行对比，发现相似度为 62.8%，从图中可看出二者的峰值和谷值也比较接近。

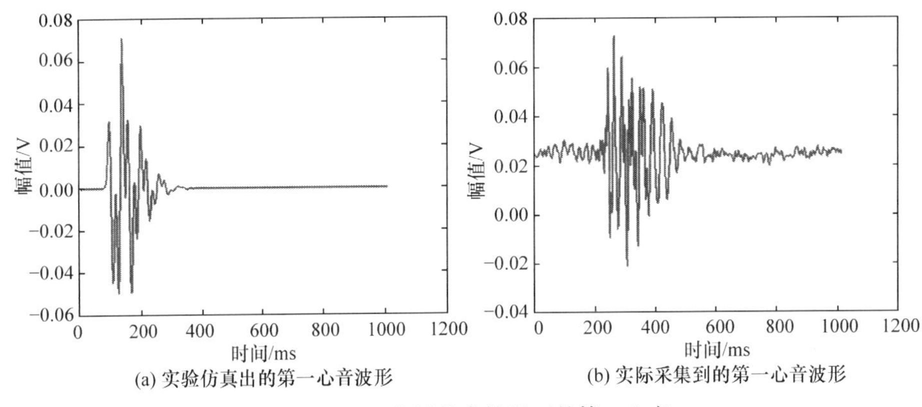

(a) 实验仿真出的第一心音波形

(b) 实际采集到的第一心音波形

图 2.18 二尖瓣狭窄情况下的第一心音

2.2.2 基于弹簧质量阻尼系统的内心音模型(第一心音)

基于心音产生机制的分析,可以知道心音信号的主要来源是心脏瓣膜开合产生的振动信号,本节暂时先忽略血流冲击的影响,将心脏看成一个振动信号源,利用弹簧质量阻尼系统来模拟心脏瓣膜的开合振动。

1. 动态系统仿真与 Simulink 简介

将某些具有特定功能、相互联系、相互作用的元素集合在一起就组成了系统。这里的系统是指广义上的系统,泛指自然界的一切现象与过程,如工程系统中的控制系统、通信系统等,非工程系统中的股市系统、交通系统和生物系统等。

对系统的本质或某些特性进行描述或者抽象就形成了系统模型,因此系统模型就与系统拥有了相似的特性。一个好的系统模型能够反映出系统的主要特性和运动规律。系统模型包括实体模型(又称物理效应模型)和数学模型。根据系统之间的相似性就可以建立实体模型,如建筑模型。数学模型又可以分为原始系统数学模型和仿真系统数学模型[37]。表 2.4 列出了各种数学模型及其数学描述。

表 2.4 数学模型分类

模型类型	静态系统模型	动态系统模型			
		连续系统模型			离散系统模型
		集中参数	分布参数	离散时间	
数学描述	代数方程	微分方程 状态方程 传递函数	偏微分方程	差分方程 离散状态方程	概率分布 排队论

仿真是一门以相似性原理、控制论、信息技术等为基础的综合性技术，也是一种借助计算机以及各种专用物理设备，对真实的系统进行建模的技术[37]。它可以分为实物仿真、数学仿真和半实物仿真，其中实物仿真也称为物理仿真，计算机出现以后又出现了计算机仿真。

计算机仿真的应用范围非常广泛，产品的研制以及系统的设计都要用到计算机仿真。计算机仿真有三个基本的要素，即系统、模型和计算机。模型的建立、仿真模型的建立和仿真实验将这三个基本要素紧紧地联系在一起，其中仿真模型的建立又称为二次建模。

仿真技术有非常广泛的用途，主要用途如下。

(1) 优化系统设计。可以通过反复调试系统模型来优化设计，在设计达到最优时建立实际的系统。

(2) 再现系统故障，找出故障发生的原因。有时在实际系统发生故障时往往不能立即明了其中的原因，而用真实的系统将故障再现很不现实，所以利用仿真技术还原故障就成了最好的选择。

(3) 系统设计好后可以利用仿真技术来验证设计的正确性。

(4) 及时测评和分析系统的性能。

(5) 训练系统操作员。常见于各种模拟器的应用。

(6) 在做管理决策及技术决策时提供支持。

说到计算机仿真不得不提到计算机仿真软件，Simulink 是 MATLAB 中的一个可视化仿真工具，可对各种动态系统进行建模、分析和仿真[38]。它提供了一种图形化的交互环境，用户不用编写大量的程序，只需要进行简单的鼠标操作，选取适当的库模块，就能构造出复杂的仿真模型。

Simulink 的主要优点如下。

(1) 适用面广。可构造的系统包括：线性、非线性系统；离散、连续及混合系统；单任务、多任务离散时间系统。

(2) 结构和流程清晰。它的外表是方形的，采用分层结构，既适用于自上而下的设计流程，又适用于自下而上的设计流程。

(3) 仿真更为精细。它提供的许多模块更接近实际，为用户开辟了新的途径。

(4) 模型内码更容易向数字信号处理器(DSP)、现场可编程阵列(FPGA)等硬件移植。

2. 两自由度的内心音模型

由心音信号产生机理可知，一般正常的心音信号由第一心音 s_1 和第二心音 s_2 组成。第一心音 s_1 主要是由二尖瓣(M1)和三尖瓣(T1)关闭时引起的一系列振动形成的；第二心音 s_2 主要是由主动脉瓣(A2)和肺动脉瓣(P2)关闭时引起的一系列振动形成的。这里将各个心脏瓣膜开合引起的瓣膜及心室壁的振动看成一个两自由度系统，如图 2.19 所示，其中 m_1 看成心脏瓣膜，m_2 看成心室壁。瓣膜和心室壁的弹性系数作为系统弹簧振子的弹性系数，血流的阻尼就是该两自由度系统的阻尼。如此建立一个类似于瓣膜开合的振动模型，用来模拟各个瓣膜开合引起的振动。最后将各个瓣膜的振动信号进行合成，便可以得到内心音信号。之所以称为内心音信号，是因为该系统模拟的是胸腔内心音信号的产生过程，而不是经过胸腔系统传播后的心音信号。图 2.20 和图 2.21 描述了心音模型和内心音模型的区别。

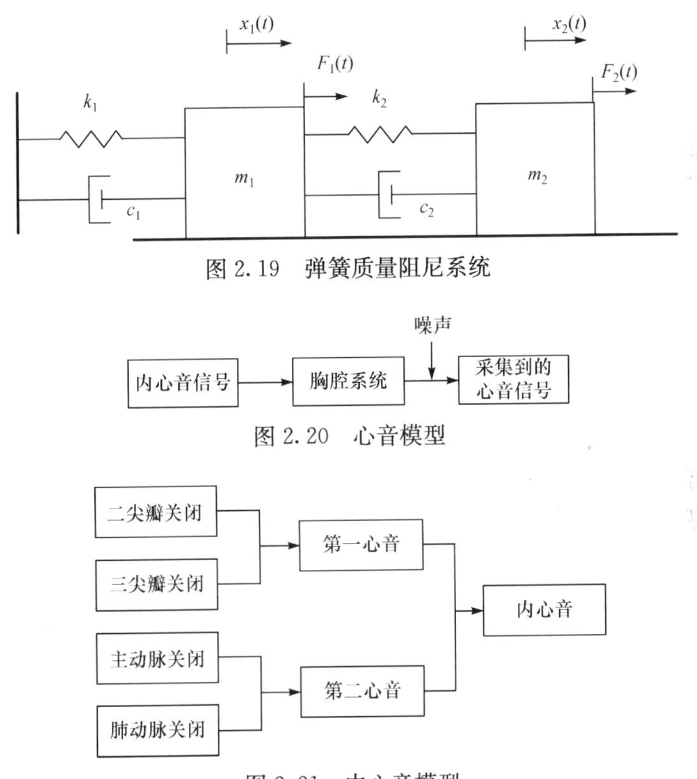

图 2.19　弹簧质量阻尼系统

图 2.20　心音模型

图 2.21　内心音模型

3. 实验仿真与结果分析

对内心音模型进行仿真实验，使用 Simulink 求解两自由度系统的平衡方程，实验数据来源于文献[7]、文献[40]～文献[42]。由于实验环境的限制，并不能得到所有相关的数据，且第一心音和第二心音的产生过程具有相似性，因此这里仅模拟了第一心音。使用到的相关数据如表 2.5 所示。

表 2.5　实验采用的数据

仿真对象	质量/kg	弹性系数/(kg/s^2)	阻尼/(kg/s)
二尖瓣	0.1272	6×10^4	20
左心室壁	0.2080	2×10^4	30
三尖瓣	0.1908	6×10^4	20
右心室壁	0.2080	2×10^4	30

使用 Simulink 求解方程(图 2.22),得到心脏瓣膜和心室壁的振动位移,这里将它们的位移表示为振动信号的幅值。图 2.23 给出了第一心音模拟的情况。

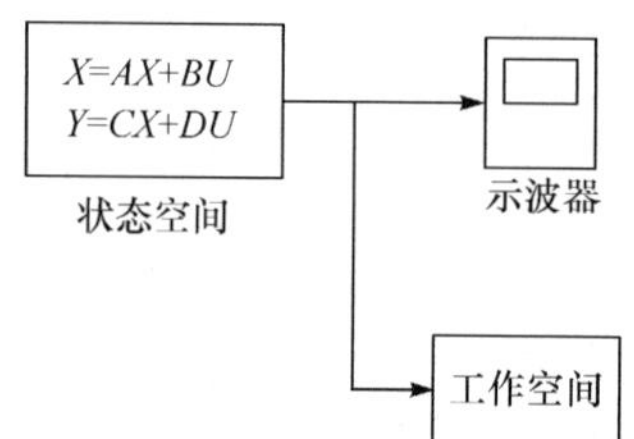

图 2.22　Simulink 解两自由度的内心音模型

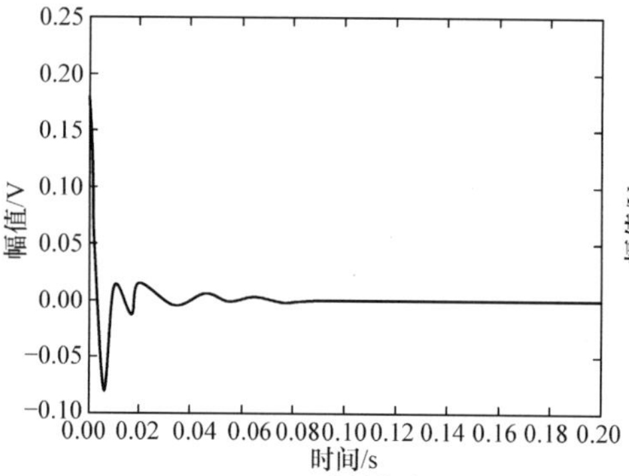

(a) 二尖瓣位移

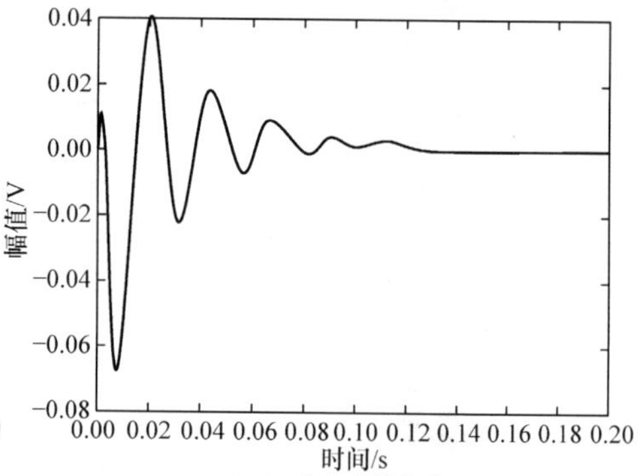

(b) 左心室壁位移

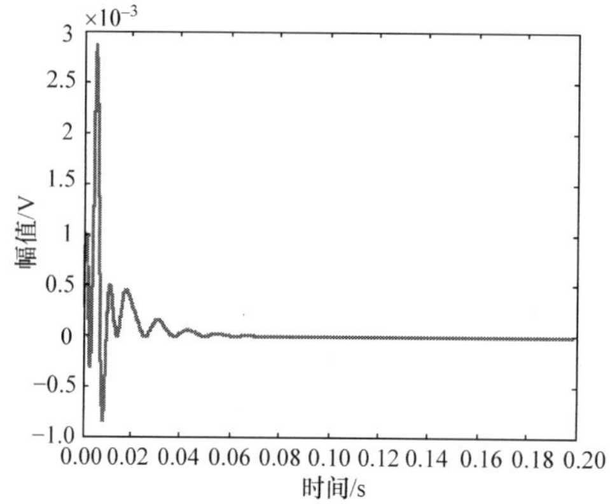

(c) 二尖瓣和左心室壁振动位移的合成

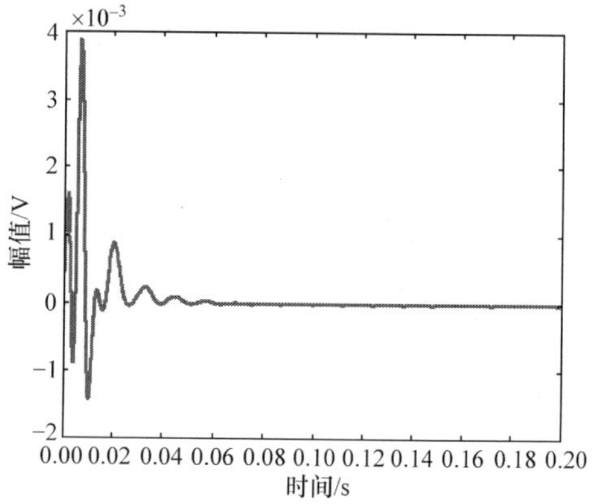

(d) 三尖瓣和右心室壁振动位移的合成

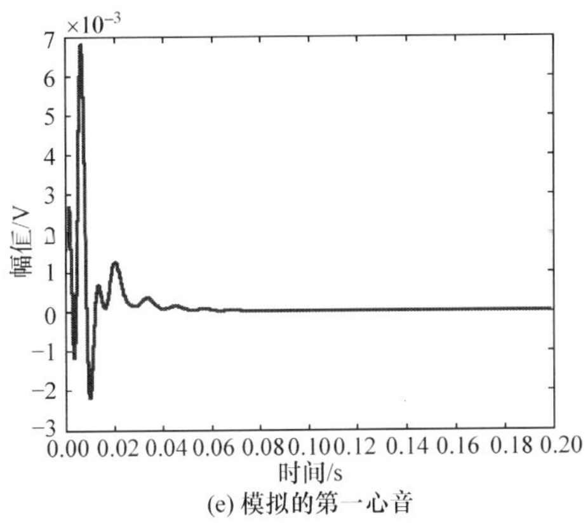

(e) 模拟的第一心音

图 2.23　第一心音的模拟过程

从以上信号的合成结果可以看出，整个信号和心音具有很高的相似性，因此使用弹簧质量阻尼系统来模拟生成内心音信号是可行的。在进行内心音信号的合成时使用的是简单的信号相加或者相乘的方法，以后可以考虑使用特定的信号合成方法将这些信号进行合成以达到最优的效果。

下面对介绍的两种模型进行比较。基于集总参数的心血管仿真模型是电路模型，基于弹簧质量阻尼系统的内心音模型是物理模型，具体如下。

前者对心音的产生机理进行分析，并将心音的产生与所提出的心血管仿真模型进行联系，用心血管仿真模型对心音的产生进行解释。利用心血管仿真模型以及相关的数学公式对第一心音进行数学仿真，得到正常情况下的第一心音波形以及两种病态的第一心音波形。从仿真结果可以看出，利用该心血管仿真模型对第一心音进行解释具有一定的可行性，并且可以讨论研究心音产生的生理机制。

后者基于心音的产生机制，从生理角度出发将心音从生理产生机理上进行分割，对每种心脏瓣膜的关闭造成的内心音成分进行单独仿真，最后合成内心音信号。但是，由于相关生理知识的不全面，有些参数可能不是很准确，模型的搭建还有许多待改进的地方，在内心音信号的合成方法方面也需要进一步改善。

2.2.3　非线性调频信号模型(第二心音)

第二心音主要是由主动脉瓣 A2 和肺动脉瓣 P2 关闭引起的。本节采用一种非线性调频信号的方法来分解、合成第二心音的主动脉瓣 A2 和肺动脉瓣 P2 成分。这种方法是以信号的时频分析技术为基础的，可以用来估计和重构含有多种成分信号的瞬时相位与瞬时幅度函数。

1. s_2 信号模型

可以采用一种窄带非线性调频信号对第二心音 s_2 进行建模，其中每个独立成分都是由瞬时幅度和瞬时频率(instantaneous frequency，IF)这两个参数来表征的。根据信号的这些基本特性，s_2 信号模型可以定义为一组窄带调频信号组合的形式[40]：

$$s_2(t)=A_A(t)\sin(\varphi_A(t))+A_P(t-t_0)\sin(\varphi_P(t))+n(t) \tag{2.17}$$

式中，$A(t)$和 $\varphi(t)$表示每种成分的振幅和相位；下标 A 代表主动脉瓣 A2 的信号；下标 P 代表肺动脉瓣 P2 的信号；t_0 为主动脉瓣 A2 与肺动脉瓣 P2 之间的时间间隔；$n(t)$为增加的高斯白噪声信号。

主动脉瓣 A2 的信号 A_2 和肺动脉瓣 P2 的信号 P_2 可分别定义为

$$A_2(t)=Am_A(t)\sin(\varphi_A(t))+n_A(t) \tag{2.18a}$$

$$P_2(t)=Am_P(t)\sin(\varphi_P(t))+n_P(t) \tag{2.18b}$$

式中，$Am_A(t)$和 $Am_P(t)$分别表示 A_2 与 P_2 成分的振幅函数；$\varphi_A(t)$和 $\varphi_P(t)$为它们的相位函数；$n_A(t)$和 $n_P(t)$表示背景噪声信号。

实际上，A_2 和 P_2 的相位函数是通过对 s_2 信号的时频分析得到的，其中，相位函数是瞬时频率(IF)函数的积分形式，定义如下：

$$\varphi_A(t)=\int_{-\infty}^{t}\mathrm{IF}_A(t)\mathrm{d}t \tag{2.19a}$$

$$\varphi_P(t)=\int_{-\infty}^{t}\mathrm{IF}_P(t)\mathrm{d}t \tag{2.19b}$$

2. 提取 A_2 和 P_2 的成分

时频分析技术在分解多成分信号中具有十分重要的意义。根据之前的研究得知，A_2 和 P_2 的时间间隔 t_0 与它们的 IF 函数可以从时频域中分解出来，也能够从高斯白噪声中分离出来。因此，这里提出如下三个假设条件[39,40]。

(1) A_2 和 P_2 的 IF 函数在时频域中是互不重叠的，因为 A_2、P_2 这两种调频成分的频率函数随时间增加而快速递减，并且它们的起始时间不同。

(2) A_2 和 P_2 的振幅包络值都是非负的，它们在采样区间里都是窄带信号。

(3) s_2 的时频域分析方法要求信号在时频域中具有较高的分解特性，由于 A_2 和 P_2 的间隔时间都很短，一般为 30～50ms，并且它们的 IF 函数都是迅速递减的。

使用非线性调频信号模型从 s_2 信号中提取 A_2 和 P_2 成分，一般分为两个步骤。第一步为提取 A_2 信号成分，因为 A_2 成分在 s_2 信号中首先产生，先利用维纳分解法分解出 s_2 信号，估算它的 IF 函数，再利用时-频滤波器来滤除交叉项、P_2

成分和背景噪声，这样就成功地提取了 A_2 成分。其中，IF 函数用式(2.20)来估算：

$$\mathrm{IF}_A=\frac{\int f\mathrm{mtfr}_f(t,f)\mathrm{d}f}{\int \mathrm{mtfr}_f(t,f)\mathrm{d}f} \tag{2.20}$$

式中，$\mathrm{mtfr}_f(t,f)$ 为 s_2 的时频表示形式。这种算法还能除去 A_2 时频表达式中的大部分负值部分，因为它主要保留了 A_2 的能量部分。

一旦 IF 函数确定，通过计算式(2.19)就可以得到 A_2 的相位函数，再利用希尔伯特-黄变换的方法求出信号的分解式 $s_2(t)$，将它与 $\exp(-\mathrm{i}\varphi_A(t))$ 项相乘，结果如下：

$$s_2(t)\exp(-\mathrm{i}\varphi_A(t))=A_2(t)+P_2(t-t_0)\exp[\mathrm{i}(\varphi_P(t)-\varphi_A(t))] \tag{2.21}$$

通过计算式(2.21)可产生 $A_2(t)$ 信号，它是 A_2 振幅包络中的低频成分，A_2 和 P_2 的相位差为 $\varphi_P(t)-\varphi_A(t)$。在频域中，利用低通滤波器(截止频率为 16～64Hz)滤除 $s_2(t)\exp(-\mathrm{i}\varphi_A(t))$ 信号便得到 A_2 的振幅包络 $A_{sA}(t)$。因此，A_2 成分可以用式(2.22)来建模：

$$A_{s2}(t)=A_{sA}(t)\sin(\varphi_A(t)) \tag{2.22}$$

第二步为提取 P_2 成分。P_2 成分 $P_{s2}(t)$ 可用式(2.23)进行建模：

$$P_{s2}(t)=s_2(t)-A_{s2}(t) \tag{2.23}$$

3. 实验仿真与结果分析

对上述建立的 s_2 信号模型进行仿真实验，使用 MATLAB 软件和时频分析工具箱求解下面所述的各个模拟函数，采用的实验数据源于文献[43]。其中，A_2 的 IF 函数和瞬时幅度 $A_A(t)$ 可以用式(2.24)和式(2.25)来模拟：

$$\mathrm{IF}_A(t)=24.3+225.7(t+1)^{-0.5} \tag{2.24}$$

$$A_A(t)=A\left[1-\exp\left(\frac{-t}{8}\right)\exp\left(\frac{-t}{16}\right)\sin\left(\frac{\pi t}{60}\right)\right],\quad 0\leqslant t\leqslant 60 \tag{2.25}$$

则 A_2 的建模公式为

$$A_2(t)=A_A(t)\sin[2\pi(24.3t+451.4\sqrt{t})]+n_A(t) \tag{2.26}$$

式中，A 的幅值设定为 3.5。

类似地，P_2 的 IF 函数和瞬时幅度 $A_P(t)$ 可以用式(2.27)和式(2.28)来模拟：

$$\mathrm{IF}_P(t)=21.83+178.17(t+1)^{-0.5} \tag{2.27}$$

$$A_P(t)=1-\exp\left(\frac{-t}{8}\right)\exp\left(\frac{-t}{16}\right)\sin\left(\frac{\pi t}{60}\right),\quad 0\leqslant t\leqslant 60 \tag{2.28}$$

则 P_2 的建模形式为

$$P_2(t)=A_P(t)\sin[2\pi(21.83t+356.34\sqrt{t})]+n_P(t) \tag{2.29}$$

在本实验中，将采样频率设置为 1000Hz，则原始信号与重构信号之间的合成误差可用归一化均方误差（normalized root mean squared error，NRMSE）来估计，为

$$\text{NRMSE}=\sqrt{\frac{\sum_{n=1}^{M}|e(n)|^2}{\sum_{n=1}^{M}|A(n)|^2}}\times 100\% \tag{2.30}$$

式中，$e(n)$为原始信号 $A(n)$与重构信号之间的误差信号。

实际上，由于心脏的左、右心室在收缩期振动时产生了时延，A_2 和 P_2 成分之间也存在一定的时间间隔 t_0。在呼吸过程中，可以通过主体血流动力学状态中的瞬时变量来调节 t_0 值。在大多数情况下，都是先产生 A_2 成分，再产生 P_2 成分。每种成分的持续时间都很短，一般在 80ms 以内。当时间间隔 t_0 为 30～80ms 时，A_2 和 P_2 成分是互相分离的；当时间间隔 t_0 小于 15ms 时，是重合的。实际上，当 A_2、P_2 间隔很小时，根据它们的不同瞬时相位得到的 P_2 信号波形也是不尽相同的。

使用 MATLAB 软件求解相应的 A_2、P_2 成分的振幅和相位函数，再通过合成的方式来模拟 s_2 信号波形。下面给出几种不同情况下第二心音信号的模拟过程，其中 A_2、P_2 的持续时间都设为 60ms。

(1) 假设 A_2、P_2 的时间间隔 t_0 为 35ms，即它们的重叠区间为 25ms，则第二心音的模拟过程如图 2.24 所示。

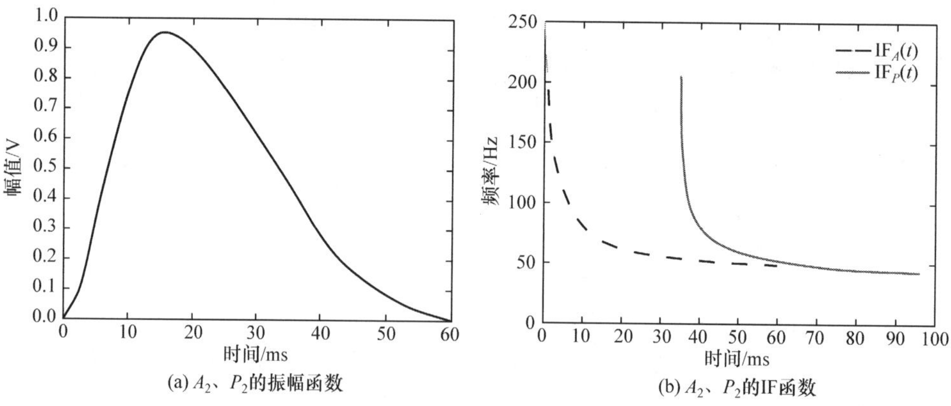

(a) A_2、P_2的振幅函数　　(b) A_2、P_2的IF函数

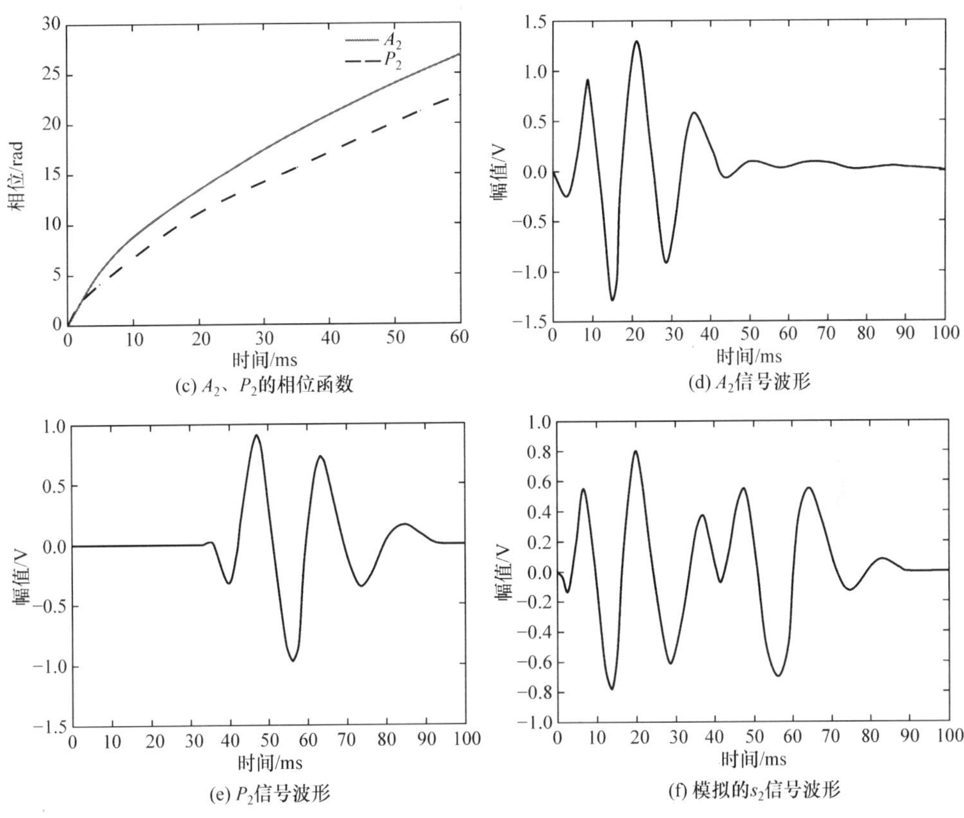

(c) A_2、P_2的相位函数　(d) A_2信号波形

(e) P_2信号波形　(f) 模拟的s_2信号波形

图 2.24　时间间隔为 35ms 时第二心音的模拟过程

根据图 2.24 的仿真结果可以看出，A_2 和 P_2 的包络波形都呈抛物线形状，而 IF 函数波形都呈指数递减趋势，它们的相位函数波形都呈递增趋势。比较上面的振幅包络波形和 IF 函数可以发现，当 t 为 0 时，A_2 的幅值为 0，此时它的 IF 函数值为 250Hz，随后 IF 函数快速衰减，信号振幅呈递增趋势；当 t 为 17ms 时，A_2 的 IF 函数值减小到 79Hz，它的包络振幅却达到最大值，约为 1。

(2) 若将 A_2 和 P_2 时间间隔设为最大，即 $t_0=60$ms，即它们互相独立，则第二心音的模拟过程如图 2.25 所示。

观察图 2.25 的实验结果可以看出，A_2 和 P_2 的 IF 函数互不重叠且呈递减趋势，当 t 为 60ms 时，A_2 的 IF 函数达到最小值约为 50Hz，同时 P_2 的 IF 函数初始值为最大，约为 200Hz。A_2 和 P_2 成分波形无重叠区间，s_2 信号波形显示为 A_2 与 P_2 成分的直接累加结果。

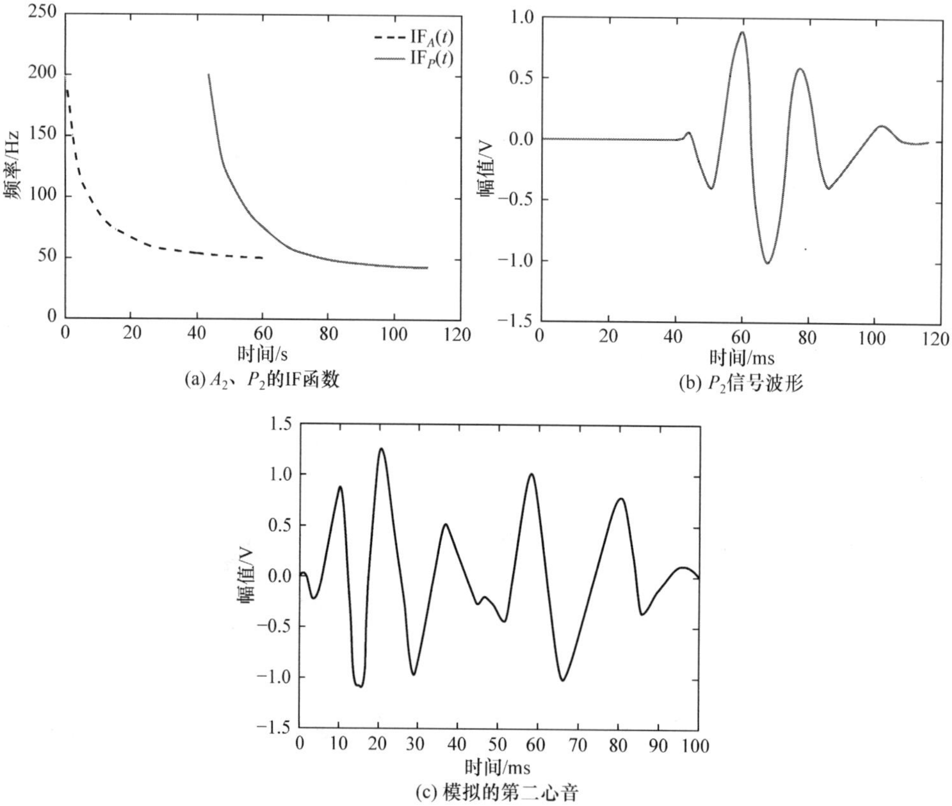

(a) A_2、P_2的IF函数

(b) P_2信号波形

(c) 模拟的第二心音

图 2.25　时间间隔最大时第二心音的模拟过程

(3) 若将 A_2、P_2 的时间间隔设为最小，即 t_0 =10ms，即它们的重叠区间为 50ms，则第二心音的模拟过程如图 2.26 所示。

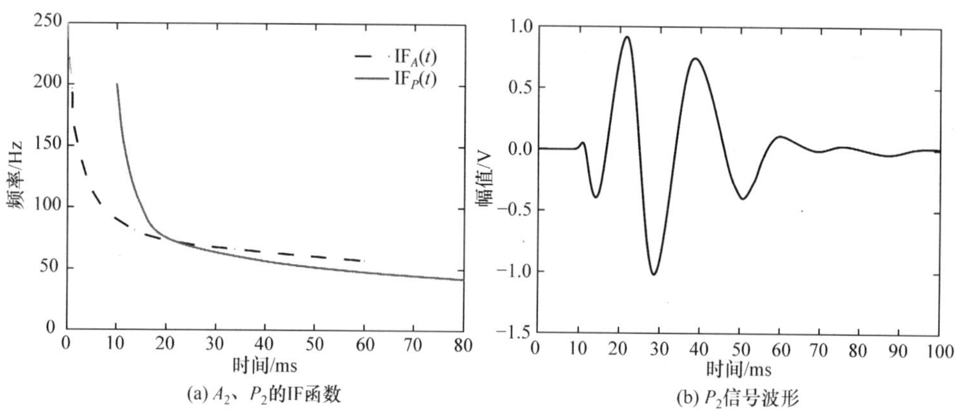

(a) A_2、P_2的IF函数

(b) P_2信号波形

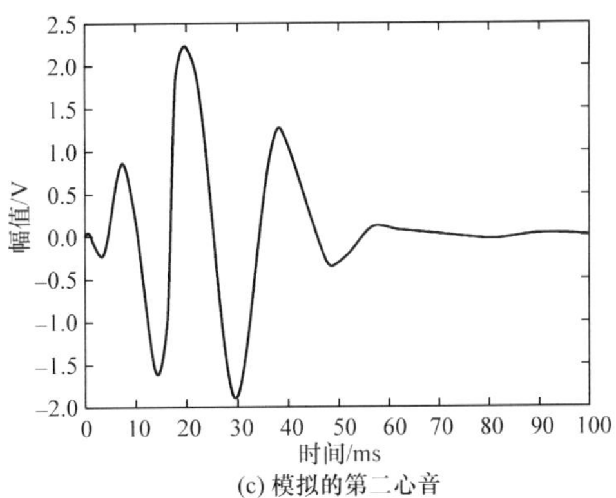

(c) 模拟的第二心音

图 2.26　时间间隔最小时第二心音的模拟过程

观察图 2.26 可以发现，A_2、P_2 的 IF 函数在 22ms 时相交，值约为 71Hz，模拟出来的 s_2 信号基本显示为某种单一成分，与 A_2 或者 P_2 波形很相似。

(4) 设时间间隔 t_0 为 45ms，即 A_2、P_2 的重叠区间为 15ms，此时第二心音的模拟过程如图 2.27 所示。

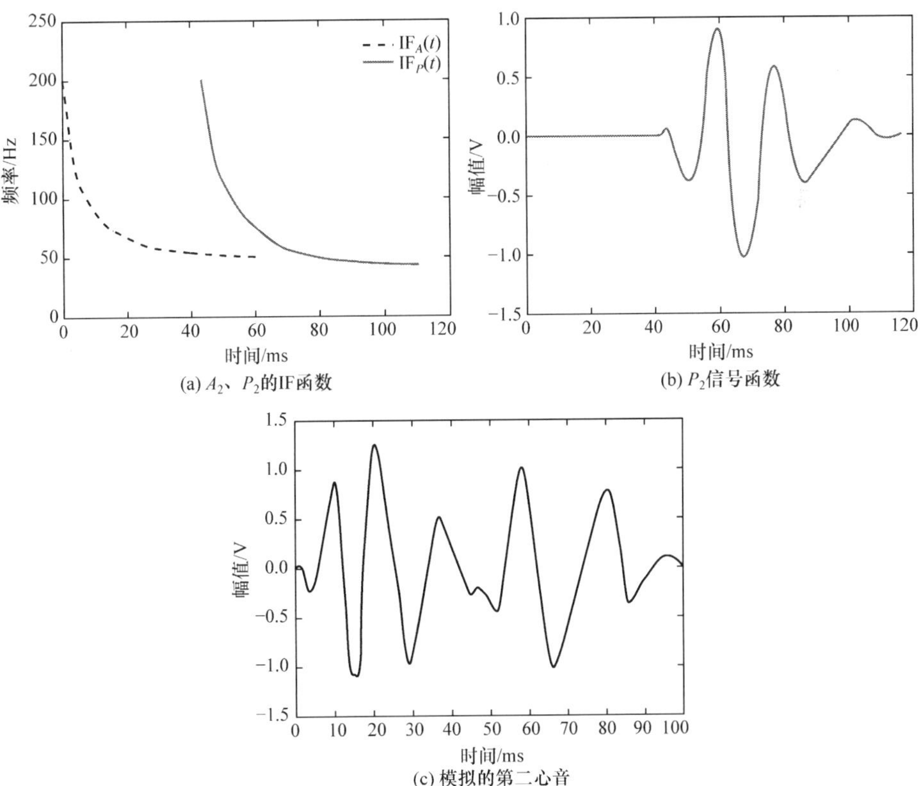

(a) A_2、P_2的IF函数

(b) P_2信号函数

(c) 模拟的第二心音

图 2.27　时延为 45ms 时第二心音的模拟过程

将以上四种实验结果与实际的 s_2 信号波形进行对比，发现当 A_2 和 P_2 的时间间隔 t_0 值为 35ms 时，模拟出来的心音波形更接近实际的第二心音信号，实验效果也比较好。

2.3　基于心血管系统仿真模型的内在特征病态仿真

2.3.1　高血压病理仿真

正常人的血压随内外环境变化在一定范围内波动。血压水平随年龄逐渐升高，以收缩压更为明显，但 50 周岁后舒张压呈现下降趋势，脉压也随之加大。近年来，人们对心血管病的多重危险因素作用以及心、脑、肾等靶器官保护的认识不断深入，高血压的诊断标准也在不断调整，认为同一血压水平的患者发生心血管病的危险不同，因此有了血压分层的概念，即发生心血管病危险度不同的患者适宜的血压水平应有不同。医生面对患者时在参考标准的基础上，根据其具体情况判断该患者最合适的血压范围，从而采用针对性的治疗措施。

高血压患者常常伴随着主动脉粥样硬化和外周血管狭窄的症状，因此本节先利用心血管系统仿真模型分别对这两种病理情况进行仿真，对其高血压状况进行分析。

1. *主动脉粥样硬化病理仿真*

动脉粥样硬化的特点是动脉管壁增厚、变硬、失去弹性和管腔缩小，在动脉内膜上积聚的脂质外观呈黄色粥样。动脉粥样硬化主要发生在大动脉，会引起血管顺应性减小。动脉粥样硬化的病理变化主要包括主动脉粥样硬化、冠状动脉粥样硬化、颅脑动脉粥样硬化、肾动脉粥样硬化、肠系膜动脉粥样硬化和四肢动脉粥样硬化，其中心血管仿真模型中涉及的是主动脉，因此可以通过改变模型的相关参数来仿真主动脉粥样硬化的病理情况。

仿真时，将图 2.9 中体循环部分的动脉和主动脉的顺应性（C_{ao}，C_{art}）的值设为原值的 60%，利用状态方程方法，用 MATLAB 软件进行数学仿真，得到一组主动脉粥样硬化的仿真结果。图 2.28 给出了正常生理状况与主动脉粥样硬化下左心室压和左心室血容量的对比，表 2.6 给出了仿真结果的一组特征参数值和正常生理状况下的值。

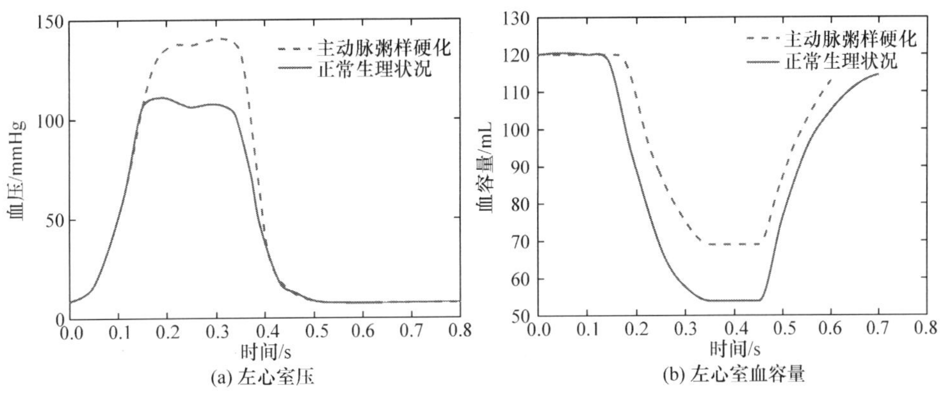

(a) 左心室压　(b) 左心室血容量

图 2.28　正常生理状况与主动脉粥样硬化下左心室压和左心室血容量的对比

表 2.6　主动脉粥样硬化下的仿真结果与正常值的比较

特征参数	主动脉粥样硬化仿真结果	正常生理状况下的值
左心室收缩压/mmHg	146.97	115.80
左心室舒张压/mmHg	1.41	4.28
主动脉收缩压/mmHg	124.02	117.00
主动脉舒张压/mmHg	54.47	64.00
右心室收缩压/mmHg	20.93	19.00
右心室舒张压/mmHg	0.39	2.10
心输出量/(L/min)	6.008	5.695

通过仿真结果可知，与正常生理状况下的参数相比，左心室收缩压增加 26.92%，左心室舒张压减少 67.06%，主动脉收缩压增加 6%，主动脉舒张压减少 14.89%，右心室收缩压增加 10.16%，右心室舒张压减少 81.43%，心输出量增加 5.50%。总体而言，主动脉粥样硬化会导致收缩压增加、舒张压减少。在心室收缩时，主动脉及大动脉弹性扩张，使收缩压不致太高；在心室舒张时，主动脉及大动脉弹性回缩，维持舒张压不致太低。当主动脉发生粥样硬化时，弹性会减弱，动脉压显著加大，而舒张压会偏低。这与实验仿真结果相一致，说明该模型可以模拟心血管模型中的主动脉粥样硬化的情况。

主动脉具有弹性储血作用，可以缓冲血压波动的幅度，即调控收缩压不致过高或舒张压不致过低，并保持血液的连续流动。当主动脉粥样硬化时，动脉的弹性储血作用减弱，收缩压明显增加，舒张压则保持不变或略有下降，故脉压增高。

2. 外周血管狭窄病理仿真

外周血管是指除心血管和脑血管以外的，分别到胸、腹、盆腔内的脏器以及躯干、四肢的血管，包括动脉、静脉和毛细血管。外周血管管径变小时，根据泊肃叶定律，外周阻力会变大。将如图 2.9 所示模型中的主动脉阻力 R_{ao}、动脉阻力 R_{art}、毛细血管阻力 R_{cap}、静脉阻力 R_{ven}、腔静脉阻力 R_{ve}、肺动脉阻力 R_{pua}、肺毛细血管阻力 R_{puc}、肺静脉阻力 R_{puv} 设为原值的 4 倍，利用状态方程方法可以得到外周血管狭窄时的心血管模型的仿真结果。图 2.29 给出了正常生理状况下与外周血管狭窄下左心室血压与左心室血容量的对比，表 2.7 给出了仿真结果的一组特征参数值和正常生理状况下的值。

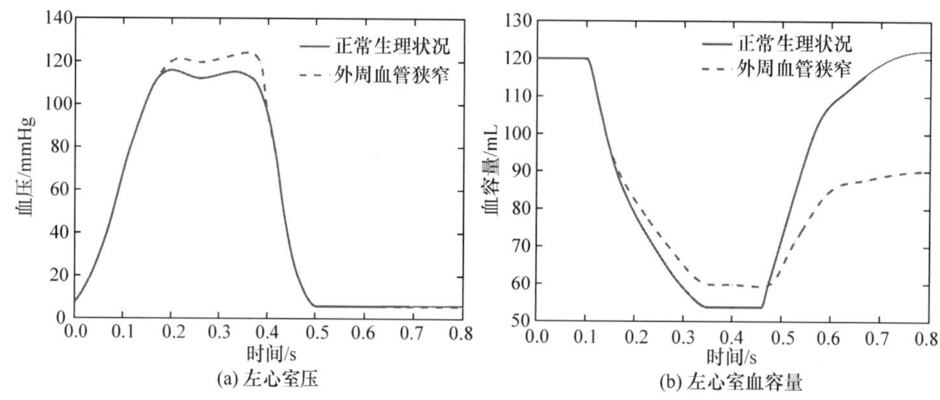

图 2.29　正常生理状况与外周血管狭窄下左心室压和左心室血容量的对比

表 2.7　外周阻力狭窄下的仿真结果与正常值的比较

特征参数	外周阻力狭窄仿真结果	正常生理状况下的值
左心室收缩压/mmHg	120.0	115.8
左心室舒张压/mmHg	4.90	4.28
主动脉收缩压/mmHg	120.6	117.0
主动脉舒张压/mmHg	67.01	64.00
右心室收缩压/mmHg	26.10	19.00
右心室舒张压/mmHg	0.56	2.10
心输出量/(L/min)	5.935	5.695

通过仿真结果可以得出，在外周血管狭窄的情况下，所得到的结果与正常生理状况下的参数相比，左心室收缩压增加了 3.63%，左心室舒张压增加了 14.49%，主动脉收缩压增加了 3.08%，主动脉舒张压增加了 4.70%，右心室收缩压增加了 37.37%，右心室舒张压减少了 73.33%，心输出量增加了 4.21%。

当主动脉血管狭窄时，外周血管阻力增高，血液流向外周的速度减慢，舒张末期主动脉内存留的血量增多，因此舒张压增高。当心脏收缩时，在存留血量的基础上加上搏出量，总血量增多，收缩压也增高，但由于动脉血压升高时血流速度加快，在心脏收缩期内有较多的血液流向外周，收缩压升高没有舒张压升高明显，所以脉压降低。

3. 高血压病理仿真

高血压患者往往同时伴有动脉粥样硬化和外周血管狭窄，血压升高更加显著。将图 2.9 中体循环部分的动脉和主动脉的顺应性(C_{ao},C_{art})的值设为原值的 60%，同时将模型中的主动脉阻力 R_{ao}、动脉阻力 R_{art}、毛细血管阻力 R_{cap}、静脉阻力 R_{ven}、腔静脉阻力 R_{ve}、肺动脉阻力 R_{pua}、肺毛细血管阻力 R_{puc}、肺静脉阻力 R_{puv} 设为原值的 4 倍，利用状态方程方法，可以得出高血压时的心血管模型的仿真结果。图 2.30 给出了正常生理状况与高血压状况下左心室压和左心室血容量的对比，表 2.8 给出了仿真结果的一组特征参数值和正常生理状况下的值。

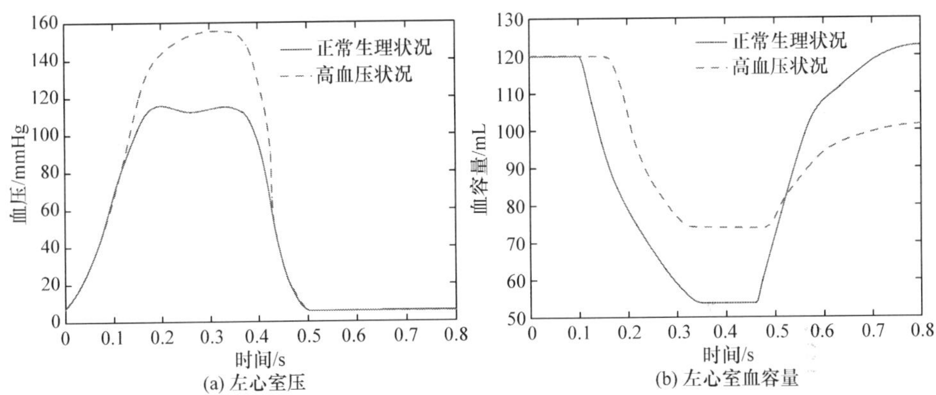

(a) 左心室压　(b) 左心室血容量

图 2.30　正常生理状况与高血压状况下左心室压和左心室血容量的对比

表 2.8　高血压下的仿真结果与正常值的比较

特征参数	高血压仿真结果	正常生理状况下的值
左心室收缩压/mmHg	153.54	115.80
左心室舒张压/mmHg	5.77	4.28
主动脉收缩压/mmHg	154.40	117.00
主动脉舒张压/mmHg	95.71	64.00
右心室收缩压/mmHg	27.67	19.00
右心室舒张压/mmHg	0.59	2.10
心输出量/(L/min)	6.686	5.695

通过仿真结果可以得出，在高血压情况下，得到的结果与正常生理状况下的参数相比，左心室收缩压增加了 32.59%，左心室舒张压增加了 34.81%，主动脉收缩压增加了 31.97%，主动脉舒张压增加了 49.55%，右心室收缩压增加了 45.63%，

右心室舒张压减少了 71.90%,心输出量增加了 17.40%。

2.3.2 心血管系统的心衰病理仿真

心衰(heart failure)是心室充盈或者射血能力受损而引起的一组综合征,心室充盈或射血能力受损的原因是各种心脏结构或功能性疾病。由于心室收缩功能下降、射血功能受损,心排血量不能满足身体新陈代谢的需要,器官、组织血液灌注不足,同时出现肺循环或者体循环瘀血。当心脏的收缩、舒张功能发生障碍时就会出现心衰。心脏收缩功能减弱是指与正常心脏相比,心脏泵血所需的心肌收缩力减弱。本节从两个方面来分析心衰的现象,即心肌弹性变小和心肌阻力变大。

1. 心肌弹性变小引起的心衰病理仿真

心肌的弹性是由心脏子模型中的心房和心室的倒电容系数来体现的。通过将 e_{lv}、e_{lv1}、e_{rv}、e_{rv1} 这四个参数的值设为原值的 60%来仿真心肌弹性变小引起的心衰,得到的心室倒电容波形与正常生理状况下倒电容波形的对比如图 2.31 所示。图 2.31(a)为左心室倒电容波形对比图,e_{lv} 表示正常生理状况下的左心室倒电容,e_{lv1} 表示心肌弹性变小后的左心室倒电容;图 2.31(b)为右心室倒电容对比图,e_{rv} 表示正常生理状况下的右心室倒电容,e_{rv1} 表示心肌弹性变小后的右心室倒电容。将如图 2.31 所示的倒电容作为整个心血管仿真模型的输入可以得到一组心衰的心血管仿真结果。图 2.32 给出了心衰情况与正常生理状况下的左心室压和左心室血容量对比,图 2.33 给出了心衰情况与正常生理状况下的右心室压对比,表 2.9 给出了一组心衰情况(心肌弹性变小)下的血流动力学参数值和正常正理状况下的值[52]。

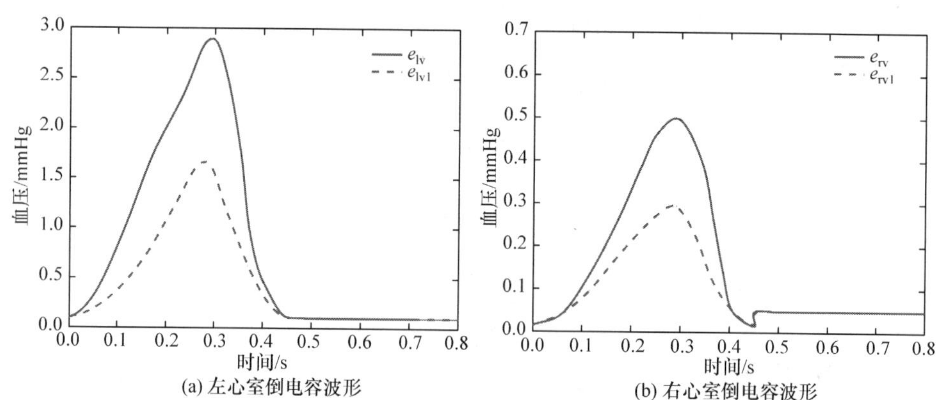

(a) 左心室倒电容波形　　(b) 右心室倒电容波形

图 2.31 心肌弹性变小后的心室倒电容波形与正常生理状况下倒电容波形的对比

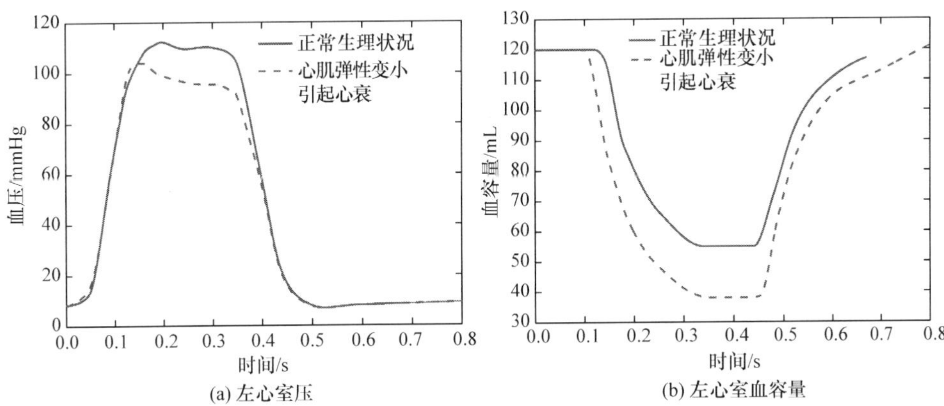

(a) 左心室压
(b) 左心室血容量

图 2.32 心衰情况(心肌弹性变小)与正常生理状况下的左心室压和左心室血容量的对比

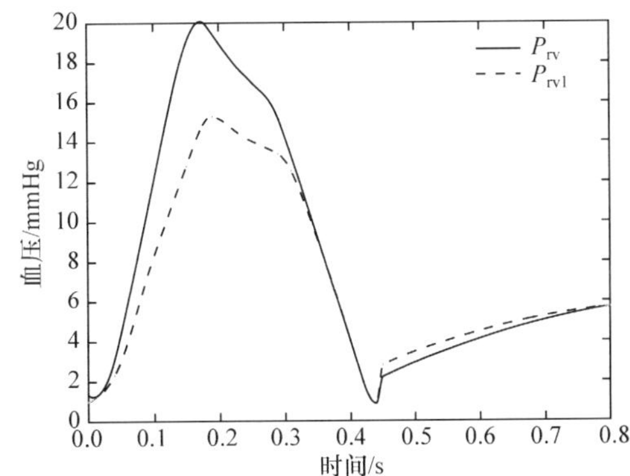

图 2.33 心衰情况(心肌弹性变小)与正常生理状况下的右心室压的对比

图 2.33 中,P_{rv}表示正常生理状况下的右心室压,P_{rv1}表示心衰情况(心肌弹性变小)下的右心室压。

表 2.9 心衰情况(心肌弹性变小)下的仿真结果与正常值的比较

特征参数	心衰情况下仿真结果	正常生理状况下的值
左心室收缩压/mmHg	87.80	115.80
左心室舒张压/mmHg	3.94	4.28
主动脉收缩压/mmHg	90.40	117.00
主动脉舒张压/mmHg	56.81	64.00
右心室收缩压/mmHg	15.08	19.00
右心室舒张压/mmHg	0.36	2.10
心输出量/(L/min)	4.646	5.695

通过仿真结果可知，与正常生理状况下的参数相比，左心室收缩压减少24.18%，左心室舒张压减少7.94%，主动脉收缩压减少22.74%，主动脉舒张压减少11.23%，右心室收缩压减少20.63%，右心室舒张压减少82.86%，心输出量减少18.42%。

2. 心肌阻力变大引起的心衰病理仿真

心肌阻力主要是由心脏子模型中的 s_{la}、s_{ra}、s_{lv}、s_{rv} 四个参数来反映的，将这四个参数变为原值的2倍可以仿真出心肌阻力变大情况下的心衰情况。图2.34给出了心衰情况与正常生理状况下的左心室压和左心室血容量对比，图2.35给出了心衰情况与正常生理状况下的右心室压对比，表2.10给出了一组心衰情况(心肌阻力变大)下的血流动力学参数值和正常生理状况下的值。

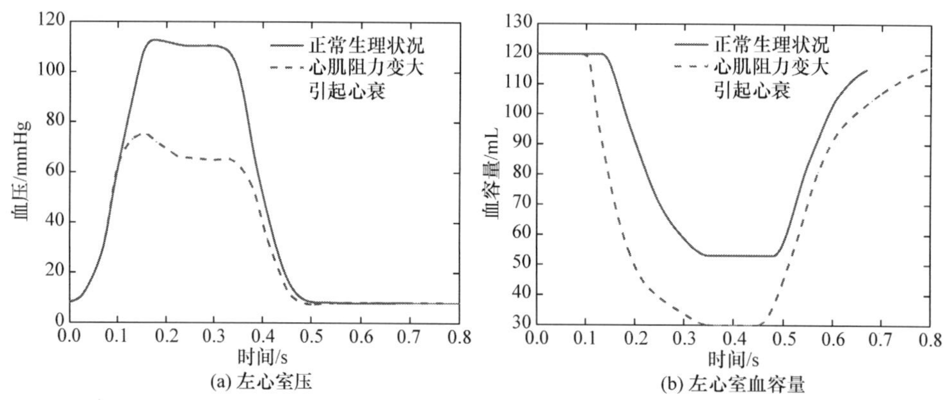

图2.34 心衰情况(心肌阻力变大)与正常生理状况下的左心室压和左心室血容量对比

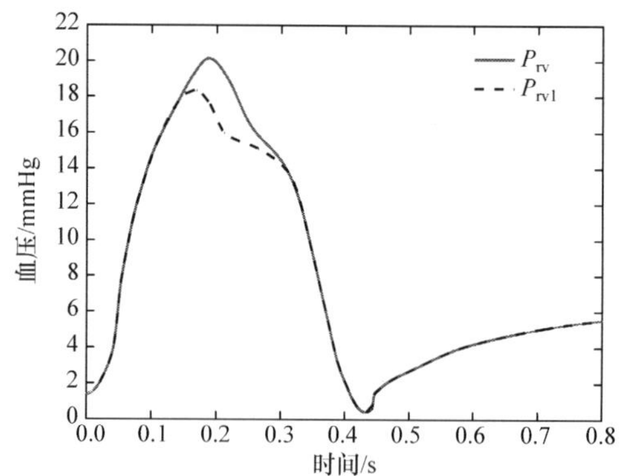

图2.35 心衰情况(心肌阻力变大)与正常生理状况下的右心室压对比

表 2.10　心衰情况(心肌阻力变大)下的仿真结果与正常值的比较

特征参数	心衰情况下仿真结果	正常生理状况下的值
左心室收缩压/mmHg	73.32	115.80
左心室舒张压/mmHg	3.45	4.28
主动脉收缩压/mmHg	72.82	117.00
主动脉舒张压/mmHg	45.41	64.00
右心室收缩压/mmHg	13.42	19.00
右心室舒张压/mmHg	0.62	2.10
心输出量/(L/min)	4.546	5.695

通过仿真结果可知，与正常生理状况下的参数相比，左心室收缩压减少36.68%，左心室舒张压减少19.39%，主动脉收缩压减少37.76%，主动脉舒张压减少29.05%，右心室收缩压减少29.37%，右心室舒张压减少70.48%，心输出量减少20.18%。该状况可以反映IV级心力衰竭的症状。

2.4　基于第一心音复杂度的外在特征病理分析

2.4.1　心音信号采集

利用肩带式心音采集器，可以很方便地获得测试者1h的心音信号。首先对该心音信号去噪，做归一化处理，使心音信号幅值限制在[−1,1]V。参照文献[30]中的方法，对归一化的心音信号提取第一心音，如图2.36(a)所示。在每个第一心音内寻找正半轴最大值即第一心音幅值最大值，如图2.36(b)所示。

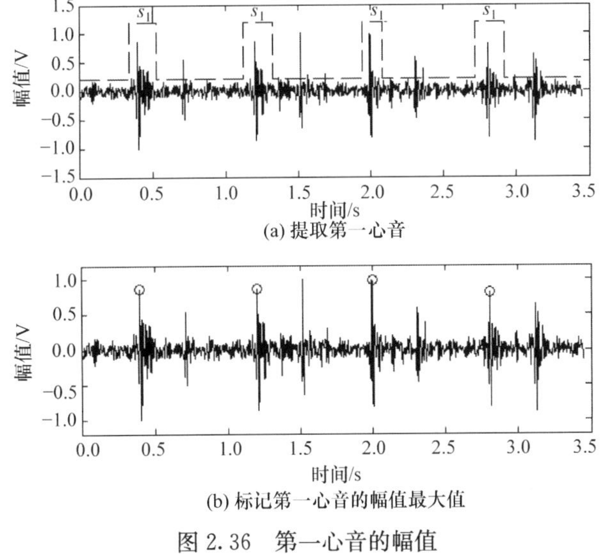

(a) 提取第一心音

(b) 标记第一心音的幅值最大值

图2.36　第一心音的幅值

统计一段心音信号中所有第一心音的幅值，对于所得长度为 N 的序列，定义为第一心音幅值序列 $x(i)$，即$\{x(i), i=1,2,\cdots,N\}$。图 2.37 为一个健康人的第一心音幅值序列波动图，横轴代表第一心音序列号，纵轴代表第一心音的幅值。为了显示清晰，这里只显示 1000 个心动周期内的第一心音幅值。

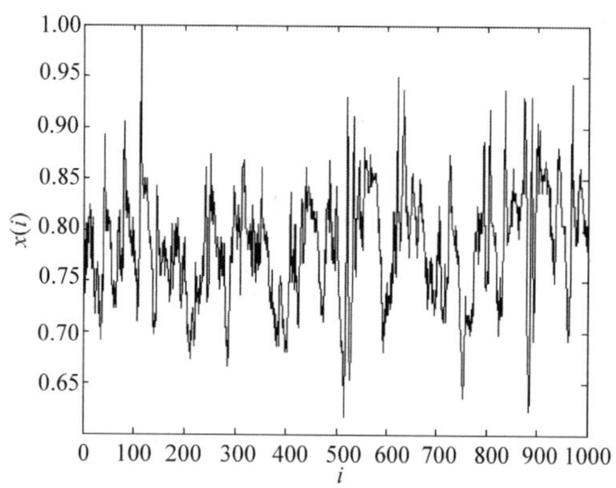

图 2.37 一个健康人的第一心音幅值序列波动图

2.4.2 多尺度化的基本尺度熵

将序列 $x(i)$嵌入 m 维相空间，有

$$\boldsymbol{H}(i)=[x(i),x(i+L),\cdots,x(i+(m-1)L)] \tag{2.31}$$

式中，m 为嵌入维数；L 为延迟时间，取 $L=1$，则共有 $N-m+1$ 个 m 维矢量 $\boldsymbol{H}(i)$。

对于任意一个 m 维矢量 $\boldsymbol{H}(i)=[x(i),x(i+1),\cdots,x(i+m-1)]$，计算其所有相邻点的差值均方根值即矢量 $\boldsymbol{H}(i)$的基本尺度 $\mathrm{RS}(i)$，$u(i)$为 $\boldsymbol{H}(i)$的均值，则

$$\mathrm{RS}(i)=\sqrt{\frac{\sum_{j=1}^{m-1}[x(i+j)-x(i+j-1)]^2}{m-1}} \tag{2.32}$$

$$u(i)=\frac{\sum_{j=0}^{m-1}x(i+j)}{m} \tag{2.33}$$

对于每一个 m 维的矢量 $\boldsymbol{H}(i)$，根据符号动力学理论[53]可以将其转换为 m 维的矢量符号序列 $s_i(\boldsymbol{H}(i))=[s(i),s(i+1),\cdots,s(i+m-1)]$，$s\in\phi$，$\phi=\{1,2,3,4\}$。其中

$$s(i+j)=\begin{cases}1, & x(i+j)\leqslant u(i)-\alpha\mathrm{RS}(i)\\ 2, & u(i)-\alpha\mathrm{RS}(i)<x(i+j)\leqslant u(i)\\ 3, & u(i)<x(i+j)\leqslant u(i)+\alpha\mathrm{RS}(i)\\ 4, & x(i+j)>u(i)+\alpha\mathrm{RS}(i)\end{cases} \tag{2.34}$$

式中，$i=1,2,\cdots,N-m+1$；$j=0,1,\cdots,m-1$；1～4 代表一种取值范围划分的记号，又称为符号，不表示数值的大小。α 是尺度参数(实验中取 $\alpha=0.1$)，其取值过小会导致实验结果对噪声较敏感，过大则会过滤掉过多的高频分量，导致实验结果不能呈现出信号中含有的细节信息。统计符号出现的次数，记为 $\mathrm{NT}(i)$，概率分布记为 $f(i)$，则第一心音幅值序列 $x(i)$的基本尺度熵 BE 可定义为

$$\mathrm{BE}=-\sum_{i=1}^{4^m} f(i)\log_2 f(i) \tag{2.35}$$

$$f(i)=\frac{\mathrm{NT}(i)}{N-m+1}, \quad i=1,2,\cdots,4^m \tag{2.36}$$

基本尺度熵 BE 的本质是量化符号组合出现的不确定性[54]。出现的符号组合种类越多，熵越大。由基本尺度 RS 的定义可知，对每个 m 维矢量，其基本尺度都是不同的，且动态自适应变化。我们的目的是提取出矢量序列中的波形振动模式信息，而不考虑振幅信息。时间序列的实时均值和相邻数据增量的均方根决定整个符号化过程。

有一维的序列$\{x(i),i=1,2,\cdots,n\}$，对于给定的尺度因子 γ，引入多尺度化公式：

$$y(j)_\gamma=\frac{1}{\gamma}\sum_{i=(j-1)\gamma+1}^{j\gamma} x_i, \quad j=1,2,\cdots,\frac{n}{\gamma} \tag{2.37}$$

对于不同的 γ，计算序列$\{y_\gamma\}$的 BE，得到 BE 随尺度 γ 变化的曲线。

2.4.3　第一心音复杂度分析

用多尺度化基本尺度熵方法分别分析 30 例健康年轻人心音信号、30 例健康老年人心音信号、30 例心力衰竭患者心音信号。具体步骤如下。

(1) 获得每例心音信号的第一心音幅值序列 $x(i)$。

(2) 对 $x(i)$进行多尺度化得到 $y(i)_\gamma$，其中 γ 分别取 $1,2,\cdots,15$。

(3) 求出每个 $y(i)_\gamma$ 序列的 BE 值 ($m=4$)。

在每一个时间尺度因子 γ 下，分别对三类人群的 BE 求均值，可得随时间尺度变化的平均熵，如图 2.38 所示。

通过图 2.38 可以发现，当时间尺度因子 $\gamma>2$ 后，心力衰竭患者的基本尺度熵要显著小于健康老年人的平均水平，健康老年人的基本尺度熵明显小于健康年轻人的平均水平。在经过多尺度化采样后，健康年轻人的第一心音幅值序列信号中含有更多不确定性成分，随机性较大，可预测性较小，心肌活动较丰富。老年人由于心脏功能退化，心肌的收缩功能明显不如年轻人。

由符号动力学理论可知，熵值小代表原始动力学过程的振动行为更加集中在某些特定的模式上；熵值大表示原始动力学过程的振动行为较复杂，表现出多种振动模式。图 2.38 中显示健康老年人的心脏活动丰富性虽然不如健康年轻人，但明

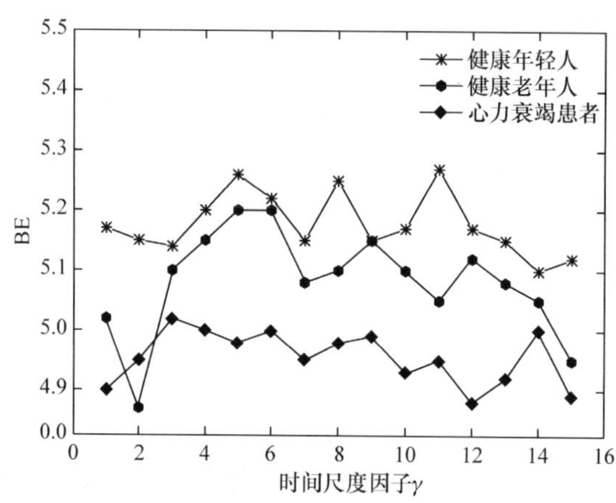

图 2.38　三类人群的多尺度化基本尺度熵平均值比较

显高于心力衰竭患者。这说明了老龄化会使心肌的收缩功能降低，同时心力衰竭对心肌收缩功能的影响要远大于老龄化因素。三类人群的熵值对比结果符合客观情况。

选健康年轻人和健康老年人的均值作为健康人基本尺度熵。当时间尺度因子 $\gamma=5$ 时，健康人和心力衰竭患者的区分度最大。此时，健康人的 BE 值为 5.2269，心力衰竭患者的 BE 值为 4.9848，心力衰竭患者比健康人的基本尺度熵低 4.6%。

2.5　本章小结

随着对心音信号研究要求的不断提高，对心音的准确性和创新性要求也越来越高，之前已有许多专家学者对此进行了诸多研究，也做了一些贡献。随着生活质量的提高，越来越多的人容易患上心血管疾病，如何预防与治疗心血管疾病受到越来越多的重视。信息技术的快速发展为建立心血管系统的计算机模型奠定了基础，越来越多的学者开始研究心血管系统的计算机模型。建立心血管系统仿真模型可以更加直观地探讨血流动力学的各项参数对心血管疾病临床表现的影响，可以用来探讨心血管系统中的血流动力学参数对心音声学特性的影响，还可以成为辅助教学工具，让学习者更容易接受并理解，因此建立心血管系统仿真系统具有重大的现实意义。

本章首先阐述了心血管系统建模的一些研究背景，介绍了国内外学者对心血管模型以及心音产生机理研究的成果，并对心血管系统的生理结构以及心脏的主要结构和功能进行了基本介绍。

然后介绍了三个方面的内容：①建立一种集总参数的心血管仿真模型。②利用该仿真模型来模拟产生正常的和病态的第一心音，并对心音的产生机理进行分析。建立的心血管仿真模型分为三个子模型：心脏子模型、体循环子模型和肺循环子模型。该仿真模型是在原有模型的基础上进行改进的，改进之处分别为：将心脏子模型中的瓣膜模型从原先的二极管变为伯努利阻抗，用体循环子模型和肺循环子模型进行电容耦合形成一个闭合的心血管模型，通过肺循环中的血管模型增加了血管弹性腔的内部阻力以及血液流动的血流阻力，并提出用非线性的关系来表示血管两端的血压与血管血容量的关系。③利用该模型解释心音产生的机理，利用该模型的心脏子模型仿真出第一心音的仿真波形，并与实测波形进行比较。为了显示模型的可控制性，通过修改模型的参数仿真出两种病态的第一心音，并与实测波形比较，结果显示两者具有一定的相似度。此外，还引入了基于弹簧质量阻尼系统的内心音模型用来分析第一心音并与集总参数的心血管系统仿真模型进行比较，此模型设计的心音信号模型其实是用来产生内心音信号的，并没有考虑胸腔系统。该模型从心音信号产生的生理角度出发，建立了一套弹簧质量阻尼系统用来模拟心脏每个瓣膜（二尖瓣、三尖瓣、主动脉瓣和肺动脉瓣）开合产生的振动信号，将每个基本成分合成为内心音信号。利用非线性调频信号的方法对第二心音进行建模，通过产生主动脉（A2）和肺动脉（P2）成分可以有效合成第二心音信号波形。

最后对心衰现象的内部特征和外部特征进行介绍，有助于人们更加全面地认识心衰现象。传统上对心衰内部特征的研究主要采用动物心脏模型，基于本章提出的心血管系统模型可以降低实验费用，且实验能够重复再现。

简而言之，本章提出的模型新颖、可行、实用，可以为心音的产生机理及心血管疾病的研究提供基础，有助于直观地分析心音产生的机理并量化地讨论心血管的血流动力学参数对心血管疾病的影响。

参 考 文 献

[1] 陈新华. 基于小波变换和 EMD 的心音信号去噪算法及应用研究[D]. 南京：南京邮电大学，2010.

[2] Chung D C, Niranjan S C, Clark Jr J W, et al. A dynamic model of ventricular interaction and pericardial influence[J]. American Journal of Physiology, 1997, 272(2): 2942-2962.

[3] Cheng X F, Yong M A, Chen L, et al. Research on heart sound identification technology[J]. Science China: Information Sciences, 2012, 55(2): 281-292.

[4] Bellhouse B J. The fluid mechanics of heart valves[M]//Bergel D H. Cardiovascular Fluid Dynamics. Oxford: Elsevier, 1972.

[5] Goldstein Y, Beyar R, Sideman S. Influence of pleural pressure variations on cardiovascular system dynamics: A model study[J]. Medical & Biological Engineering & Computing, 1988, 26(3): 251-259.

[6] 丁宏光. 脑 Willis 环循环的血液动力学研究[J]. 复旦学报（自然科学版），1996, 35(1): 99-108.

[7] 丁宏光. 脑循环的血流动力学研究：Willis 环定常流力学模型[J]. 中国生物医学工程学报，1998, 17(1): 88-95.

[8] Furusato M, Shima T, Kokuzawa Y, et al. A reproduction of inflow restriction in the mock circulatory system to evaluate a hydrodynamic performance of a ventricular assist device in practical conditions[C]. International Conference on Life System Modeling and Simulation, Shanghai, 2007:553-558.

[9] Ursino M. Interaction between carotid baroregulation and the pulsating heart: A mathematical model[J]. American Journal of Physiology, 1998, 275(5): H1733-H1747.

[10] Beyar R, Goldstein Y. Model studies of the effects of the thoracic pressure on the circulation[J]. Annals of Biomedical Engineering, 1987, 15(3/4): 373-383.

[11] 鄂珑江，吴效明，胡玉兰. 心血管系统建模的研究进展[J]. 现代生物医学进展，2008，8(8)：1545-1548.

[12] Westerhof N, Bosman F, de Vries C J, et al. Analog studies of the human systemic arterial tree[J]. Journal of Biomechanics, 1969, 2(2): 121-134.

[13] Rideout V C. Mathematical and Computer Modeling of Physiological Systems[M]. Oxford: Prentice Hall, 1991.

[14] Tsuruta H, Sato T, Shirataka M, et al. Mathematical model of cardiovascular mechanics for diagnostic analysis and treatment of heart failure: Part 1 model description and theoretical analysis[J]. Medical & Biological Engineering & Computing, 1994, 32(1): 3-11.

[15] Welten S M, Bastiaansen A J, de Jong R C, et al. Inhibition of 14q32 MicroRNAs miR-329, miR-487b, miR-494, and miR-495 increases neovascularization and blood flow recovery after ischemia[J]. Circulation Research, 2014, 115(8): 696-708.

[16] 胡喆，刁颖敏. 心脏-肺循环-体循环系统建模初探[J]. 同济大学学报：自然科学版，2002，30(1)：61-65.

[17] Fessler H E, Brower R G, Wise R A, et al. Effects of systolic and diastolic positive pleural pressure pulses with altered cardiac contractility[J]. Journal of Applied Physiology, 1992, 73(2): 498-505.

[18] 吴望一，戴国豪，温功碧. 心室和血管的动态耦合[J]. 应用数学和力学，1999，20(7)：661-673.

[19] Zhong L S, Guo X M, Xiao S Z, et al. The third heart sound after exercise in athletes: An exploratory study[J]. Chinese Journal of Physiology, 2011, 54(4): 219-224.

[20] 成谢锋，马勇，刘陈，等. 心音身份识别技术的研究[J]. 中国科学：信息科学，2012，42(2)：237-251.

[21] Li X S, Bai J, Chui S Q, et al. Cardiovascular system model with cardiopulmonary interaction and computer simulation study[J]. Chinese Journal of Biomedical Engineering, 2003, 22(3): 241-249.

[22] 代开勇. 心血管系统键合图模型仿真研究[D]. 杭州：浙江大学，2006.

[23] Cheng X, Ma Y, Zhang S, et al. Three-step identity recognition technology using heart sound based on information fusion[J]. Chinese Journal of Scientific Instrument, 2010, 31(8): 1712-1719.

[24] Olansen J B, Clark J W, Khoury D, et al. A closed-loop model of the canine cardiovascular system that includes ventricular interaction[J]. Computers & Biomedical Research, 2000,

33(4):260-295 .

[25] Shroff S G, Janicki J S, Weber K T. Evidence and quantitation of left ventricular systolic resistance[J]. American Journal of Physiology, 1985, 249(2):358-370.

[26] Sundareswaran K S, Pekkan K, Dasi L P, et al. The total cavopulmonary connection resistance: A significant impact on single ventricle hemodynamics at rest and exercise[J]. American Journal of Physiology, 2008, 295(2):2427-2435.

[27] 杨艳，吴效明，陈丽琳. 左心循环系统的建模与仿真[J]. 中国医学物理学杂志，2005，22(6)：730-732.

[28] Zheng H, Zhu K. Automated postoperative blood pressure control[J]. Journal of Control Theory & Applications, 2005, 3(3):207-212.

[29] 成谢锋，张正. 一种双正交心音小波的构造方法[J]. 物理学报，2013，62(16)：168701-1-168701-12.

[30] 成谢锋，马勇，陶冶薇，等. 基于数据融合的三段式心音身份识别技术[J]. 仪器仪表学报，2010，8(31)：1712-1720.

[31] Mesquida J, Kim H K, Pinsky M R. Effect of tidal volume, intrathoracic pressure, and cardiac contractility on variations in pulse pressure, stroke volume, and intrathoracic blood volume[J]. Intensive Care Medicine, 2011, 37(10):1672-1679.

[32] Wu W Z, Guo X M, Xie M L, et al. Research on first heart sound and second heart sound amplitude variability and reversal phenomenon—A new finding in athletic heart study[J]. Journal of Medical & Biological Engineering, 2009, 29(4):202-205.

[33] 岳利民. 生理学[M]. 北京：科学出版社，2001.

[34] Guo X, Ding X, Lei M, et al. Non-invasive monitoring and evaluating cardiac function of pregnant women based on a relative value method[J]. Acta Physiologica Hungarica, 2012, 99(4):382-391.

[35] Homaeinezhad M R, Sabetian P, Feizollahi A, et al. Parametric modelling of cardiac system multiple measurement signals: An open-source computer framework for performance evaluation of ECG, PCG and ABP event detectors[J]. Journal of Medical Engineering & Technology, 2012, 36(2):117-123.

[36] Tseng Y L, Ko P Y, Jaw F S. Detection of the third and fourth heart sounds using Hilbert-Huang transform[J]. Biomedical Engineering Online, 2012, 11(1):8-16.

[37] Xu J, Durand L G, Pibarot P. Nonlinear transient chirp signal modeling of the aortic and pulmonary components of the second heart sound[J]. IEEE Transactions on Bio-Medical Engineering, 2000, 47(10):1328-1335.

[38] Grodins F S. Integrative cardiovascular physiology: A mathematical synthesis of cardiac and blood vessel hemodynamics[J]. Quarterly Review of Biology, 1959, 34(2):93-116.

[39] Campbell K, Zeglen M, Kagehiro T, et al. A pulsatile cardiovascular computer model for teaching heart-blood vessel interaction[J]. Physiologist, 1982, 25(3):155-162.

[40] 王彦臻. 改进的弹簧振子模型及其在虚拟手术中的应用研究[D]. 长沙：国防科技大学，2006.

[41] Yadollahi A, Moussavi Z M. A robust method for heart sounds localization using lung

sounds entropy[J]. IEEE Transactions on Bio-Medical Engineering, 2006, 53(3): 497-503.

[42] Zhang X, Durand L G, Senhadji L, et al. Analysis-synthesis of the phonocardiogram based on the matching pursuit method[J]. IEEE Transactions on Bio-Medical Engineering, 1998, 45(8): 962-972.

[43] Danielsen M, Ottesen J T. Describing the pumping heart as a pressure source[J]. Journal of Theoretical Biology, 2001, 212(1): 71-81.

[44] Hemalatha K. A study of cardiopulmonary interaction haemodynamics with detailed lumped parameter model[J]. International Journal of Biomedical Engineering & Technology, 2011, 6(3): 251-271.

[45] Lee C S F, Talbot L. A fluid-mechanical study of the closure of heart valves[J]. Journal of Fluid Mechanics, 2006, 91(1): 41-63.

[46] Charleston-Villalobos S, Aljama-Corrales A T, González-Camarena R. Analysis of simulated heart sounds by intrinsic mode functions[C]. Proceedings of the 28th Annual International Conference of the IEEE Engineering in Medicine and Biology Society, New York, 2006.

[47] Pathmanathan P, Gray R A. Verification of computational models of cardiac electro-physiology[J]. International Journal for Numerical Methods in Biomedical Engineering, 2014, 30(5): 525-544.

[48] Mirams G R, Pathmanathan P, Gray R A, et al. Uncertainty and variability in computational and mathematical models of cardiac physiology[J]. Journal of Physiology, 2016, 594(23): 6833-6847.

[49] 张会香. 基于 LabVIEW 的心音信号发生器和多功能处理仪器的研究[D]. 南京：南京邮电大学，2011.

[50] 朱冬梅. 心音信号的等效分析模型和特征参数提取的研究[D]. 南京：南京邮电大学，2012.

[51] Paeme S, Moorhead K T, Chase J G, et al. Mathematical multi-scale model of the cardiovascular system including mitral valve dynamics. Application to ischemic mitral insufficiency[J/OL]. BioMedical Engineering OnLine, 2011, 10(1): 86. https://doi.org/10.1186/1475-925X-10-86. [2016-5-16].

[52] Huang C C, Fu J Y, Hu H C, et al. Prediction of fluid responsiveness in acute respiratory distress syndrome patients ventilated with low tidal volume and high positive end-expiratory pressure[J]. Critical Care Medicine, 2008, 37(6): 2810-2816.

[53] 黄晓林，崔胜忠，宁新宝，等. 心率变异性基本尺度熵的多尺度化研究[J]. 物理学报，2009, 58(12): 8160-8165.

[54] Xia J, Shang P, Wang J, et al. Classifying of financial time series based on multiscale entropy and multiscale time irreversibility[J]. Physica A: Statistical Mechanics and its Applications, 2014, 400(2): 151-158.

第 3 章　心音采集设备

心音在医学上是一种非常重要的声音，心音采集设备的发展给人类的健康带来了福音。从 1816 年法国医师林奈克发明听诊器到现在已经历了双耳听筒听诊器、膜型听诊器、杯型与膜型听头互换听诊器，以及目前林林总总的多功能智能听诊器[1]。准确的听诊与现代仪器的检查对疾病的诊治会起到相辅相成的作用。对于拟进行心脏手术如瓣膜置换手术、冠状动脉旁路移植手术等患者，合并慢性阻塞性肺疾病手术的患者，手术前需对其进行诊断和评估，听诊是必不可少的。因此，听诊是一种最经济、效果/价格比最大的心肺疾病初步诊断和疗效评价的方法。

传统的物理传声式听诊器，虽成本低廉、使用简单，但存在一些明显的缺陷，例如，它没有放大功能，仅仅是将声音通过胶皮三叉管传到医生耳朵里，对一些微弱生物音难以捕捉，不易分辨，听诊效果全靠个人经验决定，且使用时容易带来杂音。随着计算机技术与通信技术的飞速发展，心音采集技术也出现了快速的发展。将古老的听诊器与材料科学、电子科学、计算机科学等学科相结合，产生了许多功能更强大、采集结果更准确的新型听诊设备。

心音采集设备的发展遵循从有源到无源、从有线到无线、从常规到智能的发展趋势，本章将会逐一介绍这些听诊器及相关技术。

3.1　电子听诊器

电子听诊器是利用电子技术放大心音信号的装置，可弥补声学听诊器噪声高的不足。电子听诊器首先将心音信号转换成电信号，然后进行去噪和放大，可送入计算机进行处理，对记录的心音进行自动辨识、心杂音分析，从而实现计算机辅助智能听诊。

一种电子听诊器的系统结构框图如图 3.1 所示。该电子听诊器由采集处理和波形显示两部分组成。听诊器接收的是微弱的宽带频率信号，因此由声音传感器转换成电信号后，需要经过滤波检波放大电路对心音进行调理，再经过 A/D 转换后送给单片机进行处理、存储，并在液晶显示屏上实时显示心音波形。另外，心音波形数据可以通过串行通信方式传给上位机，再利用上位机进行分析处理。

该系统主要由声音传感器、信号调理电路、A/D 转换电路、微控制单元(MCU)处理模块和存储器、液晶显示器(LCD)等组成。下面介绍它们的主要功能。

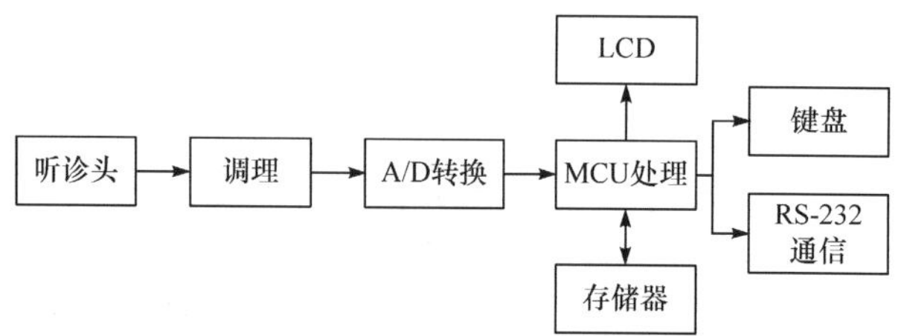

图 3.1 一种电子听诊器的系统结构框图[1]

1. 声音传感器

心音信号频率较低(通常为 20～600Hz),处于人耳可听频域范围的低频段,因此选用传声器(将声信号转换成电信号的换能器,如话筒)作为声音传感器。声音传感器有很多种类,如驻极体式、动圈式和电容式等。电子听诊器对声音传感器的选取原则是灵敏度高,抗干扰能力强,除了能提取微弱的心音信号,还要求它不受人声、工频等信号的干扰。经多次实验比较,设计中选用驻极体传感器。在一般听诊器的振膜头部分,套上 2cm 长的橡皮管,另一头安装一支微型驻极体传感器,用屏蔽电缆连接到后面的调理电路中,驻极体传感器处用热缩套管加固,以防止操作时产生不必要的噪声干扰。

2. 信号调理电路

信号调理电路主要由三部分组成:①信号输入级是一个射极跟随器,驻极体话筒输出声音信号经耦合电容 C_1 输入信号处理电路;②中间级是一个比例放大电路,将信号放大到相应的电平范围之内;③输出级是一个低放大倍数的比例放大电路,该电路的同相输入端加入了一个低通滤波器。信号调理电路如图 3.2 所示。

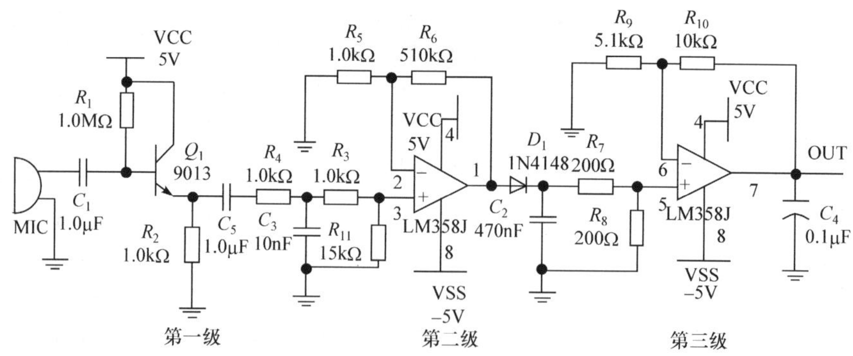

图 3.2 信号调理电路

3. 信号采样

根据香农(Shannon)采样定理[2],A/D转换器的采样率应在1200次/秒以上,系统选用串行A/D转换器TLC0831。把模拟输出信号用A/D转换器变成数字信号后,再由单片机送到液晶显示屏显示。

图3.3给出了一种电子听诊器的实物图。

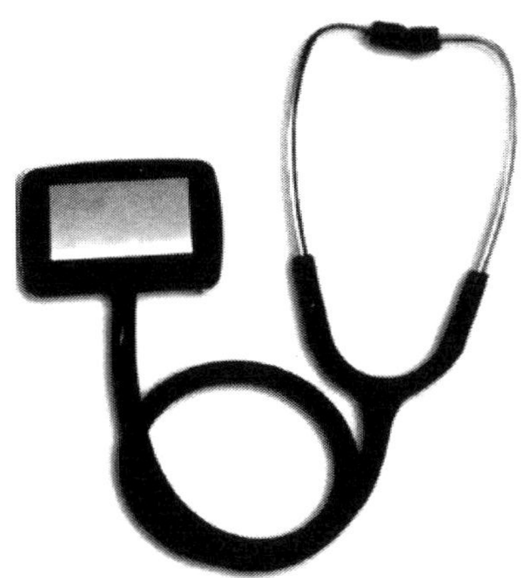

图3.3　电子听诊器实物图

3.2　双路心音听诊器

为了有效提取心音的细微差异,提高心音身份识别率,基于人体心脏听诊原理和相关的信号处理技术,本书作者设计制作了一种双路心音听诊器[3](已获中国发明专利)。该装置如图3.4所示,将一个膜型听诊头和一个钟型听诊头用支架固定成一体,钟型听诊头的位置比膜型听诊头的位置靠后5mm左右,两个听诊头谐振腔的顶部通过一段塑料管分别与两个驻极体压电转换器紧密连接。在支架的顶部靠近膜型听诊头的位置安装一个压力开关,当选好听诊区,按下压力开关按钮,弹簧压紧,膜型听诊头紧紧压在皮肤上,同时钟型听诊头则刚好轻轻扣在皮肤上。钟型听诊头可用于收集第三心音、第四心音和来自二尖瓣、三尖瓣的舒张期杂声;膜型听诊头可用于收集第一心音、第二心音、收缩期喀喇音和高调杂声。该装置能有效地同时提取两路人体心音信号。

该装置作为检测心音的探头,后面采用集成化的低噪声加法放大电路进行信号放大、去噪,再经声卡输入口与计算机连接,在屏幕上显示波形。双路心音听诊器的放大倍数为10～1000倍自动调整,过载能力为50倍,采样频率为5～12kHz可调,频率响应为0.1～1300Hz。因为低频端处于人耳听阈以外,所以只有用心音

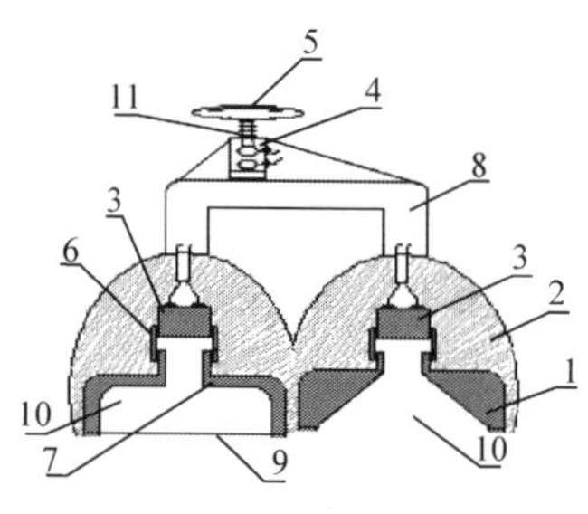

(a) 示意图

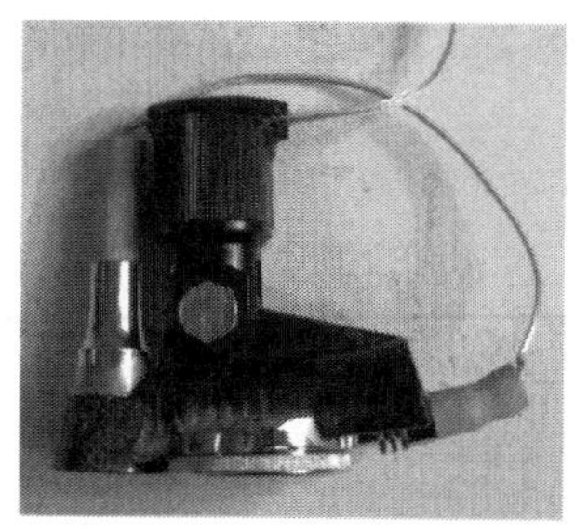

(b) 实物图

图 3.4 双听诊头的两路心声检测装置的示意图和实物图

1. 钟型听诊头;2. 隔离噪声的泡沫材料;3. 驻极体压电转换器;4. 压力开关;5. 压力开关按钮;6. 塑料管;7. 膜型听诊头;8. 支架;9. 膜片;10. 谐振腔;11. 弹簧

检测系统才能真实地显示心音的波形特性。在日常环境中,受检者可以隔着一件毛衣和衬衣进行检测,心声传感器一般放在二尖瓣听诊区附近[3,4],选好听诊区,用力按下压力开关按钮后检测装置才开始工作,能有效减少不必要的干扰,使受检者可以在比较宽松的条件下进行检测。

3.3 蓝牙心音听诊器

蓝牙心音听诊器解决了传统听诊器有线连接不方便的问题[5-7]。根据心音的特性,蓝牙听诊器采用下限频率为 8Hz、上限频率为 1000Hz 的带通滤波器,A/D 转换器 TLC0831 的采用频率为 2kHz,采样精度为 8 位,波特率为 11520bit/s,采用蓝牙模式。

蓝牙心音听诊器[1]的传感器主要有空气传导式和压电式两种类型。空气传导式心音传感器是利用心脏搏动时通过胸壁传递出的心音波再经空气传递到传感器的敏感振动膜上,振动膜与换能器相连,当空气振动时膜片就发生振动,从而带动换能元件并使其产生与心音强度成比例的输出信号。压电式心音传感器是将胸壁传出来的心音波动信号通过压敏元件传递到换能元件上,由于这种传感器不采用空气作为传递心音信号的媒介,抵抗外界声波干扰的能力比空气传导式心音传感器好;另外,由于压敏元件直接接收心音的波动信号,传递和转换心音能量的效率也比空气传导式心音传感器高,可以实现传感器小型化。蓝牙心音听诊器的示意图如图 3.5 所示。

蓝牙心音听诊器主要包括压电传感器、滤波电路、放大电路、蓝牙适配器和 LCD 部分,如图 3.6 所示,其中压电传感器、滤波电路、放大电路和蓝牙适配器均集成在听诊头上,压电传感器与滤波电路的输入端相连,滤波电路的输出与放大电

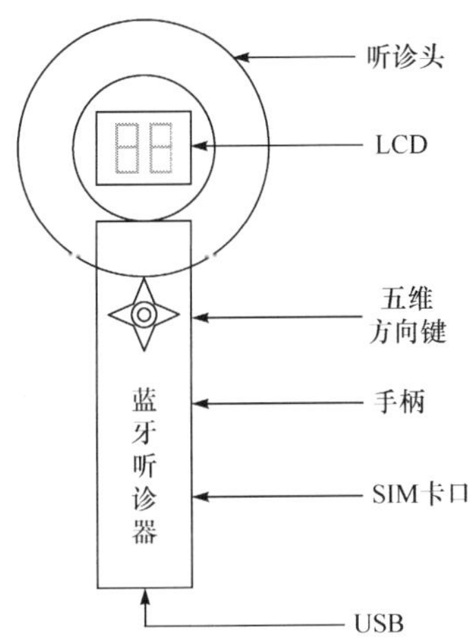

图 3.5 蓝牙心音听诊器的示意图

路的输入相连，放大电路的输出与适配器的输入相连，蓝牙适配器与LCD、GPRS/3G模块相连，同时蓝牙适配器的输出通过无线与其他蓝牙设备相连。该蓝牙心音听诊器还包括LCD、GPRS/3G模块、按键组、一个USB接口、一个SIM卡接口和一个音频信号输出端口。主机内的数字芯片连接一个存储芯片，通过LCD与按键组来操作，可以选择性地存取存储芯片里的数字音频信号，实现信号播放项目选择、储存、删除和音量调节等功能；数字芯片还与LCD连接，从而把音频节律计数信号选择性地显示在LCD上。

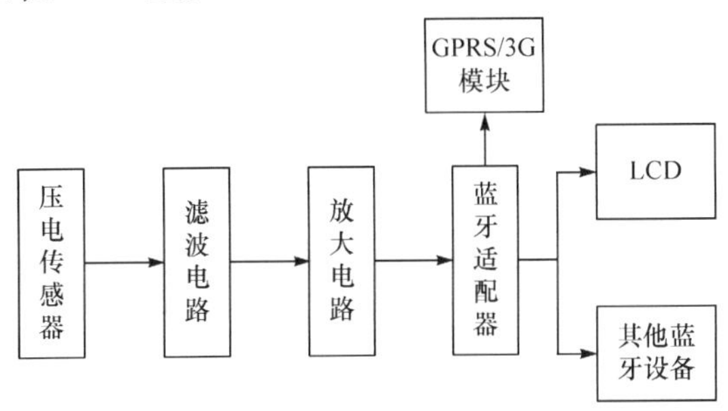

图 3.6 蓝牙心音听诊器结构

该蓝牙心音听诊器的详细设计电路如图3.7所示。

蓝牙协议包括核心协议与应用框架两个文件。核心协议定义了蓝牙的各层通信协议，应用框架指出了如何采用这些协议实现具体的应用产品。蓝牙协议遵循开放系统互连参考模型(open system interconnection/referenced model，OSI/RM)，从低到高地定义了蓝牙协议堆栈的各个层次，如图3.8所示[8-11]。

在蓝牙协议堆栈中，主机控制接口协议(host controller interface，HCI)以上部分通常用软件实现，包括逻辑链路控制和适配协议L2CAP、串行仿真协议RF-

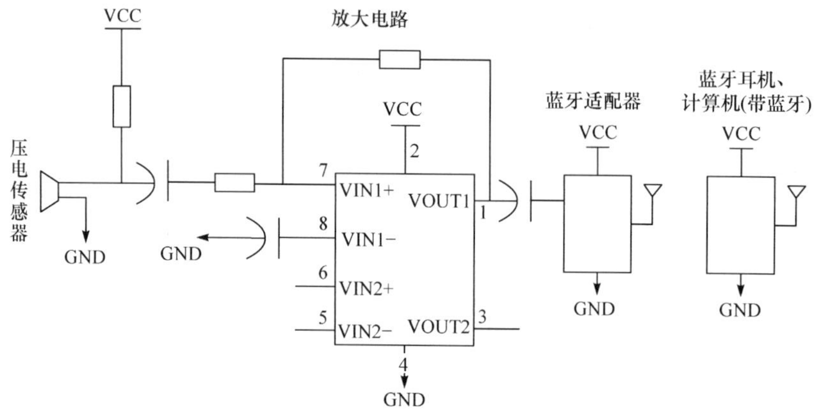

图 3.7 蓝牙心音听诊器电路

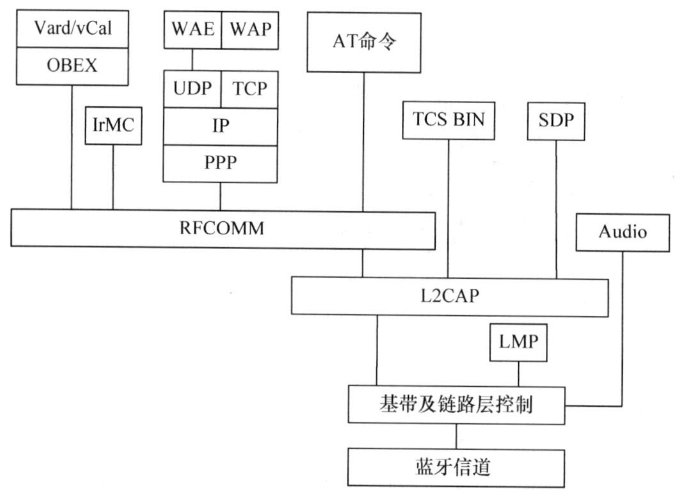

图 3.8 蓝牙协议堆栈

COMM、链路管理协议(link management protocol,LMP);而 HCI 以下部分用硬件实现,包括链路管理协议和基带协议,这部分也称为蓝牙协议体系结构中的底层硬件模块。链路管理协议实现链路的建立、认证及链路配置等,其中的服务项目包括接收和发送数据、设备号请求、链路地址查询、建立连接、认证与加密、协商并建立连接方式、确定分组的帧类型、设置监听方式、设置保持方式以及设置休眠方式等。基带协议负责跳频和蓝牙数据及信息帧的传输,包括对纠错编码的支持。

3.4 穿戴式心音听诊器

穿戴式心音听诊器[1]解决了手持听诊器不便于长时间听诊的问题。该听诊器主要涉及一种穿戴式心音采集装置,该装置能随时随地戴在身上进行使用,实时监测心音信号,可及时获得发病的信息并报警,从而尽早进行救治。对一般患者和健康人来说,长期监测心音的变化,也能从其变化趋势中获得有用的信息,用于指导疾病的治疗和预防[5]。

穿戴式心音听诊器可分为肩戴式心音听诊器和背心式心音听诊器两种。肩戴式心音听诊器如图 3.9 所示。该装置通常用轻质弹性材料形成一个 Ω 形框架组件,其形状类似人体肩到胸部的侧面外轮廓线,能够方便地放置在人的左肩上,Ω 形框架两端长度为左肩顶端到人心脏的中心位置。心音传感器安装在该 Ω 形框架的一个端头,并且该端头的长度可以部分伸缩调整,以保证心音传感器能够准确停留在人体心尖部位,Ω 形框架的另一个端头可以对称安装一个心音传感器,一个采集胸部位置的心音,一个采集背部位置的心音,从而获得两路立体心音[2]。该装置可以方便地对心音信号进行长时间监测,穿戴方便,使用简单,可用于智能家庭护理等领域。

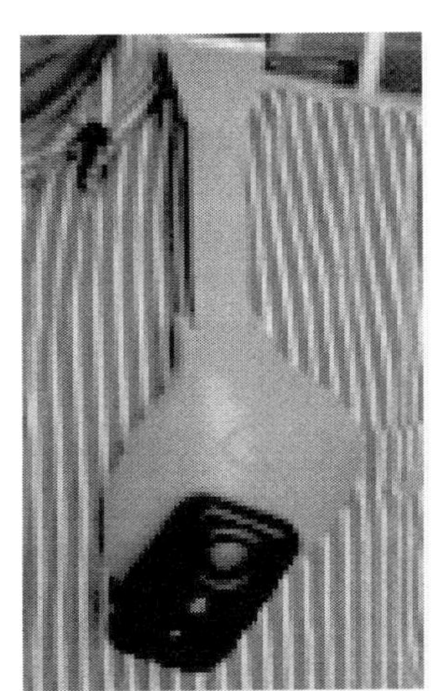

图 3.9 肩戴式心音听诊器

图 3.10 给出了背心式心音听诊器的示意图。整个传感器背心将特定的导电纺织面料,按照要求镶嵌(缝合)在弹性背心(或衬衫)的指定位置上。该背心采用弹性透气纤维材料制成,可制成不同的尺寸、规格以适应不同的体型。图 3.10 中,1、2、3、4 位置是按扣,位置 2 处镶嵌一个心音传感器。

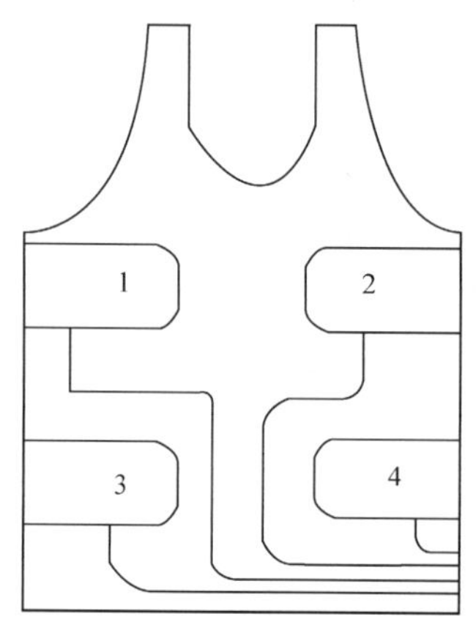

图 3.10　背心式心音听诊器示意图

3.5　双模式听诊器

双模式听诊器能通过用户手加压力的不同在钟型听诊模式和膜型听诊模式之间转换，既可监听低频心音，又可监听高频心音，而无须翻转听诊头。钟型听诊模式主要听取低频音源，只需将胸件轻轻接触听诊部位，使听诊膜没有张力地与音源部位接触，就可以使低频音源通过听诊膜，获取正常心音、多数心脏杂音等。加大胸件与听诊部位的压力，会使听诊膜发生向内凹陷，这是因为听诊器内部有环状支架，当膜受此支架挤压时会产生张力，有效滤去低频音源，就变成了膜型听诊模式。膜型听诊模式主要听取高频音源，如呼吸音、少数心脏杂音等。双模式听诊器示意图如图 3.11 所示[12]。

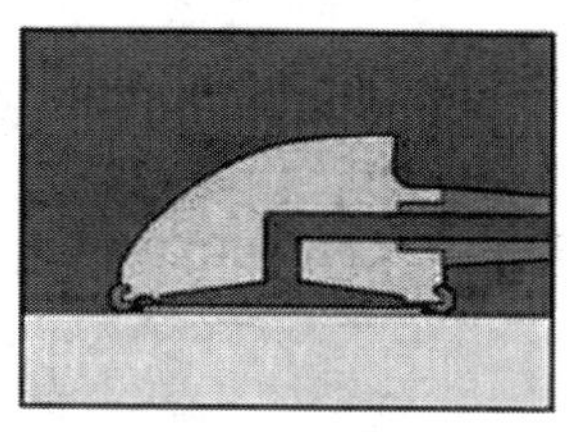

(a) 钟型听诊模式

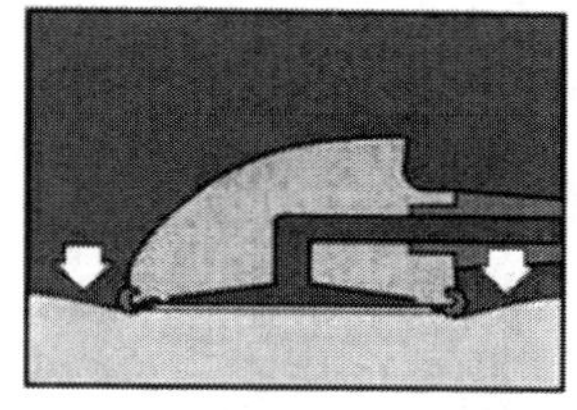

(b) 膜型听诊模式

图 3.11　双模式听诊器示意图

3.6　多普勒听诊器

多普勒听诊器凭借其较轻的重量以及定制配件耳机和耳塞，是当今用途最多的通用听诊器之一。多普勒听诊器不仅能够准确听诊心脏、肺和血管声音，还可听到心脏壁的运动声、射血声和瓣膜运动声，克服了普通听诊器只能听到心脏和上下腔动脉在心脏搏动时发生振动声的局限。

多普勒效应最基本的特征是收发信号频率的变化[6]，这种频率的变化与被测物体的声音速度密切相关。因此，多普勒信号提取的主要手段是将这种由运动产生的频率改变量检测出来，并加以分析。根据这个特征研发出的多普勒听诊器诊断心音的过程是：超声振荡器产生一种高频的等幅超声信号，激励发射换能器探头产生连续不断的超声波，向人体心血管器官发射。当超声波束遇到运动的脏器和血管时，会产生频率偏移，即发生多普勒效应，通过换能器接收反射波，就可以根据反射波与发射的频率差异得到心音。图 3.12 给出了多普勒听诊器的系统框图。

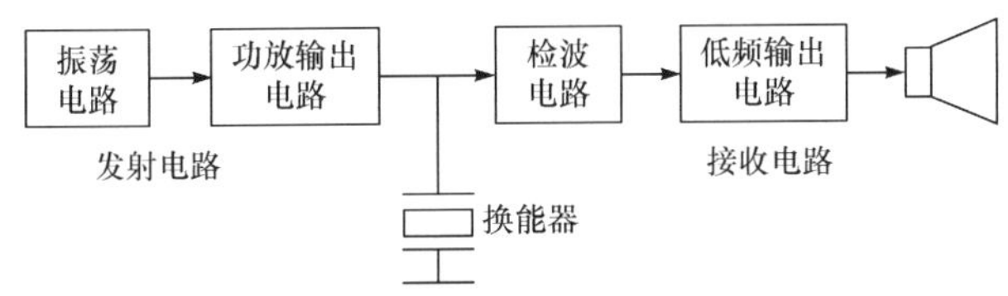

图 3.12　多普勒听诊器的系统框图

图 3.12 中，换能器是采用锆钛酸钡单晶片，直径为 12mm，由于发射的是连续单一频率信号，故换能器不需要加背衬材料。发射电路由振荡电路和功放输出电路组成。为使声源的频率稳定，振荡电路采用晶体振荡器，其频率不易受温度的影响，也不会因电源电压的高低而发生变化。功放输出电路用以推动换能器发射，采用丙类功率放大器工作状态，具有较高的转换效率。接收电路是将心音信号提取出来进行放大，最后送到耳机输出。

图 3.13 给出了一种多普勒听诊器的实物图。

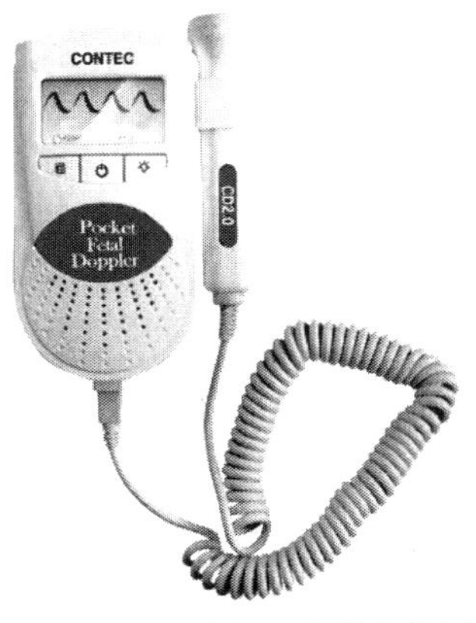

图 3.13　多普勒听诊器实物图

3.7　光电位移心音传感器

基于电子技术和软件相关技术，本书作者设计了一种利用光电位移传感器实现心音采集的装置，主要包括心音采集器、无线传输介质和软件，其实现的技术方案是将由心音产生的振动位移通过光电位移传感器转换为数字信号。光电位移心音传感器结构示意图如图 3.14 所示。

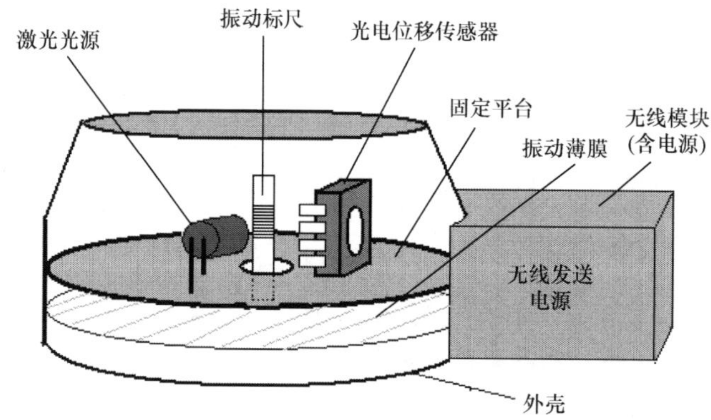

图 3.14　光电位移心音传感器结构示意图

激光光源：产生激光光源。在安装的过程中应注意与振动标尺成一定的角度，保证光电位移传感器能够最大限度地接收光。

振动标尺：与振动薄膜相连接，标记振动薄膜所产生的位移量。选择轻质的材料并在表面印刷上不规则的图案，通过实验验证，该方法更有利于光电位移传感器的识别。

光电位移传感器：接收由振动标尺反射过来的激光，通过内部的图像处理芯片对振动标尺的位移量进行分析，输出相应的位移数据。

固定平台：作为激光光源、光电位移传感器的固定板，将其固定住。

振动薄膜：接收心音产生的振动，带动振动标尺产生振动。其自身固定在外壳上。

外壳：作为整个光电位移心音传感器的保护壳。

无线模块(含电源)：将光电位移传感器传出的数据通过无线方式发送到接收端。其中电源的作用是为激光光源、光电位移传感器和无线模块提供电源。

光电位移心音传感器的工作过程如下：

由激光光源产生的激光照射在振动标尺上，当振动薄膜感受到心音信号时，振动薄膜会随着心音信号的强弱变化而发生振动，从而带动振动标尺发生上下位移变化，照射在振动标尺的激光将振动标尺发生的这种上下变化送到光电位移传感器,实现位移变化到电信号的转换,并通过内部的图像处理芯片对振动标尺的位移量进行分析,输出与心音信号呈线性比例关系的数据,完成对心音信号的提取。光电位移传感器传出的数据通过无线模块(含电源)发送到接收端。

目前光电位移传感器的精度很高,可以满足设计要求。光电位移传感器选用精度较高的 ADNS-7050 型激光位移传感器,能够有效地采集位移数据。ADNS-7050 传感器芯片主要由微控制器控制,采用串行外设接口(SPI)方式进行控制和数据传输。传感器的光源采用 ADNV-6340 型激光发生器。

3.8　压电薄膜型心音传感器

基于高分子薄膜聚偏氟乙烯(PVDF)压电薄膜的正压电效应[1],即当受到外力作用时,薄膜产生应变,使内部电荷发生相对移动,这样在相对的两个面上将感生出一个极性相反的面电荷,通常可以通过测量在两个面上的电荷间的电压来求得所产生的面电荷的大小,从而反映出心音的强弱。研究人员根据这个原理,利用压电 PVDF 制成压电薄膜型心音传感器,这种传感器具有重量轻、灵敏度高等优点[12]。

压电薄膜型心音传感器的结构如图 3.15 所示。铝合金外壳上开一口,心音波振动通过该孔进入,作用在 PVDF 压电薄膜上(其上是不透明的保护膜),引起薄膜振动,由于压电薄膜的输出阻抗很高,这样高的阻抗是不能直接与音频放大器相匹配的,所以在传感器内接入阻抗变换器。

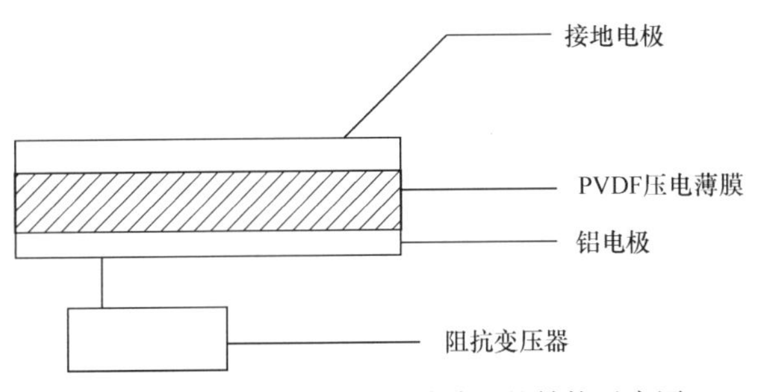

图 3.15　压电薄膜型心音传感器的结构示意图

压电薄膜传感器主要用于测量被测量物体运动所引起的应力和应变。在设计压电薄膜传感器时,首先要确定工作方式,以便采用合适的结构形状,然后选择适当的支承方式,以在所需应变的方向上得到高的灵敏度和良好的线性,减少一些不必要的干扰,并计算传感器的灵敏度。压电薄膜型传感器元件的表面形状主要有膜片形和圆柱形。一般用两种方法来安放 PVDF 压电薄膜,一是自悬式,二是用基底支承式,实际上因为 PVDF 材料不同于压电陶瓷材料,压电陶瓷的厚度很难做到小于 200μm;而 PVDF 材料可薄至 5μm,故一般要用基底支承,支承又有全部刚性基底支承和梁式支承之分。

用压电薄膜传感器获取体表心音信号，再经过高度集成化信号处理电路处理，输出低阻抗放大的心音信号，可直接驱动耳机，也可以连接计算机进行录音，获得心音图谱。该传感器可用于临床听诊、心音分析和心音图谱分析等领域。

3.9　智能听诊器

智能化是现在应用科技发展的潮流，智能听诊器也是这种发展趋势的产物，虽然现有技术还不是很成熟，但无疑是听诊器未来发展的方向。图 3.16 给出了智能听诊器的一些雏形[12,13]。

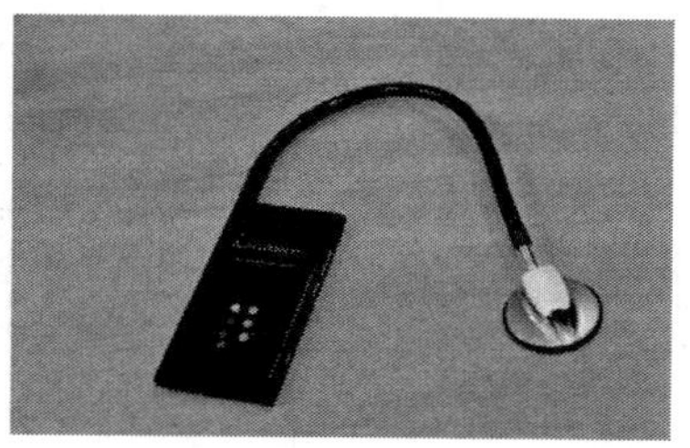

图 3.16　智能听诊器的一些雏形

智能化要求听诊器具有处理数据的能力，并且能够将数据发送到 PC 端或者移动端。通过将采集到的心音与数据库中的心音进行对比，从而分析出心音是否正常，能够发出警告，或将数据发送给医生，让医生获知第一手的信息，这对人们预防心脏疾病具有十分重大的意义。

智能听诊器不再是单一功能的听诊器，而是具有电子听诊、无线发射、存储、录音、诊断和求助等一系列功能的集成产物。

智能听诊器的另外一个特点是可穿戴[5]。可穿戴式设备可以长期穿戴在人身上，增强用户体验的效果。这种设备需要具备先进的电路系统、无线联网功能，且至少具有一项基本的独立工作能力。智能穿戴式技术在国际计算机学术界和工业界一直备受关注。随着移动互联网的发展、相关技术的进步和高性能低功耗处理芯片的推出，部分智能穿戴式设备已经从概念化走向商用化，新式智能穿戴式设备不断传出，谷歌、苹果、微软、索尼、奥林巴斯和摩托罗拉等公司也都开始在这个全新的领域进行深入探索。

3.10　本章小结

心音采集设备的发展趋势遵循从有源到无源、从有线到无线、从常规到智能的发展轨迹。随着计算机技术与通信技术的飞速发展，心音采集技术出现了快速的发展，将传统的听诊器与材料科学、电子科学、计算机科学等学科相结合，产生了许多应用广泛、采集结果更加准确的新型听诊设备。

本章介绍了听诊器及其相关技术，主要包括各类听诊器的物理原理、具体结构和设计理念。心音采集设备的研究，为接下来对心音的研究奠定了坚实的基础。

参考文献

[1] 成谢锋，邱奕然. 心音听诊器件及其新应用[J]. 世界医疗器械，2015，21(4)：55-58.

[2] Candes E J，Wakin M B. An introduction to compressive sampling[J]. IEEE Signal Processing Magazine，2008，25(2)：21-30.

[3] Zhu Y G，Yang X L. TV sparsifying MR image reconstruction in compressive sensing[J]. Journal of Signal & Information Processing，2011，2(1)：44-51.

[4] Tropp J A，Gilbert A C. Signal recovery from random measurements via orthogonal matching pursuit[J]. IEEE Transactions on Information Theory，2007，53(12)：4655-4666.

[5] Zou J，Gilbert A C，Strauss M J，et al. Theoretical and experimental analysis of a randomized algorithm for sparse Fourier transform analysis[J]. Journal of Computational Physics，2006，211(2)：572-595.

[6] Han H，Gan L，Liu S J，et al. A novel measurement matrix based on regression model for block compressed sensing[J]. Journal of Mathematical Imaging & Vision，2015，51(1)：161-170.

[7] 张小梅，陆俊，彭冰沁，等. 嵌入式智能家居监控系统的设计与实现[J]. 微计算机信息，2007，23(2)：55-56，49.

[8] 喻玲娟，谢晓春. 压缩感知理论简介[J]. 电视技术，2008，32(12)：16-18.

[9] 石光明，刘丹华，高大化，等. 压缩感知理论及其研究进展[J]. 电子学报，2009，37(5)：1070-1081.

[10] 成谢锋，马勇，张学军，等. 一种不用先验知识的单路混合信号的盲分离新方法[J]. 电子学报，2011，39(10)：2317-2321.

[11] 郭海燕，杨震. 基于近似 KLT 域的语音信号压缩感知[J]. 电子信息学报，2009，31(12)：2948-2952.

[12] Vaghadia H，Jenkins L C. Use of a Doppler ultrasound stethoscope for intercostal nerve block[J]. Canadian Journal of Anaesthesia，1988，35(1)：86-89.

[13] Akay M，Akay Y M，Gauthier D，et al. Dynamics of diastolic sounds caused by partially occluded coronary arteries[J]. IEEE Transactions on Biomedical Engineering，2009，56(2)：513-517.

第 4 章　自构心音小波的方法及应用

对于心音的模式识别，国内外许多学者都做了大量的研究，主要包括心音信号的预处理、特征提取和分类识别三个方面。心音信号的预处理主要包括心音信号的去噪和对第一心音、第二心音的分段定位，其中，信号去噪的研究本质是滤波器的研究。目前主流的滤波方法是时频变换滤波，即通过频域滤波、时域加窗对信号进行去噪处理。心音信号分析与处理的主要方法包括谱分析、时频分析和小波变换。

本章在心音信号分析处理的基础上，提出一种构造偶数长双正交小波的一般方法，并且根据心音信号的特点构造出心音(HS)小波；此外，重点讨论 HS 小波的构造原则和一种基于 HS 小波的心音信号合成模型，为心音特征提取和身份识别的深入研究提供一种新方法。

4.1　概　　述

由于在时域、频域都有表征信号局部信息的能力，小波变换成为非稳定信号处理的有效工具。近年来运用小波变换对心音信号进行分析处理的相关研究较多[1-7]。在心音信号的预处理方面，对 haar、db、coif、sym 等多种正交小波的去噪效果进行分析，认为 db6 小波分五层分解具有最佳的消噪效果。在信号特征提取方面，主要运用离散小波的分解和重构对心音信号进行特征提取。心音信号的小波变换谱在不同尺度上的分布相应于心脏不同部分的振动信息，尺度较大的部分相应于信号的低频部分，这是大血管与心肌等质量较大的部分在瓣膜肌肉和血流的作用下产生的振动；尺度较小的部分相应于信号的高频部分，可以表示心脏瓣膜的血流、振动等信息；文献[5]采用 coif5 小波对心音信号进行六层分解处理，认为 coif$N$ 小波相比 db$N$ 具有更好的对称性和光滑性，能更好地提取胎儿心音特征。在模式识别和分类方面，相关论文主要论述基于小波变换和参数模型的心音信号分类算法，研究心音信号在时域和频域上产生差异的原因[8-11]。为了找到能充分体现心音特性细节差异的方法，本书作者从 db$N$、sym$N$、coif$N$ 小波基中选择两种以上的小波进行线性组合，获取了一组心音子波，并用它进行心音身份识别[1]。但经过实验分析，其构造的心音子波只适用于心音信号的分解，不利于心音信号的重构。

综上所述，在心音信号处理过程中，为了获取最佳结果，对心音信号去噪主要采用 db 系列小波，对信号进行分类主要采用更具对称性的 coif 系列小波。针对不同的功能选用不同的小波基，该方法通用性差，表现为同一个心音采用不同的小波基处理，不确定性因素会增多，且这些小波基都不具备完全对称性，会在心音信号处理的过程中引入相位失真，导致重构误识别率增大。在心音身份识别中，希望能构造一种专门用于心音信号处理的小波基，以更好地提取心音个体特征的细节信息。因此，本章提出一种构造滤波器长度为偶数的紧支撑双正交小波的一般方法，构造出一簇心音小波，并建立一种基于 HS 小波簇的心音信号合成模型；运用 HS 小波对心音信号进行处理，能够获得更好的去噪效果和重构误差率，在表征心音个体特征的细节方面具有积极的意义，同时也为小波分析的特殊应用提供了一种新思路。

4.2　心音信号的产生与预处理

本节主要从信号分析的角度介绍心音信号的相关知识，包括心音信号的概念、特征、产生原理和成分，并对心音的研究意义进行分析，详细介绍心音预处理的步骤及几种小波去噪的算法。

心音是心脏以及心血管系统机械运动而产生的复合音，包含心脏本身以及各部分之间相互作用的病理和生理信息[1]。心音信号研究是指采用检测技术、微电子技术、现代数字信号处理技术和生物医学工程技术，研究和揭示心音与心脏疾病之间的关系。当心脏或者心血管疾病尚未发展到疼痛、心电图异常等症状之前，心音中出现的如心杂音或者畸变等都可以成为心脏或心血管疾病早期诊断和预防的有效信息。用心音诊断心脏疾病具有快速、无创、经济、方便等特点，可以观察心脏的整个动态变化过程，对心脏疾病进行普查和预防。

4.2.1　心音的产生原理及成分

在心脏跳动的一个周期中，由瓣膜启闭、心肌收缩、血流冲击大动脉和心室壁以及形成的涡流等因素引起的机械振动，可以通过心脏的周围组织传递到胸壁而产生微弱的振动信号[1]。这些微弱的振动信号可以通过传感器转换成电信号并记录下来，即可得到心音波形图。

心音并不是在心动周期的整个过程中都存在，而是发生在某些特定的时期，不同时期的持续时间和音调有一定的规律。正常心脏可发出四种心音，即 s_1、s_2、s_3 和 s_4。在大多数情况下只能听到 s_1 和 s_2，在某些健康青年人和健康儿童中也可听到 s_3，而 s_4 很微弱一般出现在 40 岁以上的健康人群中。在心脏出现异常的情况下还可能会产生心杂音。因此，听取心音或记录心音波形图，对于心脏疾病的诊断具有重要的作用。一个心动周期中心脏运动与心音变化的示意图如图 4.1 所示。心音各成分的时域特征如表 4.1 所示。

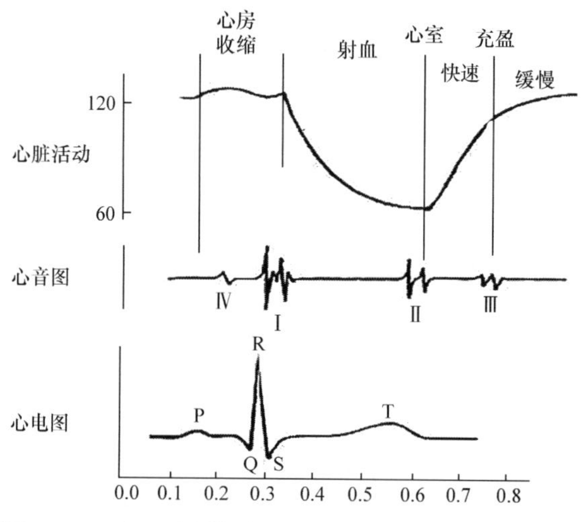

图 4.1 一个心动周期中心脏运动与心音变化的示意图

表 4.1 心音各成分的时域特征

心音	形成机制	出现时期	主要特点	持续时间/s	参照心电图信号
s_1	心室肌收缩，房室瓣突然关闭引起的振动	心脏收缩期开始	音调低沉，持续时间较长	0.15	相当于心电图上 Q、R、S 波形开始后 0.02～0.04s，占时 0.08～0.15s
s_2	半月瓣关闭，瓣膜互相撞击引起的振动	心室舒张期开始	频率高，持续时间短	0.08	相当于心电图上 Q、R、S 波形的 T 波的终末部
s_3	血液快速流入心室使心室和瓣膜引起的振动	快速充盈期末	低频，低振幅	0.05	相当于心电图上 T 波后距第二心音 0.12～0.20s
s_4	心房肌用力收缩引起的振动	心室舒张末期	低振幅	0.03	相当于心电图上 P 波后的 0.15～0.18s

4.2.2 心音信号研究的意义

由于心音信号在诊断心脏疾病时所表现出的重要价值，近年来，国内外许多学者都对其进行了大量的研究。随着信号处理技术在理论上的不断完善以及在应用方面的不断深入，尤其是随着数字科技的发展，开始将信号处理技术与计算机技术相结合，对于心音信号的研究也由定性分析逐步进入量化分析阶段。由于心音含有关于心脏各个部分如心房、心室、心血管及各个瓣膜功能状态的大量的生理和病理信息，能够很好地反映大血管、血液流动、心脏活动以及心脏的健康状况。目前在医学上广泛使用的心电图是一种检查心脏变传导性和变时性的最佳诊断方法，但不能用来诊断心脏的变力性先天性心脏瓣膜受损。然而，通过心音可以反映心电传导组织病变而引起的心脏机械活动障碍[6]，对心脏功能进行评估。可见，心音具备心电不可替代的诊断信息。此外，大量的研究还表明心音信号不仅能反映心脏疾病的早期病理信息[12]，还能反映人类生命状态变化的多种重要信息。

4.2.3　心音信号的预处理

心音信号的检测和分析，对心血管疾病的早期诊断具有积极的意义。然而，心音信号十分微弱，在信号的采集及处理过程中极易受到外部噪声的干扰，这对心脏疾病的诊断造成很大的影响[13]。因此，需要对采集到的心音信号进行预处理。首先根据需要的采样点数对频率进行重采样，去掉一些高频的干扰；然后通过高通滤波器，滤除信号的低频干扰和基线漂移；最后通过小波变换得到去噪后的心音信号。

1. 频率的重采样

原始信号的采样频率一般为 22050Hz，其采样点数相对比较庞大，但心音信号的实际有效频率在 1000Hz 以下，说明原始采样数据存在大量冗余，极大地增加了噪声的概率，而相对庞大的数据量也增加了对信号进行处理的负担，这在很大程度上影响了处理心音信号的速度。因此，有必要对原始的心音信号进行 2000Hz 的重采样，如图 4.2(a)、(b)所示。

2. 高通滤波

在心音这种生理信号中，一般都会存在一定的低频噪声干扰，表现为基线漂移，这对信号的分析和识别会产生一定的影响。为了减小这类影响，一般会采用滤波器将这些低频信号滤除，滤波后的信号如图 4.2(c)所示。

3. 去噪

对采集到的心音信号进行去噪处理，仅仅依靠硬件的措施并不能完全解决干扰问题，还需利用一定的滤波技术对信号进一步去噪。小波变换是在傅里叶(Fourier)分析的基础上发展起来的一种时频信号分析方法，它能同时在时频域中对信号进行分析，具有多分辨率分析的功能。对于心音信号，心音的频率主要集中在 300Hz 以内的低频段，而噪声主要集中在 600Hz 以上的高频段，因此利用小波

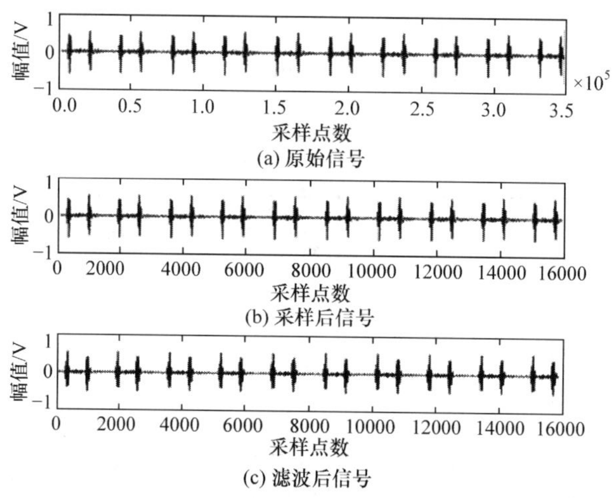

图 4.2 原始信号、采样后信号以及滤波后信号

变换可以有效地将信号分解成不同尺度上的近似分量和细节分量，实现信号和噪声的有效分离，有效地抑制了信号中所夹杂的噪声分量[13]。

另外，分解层数的选择也会影响小波的去噪性能。含噪声的心音信号经过小波变换后，心音信号主要集中在低频部分，噪声主要集中在高频部分，因此对小波分解出来的每层高频分量进行阈值量化处理就可以有效地去除信号中的噪声[14]。若分解层数太少，去噪效果不明显；若分解层数太多，又会将一部分有用信号滤除。因此，分解层数的确定也是至关重要的。

利用小波对心音信号进行去噪的过程其实就是小波变换的过程，基本步骤如下。

(1) 选择最佳的适用于心音信号的小波基函数。

(2) 确定分解的层次 N。

(3) 按照指定的分解层次，对心音信号进行 N 层分解。

(4) 对分解后得到的每一层高频系数，选择阈值进行量化处理(包括软阈值或硬阈值)。

(5) 根据小波分解的第 N 层系数以及经过量化处理后的每一层高频系数，进行小波逆变换，即小波重构。

上述步骤可用如图 4.3 所示的流程图来表示。

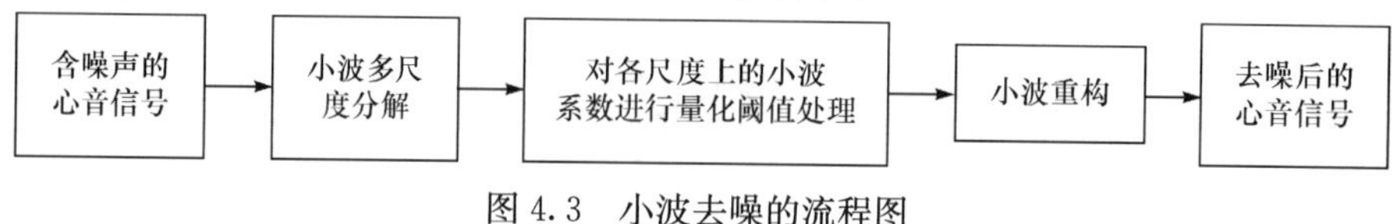

图 4.3 小波去噪的流程图

4.3　心音信号的时频分析

本节将详细介绍目前在心音信号处理中最常用的几种时频分析方法，讨论它们的定义、优缺点以及适用范围。

4.3.1　短时傅里叶变换

傅里叶变换不能同时从时频域对信号进行分析，为了克服这一缺点，有学者提出了一种短时傅里叶变换（short-time Fourier transform，STFT），它是将信号进行加窗处理，对每个窗口内的信号进行傅里叶变换。一个信号的短时傅里叶变换定义为

$$G_f(\omega,\tau)=\int_{-\infty}^{+\infty} f(t)g(t-\tau)\mathrm{e}^{-\mathrm{i}\omega t}\,\mathrm{d}t \tag{4.1}$$

式中，$g(t)$为窗函数，定义如下：

$$g(t)=\begin{cases}1, & t\in[-\Delta+\delta,\Delta-\delta] \\ \text{趋于 } 0, & t\in(-\Delta-\delta,-\Delta+\delta),t\in(\Delta-\delta,\Delta+\delta) \\ 0, & \text{其他}\end{cases} \tag{4.2}$$

通常，窗函数 $g(t)$选用能量集中在低频处的实偶函数，从而保证短时傅里叶变换在时域和频域内均有局域化功能，但由于海森伯格（Hessenberg）测不准原理的约束，频窗和时窗不能达到极小值，即短时傅里叶变换的时频窗大小一旦选定就固定不变，与频率无关。因此，它只适合分析所有特征尺度大致相同的过程，窗口没有自适应性，不适合分析多尺度信号和突变过程，而且离散化形式没有正交展开。图 4.4～图 4.7 是用短时傅里叶变换实现的心音时域、频域分析，可见正常心音信号具有一般的周期性特性，其频率成分主要集中在 50～150Hz 的低频段，超过 300Hz 信号的频率成分很少。

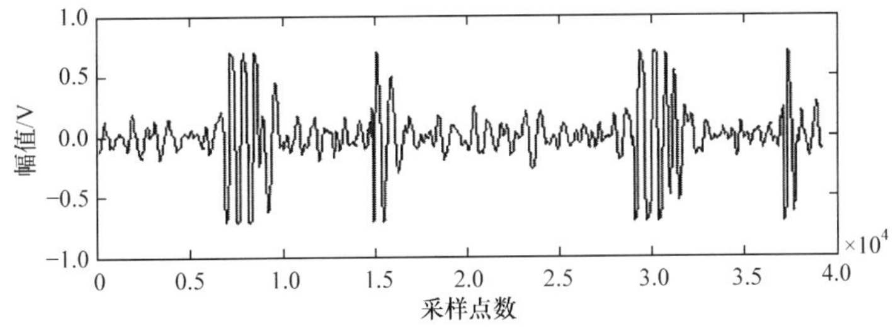

图 4.4　正常心音信号采集图

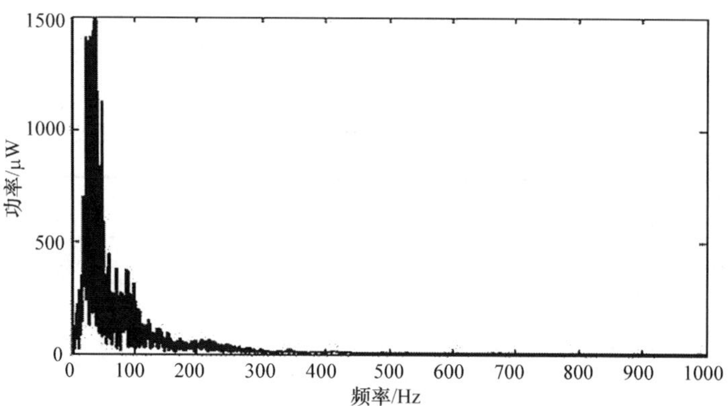

图 4.5　心音信号的频谱图(功率谱)

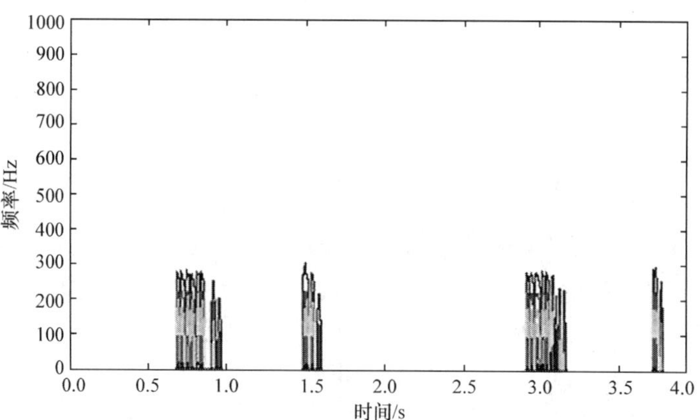

图 4.6　心音信号的等高线图

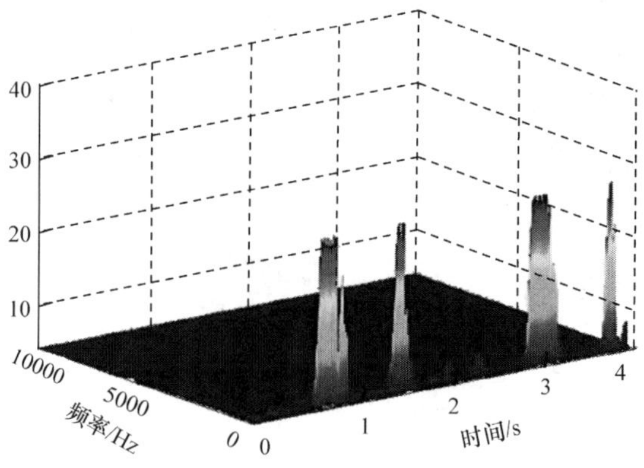

图 4.7　心音信号的三维图

4.3.2　小波变换

小波变换的应用价值已经得到了学者的普遍认可，其数学理论和方法也越来越受到人们的广泛关注。从数学家角度来看，小波变换是数学领域一个新的门类，它是数值分析、傅里叶分析、调和分析、泛函分析和样条分析的完美结晶；在应用领域，它是继傅里叶分析后的又一种有效的时频分析法，特别是在模式识别、语音分析、量子物理、信号处理、图像处理及非线性科学等领域取得了突飞猛进的进展。

与傅里叶变换相比，小波变换在时频域同时具备了良好的局部化特性，从而可以把分析的重点聚焦到信号的细节，能有效地从信号中提取信息，非常适合分析非平稳的心音信号。小波变换继承和发展了短时傅里叶变换时频局部化的思想，同时又克服了窗口大小不随频率变化、没有离散正交基的缺点。其局部化特性是通过小波的紧支性体现的，多分辨率分析是通过小波的压扩性实现的。通过母小波函数的平移运算能够生成希尔伯特空间的基，通过小波母函数的压扩与平移联合运算能够张成不同的希尔伯特子空间，在不同的希尔伯特子空间中进行信号分析就揭示了信号由粗及精的逼近特性。在某一分辨率下，如果由母小波生成希尔伯特子空间的正交基，那么就得到了正交小波变换；如果放弃正交性，由母小波生成希尔伯特子空间的双交基，那么就得到了双正交小波变换；如果对不同分辨率下母小波生成的所有希尔伯特子空间的基，根据实际需要并按照某种规则选取不同分辨率下的基函数，就生成了小波包。因此，泛函分析是小波分析的理论基础，也是研究小波变换的基本方法，小波空间分解表征了多分辨率分析。

小波变换不仅是一种数学理论，更重要的是要对其进行广泛的工程应用，从数学理论到工程应用就是小波变换的实现。小波变换的数学方法是内积，卷积具有内积的表现形式，是线性系统对信号处理的基本操作。小波变换可以用滤波器实现，小波变换的多分辨率分析可以通过滤波器组实现，因此小波变换最基本的实现方法是滤波器组。正交小波变换可以用正交滤波器组实现，双正交小波变换可以用双正交滤波器组实现，小波包变换可以用小波包滤波器组实现。

小波母函数的定义十分宽泛，如果一个紧支撑的函数的积分为 0，即不包含直流分量，就可以认为是一个小波。小波变换定义为信号与小波函数的内积或与小波函数反褶、共轭后的卷积，即小波变换是对信号的滤波过程。从理论上看，如果小波基函数的带宽足够窄，则可以实现信号任意窄带的分析；小波基函数是通过小波母函数平移得到的，可以覆盖整个时域，因此能够实现信号时域多点的同时分析；小波基函数是通过小波母函数压扩来控制其支撑区间的，如果小波基函数的支撑区间足够小，则能够实现信号在时域任意点上任意区间的局部分析。因此，小波变换也是比较理想的时频分析工具。

4.4 心音小波

前面介绍了心音信号处理中最常用的几种时频分析方法，本节将介绍心音信号处理中使用的小波方法。

4.4.1 最佳小波基

运用小波变换的方法对心音信号进行分析，首先要选择小波基，通常是按相似性来选择，不同小波基的时、频特性不同，对同一心音信号进行小波分解，其结果也有所不同。

下面分析最佳小波基应具备的条件。

(1) 正交性：如果两条直线相交成直角，则两条直线是正交的。在空间向量中，如果两个向量的标量积为零，则两个向量正交。在其他条件满足的情况下，尽可能保证正交性。

(2) 紧支性：滤波器的长度越短，小波变换的计算量越小、俘获信号奇异点的概率越小，必须尽可能减小小波的支集长度。但小波的紧支性与消失矩是相互矛盾的，为了得到更小的小波系数，需要小波具有高消失矩，而要得到更小的小波系数，需要小波具有小的支集长度。在实际应用中，小波的紧支性和消失矩需要根据信号的奇异程度来权衡，如果信号奇异点很少，则可以选取高阶消失矩的小波；如果奇异点很多，则需要选取紧支小波。

(3) 消失矩：消失矩是小波的最强性质。消失矩阶数越高，多项式的抑制能力就越强。信号压缩、去噪、快速计算等都需要选择消失矩阶数高的小波。由消失矩的定义可知，具有 p 阶消失矩的小波与小于 p 次的多项式正交，如果信号 f 是正则的且小波有足够的消失矩，则其小波变换系数很小。

(4) 正则性：虽然理论上信号能够完全重构，但由于量化误差和截断误差的存在，在信号重构时，如果小波基不够光滑，则其误差累积较重；如果小波基足够光滑，则误差累积较小。

(5) 对称性：小波的对称性决定着滤波器的线性相位。对正交小波，除了 haar 小波，不存在对称或反对称小波，甚至根据消失矩条件通过最小相位构造的正交小波也是极不对称的。这样在分解和重构后会造成信号失真，在一些要求对称性较强的情况(如图像的分解重构以及奇异点的检测)下，其结果是不能满足要求的。

由上述条件可知，在对信号进行分析处理时，选用的小波基最好是正交的、紧支的、高消失矩的、高正则性的和对称的。紧支性决定小波滤波器的支集长度，长度越短，分辨率越高；对称性决定小波滤波器的线性相位，非对称会在心音信号的处理过程中引入相位失真，导致信号的重构误差增大；小波的正则性越好，重构的信号越光滑，重构误差越小；消失矩阶数越高，对应滤波器的低频拖尾衰减越快。

目前，利用 db 小波、coif 小波和 sym 小波都能对心音信号进行分解与重构，这些正交基和正交小波变换在数学上具有良好的性质，但是除了 haar 小波，没有同时具有紧支性和对称性的正交小波。而 haar 小波由于平滑性较差，并不适用于分析心音这种连续的信号。另外，正交性的好处是信号经过正交小波处理后理论上无冗余，但实际应用中冗余度的大小是根据实际情况而定的。例如，在数据的压缩中，往往需要相关性和冗余性尽量小，最好能完全正交；而在信号的去噪方面，可以通过相关性判断噪声的位置，或对噪声点的信号进行抑制处理，这时冗余度又成为一种优势。因此，这里适当降低正交性的要求，通过构造一种同时具备对称性和紧支性的双正交小波作为心音信号处理过程中的小波基函数[11]，恰当控制了小波支集的长度、正则性、消失矩阶数和对称性等性质的平衡。

4.4.2　双正交小波基的构造

由 4.4.1 节可知，小波基的构造实质就是滤波器的构造，双正交多分辨率分析与滤波器之间的等价关系[12-15]可表述如下：

$$\begin{aligned}\{\varphi(t),\tilde{\varphi}(t)\}&\Leftrightarrow\{h(n),\tilde{h}(n)\}\\ \{\psi(t),\tilde{\psi}(t)\}&\Leftrightarrow\{g(n),\tilde{g}(n)\}\end{aligned}\tag{4.3}$$

式中，$g(n)=(-1)^{1-n}\tilde{h}(1-n)$；$\tilde{g}(n)=(-1)^{1-n}h(1-n)$。

式(4.3)表明，可通过构造适当的分解尺度滤波器和重构尺度滤波器组来构造双正交小波基[16]。

图 4.8 给出了双正交完全重构双通道滤波器组的结构，这里要实现完全重构即要求满足 $\tilde{x}_{j-1}(k)=x_{j-1}(k)$。$h(n)$ 和 $g(n)$ 分别为分解用的低通滤波器和高通滤波器，假设它们的长度分别为 N 和 M，$\tilde{h}(n)$ 和 $\tilde{g}(n)$ 分别为对应的重构低通滤波器和高通滤波器，它们的长度分别为 M 和 N（这里 N 和 M 的长度为偶数）。

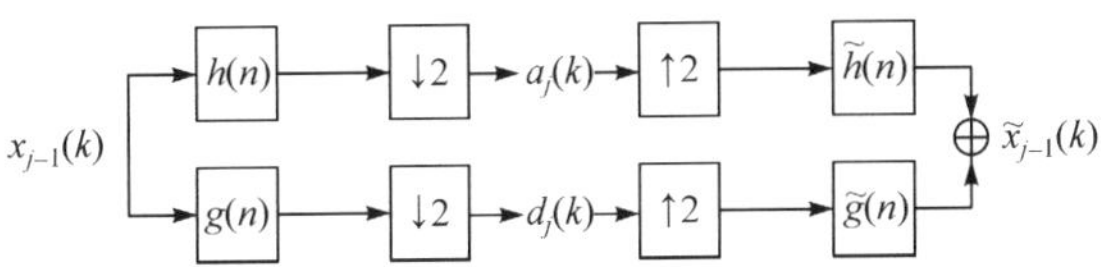

图 4.8　双正交完全重构双通道滤波器组

这里引出小波消失矩的概念。

引理 4.1　对于小波函数 $\psi(t)$，如果 $\int_{-\infty}^{+\infty}t^k\psi(t)\,\mathrm{d}t=0(0\leqslant k<\rho)$，则称小波函数 $\psi(t)$ 具有 ρ 阶消失矩[12,16]。

引理 4.2　小波函数 $\psi(t)$ 具有 ρ 阶消失矩，等价于其对应的尺度滤波器函数 $H(w)$ 和它的前 $\rho-1$ 阶导数在 π 点为 0。其中，$H(w)=\dfrac{1}{\sqrt{2}}\sum_{n}h\mathrm{e}^{-iwn}$，$\{h(n)\}$ 为尺度滤波器系数。

由 $H(w)=\sum_{k=0}^{N-1}h_k\mathrm{e}^{-\mathrm{i}wn}\Rightarrow H^{(n)}(w)=\sum_{k=1}^{N-1}(-\mathrm{i}k)^n h_k\mathrm{e}^{-\mathrm{i}wn}$，可得

$$H(w=\pi)=\sum_{k=0}^{N-1}h_k\mathrm{e}^{-\mathrm{i}wn}=\sum_{k=0}^{N-1}(-1)^k h_k=0 \tag{4.4a}$$

$$H^{(n)}(w=\pi)=\sum_{k=1}^{N-1}(-\mathrm{i}k)^n h_k\mathrm{e}^{-\mathrm{i}wn}=\sum_{k=1}^{N-1}(-1)^k(-\mathrm{i}k)^n h_k=0 \tag{4.4b}$$

定理 4.1 双正交双通道滤波器组对任何输入信号实现精确重构的条件为

$$H^*(w+\pi)\widetilde{H}(w)+G^*(w+\pi)\widetilde{G}(w)=0 \tag{4.5a}$$

$$H^*(w)\widetilde{H}(w)+G^*(w)\widetilde{G}(w)=2 \tag{4.5b}$$

式中

$$H(w)=\frac{1}{\sqrt{2}}\sum_n h\mathrm{e}^{-\mathrm{i}wn},\quad G(w)=\frac{1}{\sqrt{2}}\sum_n g\mathrm{e}^{-\mathrm{i}wn}$$

$$H^*(w)=\frac{1}{\sqrt{2}}\sum_n \tilde{h}\mathrm{e}^{-\mathrm{i}wn},\quad G^*(w)=\frac{1}{\sqrt{2}}\sum_n \tilde{g}\mathrm{e}^{-\mathrm{i}wn}$$

将 $g(n)=(-1)^{1-n}\tilde{h}(1-n)$，$\tilde{g}(n)=(-1)^{1-n}h(1-n)$代入式(4.5b)，可得

$$h(n)*\tilde{h}(n)+(-1)^n h(n)*(-1)^{1-n}\tilde{h}(n)=2\delta(n) \tag{4.6}$$

式中，$h(n)$的长度为 N；$\tilde{h}(n)$的长度为 M。

由式(4.6)可推出下面的结论。

推论 4.1 设 $N\geqslant M$，$h(n)$与 $\tilde{h}(n)$卷积的结果为一个长为 $2N-1$ 的序列 a，则

$$a(N)=1,\quad a(2k)=0,\quad k=1,2,\cdots,N-1 \tag{4.7}$$

定理 4.2 如果(h,g)和$(\tilde{h},\tilde{g})$是双正交完全重构滤波器组，其傅里叶变换是有界的，那么 $\{\tilde{h}(n-2l),\tilde{g}(n-2l)\}_{l\in\mathbf{Z}}$和$\{h(n-2l),g(n-2l)\}_{l\in\mathbf{Z}}$构成 $l^2(\mathbf{Z})$的双正交 Riesz 基。

定理 4.2 反映了四个空间之间的正交性：

$$V_0 \text{ 和 } \widetilde{V}_0 \text{ 之间的双正交性：}\langle\tilde{h}(k),h(k-2n)\rangle=\delta(n) \tag{4.8a}$$

$$W_0 \text{ 和 } \widetilde{W}_0 \text{ 之间的双正交性：}\langle\tilde{g}(k),g(k-2n)\rangle=\delta(n) \tag{4.8b}$$

$$\widetilde{V}_0 \text{ 和 } W_0 \text{ 之间的正交性：}\langle h(k),g(k-2n)\rangle=0 \tag{4.9a}$$

$$\widetilde{W}_0 \text{ 和 } V_0 \text{ 之间的正交性：}\langle\tilde{g}(k),h(k-2n)\rangle=0 \tag{4.9b}$$

由 h、$\tilde{h}$ 的低通特性以及 g、$\tilde{g}$ 的高通特性，可得

$$\begin{cases}H(w=0)=\widetilde{H}(w=0)=1\\ G(w=0)=\widetilde{G}(w=0)=0\end{cases}\Rightarrow\begin{cases}\sum_n h(n)=\sum_n\tilde{h}(n)=\sqrt{2}\\ \sum_n g(n)=\sum_n\tilde{g}(n)=0\end{cases} \tag{4.10}$$

将式(4.3)、式(4.8a)、式(4.10)以及 $g(n)=(-1)^{1-n}\tilde{h}(1-n)$和 $\tilde{g}(n)=(-1)^{1-n}h(1-n)$联立，可得到如下方程组：

$$\begin{cases}\sum_n h(n)=\sum_n \tilde{h}(n)=\sqrt{2}\\ \sum_n g(n)=\sum_n \tilde{g}(n)=0\\ \langle\tilde{h}(k),h(k-2n)\rangle=\delta(n)\\ H(w=\pi)=\sum_{k=0}^{N-1}h_k\mathrm{e}^{-\mathrm{i}wn}=\sum_{k=0}^{N-1}(-1)^k h_k=0\\ H^{(n)}(w=\pi)=\sum_{k=1}^{N-1}(-\mathrm{i}k)^n h_k\mathrm{e}^{-\mathrm{i}wn}=\sum_{k=1}^{N-1}(-1)^k(-\mathrm{i}k)^n h_k=0\\ g(n)=(-1)^{1-n}\tilde{h}(1-n)\\ \tilde{g}(n)=(-1)^{1-n}h(1-n)\end{cases}\tag{4.11}$$

将方程组(4.11)与式(4.6)结合可以求出尺度滤波器 $h(n)$ 和 $\tilde{h}(n)$ 的值，再代入双尺度方程(4.10)中，可得到分解小波 $\psi(t)$ 和重构小波 $\tilde{\psi}(t)$，上述方法即这里提出的滤波器长度为偶数的双正交小波的一般构造方法。

下面以构造 bior3.3 小波为例，证明该方法的可行性和正确性。由于 bior3.3 分解尺度滤波器 $h(n)$ 的长度 $N=8$，重构尺度滤波器 $\tilde{h}(n)$ 的长度 $M=4$，设 $h(n)=\{a_1,a_2,a_3,a_4,a_4,a_3,a_2,a_1\}$，$\tilde{h}(n)=\{b_1,b_2,b_2,b_1\}$，将 $h(n)$ 和 $\tilde{h}(n)$ 代入式(4.10)和式(4.11)，列出以下方程：

$$\begin{cases}a_1+a_2+a_3+a_4+a_4+a_3+a_2+a_1=\sqrt{2}\\ b_1+b_2+b_2+b_1=\sqrt{2}\\ 2a_3b_1+2a_4b_2=1\\ a_1b_1+a_2b_2+a_3b_2+a_4b_1=0\\ a_2-2a_3+3a_4-4a_4+5a_3-6a_2+7a_1=0\\ a_2-2^2a_3+3^2a_4-4^2a_4+5^2a_3-6^2a_2+7^2a_1=0\\ b_2-2b_2+3b_1=0\\ a_1b_2+a_2b_1=0\end{cases}\tag{4.12}$$

经求解，方程组只有一组解：

$$\begin{aligned}&h(n)=\{0.0663,-0.1989,-0.1547,0.9944,0.9944,-0.1547,-0.1989,0.0663\}\\&\tilde{h}(n)=\{0.1768,0.5303,0.5303,0.1768\}\end{aligned}\tag{4.13}$$

这正是双正交小波 bior3.3 的尺度滤波器系数。与目前常用的双正交小波构造方法相比，本方法更加方便、快捷。

4.4.3　心音信号的特点

在构造 HS 小波前，需要了解心音信号的以下特点。

(1) 心脏是一个非线性的、时变的复杂系统，心音信号具有很强的非平稳性和随机性,这是需要选择恰当的小波对心音信号进行分析的主要原因[13-15]。

(2) 心音信号的频率主要集中在 0～250Hz,s_1 信号主要分布在中低频,其中低频的频率范围为 10～50Hz,中频范围为 50～140Hz;而 s_2 信号在低、中、高频率范围内都有分布,低频分量集中在 10～80Hz,中频分量集中在 80～200Hz;s_3 和 s_4 信号能量相对较弱,主要分布在 50Hz 以下的频段,其他频率范围内趋近于零。

(3) 心音信号是一种具有周期性的时变信号,其中 s_1、s_2 信号强,其开始和结束的特征比较明显,信号波形也比较平滑,没有突变;而 s_3、s_4 信号较弱。因此,在一个周期的时间内心音这种非平稳的信号又可以看成近似稳定[12]。

4.4.4　心音小波的构造原则

根据心音信号周期时变性以及短时间内的时准稳定性,可以设计一种 HS 小波簇以最佳地表征心音的时频局部特性和聚焦心音的个体特性。该 HS 小波簇应满足如下原则。

(1) 相似原则:HS 小波函数要和心音信号具有尽可能大的相似性,即

$$\mathrm{WT}_f(a,\tau)=\langle f(t),\mathrm{HS}_{a,\tau}(t)\rangle=\frac{1}{\sqrt{a}}\int_R f(t)\mathrm{HS}\left(\frac{t-\tau}{a}\right)\mathrm{d}t \tag{4.14}$$

式中,$\mathrm{WT}_f(a,\tau)$表示心音信号 $f(t)$与 $\mathrm{HS}_{a,\tau}(t)$小波之间的相似性系数,$\mathrm{WT}_f(a,\tau)$越大则相似性越好。

(2) 重构最优原则:用 HS 小波重构一组正常心音信号应该快速、简单,同一性好[11]。

设 $f_1(t)$为原始心音信号,经 HS 小波分解重构后得到信号 $f_2(t)$,则重构误差可以简单地用$|\varepsilon|=|f_2(t)-f_1(t)|$来表示,$|\varepsilon|$越小代表重构性能越好。

(3) 不相关原则:HS 小波函数间应该具有很好的不相关性,用它们对心音信号进行分解所产生的冗余信息要尽可能少[11]。

HS 小波函数之间的相关性可以通过互相关函数(4.15)来验证,HS_1 和 HS_2 表示两个小波函数,$R_{12}(\tau)$值越小说明 HS 小波之间不相关性越好:

$$R_{12}(\tau)=\left|\int_{-\infty}^{+\infty}\mathrm{HS}_1(t)\mathrm{HS}_2(t+\tau)\mathrm{d}t\right| \tag{4.15}$$

4.4.5　心音模型

一般而言,直接将这些不经过任何预处理或只做简单的滤波处理的心音信号用于身份特征提取以及识别能够反映心音的最真实的情况。另外,采用某些智能处理的手段对心音波形自动进行模式识别和特征提取,极大地避免了在数据处理过程中人为因素的影响。但这也存在明显的缺点,例如,由于输入的数据量较大,需要处理的数据过多,智能信息处理的复杂度高,计算的代价显著提高;对于心音信号,若不进行分段处理,信号各部分的具体物理意义不明确,识别系统的设计难

以体现心音信号在不同阶段的特点，针对性也会比较差，通常经过处理后的信息反而会变得更加复杂；并且，心音信号的时域波形的相位和幅值具有不确定性，是随机变化的，这进一步提高了心音信号识别的难度。

本节根据心音信号的特点，设计了一种心音信号的模型。由于心音信号是一种具有周期性的时变信号，s_1 和 s_2 信号具有明显的开始与终止特征，在 s_1 和 s_2 期间不会产生突变，s_3 和 s_4 信号较弱，如果把观察时间缩短到一个很短的范围内，则可以得到一系列近似稳定的信号，即心音信号变成时准稳定的。因此，可用心音信号子波簇合成一组心音，所设计的心音信号合成模型如图 4.9 所示，这是一种基于心音子波簇合成的参考模型。

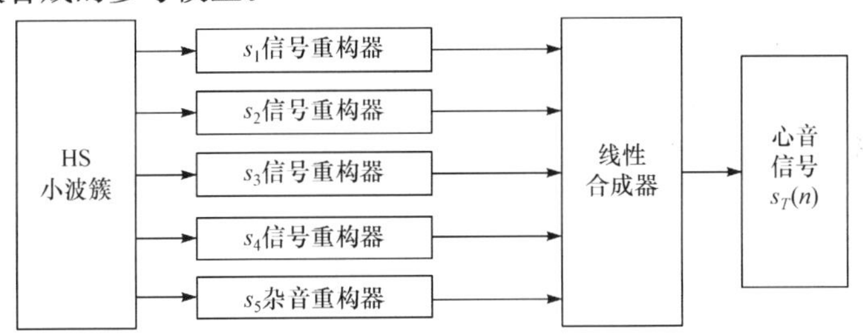

图 4.9　心音信号的小波簇合成模型

设 HS={$\mathrm{HS}_1,\cdots,\mathrm{HS}_N$}为心音信号的 HS 小波簇，由该小波簇可合成第一、第二心音(s_1、s_2)和第三、第四心音(s_3、s_4)，以及心杂音(s_5)，它们可表示为

$$s_i = \sum_{j=1}^{N} C_{ij}\,\mathrm{HS}_j, \quad i = 1,2,3,4,5 \tag{4.16}$$

经线性合成器合成的一个周期的心音信号可描述为

$$s_T(n) = \sum_{n=1}^{T} (k_1 s_1(n) + k_2 s_2(n) + k_3 s_3(n) + k_4 s_4(n) + k_5 s_5(n)) \tag{4.17}$$

则心音信号的小波簇合成模型如图 4.9 所示。

4.4.6 HS 小波的构造方法

定理 4.3　双正交小波滤波器的消失矩阶数之和不大于滤波器长度和的一半，即 $\rho+\tilde{\rho}\leqslant(N+M)/2$。

定理 4.4　若双正交小波滤波器的长度具有相同的奇偶性，则其和必为 4 的倍数。

根据心音信号的特点、HS 小波的构造原则以及双正交小波构造的一般方法，这里选取分解尺度滤波器 $h(n)$的长度 $N=10$，重构尺度滤波器 $\tilde{h}(n)$的长度 $M=10$，取 $\psi(t)$和 $\tilde{\psi}(t)$的消失矩阶数都为 5，设 $h(n)=\{a_1,a_2,a_3,a_4,a_5,a_5,a_4,a_3,a_2,a_1\}$，$\tilde{h}(n)=\{b_1,b_2,b_3,b_4,b_5,b_5,b_4,b_3,b_2,b_1\}$，将 $h(n)$、$\tilde{h}(n)$代入式(4.10)和式(4.11)，列出以下方程：

$$
\begin{cases}
a_1+a_2+a_3+a_4+a_5=\dfrac{\sqrt{2}}{2} \\
b_1+b_2+b_3+b_4+b_5=\dfrac{\sqrt{2}}{2} \\
a_1b_1+a_2b_2+a_3b_3+a_4b_4+a_5b_5=\dfrac{1}{2} \\
a_1b_3+a_2b_4+a_3b_5+a_4b_5+a_5b_4+a_5b_3+a_4b_2+a_3b_1=0 \\
a_2-2a_3+3a_4-4a_5+5a_5-6a_4+7a_3-8a_2+9a_1=0 \\
a_2-2^2a_3+3^2a_4-4^2a_5+5^2a_5-6^2a_4+7^2a_3-8^2a_2+9^2a_1=0 \\
a_2-2^3a_3+3^3a_4-4^3a_5+5^3a_5-6^3a_4+7^3a_3-8^3a_2+9^3a_1=0 \\
a_2-2^4a_3+3^4a_4-4^4a_5+5^4a_5-6^4a_4+7^4a_3-8^4a_2+9^4a_1=0 \\
b_2-2b_3+3b_4-4b_5+5b_5-6b_4+7b_3-8b_2+9b_1=0 \\
b_2-2^2b_3+3^2b_4-4^2b_5+5^2b_5-6^2b_4+7^2b_3-8^2b_2+9^2b_1=0 \\
b_2-2^3b_3+3^3b_4-4^3b_5+5^3b_5-6^3b_4+7^3b_3-8^3b_2+9^3b_1=0 \\
b_2-2^4b_3+3^4b_4-4^4b_5+5^4b_5-6^4b_4+7^4b_3-8^4b_2+9^4b_1=0 \\
a_1b_2+a_2b_1=0 \\
a_1b_4+a_2b_3+a_3b_2+a_4b_1=0
\end{cases}
\tag{4.18}
$$

由该方程组可求得一组实数解：

$$
\begin{cases}
h(n)=\{0.0269,-0.0323,-0.2411,0.0541,0.8995,0.8995,0.0541, \\
\qquad -0.2411,-0.0323,0.0269\} \\
\tilde{h}(n)=\{0.0198,0.0238,-0.0233,0.1456,0.5411,0.5411,0.1456, \\
\qquad -0.0233,0.0238,0.0198\}
\end{cases}
\tag{4.19a}
$$

根据 $g(n)=(-1)^{1-n}\tilde{h}(1-n)$ 和 $\tilde{g}(n)=(-1)^{1-n}h(1-n)$ 可求得对应的小波滤波器 $g(n)$ 和 $\tilde{g}(n)$：

$$
\begin{cases}
g(n)=\{-0.0198,0.0238,0.0233,0.1456,-0.5411,0.5411, \\
\qquad -0.1456,-0.0233,-0.0238,0.0198\} \\
\tilde{g}(n)=\{0.0269,0.0323,-0.2411,-0.0541,0.8995,-0.8995,0.0541, \\
\qquad 0.2411,-0.0323,-0.0269\}
\end{cases}
\tag{4.19b}
$$

根据上述滤波器组的解以及双尺度方程得到一组新的双正交小波基 $\varphi(t)$ 和 $\tilde{\varphi}(t)$，其波形如图 4.10 所示。后面的理论和实验可以证明 $\varphi(t)$ 和 $\tilde{\varphi}(t)$ 具有消失矩大、正则性好、对称性好等优点。

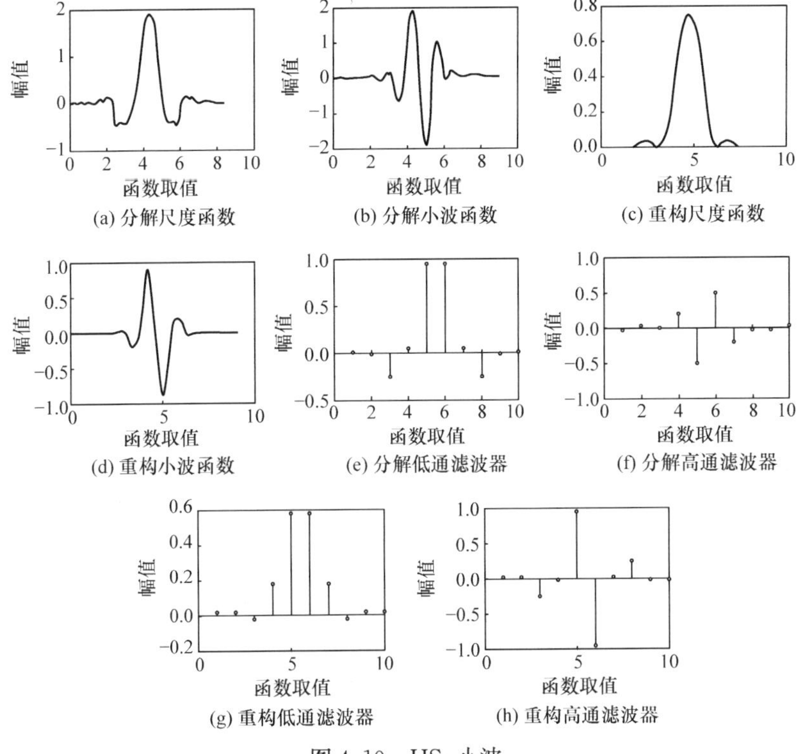

图 4.10　HS_2 小波

4.4.7　HS 小波簇

$\psi(t)$和 $\tilde{\psi}(t)$满足 HS 小波的如下构造原则。

(1) 相似原则：将分解小波 $\psi(t)$和心音信号 $f(t)$代入式(4.14)，由于心音信号的频率主要集中在 0～250Hz，这里将该频段内得到的一系列小波系数取绝对值后求和，结果为 646.6943，远远大于 db 系列相应频段内的小波系数。

(2) 重构最优原则：经小波 $\tilde{\psi}(t)$重构的心音信号与原信号的误差$|\varepsilon|$只有 6.7143×10^{-15}，远小于相对应的 db 系列小波的重构误差。

因此，可认为双正交小波基 $\psi(t)$和 $\tilde{\psi}(t)$是一种性能优良的小波基，能很好地反映心音信号的特点，将它定义为 HS_2 小波，如图 4.10 所示。

同时，在消失矩方面，HS_2 小波的分解和重构小波的消失矩都为 5，与常用于心音信号处理的 db5 小波的消失矩相同；在正则性方面，通过实验可以看出，心音信号经 HS_2 小波分解后得到的小波系数随着频率的增大而迅速减小，衰减速度与 db5 和 bior5.5 小波相比快得多，以及实验中 HS_2 小波极低的重构误差率都证明了 HS_2 小波具有更高的正则性、更加光滑的波形和更好的频域局域性；在对称性方面，HS_2 小波是一种双正交小波，完全满足对称性的要求。

同理，根据 HS 小波的构造方法，这里构造 HS 小波簇 $HS_i(i=1,2,\cdots,N)$，其

中 HS_1 小波如图 4.11 所示。

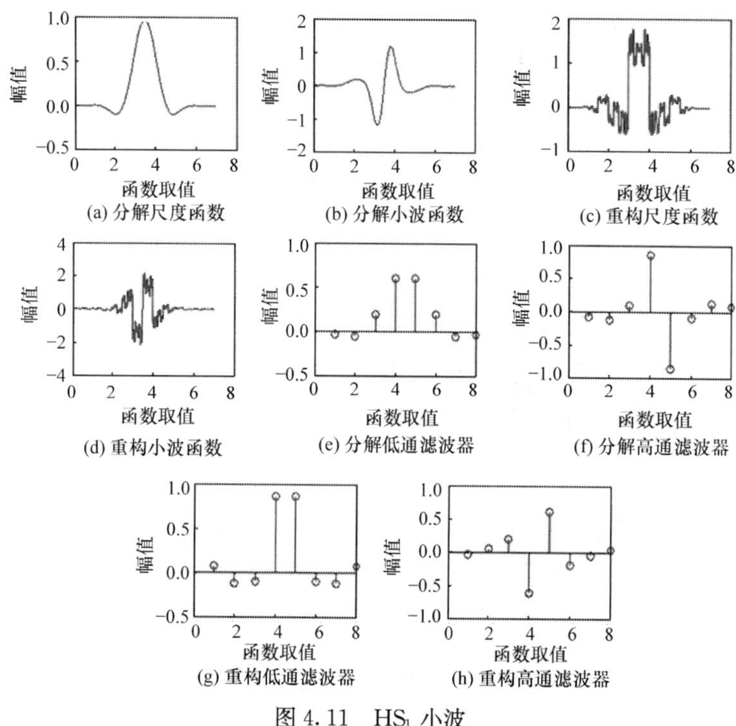

图 4.11　HS_1 小波

(3) 不相关原则：经过计算，HS_1 的分解小波 $\psi_1(t)$ 和 HS_2 的分解小波 $\psi_2(t)$ 的互相关系数为 6.6040×10^{-12}，重构小波 $\tilde{\psi}_1(t)$ 和 $\tilde{\psi}_2(t)$ 的互相关系数为 6.2417×10^{-12}，很显然 HS_1 和 HS_2 小波具有弱相关性，独立性较强。

4.5　五种小波在心音信号处理中的分析与比较

本节特选取 db5 小波、bior5.5 小波、sym5 小波、coif5 小波和自构小波（以 HS_2 为例）分别对心音进行去噪、重构、分类等处理，对比各小波处理后的效果。从最终的结果可以明显看出，自构小波相比其他小波在去噪、重构和分类上都有明显的优势。这也验证了对于一类信号，根据其特征自行构造一种小波是提高信号处理特性的一种非常好的方法。

4.5.1　不同小波对心音信号的处理效果对比

1. 去噪效果

这里使用自构小波并选取 db5 小波、bior5.5 小波、sym5 小波和 coif5 小波这四种常用小波分别对正常心音、第一心音减弱和收缩早期具有额外音的三种心音进行处理,并比较处理后的效果。

图 4.12 给出了三种心音的波形图。为方便说明,下面将第一心音减弱称为非正常 1 心音,收缩早期具有额外音称为非正常 2 心音。

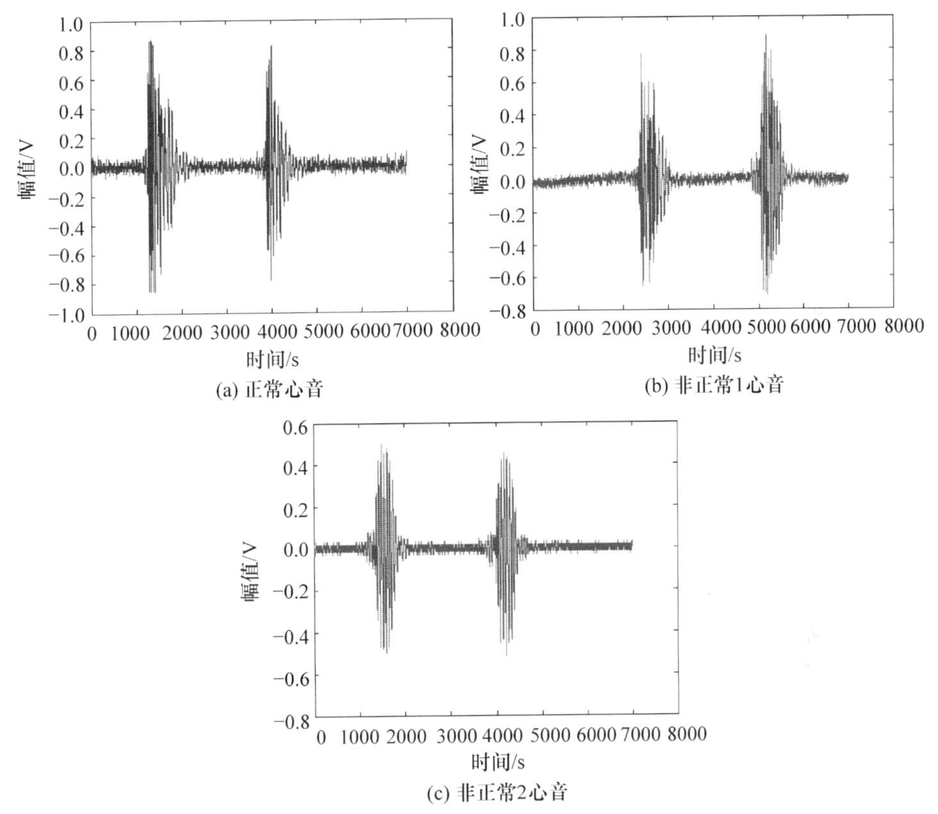

图 4.12　三种心音的波形图

先对三种心音加入相同信噪比的高斯白噪声,再利用自构小波、db5 小波、bior5.5 小波分别对正常心音进行去噪处理,效果图如图 4.13 所示。

表 4.2 给出了五种小波的去噪信噪比统计,从中可以明显看出,利用自构小波对正常心音去噪后的信噪比要明显大于其他小波。对非正常 1 心音进行去噪后,自构小波所表现出的去噪特性也明显强于其他小波。而对非正常 2 心音进行去噪后,自构小波的去噪效果虽然比 coif5 小波略差,但对比其他三种小波去噪效果仍有一定的提升。从表 4.2 还可以看出,由于不同心音的波形特点不同,相同小波对不同心音的去噪效果也有很大差异。总之,这五种小波对非正常 1 心音去噪后的信噪比最低,对非正常 2 心音去噪后的信噪比最高。

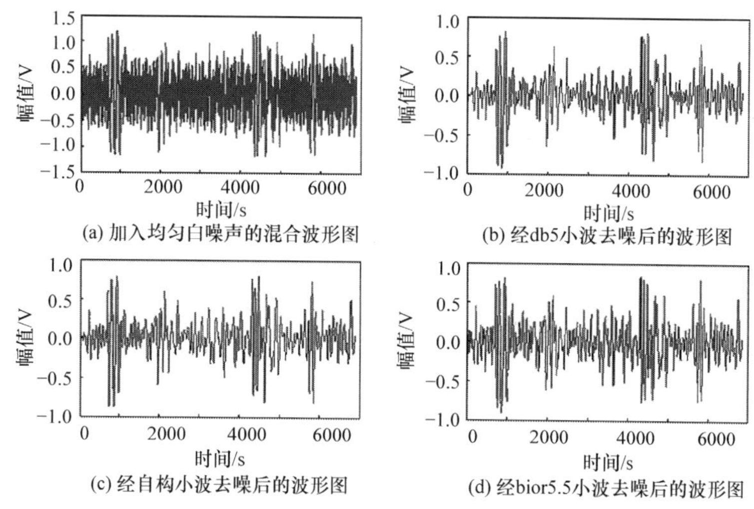

(a) 加入均匀白噪声的混合波形图 (b) 经db5小波去噪后的波形图

(c) 经自构小波去噪后的波形图 (d) 经bior5.5小波去噪后的波形图

图 4.13 小波去噪效果对比图

表 4.2 不同小波去噪信噪比统计表 （单位：dB）

心音类别	自构小波	db5	bior5.5	sym5	coif5
正常心音	10.7511	9.4356	9.1223	9.7812	9.2892
非正常 1 心音	8.1652	7.2999	7.3791	7.8192	7.8733
非正常 2 心音	13.2371	12.7365	12.9159	13.2252	13.7810

2. 重构效果

这里采集的心音原始采样频率为 8000Hz。为了可以更好地进行分解并做深入分析，对心音进行重采样，重采样的采样频率为 2000Hz。图 4.14 给出了重采样后的三种心音的波形图。

根据心音信号在频率上的特点，对心音进行四层分解，将心音分为 16 个频率段，分别为 0～125Hz、126～250Hz、251～375Hz、376～500Hz、501～625Hz、626～750Hz、751～875Hz、876～1000Hz、1001～1125Hz、1126～1250Hz、1251～1375Hz、1376～1500Hz、1501～1625Hz、1626～1750Hz、1751～1875Hz、1876～2000Hz。经过四层分解之后心音信号应主要集中在前五个频率段，即 0～625Hz。第一心音主要存在于第一、第二频率段，即 0～250Hz。第二心音主要存在于第一、第二频率段，在第三频率段也有少量存在，即 0～375Hz。通过这种分解，就可以利用不同频率段间的相互关系对心音信号进行分析。图 4.15 为小波四层分解示意图。

非正常 1 心音、非正常 2 心音的分解与正常心音的类似，这里不再赘述。分解后，利用所得的结果对心音信号进行重构，并计算重构所得信号的误识别率。这里

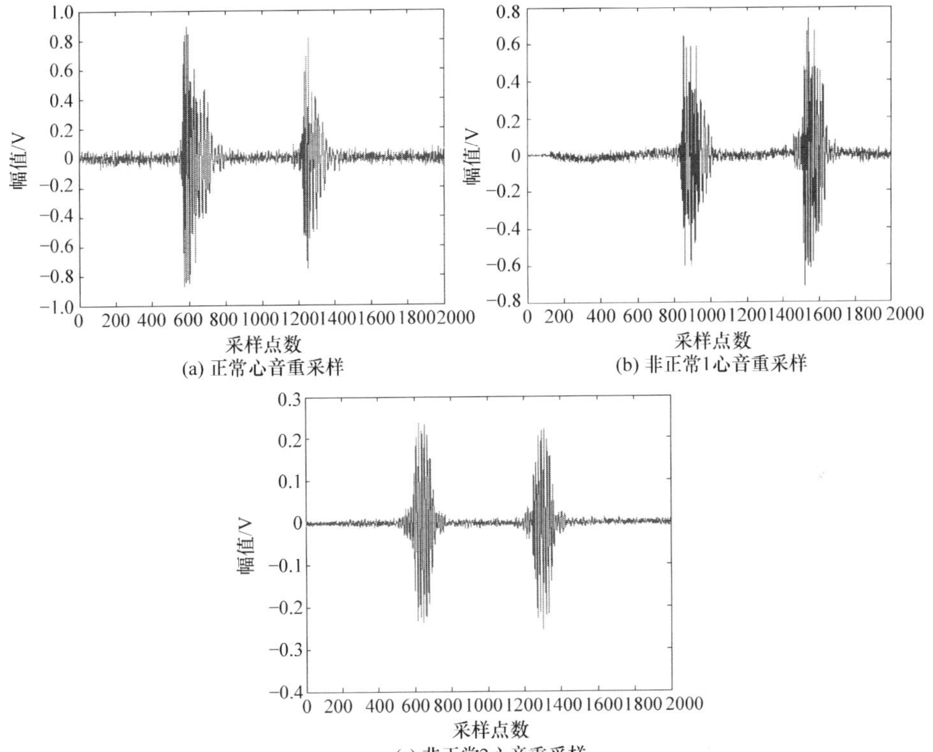

(a) 正常心音重采样

(b) 非正常1心音重采样

(c) 非正常2心音重采样

图 4.14　重采样后的三种心音的波形

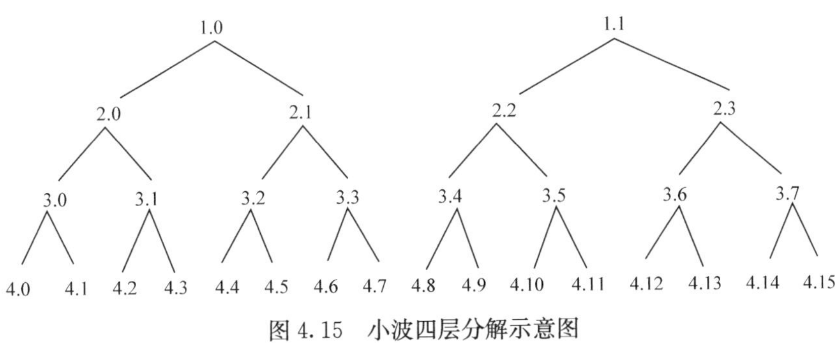

图 4.15　小波四层分解示意图

的误差精度为 10^{-16}，即在每个采样点上，若重构后的信号与原信号波形的幅值大小相差大于 1×10^{-16}，即认为这个点与原采样点是不相同的。

$$误识别率=\frac{与原信号不同的采样点数}{总的采样点数} \tag{4.20}$$

图 4.16 给出了对正常心音使用不同小波重构后的重构信号及重构误差的波形图。

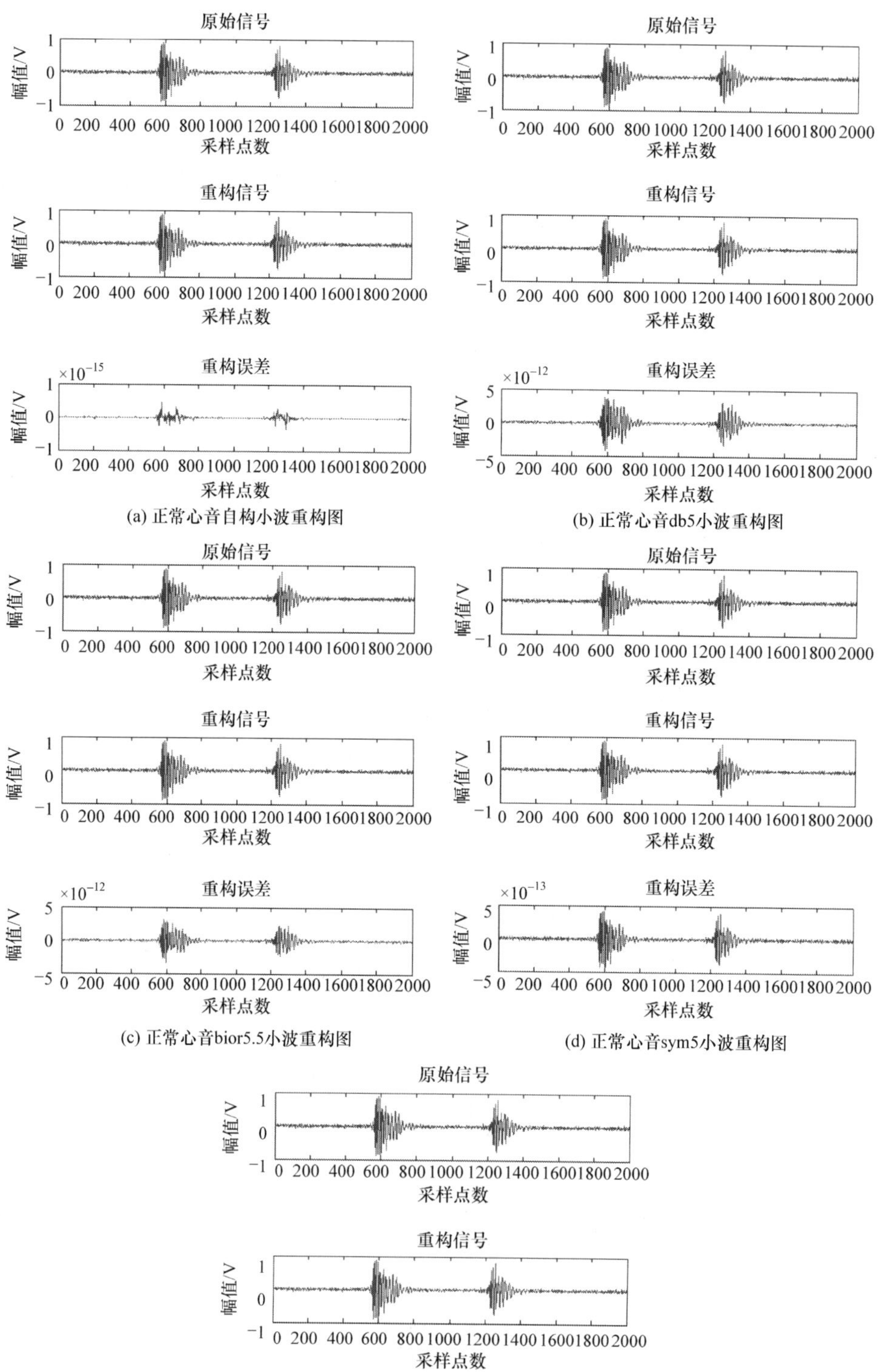

(a) 正常心音自构小波重构图

(b) 正常心音db5小波重构图

(c) 正常心音bior5.5小波重构图

(d) 正常心音sym5小波重构图

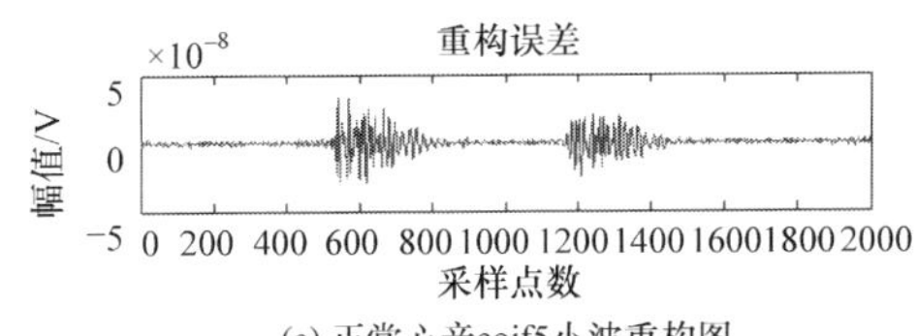

(e) 正常心音coif5小波重构图

图 4.16　不同小波重构后的重构信号及重构误差波形

从图 4.16 可以看出，自构小波的重构误差明显小于其他小波。接下来对三种心音的误识别率进行定量分析，探究在不同分层下不同小波的重构效果。表 4.3～表 4.5 为对三种心音使用不同小波进行不同层数分解后重构误识别率的统计表。图 4.17～图 4.19 给出了对三种心音使用不同小波进行不同层数分解后重构误识别率的统计折线图。

表 4.3　正常心音重构误识别率

小波名称	2 层	3 层	4 层	5 层	6 层
自构小波	0.0242	0.0326	0.0426	0.0545	0.0587
db5	0.9987	0.9994	0.9993	0.9996	0.9995
bior5.5	0.9977	0.9987	0.9990	0.9995	0.9992
sym5	0.9797	0.9871	0.9918	0.9943	0.9944
coif5	1	1	1	1	1

表 4.4　非正常 1 心音重构误识别率

小波名称	2 层	3 层	4 层	5 层	6 层
自构小波	0.0221	0.0295	0.0387	0.0479	0.0531
db5	0.9987	0.9987	0.9990	0.9993	0.9993
bior5.5	0.9974	0.9982	0.9986	0.9989	0.9991
sym5	0.9854	0.9879	0.9900	0.9928	0.9926
coif5	1	1	1	1	1

表 4.5　非正常 2 心音重构误识别率

小波名称	2 层	3 层	4 层	5 层	6 层
自构小波	2.8183×10^{-4}	7.6155×10^{-4}	0.0023	0.0044	0.0050
db5	0.9951	0.9964	0.9969	0.9976	0.9976
bior5.5	0.9929	0.9947	0.9957	0.9963	0.9966
sym5	0.9590	0.9664	0.9710	0.9774	0.9771
coif5	0.9999	1	1	1	1

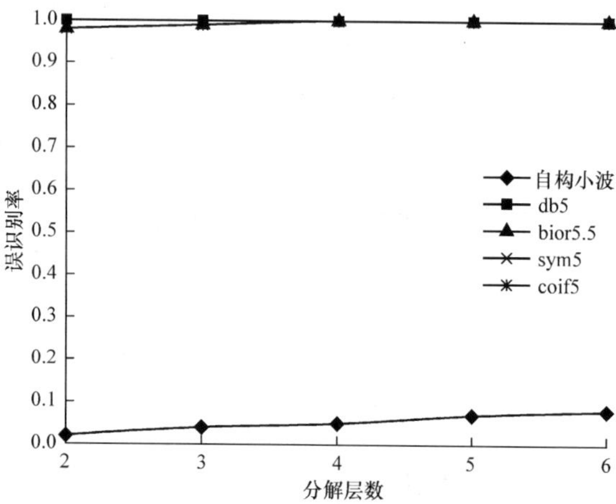

图 4.17　正常心音重构误识别率的统计折线图

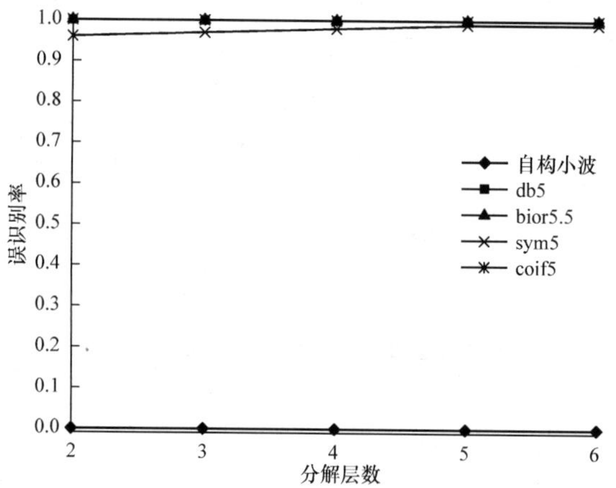

图 4.18　非正常 1 心音重构误识别率的统计折线图

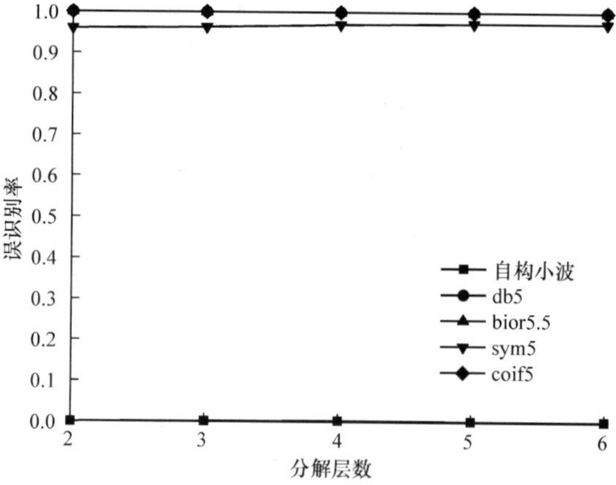

图 4.19　非正常 2 心音重构误识别率的统计折线图

从以上图表中可以明显看出，对这三种心音，自构小波均显示出非常优越的重构特性。虽然利用自构小波重构的信号在分解层数增加后误识别率有所增加，但其重构误识别率仍然远远小于其他小波。

4.5.2　特征提取及分类

为了探究不同小波在进行心音信号分析时的可分性，下面统一对心音进行四层分解，并将分解后的 16 个频率段的归一化能量值作为特征向量进行特征提取[15]。

设 E_i 为心音信号分解后第 i 个频率段的能量值，相应的归一化能量值 $E'_i = E_i \Big/ \sum_{k=1}^{16} E_k$，则最终获得的特征向量为 $\boldsymbol{T}=(E'_1, E'_2, E'_3, E'_4, E'_5, E'_6, E'_7, E'_8, E'_9, E'_{10}, E'_{11}, E'_{12}, E'_{13}, E'_{14}, E'_{15}, E'_{16})$。

图 4.20 为对正常心音使用不同小波分解之后不同频率段的归一化能量图。从图中可以看出，在 1000Hz 以上的频率段，心音信号能量的集中度非常低，为了简化特征向量以便于更好地进行特征提取，对 1000Hz 以上的频率段不再分层，即 E_9 就等同于对心音进行一层分解时 1001～2000Hz 的能量值。图 4.21～图 4.23

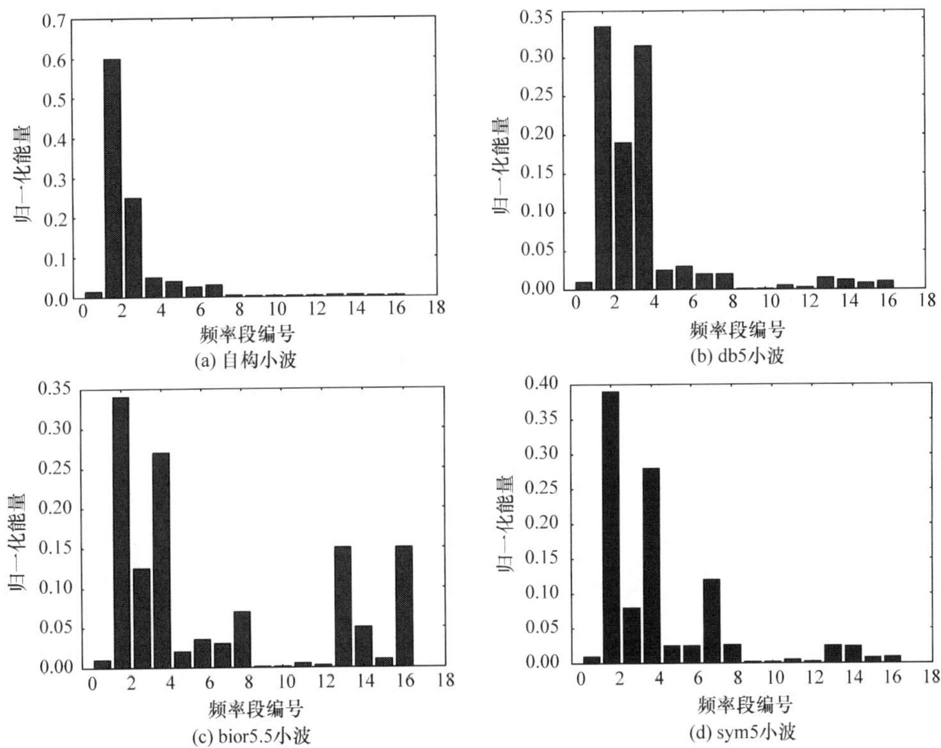

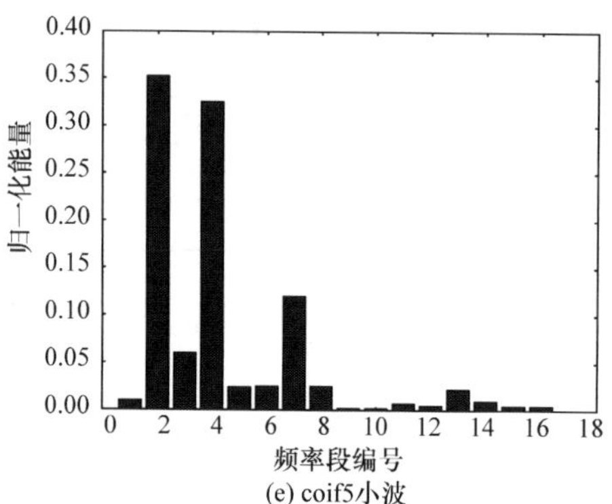

(e) coif5小波

图 4.20　五种小波对正常心音进行分析的归一化能量图

为简化后的三种心音使用不同小波分解后归一化能量图。图 4.24～图 4.26 为三种心音使用不同小波分解后的归一化能量包络图。

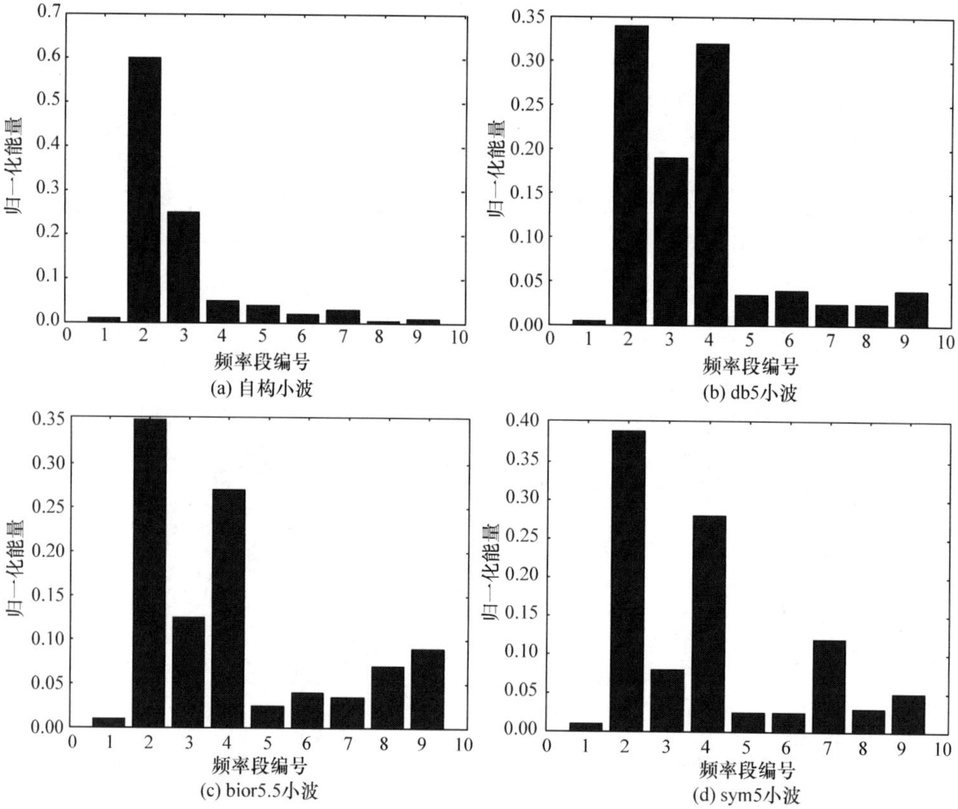

(a) 自构小波

(b) db5小波

(c) bior5.5小波

(d) sym5小波

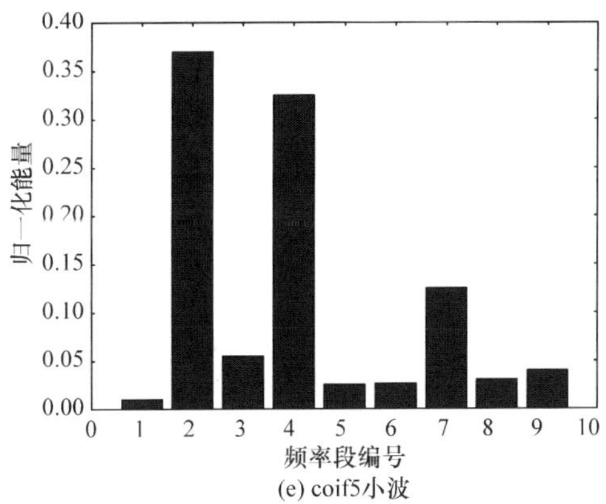

(e) coif5小波

图 4.21　五种小波对正常心音进行分析的简化归一化能量图

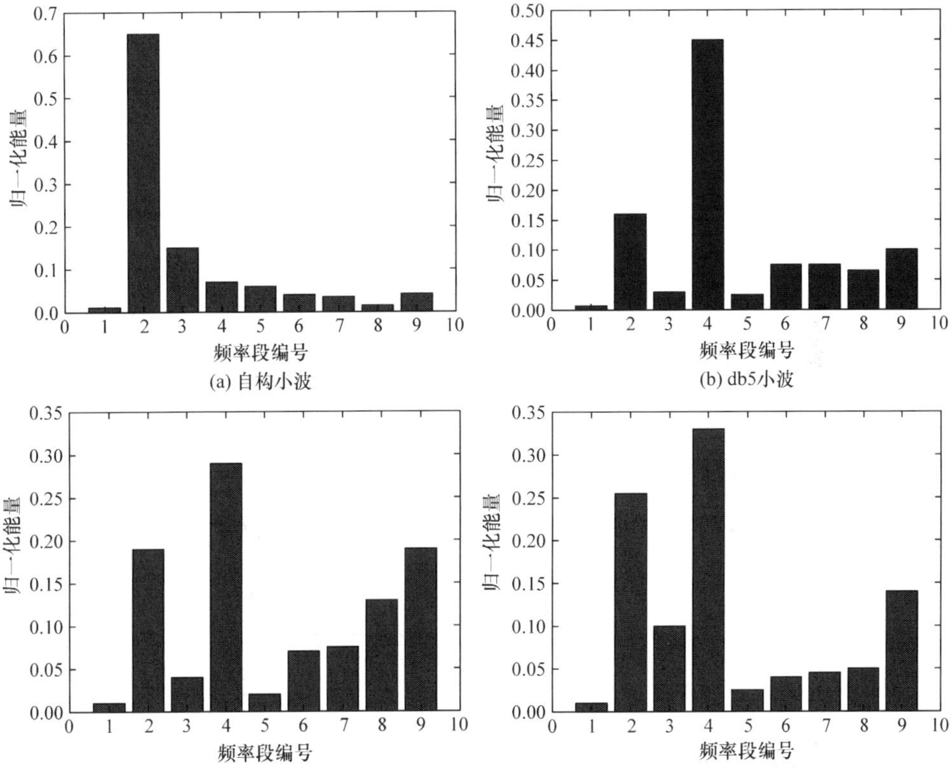

(a) 自构小波

(b) db5小波

(c) bior5.5小波

(d) sym5小波

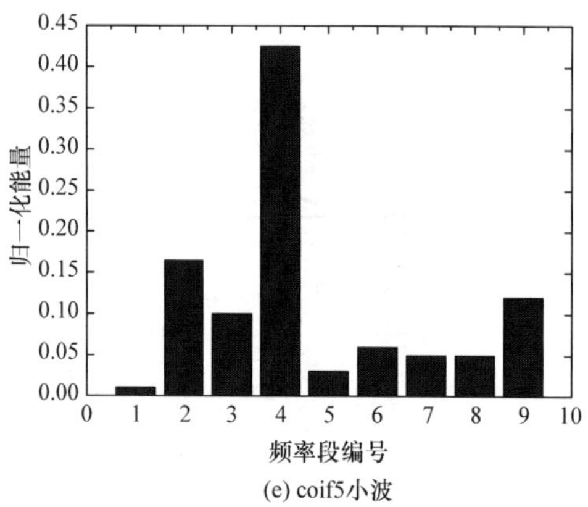

(e) coif5小波

图 4.22　五种小波对非正常 1 心音进行分析的简化归一化能量图

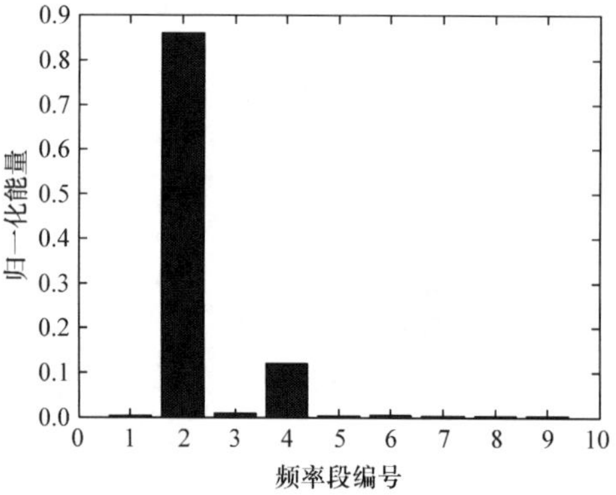

归一化能量
频率段编号
(a) 自构小波

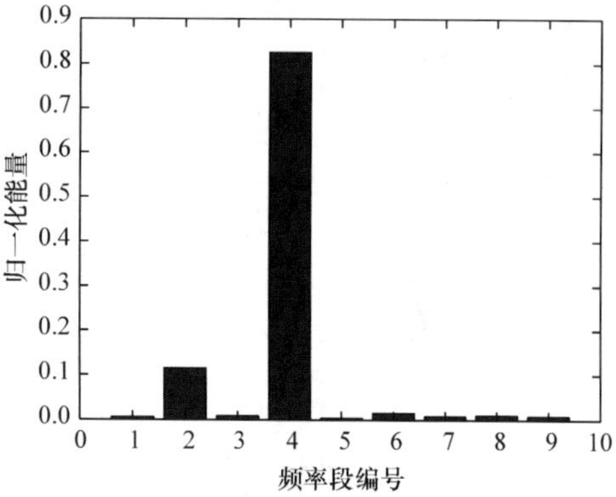

归一化能量
频率段编号
(b) db5小波

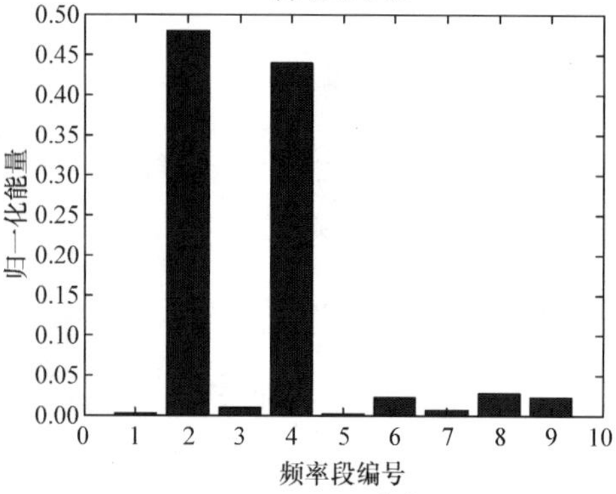

归一化能量
频率段编号
(c) bior5.5小波

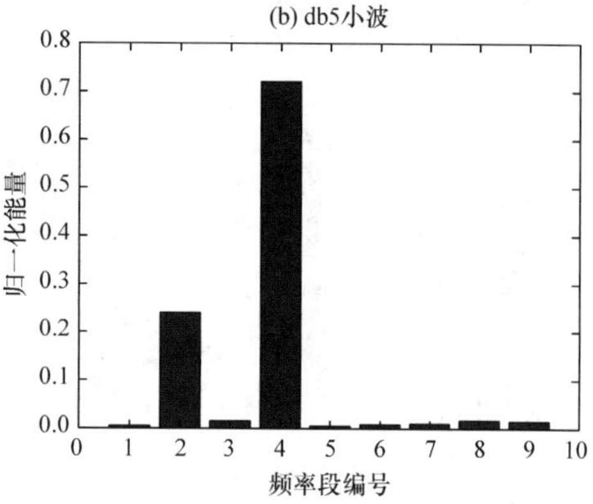

归一化能量
频率段编号
(d) sym5小波

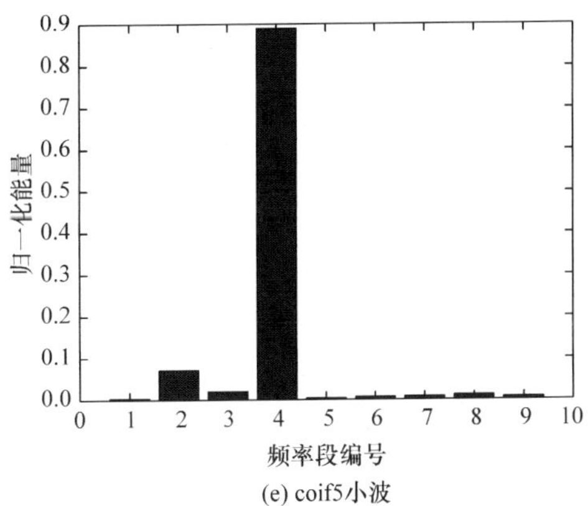

(e) coif5小波

图 4.23　五种小波对非正常 2 心音进行分析的简化归一化能量图

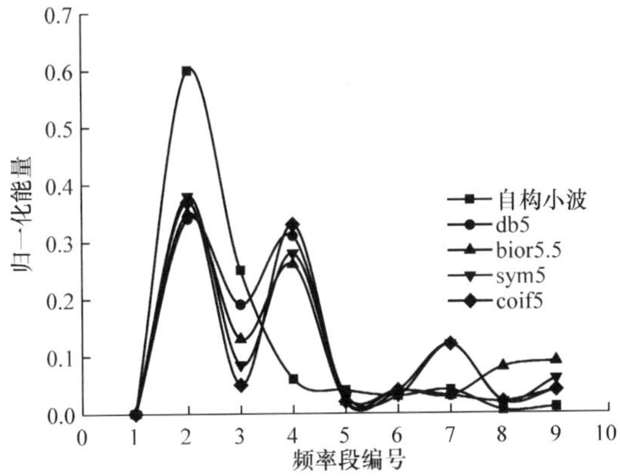

图 4.24　正常心音不同小波分解归一化能量包络图

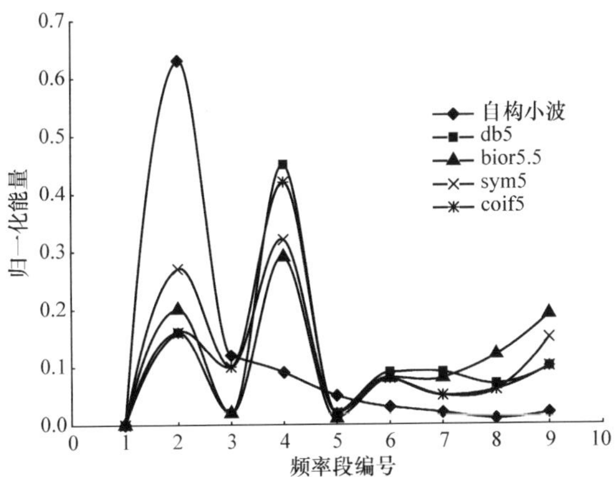

图 4.25　非正常 1 心音不同小波分解归一化能量包络图

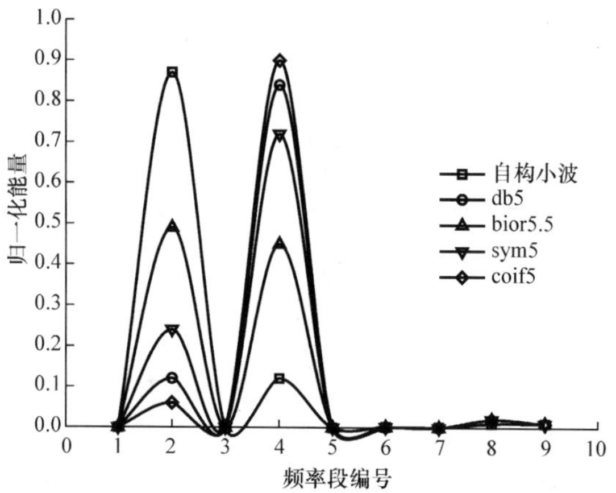

图 4.26 非正常 2 心音不同小波分解归一化能量包络图

从归一化能量包络图中可以明显看出，对于这三种心音，利用自构小波分解后的能量都更集中于心音信号有效成分存在的频率段中，即第一心音、第二心音存在的低频率段具有很好的高斯性。而使用其他小波分解后的能量比较分散，不够集中，也没有明显的高斯性。

为了定量地衡量不同小波进行特征提取后的效果，这里特引入基于类内距离和类间距离的可分度作为衡量标准。对于同一类信号提取出的特征向量集合，其类内距离定义为该类信号特征向量间距离的均方值：

$$D_{内}^2 = \frac{1}{N(N-1)} \sum_{i=1}^{N} \sum_{j=1}^{N} D(\boldsymbol{T}_i, \boldsymbol{T}_j)^2 \tag{4.21}$$

式中，$\boldsymbol{T}_i$、$\boldsymbol{T}_j$ 为信号的特征向量；N 为这类信号中信号的数目。

而对于两类信号各自提取出的特征向量集合，其类间距离为

$$D_{12外}^2 = \frac{1}{N_1 N_2} \sum_{i=1}^{N_1} \sum_{j=1}^{N_2} D(\boldsymbol{T}_i, \boldsymbol{T}_j')^2 \tag{4.22}$$

式中，$\boldsymbol{T}_i$ 为第一类信号的特征向量；N_1 为第一类信号中信号的数目；$\boldsymbol{T}_j'$为第二类信号的特征向量；N_2 为第二类信号中信号的数目。

对于这种分类，类内距离越小越好，类间距离越大越好。因此，定义可分度为

$$F=\frac{D_{12外}^2}{D_{1内}^2 + D_{2内}^2} \tag{4.23}$$

可分度为越大越好。

表 4.6 为三种心音利用不同小波进行特征提取的类内距离统计表。表 4.7 为三种心音利用不同小波进行特征提取的类间距离统计表。表 4.8 为三种心音利用不同小波进行特征提取的可分度统计表。图 4.27 为三种心音利用不同小波进行特征提取的可分度折线统计图。

表 4.6 三种心音不同小波特征提取类内距离统计表

心音类型	自构小波	db5	bior5.5	sym5	coif5
正常心音	0.0073	0.0193	0.0258	0.0133	0.0196
非正常 1 心音	0.0026	0.0071	0.0105	0.0077	0.0040
非正常 2 心音	0.0159	0.1305	0.0577	0.0437	0.1303

表 4.7 三种心音不同小波类间距离统计表

心音类型	自构小波	db5	bior5.5	sym5	coif5
1:正常心音与非正常 1 心音	0.0277	0.0762	0.0511	0.0343	0.0678
2:正常心音与非正常 2 心音	0.1449	0.2696	0.0911	0.1659	0.2898
3:非正常 1 心音与非正常 2 心音	0.0603	0.1729	0.1691	0.1298	0.1760

表 4.8 三种心音不同小波可分度统计表

心音类型	自构小波	db5	bior5.5	sym5	coif5
1:正常心音与非正常 1 心音	2.8128	2.8933	1.4083	1.6401	2.8736
2:正常心音与非正常 2 心音	6.2692	1.8002	1.0900	2.9110	1.9324
3:非正常 1 心音与非正常 2 心音	3.2674	1.2570	2.4794	2.5256	1.3104

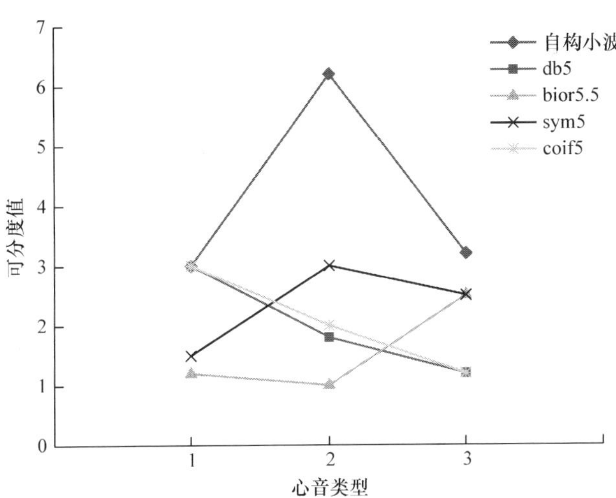

图 4.27 三种心音可分度折线统计图

从最终结果中可以非常明显地看出,虽然利用自构小波分解后能量过于集中而使得类间距离较小,但分解后能量的集中也有效地降低了类内距离。从表 4.8 可以看出,在正常心音与非正常 1 心音的比较中自构小波的分类性比 bior5.5 小波和 sym5 小波要高,但略低于 db5 小波和 coif5 小波,这主要是因为自构小波能量过于集中，对第一心音的减弱特征体现得不够明显。在对正常心音与非正常2心音以及非正常1心音与非正常2心音进行对比时，自构小波均体现出优良的可分性。

4.6 本章小结

本章以心音信号的处理为核心，以双正交小波具备的对称性和紧支性为背景，构造了一种专门用于心音信号处理与分析的小波基，并对其构造方法及特性进行了详细的分析，实验结果达到了预期的效果。与常用的小波基相比，它具有以下特点。

(1) HS小波具备双正交小波的对称性质，避免了相位失真。

(2) 在心音信号预处理方面，相比db5小波，HS_2小波的去噪性能提升3.3%，相比双正交的bior5.5小波，提升9.3%。

(3) HS小波和心音信号具有更好的相似性质，相比db5小波，HS_2小波的相似性能提升54.7%，相比bior5.5小波，提升109.6%。这对于心音信号的分类以及心音信号的细节表征方面具有积极的意义。

(4) HS_2小波的重构误差是db5小波的十万分之一，是bior5.5小波的万分之一；HS小波对心音信号的分解重构效率比db5小波和bior5.5小波高2倍左右。

HS小波满足了心音小波构造的三个基本原则，在处理心音信号时具有优越的去噪性能、频率分段功能和细节聚焦特性，为强背景噪声下微弱生理电信号的检测与处理技术提供了一种新的方法。本章根据应用对象设计专用小波的方法也为工程应用中小波基的选择提供了一种新途径。

参考文献

[1] 成谢锋，马勇，刘陈，等. 心音身份识别技术的研究[J]. 中国科学：信息科学，2012，42(2)：235-249.

[2] Wang Y，Wang H B，Liu L H，et al. An improved wavelet threshold shrinkage algorithm for noise reduction of heart sounds[C]. Proceedings of the International Conference on Electrical and Control Engineering，Wuhan，2010.

[3] Kamarulafizam I，Noor A M，Harris A，et al. Classification of heart sound based on multipoint auscultation system[C]. International Workshop on Systems，Signal Processing and Their Applications，Algiers，2013.

[4] Zhang L，Yang X H. The application of an improved wavelet threshold denoising method in heart sound signal[C]. Proceedings of the Cross Strait Quad-Regional Radio Science and Wireless Technology Conference，Harbin，2011.

[5] 赵继印，刘海英，马洪顺，等. 基于coif5小波的多普勒胎心音信号提取算法的研究[J]. 中国

生物医学工程学报,2006,25(5):538-541.

[6] Hadi H M,Mashor M Y,Mohamed M S,et al. Classification of heart sounds using wavelets and neural networks[C]. International Conference on Electrical Engineering,Computing Science and Automatic Control,Mexico City,2008.

[7] Vikhe P S,Hamde S T,Nehe N S. Wavelet transform based abnormality analysis of heart sound[C]. International Conference on Advances in Computing,Control,and Telecommunication Technologies,Trivandrum,2009.

[8] Devil A,Misal A,Sinha G R. Performance analysis of DWT at different levels for feature extraction of PCG signals[C]. International Conference on Emerging Research Areas and International Conference on Microelectronics,Communications and Renewable Energy,Kanjirapally,2013.

[9] Amiri A M,Armano G. Early diagnosis of heart disease using classification and regression trees[C]. International Joint Conference on Neural Networks,Dallas,2013.

[10] Shamsi H,Ozbek I Y. Heart sound localization in chest sound using temporal fuzzy C-means classification[C]. Proceedings of the Annual International Conference of Engineering in Medicine and Biology Society,San Diego,2012.

[11] Guermoui M,Mekhalfi M L,Ferroudji K. Heart sounds analysis using wavelets responses and support vector machines[C]. International Workshop on Systems,Signal Processing and their Applications,Algiers,2013.

[12] 成谢锋,张正. 一种双正交心音小波的构造方法[J]. 物理学报,2013,(16):446-457.

[13] Agrawal K,Jha A K,Sharma S,et al. Wavelet subband dependent thresholding for denoising of phonocardiographic signals[C]. Proceedings of the Signal Processing:Algorithms,Architectures,Arrangements,and Applications,Poznan,2013.

[14] Pathoumvanh S,Airphaiboon S,Hamamoto K. Robustness study of ECG biometric identification in heart rate variability conditions[J]. IEEJ Transactions on Electrical & Electronic Engineering,2014,9(3):294-301.

[15] Kouras N,Boutana D,Benidir M. Wavelet based segmentation and time-frequency caracterisation of some abnormal heart sound signals[C]. International Conference on Microelectronics,Algiers,2012.

[16] 傅女婷. 双正交小波基的构造方法和心音小波神经网络的研究[D]. 南京:南京邮电大学,2015.

第 5 章　独立子元变换分析

信号分析的主要目标是寻找一种简单有效的信号变换方法，使得信号所包含的重要信息能够显示出来，最终达到提取有效信号特征的目的。换句话说，信号分析需要根据特定问题，采用适合的手段和方法，对信号数据进行深层次的加工和分析，从中发现并提取有用数据，形成有助于问题解决的新信息，获得最本质的内容。因此，从信号本身的特性出发，寻找新的、适合的信号分析和表示方法具有重要的实用性与创新性。

本章将对常见的信号分析方法进行总结，在此基础上介绍基于独立子元的信号分解与合成模型，讨论独立子元的定义、获取方法和性质，以及其在心音领域的应用。

5.1　常见的信号分析方法

傅里叶变换是信号分析中最为普遍和成熟的方法。遗憾的是傅里叶变换是一种全局的变换，不能对信号同时进行时间-频率局域性分析，对非平稳信号的分析能力有限，不能很好地揭示非平稳信号的信息。针对傅里叶变换的局限性，人们提出了多种改进的方法，常见的有 Gabor 变换、小波变换和希尔伯特-黄变换等[1,2]。Gabor 变换将信号分解表示为若干个 Gabor 原子之和，Gabor 原子具有有限的时间支撑，因此 Gabor 分解可分析非平稳信号；小波变换将信号分解成若干小波之和，每个小波也具有有限的时间支撑，同样可用于分析非平稳信号。这些信号表示方法都具有严格的数学定义，分解出的每一个分量都有明确的数学解析表达式。而希尔伯特-黄变换中的经验模态分解(empirical mode decomposition，EMD)有显著不同，分解出的每一个变量都没有明确的数学解析表达式。适用于非平稳信号分析的分解方法有 Gabor 变换、小波分解和经验模态分解三种方法。第 4 章已经详细介绍了小波分解，本节主要介绍其他两种分解方法。

5.1.1　Gabor 变换

平稳信号是稳定的、有规律的，只需从时域或频域一维空间上进行分析。对于非平稳信号，则必须采用时频二维空间来进行分析[1,2]。

要从时频二维空间分析信号，需要先构造同时用时间和频率表示的时间函数。Gabor 在 1946 年提出一种构造函数：

$$F_{\varphi,g}(t_0,\omega_0)=\varphi(t),\quad g(t-t_0)\mathrm{e}^{\mathrm{i}\omega_0 t}=\int_{-\infty}^{\infty}\varphi(t)g^*(t-t_0)\mathrm{e}^{-\mathrm{i}\omega_0 t}\mathrm{d}t \tag{5.1}$$

式中，$\varphi(t)$为信号；$g(t)$为窗函数，$\int_{-\infty}^{\infty}g(t)\mathrm{d}t=1$。式(5.1)构造的是$\varphi(t)$与$g(t)$的时间平移$g(t-t_0)$和频率调制形式$\mathrm{e}^{-\mathrm{i}\omega_0 t}$的复数共轭的内积，通常又称为复谱图。

Gabor 基函数$\{g(t)\}$具有完备性、线性独立性和正交性。它可以是均匀采样，也可以是非均匀采样，如塔式 Gabor 基函数就具有对数频程，这时 Gabor 变换与传统的小波分析具有相同的效果[3]。

最常用的窗函数是矩形函数和高斯函数[4]，具体如下。

矩形函数：

$$g(t)=\left(\frac{1}{T}\right)^{\frac{1}{2}}p\left(\frac{2t}{T}\right),\quad p(x)=\begin{cases}1, & -1\leqslant x\leqslant 1\\ 0, & \text{其他}\end{cases} \tag{5.2}$$
$$\gamma(t)=g(t)$$

高斯函数：

$$g(t)=\left(\frac{\sqrt{2}}{T}\right)^{\frac{1}{2}}\mathrm{e}^{-\pi\left(\frac{t}{T}\right)^2}$$
$$\gamma(t)=\left(\frac{1}{\sqrt{2}T}\right)^{\frac{1}{2}}\left(\frac{K_0}{\pi}\right)^{-\frac{3}{2}}\mathrm{e}^{\pi\left(\frac{t}{T}\right)^2}\sum_{n+\frac{1}{2}\geqslant\frac{1}{T}}(-1)^n\mathrm{e}^{-\pi\left(n+\frac{1}{2}\right)^2} \tag{5.3}$$

5.1.2　经验模态分解

文献[2]和[3]认为提出的经验模态分解(EMD)是分析非线性、非平稳信号的有效方法。EMD 是基于信号自身的时间尺度(相邻峰值之间的时延)特征，自适应地把复杂的信号分解表示为有限的固有模态函数(IMF)之和[5]。

IMF 需要满足以下两个条件。

(1) 在分量的整个波形中，极值点(包括极大值点和极小值点)的数量和过零点的数量必须相等，或至多相差 1。

(2) 由分量的局部极大值构成的曲线为上包络，由分量的局部极小值构成的曲线为下包络。任一时刻，上包络和下包络的均值为零。

EMD 通过多次筛选可实现信号的分解。对于信号 S，具体的筛选步骤如下。

(1) 确定信号 S 的所有局部极大值点和局部极小值点。

(2) 用三次样条将所有局部极大值拟合成上包络 $E_{\max}$，所有局部极小值拟合成下包络 $E_{\min}$。

(3) 计算上下包络的均值，即 $M=(E_{\max}+E_{\min})/2$。

(4) 原信号减去均值，得到一个初步的模态函数，$Z=S-M$。

(5) 判断 Z 是否满足 IMF 条件，如果不满足条件，则对 Z 循环执行步骤(1)～步骤(4)；如果满足，则 Z 是一个 IMF 分量，令 $R = S-Z$ 表示余项，对 R 循环执行步骤(1)～步骤(5)，当 R 小于预先设定的阈值或者成为单调函数不能再从中提取满足 IMF 条件的分量时，整个筛选过程结束。

抽取第 i 个 IMF 分量的过程如图 5.1 所示，停止条件可以用标准差控制。

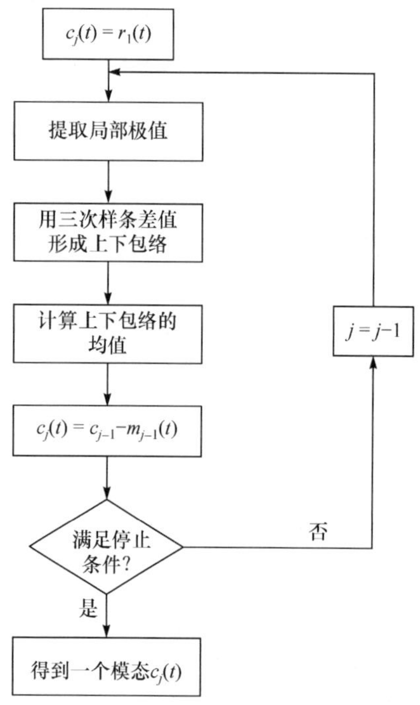

图 5.1　抽取第 i 个 IMF 的过程示意图

将信号 S 分解成 n 个 IMF 分量和余项 R_n 的和，有

$$S=\sum_{i=0}^{n-1} Z_i+R_n \tag{5.4}$$

式中，Z_i 为各 IMF 分量；R_n 表示信号的余项。

从分解过程可以看出，EMD 主要利用待分解信号的自身特点，算法简洁明了，自适应性强，不需要对信号进行任何假设，因此可以实现对多种信号的自适应分解。

分解过程的停止准则为以下两种条件之一。

(1) 当最后一个固有模态函数 $c_n(t)$ 或剩余分量 $R_n(t)$ 变得比预期值小时。

(2) 当剩余分量 $R_n(t)$ 变成单调函数，从中不能再筛选出固有模态函数时。

固有模态函数的两个限定条件只是一种理论上的要求，在实际的筛选过程中，很难保证信号的局部均值绝对为零。如果完全按照上面的两个限定条件判断分离出的分量是否为固有模态函数，那么很有可能需要过多的重复筛选，从而导致固有模态函数失去实际的物理意义。为了保证固有模态函数保存足够的反映物理实际的幅度与频率调制，必须确定一个筛选过程的停止准则。

筛选过程的停止准则可以通过限制两个连续的处理结果之间的标准差 S_{d} 的大小来实现：

$$S_{\mathrm{d}}=\sum_{t=0}^{T}\frac{|h_{j-1}(t)-h_j(t)|^2}{h_j^2(t)} \tag{5.5}$$

式中，T 表示信号的时间跨度；$h_{j-1}(t)$ 和 $h_j(t)$ 为在筛选基本模态分量过程中两个连续的处理结果的时间序列；S_{d} 一般取 0.2～0.3。

通常，通过 EMD 方法分解出来的前几个固有模态函数集中了原始信号中最显著、最重要的信息，不同的模态分量包含不同的时间尺度，可以使信号的特征在不同的分辨率下显示出来，因此利用 EMD 可以从复杂的信号中提取出含病态特征的模态分量[6]。

EMD 分解能够自适应地得到信号的基函数，但这种基函数没有明确的解析表达式，这与傅里叶变换和小波变换有很大不同。傅里叶变换的基函数是三角函数，小波变换的基函数是预先选定的满足可容性条件的小波基。但在实际情况下，选择小波基不是一件容易的事，选择不同的小波基会产生不同的处理结果。

5.2　独立子元变换

5.2.1　独立子元变换的基本概念

1. 定义

对任意信号 $\boldsymbol{X}$，通过高维投影变换后沿最大非高斯方向投影寻踪，可得到新的投影信号 $Y=\sum\limits_{n=1}^{K}y_n$，如果 $y_n(n=1,2,\cdots,K)$ 相互统计独立，则称 y_n 为 $\boldsymbol{X}$ 在统计域上的独立子元，这种投影称为独立子元分解。这里的非高斯性对应于独立性，这种分解过程是可以重构的，因此把这种变换过程称为独立子元变换。

2. 获取独立子元的一般算法步骤

下面是获取独立子元的一般算法步骤[5,6]。

(1) 利用线性投影变换等手段，将信号 $\boldsymbol{X}$ 分解成 K 层信号 $\boldsymbol{\Psi}$。

(2) 白化预处理 $\boldsymbol{\Psi}$ 得到信号 $\boldsymbol{Z}$。

(3) 设置投影到独立子空间的子元个数为 K。

(4) 赋予初始值 $\boldsymbol{W}(w_i, i=1,2,\cdots,K)$。

(5) 对矩阵 $\boldsymbol{W}=(w_1, w_2, \cdots, w_K)^{\mathrm{T}}$ 进行对称正交化:$\boldsymbol{W}\leftarrow(\boldsymbol{W}\boldsymbol{W}^{\mathrm{T}})^{-1/2}\boldsymbol{W}$。

(6) 标准化 w_i,$w_i \leftarrow w_i/\|w_i\|$。

(7) 如果尚未收敛,则返回步骤(5)。

(8) w_i 更新完毕,获得 X 的独立子元

$$Y=\boldsymbol{W}\boldsymbol{Z}=\sum_{n=1}^{K} y_n=\sum_{n=1}^{K} w_n z_n \tag{5.6}$$

因此,首先结合先验知识等信息并通过小波分解、Gabor 分解或 EMD 分解等方法,获得 $\boldsymbol{X}$ 的一个线性不变特征子空间,即将信号分解成多层信号;然后将这些多层信号在独立子空间上投影,可获得 $\boldsymbol{X}$ 的不变高阶特征值,实现 $\boldsymbol{X}$ 的独立子元分解,获得独立子元 Y。

可以看出,独立子元分解在线性投影变换后的分解算法与独立成分分析类似,但本质上是完全不同的,独立成分分析解决的是多路混合信号的分离以及去相关问题,而独立子元分解是任意信号根据先验知识的独立投影变换过程[7]。

3. 非二次函数 G 的选择问题

从独立子元分解过程来看,非二次函数 G 以期望 $E\{G(\boldsymbol{W}\boldsymbol{Z})\}$ 的形式给出高阶统计信息,其选择问题决定了负熵的计算,对独立子元的获取起着至关重要的作用。在算法迭代过程中,实际上选择的是 G 的导数[8]。在本节中,将根据非线性函数的统计性质来选择 G。根据非多项式函数近似熵的相关理论,可得非二次函数 G 的选择准则:

(1) $E\{G\}$ 在统计估计过程是相对容易的,不能对数据中的野值太过敏感。

(2) G 的增长速度不能超过二次函数,否则有可能导致极大熵密度的不可积。

(3) G 必须反映数据的分布在计算其熵时相干的那些部分。若数据的分布 p_i 是已知的,那么最优函数就是 $G_{\mathrm{opt}}=-\log_2 p_i$,因此,可选用一些重要的密度函数的对数作为 G_{opt}。

5.2.2 信号的独立子元分解与重构

1. 信号的独立子元分解

设任意信号数据集 $\boldsymbol{X}\in\mathbf{R}^N$,可分解为 N 维“基本函数元” $\boldsymbol{x}_i(i=1,2,\cdots,N)$ 的线性组合:

$$\boldsymbol{X}=\boldsymbol{A}\boldsymbol{x}=\sum_{i=1}^{N}\boldsymbol{a}_i\boldsymbol{x}_i \tag{5.7}$$

式中,$\boldsymbol{A}$ 为 $K\times N$ 的混合矩阵。根据数据集自身特点即先验知识将“基本函数元”

$\boldsymbol{x}_i$ 进行最佳分组处理，重新线性组合成 K 维信号，从信号特性来说，这 K 维信号之间并非完全相互独立，这里通过寻找一种内在的因子，使得 N 维空间的数据到 K 维空间的变换能凸显原本隐藏在信号中的非高斯性，且使新空间的数据具有统计独立性[9]。

上述变换过程可理解为根据某种原则，将原始信号数据投影到高维空间，使原信号在 K 维子空间下重新分布。投影后得到的新数据集 $\boldsymbol{\Psi}$ 的表达式为

$$\boldsymbol{\Psi} = \sum_{m=1}^{k} \boldsymbol{Ax}\psi_m \tag{5.8}$$

式中，ψ_m 为基函数。

式(5.8)表明，如果选定一组基 ψ_m，那么对 $\boldsymbol{X}$ 进行分解性变换可以得到新的数据集 $\boldsymbol{\Psi}$。显然，不同基函数对 $\boldsymbol{X}$ 进行线性变换后的结果具有不同的形式和概率分布。接下来，利用协方差矩阵的特征值分解将 $\boldsymbol{\Psi}$ 球面化：

$$\boldsymbol{E}\{\boldsymbol{\Psi}\boldsymbol{\Psi}^{\mathrm{T}}\} = \boldsymbol{EDE}^{\mathrm{T}} \tag{5.9}$$

式中，$\boldsymbol{E}$ 为 $\boldsymbol{E}\{\boldsymbol{\Psi}\boldsymbol{\Psi}^{\mathrm{T}}\}$ 的特征向量的正交矩阵；$\boldsymbol{D}$ 为相应的特征向量的对角矩阵。

球面化过程可由下面的白化矩阵来实现：

$$\boldsymbol{V} = \boldsymbol{ED}^{-1/2}\boldsymbol{E}^{\mathrm{T}} \tag{5.10}$$

$$\boldsymbol{Z} = \boldsymbol{V\Psi} = \boldsymbol{V}\sum_{m=1}^{K} \boldsymbol{Ax}\psi_m \tag{5.11}$$

对于白化后的新数据集 $\boldsymbol{Z}$，通过引入高阶统计量作为度量方式寻找新的 K 维最大非高斯化变换，即沿最大非高斯方向进行投影寻踪，每个局部极大值对应一个变量。

非高斯性的度量方法主要有高阶统计量——峭度和负熵，由于峭度存在对数据集中的野值十分敏感的缺点，而负熵是目前统计域上的非高斯性最优估计，这里选用负熵作为非高斯性度量。负熵 J 的定义为

$$J(\boldsymbol{y}) = H(\boldsymbol{y}_{\mathrm{Gauss}}) - H(\boldsymbol{y}) \tag{5.12}$$

式中，$\boldsymbol{y}_{\mathrm{Gauss}}$ 为与 $\boldsymbol{y}$ 具有相同协方差矩阵的高斯随机向量[10]。

负熵计算需要对随机向量的概率密度函数进行估计，因此计算十分困难，实际应用中往往采用非二次函数 G 的期望来近似计算：

$$J(\boldsymbol{y}) \approx [E\{G(\boldsymbol{y})\} - E\{G(v)\}]^2 \tag{5.13}$$

式中，v 为标准化的高斯随机变量[10]。

投影寻踪是一种独立成分分析(independent component analysis，ICA)紧密相关的数据分析方法，对于上述白化后的新数据集 $\boldsymbol{Z}$，要找到它的最感兴趣的投影方向 $\boldsymbol{W}(w_i, i=1,2,\cdots,K)$，就是要使 $Y=\boldsymbol{WZ}$ 的负熵极大化。结合上述讨论，可以用一个以 $\boldsymbol{W}$ 为自变量的目标函数来作为负熵的近似：

$$J(\boldsymbol{WZ}) \approx [E\{G(\boldsymbol{WZ})\} - E\{G(v)\}]^2 \tag{5.14}$$

选择合适的优化算法来使得式(5.14)取得极大值，就求得了所需要的最感兴

趣的投影方向。为了计算方便,可在白化前对数据进行中心化,处理后的数据 $Y = \boldsymbol{WZ} = \sum_{n=1}^{K} y_n = \sum_{n=1}^{K} w_n z_n$ 各分量的均值为零,分量相互之间不相关。此时,寻找最感兴趣的投影方向转化为下面的优化问题:

$$\max_{\|\boldsymbol{W}\|^2=1} J(\boldsymbol{WZ}) = \max_{\|\boldsymbol{W}\|^2=1} [E\{G(\boldsymbol{WZ})\} - E\{G(v)\}]^2 \tag{5.15}$$

针对上述优化问题,首先讨论负熵极大化的梯度下降算法。以负熵的近似表达式为基础研究关于 $\boldsymbol{W}$ 的梯度,并考虑到相应的标准化过程:

$$E\{(\boldsymbol{WZ})^2\} = \|\boldsymbol{W}\|^2 = 1 \tag{5.16}$$

可得如下算法:

$$\begin{cases} \Delta\boldsymbol{W} = \dfrac{\partial J(\boldsymbol{WZ})}{\partial \boldsymbol{W}} \propto \gamma E\{\boldsymbol{Z}g(\boldsymbol{WZ})\} \\ \boldsymbol{W} \leftarrow \boldsymbol{W}/\|\boldsymbol{W}\| \end{cases} \tag{5.17}$$

式中,$\gamma = E\{G(\boldsymbol{WZ})\} - E\{G(v)\}$,$v$ 为一个标准化的高斯随机变量;函数 g 为负熵近似表达式中函数 G 的导数。

梯度下降优化方法与人工神经网络中的学习具有紧密的联系[11],只要输入预处理后的数据集 $\boldsymbol{Z}$ 就可以直接进行计算,因此在非平稳信号处理中能够自适应。但算法收敛速度较慢,且依赖于合理的学习速度序列的选择,如果选择不当,则收敛性就会被破坏。因此,需要选择能够使学习速率和可靠性同时得到保证的方法,而不动点迭代算法就是这样一种很好的选择。

根据 Kuhn-Tucker 条件,$J(\boldsymbol{WZ}) = [E\{G(\boldsymbol{WZ})\} - E\{G(v)\}]^2$ 在约束条件 $\|\boldsymbol{W}\|^2 = 1$ 下的稳定点满足 $\dfrac{\partial J(\boldsymbol{WZ})}{\partial \boldsymbol{W}} - \beta\boldsymbol{W} = 0$,化简得到

$$E\{\boldsymbol{Z}g(\boldsymbol{WZ})\} - \beta\boldsymbol{W} = 0 \tag{5.18}$$

下面用牛顿迭代法解这个方程,记式(5.20)左边的部分为 $\boldsymbol{F}$,其雅可比矩阵 $J\boldsymbol{F}(\boldsymbol{W})$ 为

$$J\boldsymbol{F}(\boldsymbol{W}) = \frac{\partial \boldsymbol{F}}{\partial \boldsymbol{W}} = E\{\boldsymbol{ZZ}^{\mathrm{T}} g'(\boldsymbol{WZ})\} - \beta\boldsymbol{I} \tag{5.19}$$

为了简化矩阵求逆,对式(5.19)的第一项进行近似。因为数据已经球面化,所以可以得到一个合理的逼近,当 $E\{\boldsymbol{ZZ}^{\mathrm{T}} g'(\boldsymbol{WZ})\} = E\{\boldsymbol{ZZ}^{\mathrm{T}}\} E\{g'(\boldsymbol{WZ})\} = E\{g'(\boldsymbol{WZ})\}\boldsymbol{I}$ 时,雅可比矩阵变成对角化的矩阵,可以简单地求逆。至此,获得以下牛顿迭代:

$$\begin{aligned} &\boldsymbol{W} \leftarrow \boldsymbol{W} - \frac{E\{\boldsymbol{Z}g(\boldsymbol{WZ})\} - \beta\boldsymbol{W}}{E\{g'(\boldsymbol{WZ})\} - \beta\boldsymbol{I}} \\ &\boldsymbol{W} \leftarrow \boldsymbol{W}/\|\boldsymbol{W}\| \end{aligned} \tag{5.20}$$

这个算法可进一步简化,两边同乘以 $E\{g'(\boldsymbol{WZ})\} - \beta\boldsymbol{I}$,并经过化简得到

$$\begin{aligned} &\boldsymbol{W} \leftarrow E\{Zg(\boldsymbol{WZ})\} - E\{g'(\boldsymbol{WZ})\}\boldsymbol{W} \\ &\boldsymbol{W} \leftarrow \boldsymbol{W}/\|\boldsymbol{W}\| \end{aligned} \tag{5.21}$$

通过上述迭代,可估计出一个非高斯性最大的投影变量。同理将上述算法运行多次就可以获取最大非高斯方向的投影 $Y=\sum_{n=1}^{K}y_n$,但为了避免不同向量收敛到同一个负熵极大值点,必须在每次迭代后将 $\mathbf{W}$ 正交化。

2. 信号的独立子元重构

定理 5.1　如果 $f\in L^2(\mathbf{R})$,则有重构公式[1]:

$$f(t)=\sum_{j,k}<f,\quad \psi_{j,k}>\tilde{\psi}_{j,k}(t) \tag{5.22}$$

推论 5.1　若 $x\in L^2(\mathbf{R})$,且 w_i 是 x 中分离出的一个独立成分,则有重构公式:

$$x=\sum_{i=1}^{M}C_j w_i \tag{5.23}$$

独立函数元 w_i 的获取与重构过程如图 5.2 所示。

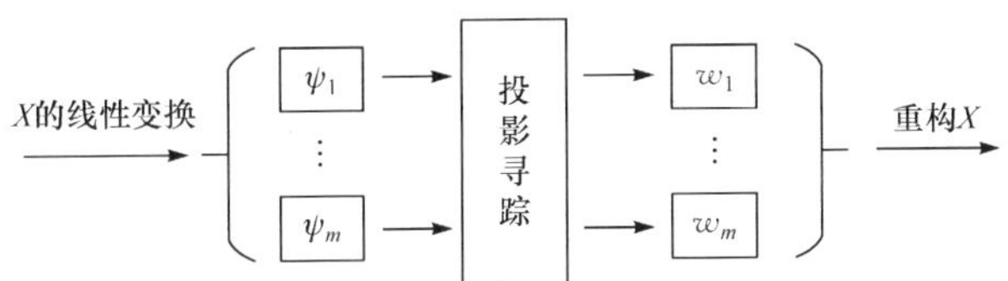

图 5.2　独立函数元 w_i 的获取与重构过程示意图

与常见的 FFT、小波变换、希尔伯特-黄变换、时频联合分析(joint time-frequency analysis,JTFA)和多通道信号分析等比较,这里提供了一种信号在统计域处理信号的新方法,如图 5.3 所示。该方法将信号转换到统计域进行表征,凸显信号的统计独立特征[10]。

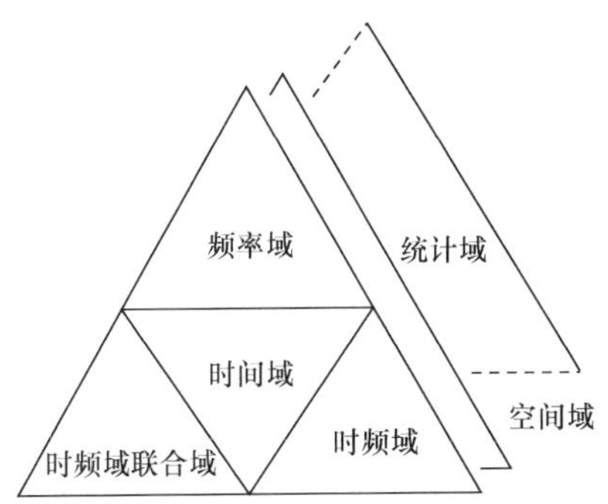

图 5.3　信号转换到统计域表征的示意图

5.3 独立子元变换在心音识别中的应用

5.3.1 心音独立子元的获取

心音是一种人体的自然信号，是人体心脏生理信息的外在反映，具备普遍性、独特性和可采集性。对心音信号进行去噪、特征提取和分类方法的研究，在心音智能听诊和心音身份识别方面具有积极的意义[11]。

一个周期的心音信号可描述为

$$s_T(t)=\sum_{t=1}^{T}(c_1s_1(t)+c_2s_2(t)+c_3s_3(t)+c_4s_4(t)+c_5s_5(t)) \tag{5.24}$$

式中，s_1、s_2 为第一、第二心音信号；s_3、s_4 为第三、第四心音信号，较弱；s_5 代表心音杂音；c 为合成系数；T 为周期。

心音主要具有以下特点。

(1) 周期性：一个人的心音信号是周期重复的，有 $s_T(t)=\sum_{t=1}^{T}\sum_{j=1}^{5}c_js_j(t)$ 。

(2) 能量集中性：心音的能量主要集中在第一心音 s_1 和第二心音 s_2 中，即有 $P_{s_T}=\sum_{j=1}^{5}P_{s_j}\approx\sum_{j=1}^{2}P_{s_j}$ 。

(3) 相对稳定性：同一个人的心音在一定时间范围内可保持相对稳定不变，有 $s_T(t-\Delta t)=s_T(t)$，如果有突变发生，则说明心脏可能发生了病变[12]。

根据前面的论述，心音信号显然可以变换成一系列独立函数元的线性叠加。因此，按照计算独立函数元的一般步骤，首先需要对单路单周期心音信号 $s_T(t)$进行分层处理，即将 $s_T(t)$分解为一系列满足一定要求的分层信号的组合：$s_T=a_1s_T^1+a_2s_T^2+\cdots+a_Ks_T^K$；然后对它进行独立成分分析，获取心音独立子元，且可由这些心音独立子元重构出 $s_T(t)$[11]。

对心音信号 $s_T(t)$进行分层的原则具体如下。

(1) 分层信号 s_T^K 与 s_T^{K+1} 之间应尽可能满足相互正交。

(2) 分层信号 s_T^K 一定可重构出原信号。

(3) 分层信号 s_T^K 与原信号 $s_T(t)$应具有相同长度。

原则(1)表明，信号分层的效果相当于在一组正交基上投影，分层信号的这种正交性有利于进行下一步的独立成分分析，获取心音独立子元；原则(2)表明信号分层应具有可重构性；原则(3)是使分层信号满足独立成分分析的基本条件，即各源信号之间的长度是相同的。

显然，小波变换满足所述分层原则，用标准的小波变换包模型可获得 Q 层系数向量，有 $Z=\sum_{q=1}^{Q}Z_q$，利用插值法使 Z_q 为等长，对 Z 进行独立成分分析，即有

$$\sum_{q=1}^{Q} b_q = \sum_{p=1,q=1}^{P,Q} C_{p,q} Z_q \tag{5.25}$$

式(5.25)可采用 fastica、dwt_ica 或 ext_ica 等算法来实现，从而获得一组心音独立子元 b_q。经过较多的实验结果表明[7-12]，利用 dwt_ica 方法获得的 b_q 具有较好的稳定性。

根据式(5.23)可获得心音信号的重构表达式：

$$s_T = \sum_{q=1}^{Q} d_q b_q \tag{5.26}$$

一组心音独立子元 b_q 获取的结果如图 5.4 所示，若不作说明，心音信号图中横坐标为采样点数，纵坐标为幅值(V)。其中，s 是一段心音信号，按其周期性可分为 s_{T1}、s_{T2}、s_{T3}、s_{T4} 四个周期，任取其中的一个，如 s_{T3}，按照心音信号的分层原则，基于小波包(或者希尔伯特-黄变换)方法进行两层分层，可得图中的 s_{T3}^1 和 s_{T3}^2，再基于 dwt_ica 方法对 s_{T3}^1、s_{T3}^2 进行独立成分分析，可得两个心音独立子元 b_1 和 b_2。

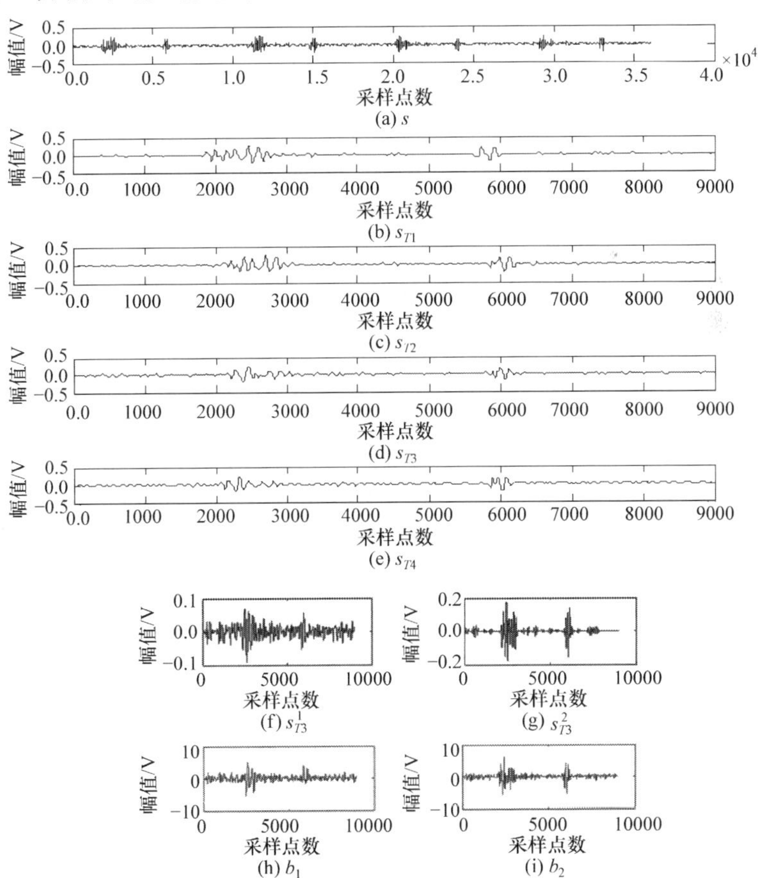

图 5.4　一组心音独立函数元 b_q 的获取过程

5.3.2　基于心音独立子元的分类识别

根据 $s_T(t)$的周期性，任意一个周期的 $s_T(t)$应包含一个人心音信号的主要特征，显然某一个周期的心音独立子元 b_q 就是这种特征的一种表征形式。将心音独立子元 b_q 作为一种生物特征，令 b_q^i 为标准组，被识别的 b_q^j 为被测组，定义它们的相似距离为

$$d_k = 1 - \frac{\left|\sum_{t=1}^{M} b_q^i(t) b_q^j(t)\right|}{\sqrt{\sum_{t=1}^{M} b_q^{i2}(t) \sum_{t=1}^{M} b_q^{j2}(t)}} \tag{5.27}$$

d_k 越小，b_q^j 与 b_q^i 越相似；$d_k=0$，b_q^j 与 b_q^i 相同。

将被测组心音独立子元 b_q^j 与标准组心音独立子元 b_q^i 逐一进行模式匹配[11,12]，通过式(5.27)可对心音进行识别和分类。

表 5.1 给出了同一个人在不同时间段心音独立函数元所具有的平均相异距离。由于它们的相异距离未发生突变，该人的心脏器官也应该未发生明显病变。该人每年的常规身体检查证明这个结论是正确的。

表 5.1　同一个人在不同时间段心音独立函数元的平均相异距离

时间	2011 年	2012 年	2013 年
d_k	0.1413	0.1750	0.1638

5.4　独立子元变换在欠定盲源分离中的应用

基于独立子元变换对非平稳信号的表示方法，本节提出一种单路非平稳混叠信号的欠定盲源分离新方法，它的特点是不需要利用先验知识[12]。首先描述单路混合信号的欠定盲源分离(blind source separation，BBS)模型，通过对分层技术的深入讨论，研究如何实现单路原始信号的分层，并加入一个参考信号以确定分层数目；然后给出一种改进型圆周卷积数据的等长度分层方法和获取独立子元的具体过程，通过独立子元变换，使原始信号由一维向量转化成为多维向量，从而实现其欠定盲源分离[13]。

5.4.1　单路混合信号盲分离

设某个混合系统由 m 个传感器和 k 个信号源组成，$\boldsymbol{x}=[x_1(t), x_2(t), \cdots, x_m(t)]^{\mathrm{T}}$，$\boldsymbol{s}=[s_1(t), s_2(t), \cdots, s_k(t)]^{\mathrm{T}}$，其混合模型可以表述为

$$\boldsymbol{x}(t)=\boldsymbol{A}\boldsymbol{s}(t) \tag{5.28}$$

寻找一个 m 阶满秩分离矩阵 $\boldsymbol{W}$,定义输出信号矢量为

$$\boldsymbol{y}=\boldsymbol{W}\boldsymbol{x} \tag{5.29}$$

式中,$\boldsymbol{y}$ 是包含了尽可能独立的源信号的恢复矢量。

当 $m=1,k\geqslant 2$ 时,会出现传感器数目小于源数目的情形,这种多源输入单路输出的混合信号盲源分离是一个病态的问题[14],因为已知是单路信号却有 $2k$ 个以上的未知变量。目前常用的方法是利用先验知识预知一些训练数据,并对信号进行分小段处理。本节提出一种新的方法,它不需要利用先验知识,即可实现单路混合信号的欠定盲源分离。

据式(5.28),当 $m=1,k=K$ 时,有

$$x=a_1s_1+a_2s_2+\cdots+a_Ks_K \tag{5.30}$$

式(5.30)是欠定模型的一个特例,无法直接求解。因此,考虑按某种方式把单路信号分解成若干层,每一层又都是式(5.30)的一个分式,即

$$\begin{aligned}x_1&=a_1^1s_1+a_2^1s_2+\cdots+a_K^1s_K\\x_2&=a_1^2s_1+a_2^2s_2+\cdots+a_K^2s_K\\&\vdots\\x_Q&=a_1^Qs_1+a_2^Qs_2+\cdots+a_K^Qs_K\end{aligned} \tag{5.31}$$

$$x=x_1+x_2+\cdots+x_Q \tag{5.32}$$

当 $Q=K$ 时,正如式(5.31)所示,它满足盲源分离的基本条件,可以获取一组源信号的估计。问题的关键是如何获取单路信号的分层方法和分层数目。

5.4.2　基于独立子元变换的单路信号分层方法

1. 一种改进型圆周卷积的等长度分层方法

对于一路混合信号 $x(t)$,如果能将其分解为等长的 q 层数据段 $Z_q(q=1,2,\cdots,Q)$,对分成 Q 层后的信号进行最大非高斯投影,由于独立成分分析的方法就是最大非高斯投影,本章采用独立成分分析来获取独立子元。独立性判据使用负熵最大判据或信息损失函数,通过寻找一个满秩分离矩阵,来定义输出信号$[b^1,b^2,\cdots,b^Q]$中包括了尽可能独立的源信号 $s_1(t),s_2(t),\cdots,s_k(t)$的信息,可以获得一组在时域相互统计独立的函数簇,即 5.2 节中所定义的独立子元[15]。

那么如何从一路信号中分解出等长的 Q 层数据段 $Z_1,Z_2,\cdots,Z_Q$,并形成独立子元呢?这里提出一种改进型圆周卷积的等长度分层方法。

根据多分辨率信号分析的特点,对于任意一个信号 $x(t)\in L^2(\mathbf{R})$,可以用不同分辨率来逐级逼近待分析的函数 $x(t)$[16]。定义

$$\phi(t)\in L^2(\mathbf{R})$$

$$\phi_{jk}(t)=2^{\frac{-j}{2}}\phi(2^{-j}t-k) \tag{5.33}$$

令每一个尺度 j 上平移系列 $\phi_{jk}(t)$ 所组成的空间 V_j 是尺度为 j 的尺度空间，即

$$V_j=\overline{\operatorname{span}\{\phi_{jk}(t)\}},\quad k\in\mathbf{Z};j=(-\infty,+\infty) \tag{5.34}$$

它的整数位移集合 $\{\phi(t-k)\}_{k\in\mathbf{Z}}$ 是 V_0 中的正交归一基，那么对于 $x(t)\in V_j$ 有

$$x(t)=\sum_k a_k\phi_{jk}(t)=2^{-\frac{j}{2}}\sum_k a_k\phi(2^{-j}t-k) \tag{5.35}$$

令 $P_0x(t)$ 代表 $x(t)$ 在 V_0 上的投影，则有

$$P_0x(t)=\sum_k x_k^{(0)}\phi_{0k}(t) \tag{5.36}$$

式中，$x_k^{(0)}$ 为线性组合的权重，其值为 $x_k^{(0)}=\langle P_0x(t),\phi_{0k}(t)\rangle=\langle x(t),\phi_{0k}(t)\rangle$，推而广之有

$$P_jx(t)=\sum_k x_k^{(j)}\phi_{jk}(t) \tag{5.37}$$

式中，$x_k^{(j)}=\langle P_jx(t),\phi_{jk}(t)\rangle=\langle P_{j-1}x(t),\phi_{jk}(t)\rangle$。

又令 $\psi_{jk}(t)=\{2^{-\frac{j}{2}}\psi(2^{-j}t-k)\}_{k\in\mathbf{Z}}$ 是 W_j 的正交归一基，$W_j\perp V_j$，$W_j\perp W_i(i\neq j)$，同样有 $x(t)$ 在 W_j 上的投影 $D_jx(t)$ 为

$$D_jx(t)=\sum_k d_k^{(j)}\psi_{jk}(t) \tag{5.38}$$

式中，系数值为 $d_k^{(j)}=\langle D_jx(t),\psi_{jk}(t)\rangle=\langle D_{j-1}x(t),\psi_{jk}(t)\rangle$。因此，有

$$P_{j-1}x(t)=P_jx(t)+D_jx(t) \tag{5.39}$$

因为 $D_1x(t)$ 与 $\phi_{ik}(t)$ 正交，所以 $\langle D_1x(t),\phi_{ik}(t)\rangle=0$，有

$$x_k^1=\langle\sum_n x_n^{(0)}\phi_{0n}(t),\phi_{1k}(t)\rangle=\sum_n\langle\phi_{0n}(t),\phi_{1k}(t)\rangle x_n^{(0)}$$

式中，$\langle\phi_{0n}(t),\phi_{1k}(t)\rangle=\frac{1}{\sqrt{2}}\int\phi(1/2-k)\phi(t-n)\mathrm{d}t=h_{0(n-2k)}$，以此类推，可得系数 $x_k^{(j)}$、$d_k^{(j)}$ 的递推公式为

$$\begin{cases}x_k^{(j)}=\sum_n h_{0(2n-k)}x_n^{(j-1)}\\ d_k^{(j)}=\sum_n h_{1(2n-k)}d_n^{(j-1)}\end{cases} \tag{5.40}$$

将式(5.40)推广至小波包分解，令 $G_j^nx(t)\in U_j^n$，有

$$G_j^nx(t)=G_{j+1}^{2n}x(t)+G_{j+1}^{2n+1}x(t) \tag{5.41}$$

式中，$G_j^nx(t)=\sum_l d_l^{j,n}\frac{1}{2}w_n(2^{-j}t-l)$。

因此，小波包系数的递推公式为

$$\begin{cases}d_k^{j+1,2n}=\sum_l h_{0(2l-k)}d_k^{j,n}\\ d_k^{j+1,2n+1}=\sum_l h_{1(2l-k)}d_k^{j,n}\end{cases} \tag{5.42}$$

小波包分解实际上是把上一层的全部子带都按低频部分和高频部分进行划分，这些分解部分所占频带在统计上虽然互不重叠，但它们每一次分解都要进行“二抽样”，就是对各层数据进行了减半处理，这不满足“每一层信号的长度都与原信号长度相同”的要求。因此，对信号分层时不进行“二抽样”处理，根据 Mallat 算法和正交空间序列的平移不变性原理[17]，对任意 $k\in \mathbf{Z}$，都有 $\phi_j(2^{-j}t)\in V_j \Rightarrow \phi_j(2^{-j}t-k)\in V_j$，则圆周卷积分解的系数对应于式(5.42)，可得

$$\begin{cases} d_k^{j+1,2n} = \sum\limits_l h_0(l) d_{k-2^j l}^{j,n} \\ d_k^{j+1,2n+1} = \sum\limits_l h_1(l) d_{k-2^j l}^{j,n} \end{cases} \tag{5.43}$$

这样迭代运算时只是对上一尺度的分解结果进行移位，能完全满足“每一层数据的长度都与原信号长度相同”的要求。因此，可以用这种改进型圆周卷积的等长度分层方法将信号分成所需的 $Z_q(q=1,2,\cdots,Q)$层[18]。

2. 分层数目的确定

基于式(5.31)，当符合盲分离假设的条件时，独立成分分析可以分离出与源信号完全一致的结果[19]。对于实际物理信号，严格统计独立的条件很难满足，统计独立通常解释为尽可能的独立或物理独立。尽管源信号之间存在弱相关，ICA 仍然能进行分离，只是这种互相关性越强，分离的结果与实际信源的差异就越大。显然，只有 ICA 估计的信源数目与实际信源的数目一致才能使这种互相关性最小[20]。也就是说，针对本书提出的分层思想，只有当对混合信号分层的数目与实际信源的数目相同时，才有可能实现最佳盲分离[21]。目前选取独立分量数目的方法有两种，一种是通过样本协方差矩阵特征的累积贡献直接选取；另一种是通过系统模型的残差来选取，如 Wold 提出的预测残差平方和 PRESS 方法[22]。这些方法都要求预知多路的输出信号，对只知道单路输出混合信号的情况是不实用的。因此，考虑外加一个参考信号——白噪声信号作为判断的参考标准。

令参考信号为 $N=\sum\limits_p^P \sum\limits_l^L n_{pl}$，$x$ 和分层信号 Z 的长度都为 L，据式(5.30)有

$$\begin{aligned} x &= a_1 s_1 + a_2 s_2 + \cdots + a_K s_K + N \\ &= a_1 s_1 + a_2 s_2 + \cdots + a_K s_K + \sum_p^P n_p \end{aligned} \tag{5.44}$$

将 x 分成 P 层，据式(5.29)有

$$\boldsymbol{y} = [\boldsymbol{W} \quad \boldsymbol{I}] \begin{bmatrix} Z_P \\ \boldsymbol{N} \end{bmatrix} \tag{5.45}$$

式(5.45)的协方差矩阵可表示为

$$\boldsymbol{C} = \boldsymbol{W}\mathrm{cov}(Z_P, Z_P)\boldsymbol{W}' + \mathrm{cov}(\boldsymbol{N}, \boldsymbol{N}) \tag{5.46}$$

式中，$\mathrm{cov}(Z_P, Z_P)=\mathrm{diag}\left(\sum_{l}^{L}Z_{1l}^2,\cdots,\sum_{l}^{L}Z_{Pl}^2\right)$，$\mathrm{cov}(\boldsymbol{N},\boldsymbol{N})=\mathrm{diag}\left(\sum_{l}^{L}n_{1l}^2,\cdots,\sum_{l}^{L}n_{Pl}^2\right)$。

根据基于协方差矩阵特征值判断独立分量数目的方法，式(5.46)的特征值$\lambda(\boldsymbol{C})$为

$$\lambda(\boldsymbol{C})=[\underbrace{\xi_1\sum_{l}^{L}n_{l1}^2,\cdots,\xi_P\sum_{l}^{L}n_{lP}^2}_{P},\underbrace{\sum_{l}^{L}n_{l1}^2,\cdots,\sum_{l}^{L}n_{lK}^2}_{K}]' \tag{5.47}$$

式中，$\xi_1,\cdots,\xi_P$ 为系数。

从式(5.47)中可以看出，后面 K 个相同特征值小于前面 P 个不同特征值。因此，通过计算后面最小的相等的特征值个数就可得到源信号的数目，即分层的数目[23,24]。在这种情况下，参考信号——白噪声信号将被最佳地分离出来，其相似系数应最大且趋近于 1。

因此，单路混合信号应该分几层的具体判断方法如下。

(1) 对式(5.30)所示的混合信号，估计其强度。

(2) 添加白噪声 N，强度大约为混合信号强度的 1/3，形成式(5.42)所示的样本信号。

(3) 令 $i=1,p=i+1$，将样本信号用式(5.42)分成 p 层，用 ICA 方法对它进行盲分离。

(4) 将分离结果中的 $\hat{N}_i$ 与 N 比较，若 N 与 $\hat{N}_i$ 的相似系数越来越大，则 $i=i+1$；重复步骤(3)，若 N 与 $\hat{N}_i$ 的相似系数越来越小，则执行步骤(5)。

(5) 结束计算。N 与 $\hat{N}_i$ 的最大相似系数所对应的 p 值就是估计的分层数目 P。而实际的独立子元的数目应为 $Q=P-1$。

加入的参考信号除了白噪声，也可以根据实际情况选用其他的特殊信号。由于欠定问题求解很难，而只有一个传感器的条件更苛刻。本方法可恢复出源信号的基本条件如下。

(1) 在传感器的数目限定为 1 的情况下，可判定的源信号数目 K 的上限为 4。

(2) 在任何采样时刻，源信号 $s_k(t)$ 中同时为零的信号最多只有一个。

(3) $s_k(t)$ 中不能存在与参考信号相同的信号。

3. 获取独立子元的具体过程

如果对 $Z_q(t)(q=1,2,\cdots,Q)$ 进行独立成分分析，那么有

$$\begin{bmatrix} b_1 \\ b_2 \\ \vdots \\ b_P \end{bmatrix} = \begin{bmatrix} c_{11} & c_{12} & \cdots & c_{1Q} \\ c_{21} & c_{22} & \cdots & c_{2Q} \\ \vdots & \vdots & & \vdots \\ c_{P1} & c_{P2} & \cdots & c_{PQ} \end{bmatrix} \begin{bmatrix} Z_1 \\ Z_2 \\ \vdots \\ Z_Q \end{bmatrix} \tag{5.48}$$

当 $P=Q$ 时，$\boldsymbol{C}$ 满秩，则 b_p 和 Z_q 的转换是可逆的。若 $\boldsymbol{C}$ 的逆矩阵是 $\boldsymbol{W}=\boldsymbol{C}^{-1}$，如式(5.29)所示，用 ICA 方法可逐个求出 $W_1, W_2, \cdots, W_Q$，获得一组独立子元 b_q[25]。

由这些基本独立子元所重构的源信号 x 可以表示为

$$x = \sum_{q=1}^{Q} c_q b_q = \sum_{q=1}^{Q} x_q \tag{5.49}$$

式中，c_q 为重构系数[26]。通常，$c_q=1$。

4. 扩展信号维数的方法

基于式(5.30)，通过加入 $x(t)$ 的分层独立子元进入 $x(t)$，该一维混合信号就被转化成多维信号，它可以表示为$[x, c_1 b_1, c_2 b_2, \cdots, c_{Q-1} b_{Q-1}]$，因此有

$$\begin{bmatrix} \hat{s}_1 \\ \hat{s}_2 \\ \hat{s}_3 \\ \vdots \\ \hat{s}_K \end{bmatrix} = \begin{bmatrix} w_1^0 & w_2^0 & \cdots & w_K^0 \\ w_1^1 & w_2^1 & \cdots & w_K^1 \\ w_1^2 & w_2^2 & \cdots & w_K^2 \\ \vdots & \vdots & & \vdots \\ w_1^{Q-1} & w_2^{Q-1} & \cdots & w_K^{Q-1} \end{bmatrix} \begin{bmatrix} x \\ c_1 b_1 \\ c_2 b_2 \\ \vdots \\ c_{Q-1} b_{Q-1} \end{bmatrix} \tag{5.50}$$

式中，c_q、b_q 为由式(5.49)预先获得的独立子元和对应的系数。

式(5.50)可认为是一种传感器个数等于源信号个数的情况，$x(t)$ 的独立子元 b_q 保留了该源信号的信息，且相互统计独立，加之 $s_k(t)$ 和 $s_{k+1}(t)$ 之间又是相互统计独立的，因此它们中的任意信号之间也相互统计独立，这满足盲分离的所有假设，可利用 ICA 方法获得一组分离的结果 $\hat{s}_1, \cdots, \hat{s}_K$[27]。

用 ICA 方法也可直接获得其中任意一个 $\hat{s}_k$，此方法属于盲提取，是估计一个具有特殊统计特征或性质的 $\hat{s}_k$ 源信号，而舍弃其他不感兴趣的源信号。

在许多应用中，如生物医学，一些与源信号有关的参考信号显然是可以清楚得到的。这种情况下，通常希望提取与参考信号 $r(t-\Delta)$ 相关程度尽可能高的独立源信号，其中 Δ 是适当选择的时滞。可以将盲分离算法中的代价函数加上一个强制项 $E(r^2(t-\Delta)y^2(t))$，例如，利用线性预测器的盲提取算法的代价函数可以更改为

$$J(w) = \frac{1}{2}E(\varepsilon^2) + \frac{\beta}{4}(c - E(r^2(t-\Delta)y^2(t)))^2 \tag{5.51}$$

式中，$\varepsilon(t)=y(t)-\sum_{k=1}^{L}B_k y(t-k)$；$\beta\geqslant1$ 为强制因子；c 为适当选择的正常数，通常取 $c=1$；B_k 为 FIR 滤波器的传递系数。

根据标准梯度下降法求式(5.51)的最小值就可导出所需的分离规则，这样可直接分离出 $\hat{s}_k$。

另外，如果对于式(5.50)用一次 ICA 方法获得的结果不满意，则可将 $x-\hat{s}_k$ 与 x 结合起来构成一个新的多维矢量，根据式(5.29)有

$$\begin{bmatrix}\hat{s}_1'\\ \hat{s}_2'\\ \vdots\\ \hat{s}_{K+1}'\end{bmatrix}=\boldsymbol{W}\begin{bmatrix}x\\ x-\hat{s}_1\\ \vdots\\ x-\hat{s}_K\end{bmatrix}\tag{5.52}$$

这是一种传感器个数大于源信号个数的情况，再进行一次盲分离，就可获得预期的结果。

5.4.3　单路非平稳混合信号的欠定盲源分离

根据 Chen 氏方程[10]：

$$\begin{aligned}x'&=a(y-x)\\ y'&=(c-a)x-xz+cy\\ z'&=xy-bz\end{aligned}\tag{5.53}$$

当 $a=35$、$b=3$、$c=28$，初始值 $x(0)=-10$、$y(0)=0$、$z(0)=27$ 时产生混沌现象，取其中的一维混沌输出信号作为源信号 s_1。选用某女声讲话的声音作为源信号 s_2[13]。另外，第三组源信号 s_3 用方程 $s_3=\exp(-0.2t)\cos(6t)+0.7\sin(10t)$ 产生，那么有单路混合信号为

$$x_1=s_1(t)+s_2(t)+s_3(t)\tag{5.54}$$

首先，根据 5.4.2 节分层数目的判断方法，因 x_1 的信号强度为 1.2V，故取 0.4V 左右的白噪声信号作为参考信号 N，如图 5.1 中的 s_4，添加入 x_1 中，有

$$x_2=s_1(t)+s_2(t)+s_3(t)+N\tag{5.55}$$

据式(5.44)，分别按 2 层、3 层、4 层、5 层共 4 组对 x_2 进行分层实验，用 ICA 方法对它们进行盲分离，可对应获得(b_1^2,b_2^2)、(b_1^3,b_2^3,b_3^3)、(b_1^4,b_2^4,b_3^4,b_4^4)、($b_1^5,b_2^5,b_3^5,b_4^5,b_5^5$)。上述各信号的波形如图 5.5 所示。

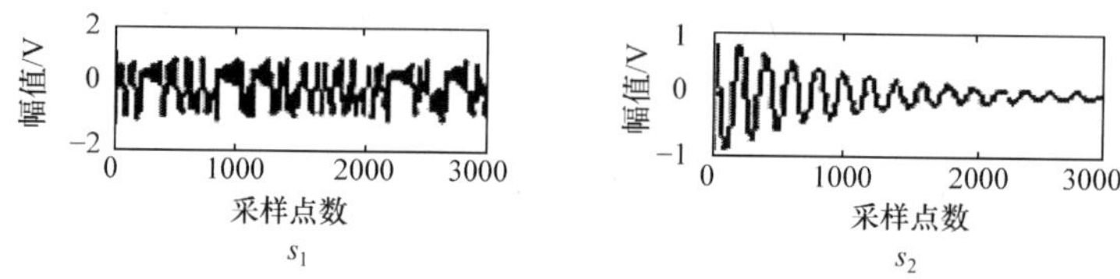

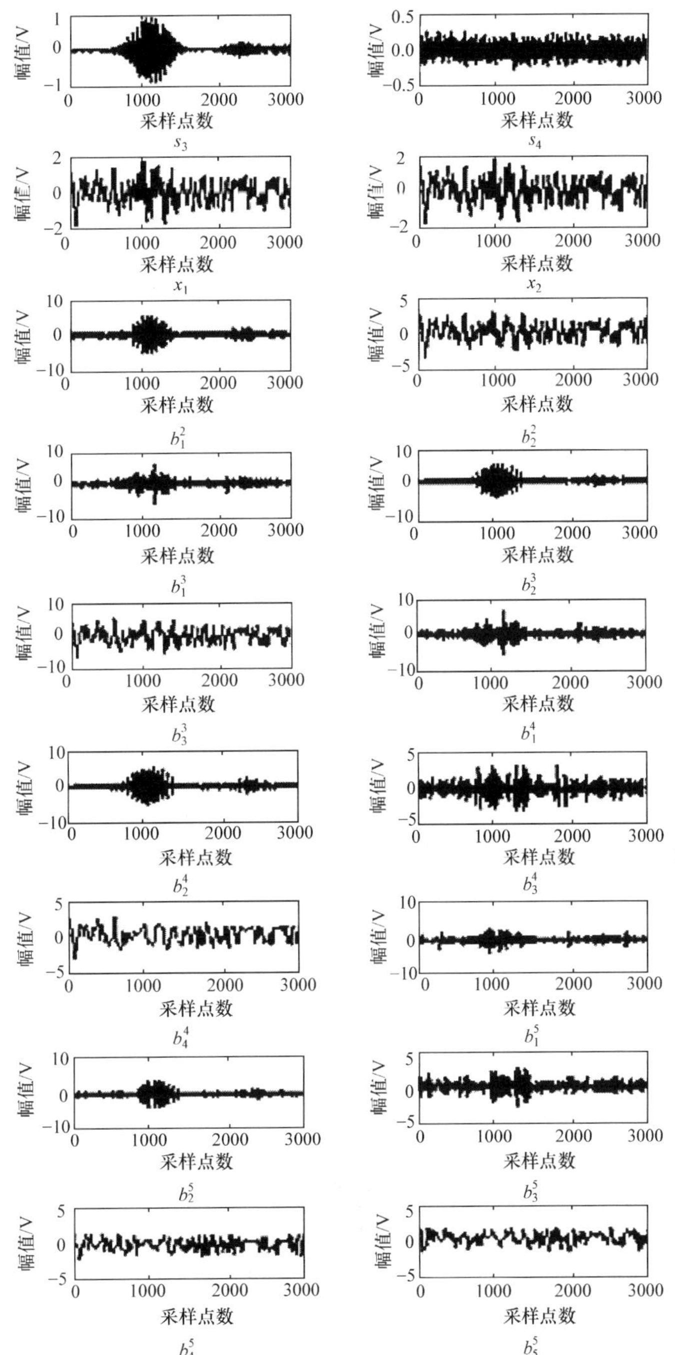

图 5.5　各源信号与分层结果的波形

然后,将每组中的分离结果分别与 N 即 s_4 求相似系数,相似系数最大者见表 5.2。可见估计的分层数目 $Q=4-1=3$,这和实际情况是完全一致的,从图 5.5 中的波形图也可直观看出这个结论[28]。

表 5.2　各分层组中与白噪声的相似系数

相似系数	2 层组 b_2^2	3 层组 b_3^3	4 层组 b_3^4	5 层组 b_3^5
与白噪声的相似系数	0.3463	0.4778	0.5796	0.5482

最后,将 $x_1(t)$ 分三层,获得的三路独立子元如图 5.6 中 b_1、b_2、b_3 所示。按照 5.4.2 中所述扩展信号维数的方法,任选取两路独立子元加入 $x_1(t)$,该一维混合信号就被转化成三维信号,根据 ICA 方法获得的一组分离结果如图 5.6 中 s'_1、s'_2、s'_3 所示[29]。

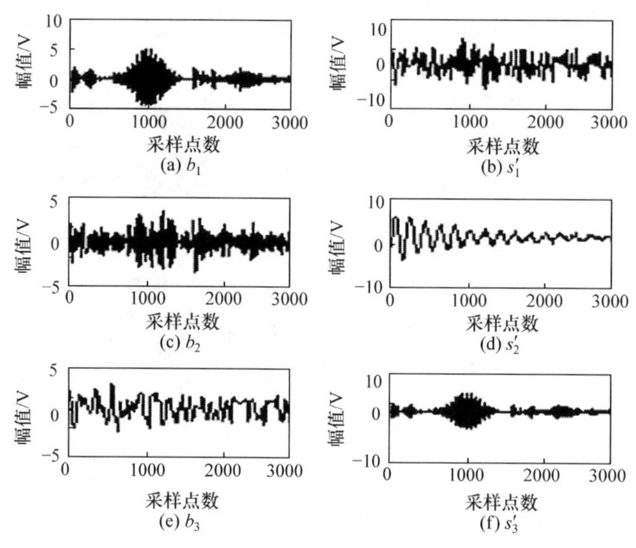

图 5.6　单路混合信号的盲分离结果

5.4.4　含噪混合周期信号的欠定盲源分离

很多生物信号如心电、心音信号等,都是人体中的一种自然信号,是人体心脏生理信息的外在反映,具备周期性、普遍性、独特性和可采集性。心脏是一个非线性的、时变的复杂系统,具有很强的非平稳性和随机性,这种随机性与呼吸状态、心脏的血流动力学状态以及人所处环境等各种不确定因素有关,因此心音信号具有非平稳性和随机性[30,31]。

心音信号具有周期性、能量集中性和相对稳定性,频率主要集中在 0～600Hz,信息主要分布在第一心音和第二心音等,图 5.7 所示为一段心音信号。其中,图 5.7(a)为一段采样频率为 11025Hz 的正常心音信号,图 5.7(b)为其周期分段

后的波形，重复周期为 0.93s，图 5.7(c)为某个周期中 s_1、s_2 的波形和功率谱图。

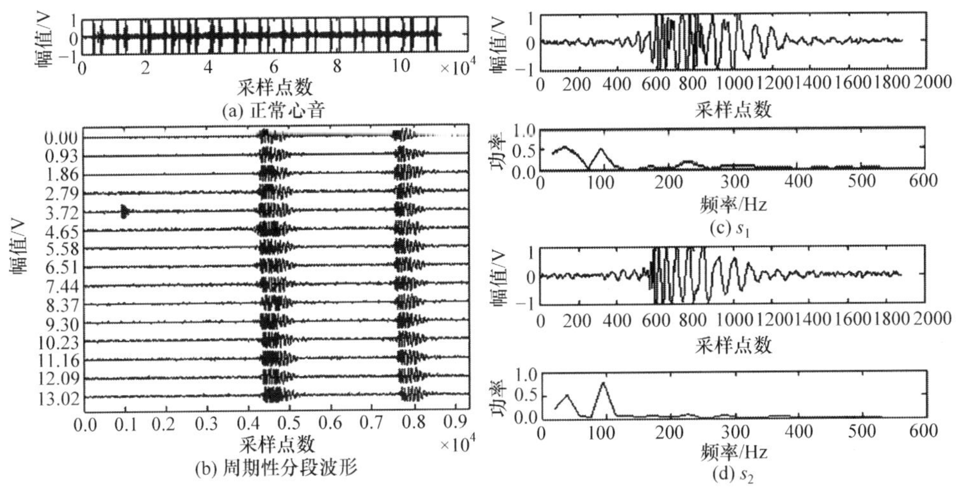

图 5.7　心音信号的周期性和 s_1、s_2 的频率特性

任取同一个人不同周期的心音信号 s_{Ti}，用 s_N 表示心音检测时的背景噪声(白噪声)。假设背景噪声与心音之间是统计独立的，那么有混合信号

$$s=s_{Ti}+s_N \tag{5.56}$$

这是单路单周期含噪心音信号模型。利用式(5.56)直接进行 BSS 处理是一个病态方程，因为只有一路信号却有两个未知变量。如果将心音独立子元 b_q 作为先验知识，那么利用 b_q 可将式(5.56)欠定问题转换为适定问题或超定问题。

按照 5.2 节获取独立子元的方法和步骤，可计算心音独立子元 b_q。

图 5.8(a)所示为一段心音信号 s 和它的四个周期，图 5.8(b)所示为第 3 个周期心音信号 s_{T3} 的两个分层信号以及它的两个心音独立子元 b_1 和 b_2。

令 s_{T3} 的心音独立函数为 $b_{qk}(k=1,2,\cdots)$。将 b_{qk} 加入 s 中，即有组合信号

$$\boldsymbol{H}=(s,b_{q1},\cdots,b_{qk})^{\mathrm{T}},\quad k\geqslant 2 \tag{5.57}$$

式(5.57)将式(5.56)的单路信号转换为 $k+1$ 个多路信号，满足 BSS 算法的要求[31]，从而实现欠定 BSS 向超定 BSS 的转化，有

$$\begin{bmatrix}\hat{s}_1\\ \hat{s}_2\\ \vdots\\ \hat{s}_{k+1}\end{bmatrix}=\begin{bmatrix}w_{11} & w_{12} & \cdots & w_{1(k+1)}\\ w_{21} & w_{22} & \cdots & w_{2(k+1)}\\ \vdots & \vdots & & \vdots\\ w_{q1} & w_{q2} & \cdots & w_{q(k+1)}\end{bmatrix}\begin{bmatrix}s\\ b_{q1}\\ \vdots\\ b_{qk}\end{bmatrix} \tag{5.58}$$

对式(5.56)只有两个源信号的单路单周期混叠信号的欠定盲源分离算法，其具体的步骤如下[32,33]。

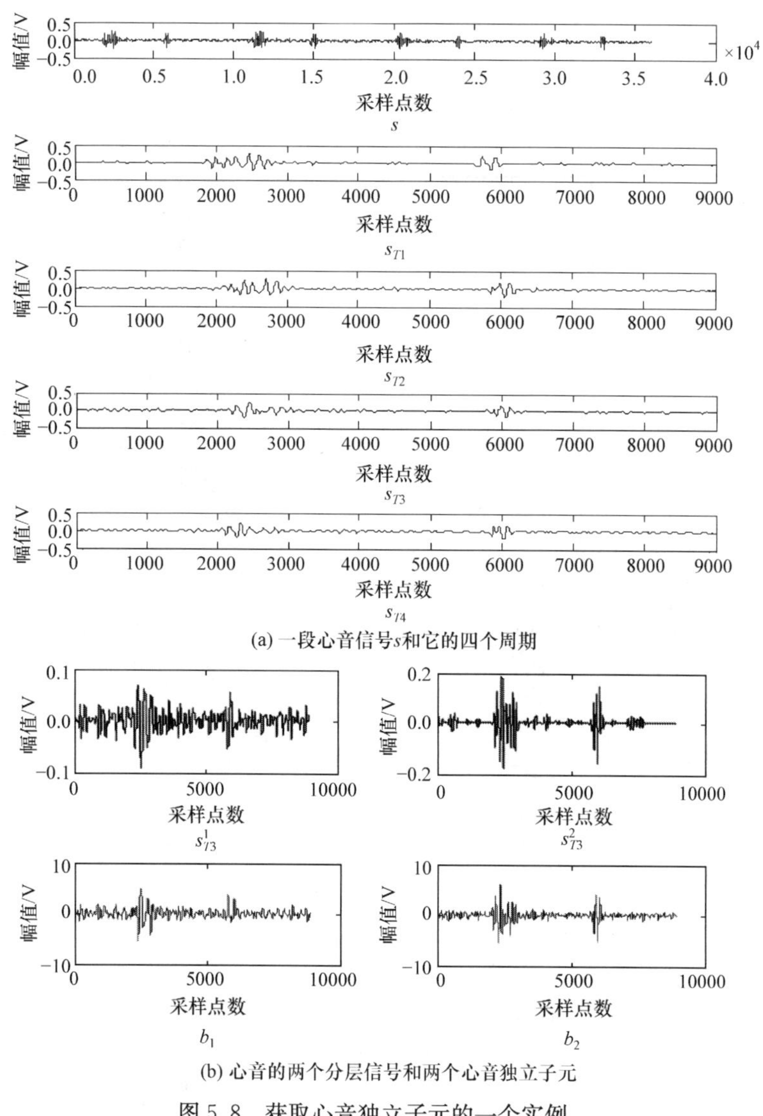

图 5.8　获取心音独立子元的一个实例

(1) 获取混叠信号 s。

(2) 将 s_{Ti} 的两个心音独立子元 b_1 和 b_2 加入 s 中，把单路信号 s_i 转换为三路信号的组合。

(3) 通过对这三路信号进行 ICA 分解，得到源信号的一组估计 $\hat{s}_1$、$\hat{s}_2$ 和 $\hat{s}_3$。其中，$\hat{s}_i$ 是 s_{Ti} 的一种估计，实现了单路心音信号和背景噪声信号的有效分离[33]。

图 5.9 给出了按上述方法获得的一个结果。其中，s 为一个周期心音信号 s_{T1} 和白噪声 s_N 的混叠信号，混叠系数均为 1，得到源信号的一组估计 $\hat{s}_1$、$\hat{s}_2$ 和 $\hat{s}_3$，而 $\hat{s}_1$

就是 s_{T1} 的一种估计，它们的相似系数为 0.9682。

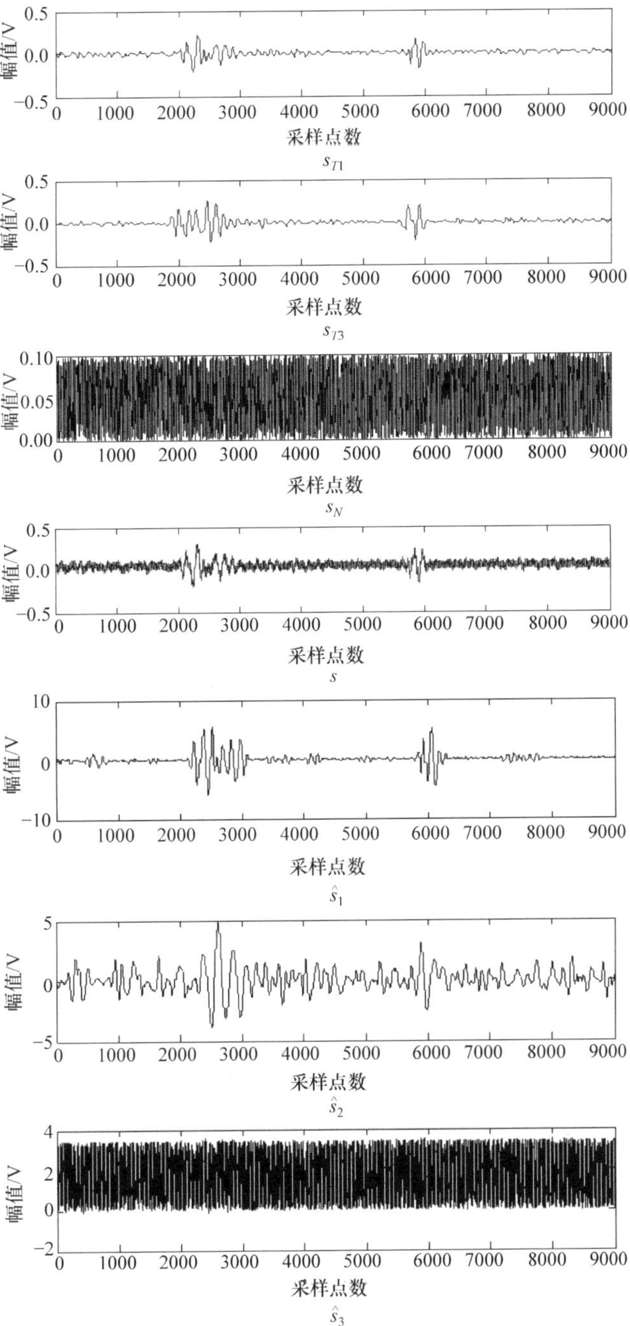

图 5.9　单路单周期含噪心音信号欠定盲源分离的一个结果

5.5 本章小结

本章主要介绍了独立子元变换方法在心音识别和欠定盲源分离中的应用。信号分析旨在寻找一种信号变换方法，以提取出包含重要信息的有效信号特征。独立子元是信号在统计域进行分解和重构的一种基本单元，具有统计独立性的特征；独立子元可形成信号分析的一种新方法，可获得独到的信号分析效果，不论是心音的特征识别，还是含噪心音的欠定盲源分离，都能产生其他方法不可替代的效果；独立子元的获取方法规范，物理意义明确，应用过程也比较简单，具有潜在的推广应用价值。

参考文献

[1] 范延滨，潘振宽，王正彦. 小波理论算法与滤波器组[M]. 北京：科学出版社，2011.

[2] Djuric P M, Kay S M, Boudreaux-Bartels G F. Segmentation of nonstationary signals[C]. Proceedings of the IEEE International Conference on Acoustics, Speech, and Signal Processing, San Francisco, 1992.

[3] Comon P. Independent component analysis, a new concept? [J]. Signal Processing, 1994, 36 (3): 287-314.

[4] Cardoso J F, Souloumiac A. Blind beamforming for non Gaussian signals[J]. IEE Proceedings F—Radar & Signal Processing, 1993, 140(6): 362-370.

[5] 何振亚，刘琚，杨绿溪，等. 盲均衡和信道参数估计的一种 ICA 和进化计算方法[J]. 中国科学：E 辑，2000, 30(1): 1-7.

[6] He Z Y, Yang L X, Liu J. Blind source separation using cluster-based multivariate density estimation algorithm[J]. IEEE Transactions on Signal Processing, 2000, 48(2): 575-579.

[7] Cheng X F, Liu J. A novel blind deconvolution method for single-output chaotic convolution mixed signal[C]. Proceedings of the International Symposium on Neural Networks, Chongqing, 2005.

[8] Weiss R J, Ellis D P W. Speech separation using speaker-adapted eigenvoice speech models [J]. Computer Speech & Language, 2010, 24(1): 16-29.

[9] Jang G J, Lee T W, Oh Y H. Single-channel signal separation using time-domain basis functions[J]. IEEE Signal Processing Letters, 2003, 10(6): 168-171.

[10] 张波，商豪. 应用随机过程[M]. 北京：中国人民大学出版社，2010.

[11] 成谢锋，张正. 一种双正交心音小波的构造方法[J]. 物理学报，2013,(16): 446-457.

[12] Jang G J, Lee T W. Single-channel signal separation using time-domain basis functions[J]. IEEE Signal Processing Letters, 2003, 10(6): 168-171.

[13] 成谢锋，陶冶薇，张少白，等. 独立子波函数和小波分析在单路含噪信号中的应用研究：模型与关键技术[J]. 电子学报，2009, 37(7): 1522-1528.

[14] 徐晓刚，徐冠雷，王孝通，等. 经验模式分解(EMD)及其应用[J]. 电子学报，2009, 27(3): 581-585.

[15] 曲从善，路廷镇，谭营. 一种改进型经验模态分解及其在信号消噪中的应用[J]. 自动化学报，2010,(01): 67-73.

[16] Cheng X, Zheng Y, Tao Y, et al. Independent sub-band functions: Model and applications[C]. Proceedings of the International Joint Conference on Neural Networks, Orlando, 2007.

[17] Bui T D, Chen G. Translation-invariant denoising using multiwavelets[J]. IEEE Transactions on Signal Processing, 1998, 46(12): 3414-3420.

[18] Tai N L, Chen J J. Wavelet-based approach for high impedance fault detection of high voltage transmission line[J]. European Transactions on Electrical Power, 2008, 18(1): 79-92.

[19] Cheng X F, Tao Y W. A new single-channel mix signal separation technique in noise[J]. Journal of Computational Information Systems, 2008, 1: 321-328.

[20] Guo D F, Zhu W H. A study of wavelet thresholding de-noising[C]. 5th International Conference on Signal Processing Proceedings, Beijing, 2000.

[21] Cheng X F, Tao Y W, Zhang S B. Underdetermined blind source separation in single mixtures signal[C]. Proceedings of the 2nd International Congress on Image and Signal Processing, Tianjin, 2009.

[22] Wold S. Cross-valedictory estimation of the number of components in factor and principal components models[J]. Techno Metrics, 1978, 20(4): 397-406.

[23] Mallat S. A theory for muhire solution signal decomposition: The wavelet representation[J]. IEEE Transactions on Pattern Analysis and Machine Intelligence, 1989, 11(7): 674-693.

[24] Donoho D L, Johnstone L M. Ideal spatial adaptation by wavelet shrinkage[J]. Biometrika, 1994, 81(3): 425-455.

[25] 潘泉，张磊，孟晋丽，等. 小波滤波方法及应用[M]. 北京：清华大学出版社，2005.

[26] Cheng X F, Chen X H. Application of wavelet packet transform layered technique and independent sub-band functions[C]. Proceedings of the World Congress on Software Engineering, Xiamen, 2009.

[27] Xiong C Y, Tian J W, Liu J. High performance word level sequential and parallel coding methods and architectures for bit plane coding[J]. Science in China, 2008, 51(4): 337-351.

[28] Truong Y K, Patil P N. Asymptotics for wavelet based estimates of piecewise smooth regression for stationary time series[J]. Annals of the Institute of Statistical Mathematics, 2001, 53(1): 159-178.

[29] Safieddine D, Kachenoura A, Albera L, et al. Removal of muscle artifact from EEG data: Comparison between stochastic (ICA and CCA) and deterministic (EMD and wavelet-based) approaches[J]. EURASIP Journal on Advances in Signal Processing, 2012, (1): 127-1-127-15.

[30] 龚志强，邹明玮，高新全. 基于非线性时间序列分析经验模态分解和小波分解异同性的研究[J]. 物理学报，2005，54(8)：3947-3957.

[31] Choi S, Jiang Z. Comparison of envelope extraction algorithms for cardiac sound signal segmentation[J]. Expert Systems with Applications, 2008, 34(2): 1056-1069.

[32] 肖明，谢胜利，傅予力. 基于频域单源区间的具有延迟的欠定盲分离[J]. 电子学报，2007，(12)：2279-2283.

[33] Nishimori Y, Akaho S, Abdallah S, et al. Flag manifolds for subspace ICA problems[C]. Proceedings of the International Conference on Acoustics, Speech and Signal Processing, Hawai, 2007.

第 6 章　心音的特征提取与识别方法

本章探讨将心音信号作为一种可靠的生物统计信息进行人的身份识别的可能性和可行性,研究心音身份识别的基本原理和关键技术。在分析心音信号基本特性的基础上,介绍基于数据融合、图像处理、二维心音图特征提取以及心音纹理图的身份识别技术,有效地实现基于心音特征的身份识别。最后介绍神经网络在心音身份识别中的价值和应用[1,2]。本章详细描述心音特征参数的提取步骤和多个识别模型的建立方法,并通过较多的实验数据探讨各种方法的识别率,研究它们的可行性。

6.1　心音识别系统

一种心音识别系统的数据处理过程如图 6.1 所示。

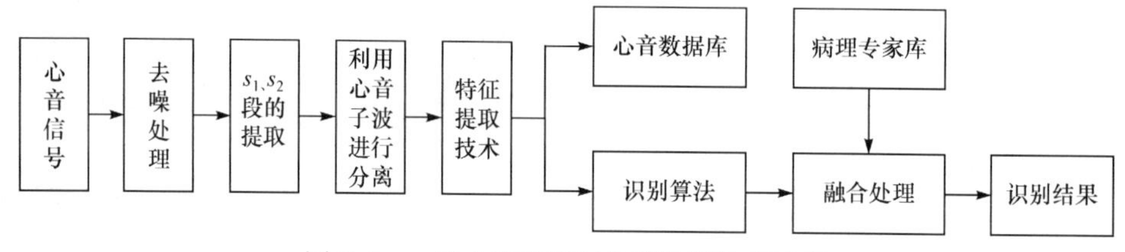

图 6.1　一种心音识别系统的数据处理过程

1. 预处理

心音信号的预处理主要完成三项工作:①心音信号去噪;②确定一段心音信号中每一个第一心音、第二心音的起点和终点;③找出一个周期心音信号的起点和终点,计算出心率,为心音信号的准确识别做好前期准备。第一心音、第二心音的起点和终点的确定相对比较困难[3],具体做法如下。

(1) 在保证不混叠的情况下,对心音信号进行二次采样,以降低计算的数据量,有利于后续的快速处理。图 6.2(a)为原心音信号 s_x,图 6.2(b)为二次采样后的心音信号 s_y,可见其数据量明显减少。

(2) 计算二次采样后信号的能量谱。即 $P(i)=s_y^2(i)$,$i=0,1,2,\cdots$,如图 6.2(c)所示。

(3) 对获取的心音能量谱用经验模式分层方法提取其包络。这种包络线某些尖峰处存在短时变小的情况，为了确定第一心音、第二心音的起点和终点，根据第一心音、第二心音的特点，以包络线均值为阈值，对连续时间间隔小于 20ms 的变化不予考虑，可获得归一化的能量谱包络线，如图 6.2(d)所示。

(4) 将上述信息反馈到原始心音信号中，可准确获得第一心音、第二心音的起点和终点，如图 6.2(e)所示，因此可准确分割出一个周期的心音信号。取三个周期的心音信号求平均心跳周期，计算出心率[4]。

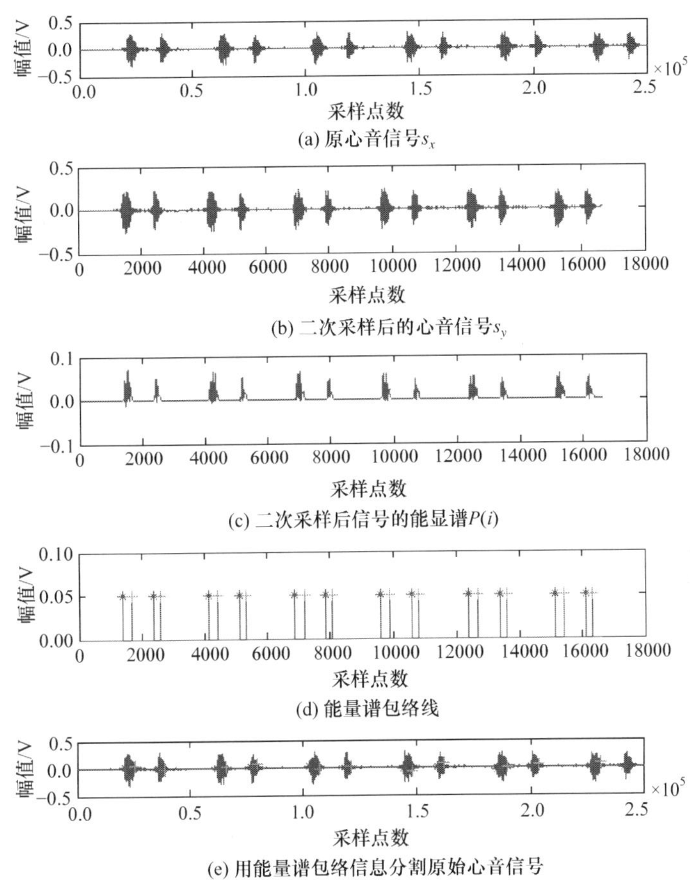

图 6.2　第一心音、第二心音的起点和终点的确定

(5) 根据心音的特性，对个别持续时间短、没有过渡性、能量忽然变大且无重复性的信号，视为听诊器移动引起的突发干扰。

2. 对第一心音、第二心音进行分离处理和特征提取

利用前面所述的心音小波等方法对心音信号进行分段处理，划分出每一个周期的心音，并提取出第一心音、第二心音，再利用 HS-LBFC、二维心音图等特征参

数提取技术，获取心音的各种特征参数。

3. 心音识别算法

心音识别算法较多，如统计分析方法、神经网络方法等。根据心音的周期性和第一心音、第二心音的特性(类似于孤立性语言识别)，且同一人取不同时间的心音进行识别，由于运动、情绪等诸多因素的影响，每个周期的长度并非完全相同。为了解决同一人心音周期长短不一的问题，考虑利用动态规划的方法，寻找心音信息库中比较信号与待识别信号的最小累计距离，这里可以直接使用动态时间归整(dynamic time warping，DTW)算法：

$$\boldsymbol{D}(x,y)=d(x,y)+\min[\boldsymbol{D}(x-1,y),\boldsymbol{D}(x-1,y-1),\boldsymbol{D}(x-1,y-2)] \tag{6.1}$$

式中，x 为比较信号的帧数；y 为待识别信号的帧数。

x 每前进一帧，只需用到前一列的累计距离 $\boldsymbol{D}$ 和当前列所有帧匹配距离 $d(x,y)$，求出当前帧的累计距离，到 x 的最后一帧矢量 $\boldsymbol{D}$ 的第 M 个元素即 x、y 动态弯折的匹配距离。另外，还可以使用相似距离来辨识两个心音信号，该方法在 5.3.2 节中已有介绍。

6.2 基于数据融合的三段式心音身份识别技术

本节提出一种新的多特征提取的心音身份识别技术。在分析心音信号的特性基础上，采用独立子波函数表征个体心音特征信息，通过建立“第一心音、第二心音和周期-功率-频率图”的三段式识别模型和应用相似距离的模式匹配方法，以及采用单路心音信号多周期段的数据层融合和改进的 D-S 数据决策层融合算法，有效地实现了单路心音信号多特征提取的身份识别[3]。

6.2.1 三段式识别模型

心音信号波形表现为不同位置的波峰和波谷，波峰和波谷是信号幅度发生明显变化的地方，而不同形状的峰和谷又是心音信息中最有意义的特征，并且心音信号具有周期重复的节律性[5]。根据上面所分析的心音信号的特点，这里采用三段式的单路心音身份识别方法。

1. 第一识别段和第二识别段

第一识别段是在第一心音的中心波峰处两边依次各取 2～5 个关键波峰，按时间顺序排列所构成的一个信号段；第二识别段是在第二心音的中心波峰处两边依次各取 2～4 个关键波峰，按时间顺序排列所构成的另一个信号段[6]。

第一心音、第二心音的识别规则如下：正常心音的第一心音主要是由二尖瓣及三尖瓣的关闭所引起的振动，在心尖部较响，心底部较轻，时限在 70～150ms。第二心音主要是由血流在主动脉与肺动脉内突然减速和半月瓣关闭所引起的振动。在心底部较响，心尖部较轻，时限在 60～120ms，宽度小于 30ms 的正向波通常是由噪声或杂音引起的。这里的心音信号统一在二尖瓣听诊区采集，所以第一心音的幅值大于第二心音的幅值，从第一心音结束到第二心音开始的持续时间 $t_{s_2 s_1}$ 相对固定，并且小于从第二心音结束到第一心音开始的持续时间 $t_{s_2 s_1}$。因此，当一个心音信号的周期、最大幅值点被标记出来后，第一心音、第二心音就很容易被识别出来[7]。

2. 心音周期-功率-频率图

第三识别段是一个周期的心音信号所构成的周期-功率-频率图。心音是一种周期性机械振动，是心肌与心脏瓣膜以及大血管壁特性的一种反映。生物特征识别是一种生物统计应用，心音的生理特征比心律更重要，因此需要进行独特的时、频域分析。这里提出一种新的周期-功率-频率心音图，可形象地表述心音信号在一个周期内功率与频率的变化规律，以揭示心音信号的内在个体生理特征[8,9]。

对于单路心音信号 $s(t)(t=1,2,\cdots,n)$，可利用傅里叶变换求其功率谱特性，因此有

$$\begin{cases} P(n)=\mathrm{e}^{\frac{|W(n)|}{\|W(n)\|_{\infty}}} \\ F(n)=2\pi n/(Nf_{\mathrm{h}}) \end{cases} \tag{6.2}$$

式中，$W(n)=\sum_{n=0}^{N}|s(n)|^{2}\mathrm{e}^{\mathrm{i}2\pi f_{n}}$；$f_{\mathrm{h}}$ 为心音信号的上限频率；$n=0,1,2,\cdots,N$。

虽然心音频谱集中在 10～200Hz，但完全识别要求有更多的信息，因此通常取 $f_{\mathrm{h}}\geqslant 540\mathrm{Hz}$。令

$$\begin{cases} x=P\cos F \\ y=P\sin F \end{cases} \tag{6.3}$$

在 $0\sim 2\pi$ 内，用改进的极坐标方法画一个周期的频率坐标，将 x、y 画在上面并用箭头表示，可得如图 6.3 所示的周期-功率-频率心音图。

图 6.3(a)、(b)、(c)所示的波形图及(e)中对应的 Y、G、R 线段是同一个男人在不同时间、不同环境下用不同设备提取的心音周期-功率-频率特性描述，图 6.3(d)的波形图及图 6.3(e)中对应的 B 是另一个男人的心音周期-功率-频率特性描述。从图 6.3 中，可得出以下结论。

(1) 周期-功率-频率图反映了一个周期的心音信号的功率与频率的关系，周而复始在同一个圆上描述其变化过程，直观形象的比较很清楚地呈现了其变化过程中的细节差异，有效地实现了对心音信号的周期性描述，有利于对心音信号的识别。

(2) 分析心音信号的功率谱时,对信号进行归一化处理,又将其进行指数处理,其目的是放大趋近于零的细节,把最大值压缩在1以内。

(3) 心音信号是一种非线性时变信号,即同一个人在不同时间段的心音信号是有差别的,只是这种差别很微弱,但不同人之间的心音信号差别是比较明显的,心音周期-功率-频率图能有效地反映出这一点。

(4) 只取一个周期的心音信号进行分析,能有效减少计算量,提高识别速度。

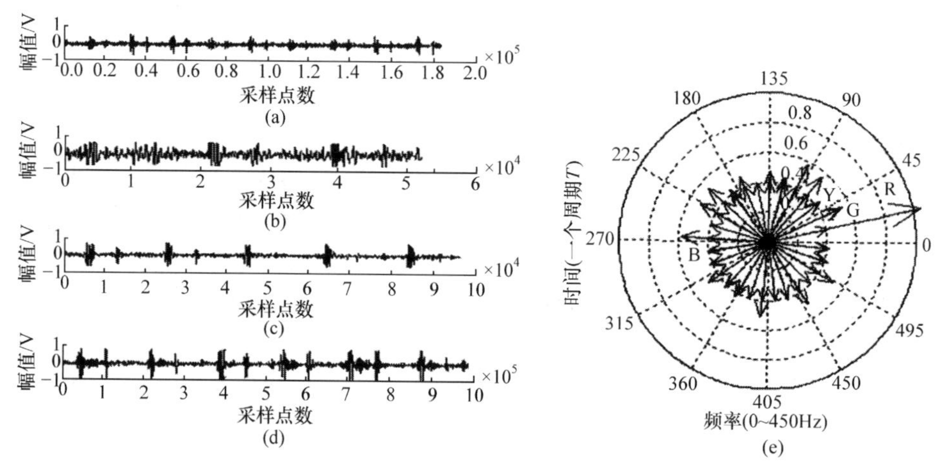

图 6.3　心音信号的周期-功率-频率图

6.2.2　心音信息融合技术

信息融合是近十几年来发展起来的一种信息处理技术,它将各种途径、任意时间和任意空间获得的信息作为一个整体进行智能化处理,产生比单一信息源更精确、更完全的估计和判决,最终给出可靠性更高的结果。信息融合涉及多方面理论和技术,如信号处理、估计理论、不确定性理论、模式识别、最优化技术、神经网络和人工智能等[8]。

1. 信息融合的分类

系统的信息融合相对于信息表征的层次通常可分为三类:数据层融合、特征层融合和决策层融合[9]。

(1) 在数据层融合方法中,匹配的传感器数据直接融合,而后对融合的数据进行特征提取和状态(属性)说明。最简单、最直观的数据层融合方法是算术平均法和加权平均法。

(2) 特征层状态属性融合就是特征层联合识别。先对传感器数据进行预处理以完成特征提取和数据配准,即通过传感器信息变换,把各传感器输入数据变换成统一的数据表达形式(具有相同的数据结构)。具体实现技术包括参量模板网络和基于知识的技术等。

(3) 决策层融合是用不同类型的传感器监测同一个目标或状态，每个传感器各自完成变换和处理，其中包括预处理、特征提取、识别或判决，以建立对所监测目标或状态的初步结论。通过关联处理、决策层融合判决，最终获得联合推断结果。决策层融合输出是一个联合决策结果。常见的方法有贝叶斯推断、Dempster-Shafer证据理论、模糊集理论和专家系统等[10]。

2. 心音信号的两种信息融合方法

根据心音信号的特性，必须从多个侧面和不同角度去挖掘、提取信息，采用多种手段获取每个个体的基本特征，通过信息融合手段得到最佳的识别结果。

(1) 对单路心音信号多周期段的数据层融合。由于心音信号具有周期重复的节律性，且各周期的波形有一定程度的随机变异，既要将它近似作为周期性信号处理，又需要保留这种从个体表现出的少许随机变异的波形，以便从中挖掘更多有用信息。

每一个周期心音信号 $s_T(T=1,2,\cdots,m)$之间存在一些细小差异。心音信号是一个低频窄带信号，有用信息主要包含在低频成分中，高频成分多是干扰信号。因此，可以对 s_T 进行等长度分层。例如，用 WPT 进行 N 层变换，可获得一个低频窄带信号 I_{L} 和 N 个高频窄带信号 $I_{\mathrm{H}}^{j}(j=1,2,\cdots,N)$。对各周期分解的所有窄带信号取加权平均：

$$\begin{cases} I_{\mathrm{L}}^{F} = \dfrac{1}{T}\sum\limits_{i=1}^{T}\beta_1 I_{\mathrm{L}}^{i} \\ I_{\mathrm{H}}^{F,j} = \dfrac{1}{T}\sum\limits_{i=1}^{T}\beta_2^{j} I_{\mathrm{H}}^{i,j}, \quad j=1,2,\cdots,N \end{cases} \tag{6.4}$$

低频窄带信号的权重 β_1 为 1，高频窄带信号的权重 β_2^j为 $1/j$。用提取的新的高频信息与低频信息进行小波逆变换合成一个复合的周期心音信号 x_s，可实现心音信号的数据层融合。如图 6.4 所示，x_1、x_2、x_3、x_4 是同一人在不同时间的四个周期心音信号，其中 s_{11}、s_{12}、s_{13}、s_{14}和 s_{21}、s_{22}、s_{23}、s_{24}是它们各自对应的第一心音 s_1、第二心音 s_2 波形。按照单路心音信号多周期段的数据层融合方法，对上述四段周期心音信号进行数据层融合，结果分别为 x_s、x_{s_1}、x_{s_2}。融合技术的关键是准确确定一个周期心音信号的起点和终点，要保证它们的 s_1、s_2 段的中心波峰及两边 1～3 个关键波峰处是尽可能重叠的，这样才能获得满意的融合结果[11]。

这里采用短时能量方法确定一个周期心音信号的起点。首先将信号归一化；然后按 120 点分一帧，重叠 40 点，求它们的短时能量，当其值大于 0.7 的门限值时就认为第一心音开始了，能量最大的一帧中的最大值就是第一心音的中心波峰点；

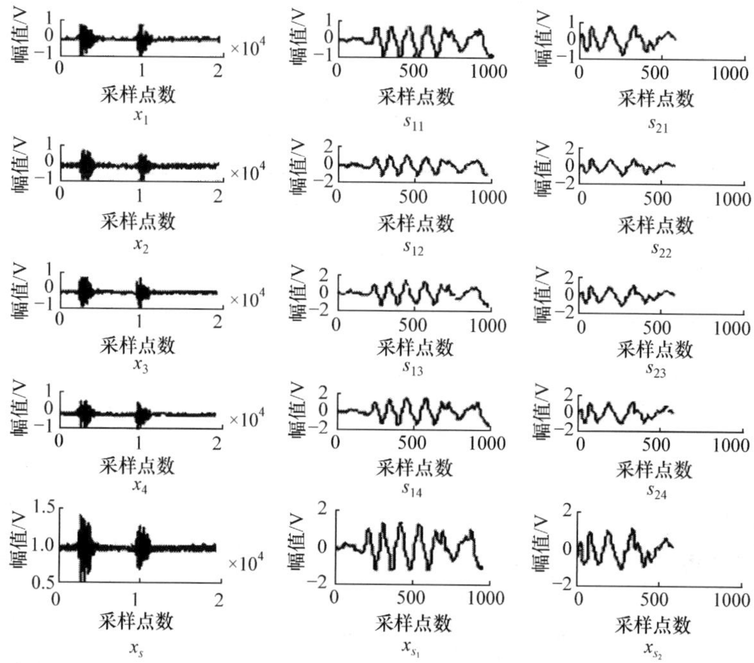

图 6.4　单路心音信号多周期段的数据层融合

最后在中心波峰点往前计 L_1 点，往后计 L_2 点就能获得一个周期心音信号，其中 $L_1+L_2=L_T$ 为一个周期的采样点数目[11]。实验表明，如果直接在一长段心音信号中找最大值，可能找到的是噪声点。噪声不能够维持足够长的时间，通过设定短时能量门限值可有效地解决这个问题。同样按上述方法可有效确定出 s_1、s_2 段。

(2) 对三段式的单路心音身份识别结果的决策层融合[12]。对总体的识别结果实际上是对个体特征信息的融合而做出的决策。采用三段式心音识别方法，会得到每段个体特征信息，加之 s_1、s_2 段的 Q 个独立子波函数码，实际获得的是 $2Q+1$ 个特征信息，但并不能说它们各自完整、准确地代表了总体的特征信息，因此还需要进行决策层融合。也就是说，各段个体的原始数据不同，它们具有的特征信息就不同，所包含的特征信息的含量也是不同的。从贝叶斯统计学的观点看，它们的特征信息参数都可以看作随机变量，这些随机变量虽然不等于总体特征参数的真值，只是总体真值的一个随机表现，但都隐含着总体真值的一些信息。因此，可以对这些信息进行再融合，最终推断出总体特征信息，给出最佳的识别结果。

根据 Dempster-Shafer 证据理论和三段式心音识别方法，下面讨论一种改进的 Dempster-Shafer 信息融合算法。设 $h_i(i=1,2,\cdots,m)$ 为 m 个独立信息段所导出的基本概率分配函数，这些独立信息段共同作用下的概率分配函数 h 为

$$\begin{aligned} h &= h_1 + h_2 + \cdots + h_m \\ &= \begin{cases} h(\gamma) = 0, & D = 1 \\ h(K) = \dfrac{\sum\limits_{k_1 \cap k_2 \cap \cdots \cap k_m = K} \prod h_i(k_i)}{1 - D}, & D \neq 1 \end{cases} \end{aligned} \tag{6.5}$$

式中，$h(K)$ 为 K 的基本可信度；D 表示不同信息段之间的测度，其越大表示各信息段之间的冲突越大，有

$$D = \sum_{k_1 \cap k_2 \cap \cdots \cap k_m \neq \gamma} \prod h_i(k_i), \quad i = 1,2,\cdots,m \tag{6.6}$$

对目标有 m 种不同的特征提取方法，样本库中共有 J 种心音的特征样本，目标与样本的相似距离为 d，那么 m 次识别的隶属度矩阵为

$$\boldsymbol{\beta}_{m\times J} = \begin{bmatrix} d_{11} & d_{12} & \cdots & d_{1J} \\ d_{21} & d_{22} & \cdots & d_{2J} \\ \vdots & \vdots & & \vdots \\ d_{m1} & d_{m2} & \cdots & d_{mJ} \end{bmatrix} \tag{6.7}$$

基础概率分配函数的值可由式(6.8)确定：

$$\begin{cases} h_m(k_i) = \delta_m \dfrac{1}{d_{mi}} \\ h_m(\Theta) = 1 - \sum\limits_{i}^{J} \dfrac{1}{d_{mi}} \delta_m \end{cases} \tag{6.8}$$

式中，$h_m(k_i)$ 为第 m 个独立信息段提供给第 $i(i=1,2,\cdots,J)$ 个样本的证据，表示事件“待识别心音是第 i 个人的心音”的可信程度；δ_m 为权值。

在设定权值 δ_m 时，应从以下几个方面考虑。

(1) 性能权值因素：各信息段的特征提取方式有不同特性，各信息段的识别率与稳定性也存在差异。对于识别率相对较高、稳定性相对较好的信息段，应给予较大的权值。这里经过大量实验对实际环境中的识别结果进行统计，采用段的平均正确识别率作为性能权值。

(2) 相关性权值因素：利用改进的 Dempster-Shafer 合成规则时，要求各证据源之间相互独立。但实际应用中各信息段提供的信息难免存在相关性，这就需要对信息段输出结果进行加权。若某信息段与其他信息段相关性小，即独立的信息量大，则应给予较大的相关性权值，反之给予较小的权值。实验表明，相关性权值因素与性能权值因素基本上成正比[13]。

这样，当存在 k_1、$k_2 \subset \Theta$（Θ 为心音识别框架）时，取 J 个心音库的样本，有 $h(k_1)=\max\{h(k_i)\}(k_i \subset \Theta, i=1,2,\cdots,J)$，$h(k_2)=\max\{h(k_i)\}(k_i \subset \Theta$，且 $k_i \neq k_1$，$i=1,2,\cdots,J)$，且有

$$\begin{cases} h(k_1)-h(k_2)>\alpha_1 \\ h(\Theta)<\alpha_2 \\ h(k_1)>h(\Theta) \end{cases} \tag{6.9}$$

式中，$h(\Theta)$表示不确定性；α_1 和 α_2 为设定的门限，通常分别取 0.1 和 0.5；$h(k_1)$为最终识别结果。若不满足以上条件，则认为不能给出有效识别。

6.2.3　实验方法与结果

为了有效提取心音的细微差异、提高心音身份识别率，这里采用 3.2 节提出的一种双听诊头的两路心声检测装置，基于信息融合技术，提供验证和识别模式下的两种身份识别的实验方法，并通过实验数据的分析比较两种方法的优缺点[13]。

1. 实验方法

方法一：在验证模式下，从心音数据库中任选 5 个人的心音信号（其中 3 名男性，2 名女性），每个参与者提供 4 组心音记录作为样本心音信号。首先，对每一个人的 4 组心音记录各取一周期信号进行多周期段的数据层融合，根据式(6.4)所述的方法，可构成一个小的标准样本库。按同样方法获取和处理待识别人的心音信号。按照这里所述的三段式方法进行比较识别，按式(6.4)获得的一个隶属度矩阵如表 6.1 所示。对 s_1、s_2 识别段按 5.3.1 节的方法所获得的 4 个独立子元进行分析。较多的实验数据表明，包含了全部高频成分或全部低频成分的独立子元的平均识别率最高，而主要包含中频成分的独立子元的平均识别率偏低，它们的权值 δ_i 可分别定为 70%和 50%；第三识别段的平均识别率较高，权值 δ_i 可定为 60%。然后，按照 6.2.2 节所述的改进 Dempster-Shafer 信息融合算法进行融合，α_1 和 α_2 分别为 0.6、0.1，对表 6.1 中数据的识别结论是输入信号的识别结果为“第 2 号样本”，获得的是正确的判定。

表 6.1　一组心音信号信息融合和识别的相关数据

信号段	相似距离 d	样本 1	样本 2	样本 3	样本 4	样本 5	δ_i
第 1 段 s_1	s_{11}	0.9392	0.68065	0.99916	0.99807	0.96281	70%
	s_{12}	0.96513	0.9713	0.99754	0.99932	0.99723	50%
	s_{13}	0.98771	0.98787	0.99936	0.99936	0.98932	50%
	s_{14}	0.69402	0.69877	0.97595	0.9394	0.99947	70%

续表

信号段	相似距离 d	样本 1	样本 2	样本 3	样本 4	样本 5	δ_i
第 2 段 s_2	s_{21}	0.99797	0.48066	0.99937	0.99937	0.98959	70%
	s_{22}	0.95591	0.98591	0.98088	0.99928	0.99824	50%
	s_{23}	0.87934	0.92944	0.99260	0.9995	0.97835	50%
	s_{24}	0.99231	0.55149	0.76947	0.98838	0.97117	70%
第三段	T-P-F	9.77×10^{-5}	1.40×10^{-5}	0.06163	0.63648	9.33×10^{-5}	60%
识别结果	$H(k_1)$	不是	是	不是	不是	不是	—

方法二：在识别模式下，数据库中的心音资料作为标准组，在线测取一个心音信号作为测试组。要求标准组、测试组的信号用同一套设备，相同的放大倍数，不要出现饱和失真(控制在最大不失真幅值的 70%～80%效果较好)。将该单路心音信号按上述方法经三段式预处理后，与标准组的第一识别段的独立子波函数码、第二识别段的独立子波函数码、第三识别段的独立子波函数码一一对应进行比较，直接取相似距离最小的作为识别结果；在三个识别段的比较识别中，若至少有两个识别段的最小相似距离满足阈值要求，则认为身份识别正确；反之，就认为数据库中无此人的资料。

2. 实验结果及分析

比较方法一与方法二可知，方法一所获得的正确识别率比方法二高 10%以上，抗干扰性较好；而方法二采用直接判别的方法在数据发生某些干扰变化时常常难以获得可靠的结论，但比较直观、识别时间短，有利于在线识别。

经 300 多次的验证实验表明，对第一识别段，同人同时段的自识别率可达 100%，同人异时段的互识别率为 77%～97%，不同人之间的误接受率为 3%～23%；对第二识别段，同人同时段的自识别率可达 100%，同人异时段的互识别率为 81%～98%，不同人之间的误接受率为 3%～16%；对第三识别段，同人同时段的自识别率可达 100%，同人异时段的互识别率为 50%～97%，不同人之间的误接受率为 14%～32%。三个识别段识别的同时错误接受率低于 7%，同时错误拒绝率低于 10%。当然，在安全性较高的场合，可适当改变 α_1 和 α_2 的门限，虽然会使错误拒绝率增加，但错误接受率能下降至零。实验表明，针对某几个特定人的正确识别可接近 99%以上。

6.3　基于线性频带倒谱的心音特征提取与识别技术

本节介绍一种基于线性频带倒谱的心音特征提取技术。首先，用倒谱减法消除听诊器的类型和位置变化所产生的影响；然后，采用心音线性频带倒谱提取心音特征参数,用相似距离等实现心音的身份识别。为了突出心音在时、频域上存在的差异,本节重点介绍另一种构建心音子波的简单方法,合成模型中各参数的计算方法,以及心音特征参数的确定和对应的数据处理技术[14]。

6.3.1 心音信号的分析

1. 心音的模型

根据心音的特性,这里设计一种心音信号模型。由于心音信号是一种具有周期性的时变信号,第一、第二心音(s_1、s_2)信号具有明显的开始与终止特征,在 s_1、s_2 期间不会产生突变,第三、第四心音(s_3、s_4)信号较弱,如果把观察时间缩短到一个很短的范围内,则可以得到一系列近似稳定的信号,即心音信号变成时准稳定的[15]。因此,可用心音信号子波簇合成模拟一组心音。所设计的心音信号合成模型如图 6.5 所示,这是一种基于心音子波簇合成的参考模型。

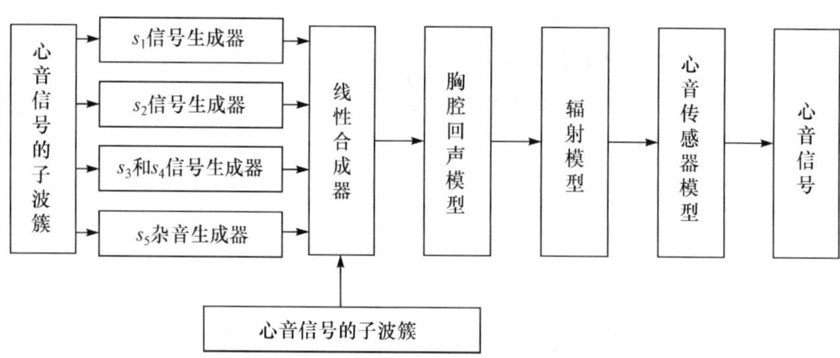

图 6.5 心音信号的子波簇合成模型

设 $\boldsymbol{\psi}(t)=[\psi_1(t),\cdots,\psi_M(t)]$为心音信号的子波簇,由该子波簇可构造出的第一、第二心音和第三、第四心音以及心音杂音,它们可表示为

$$\begin{bmatrix} s_1 \\ s_2 \\ \vdots \\ s_5 \end{bmatrix} = \begin{bmatrix} b_{11} & b_{12} & \cdots & b_{1M} \\ b_{21} & b_{22} & \cdots & b_{2M} \\ \vdots & \vdots & & \vdots \\ b_{51} & b_{52} & \cdots & b_{5M} \end{bmatrix} \begin{bmatrix} \psi_1 \\ \psi_2 \\ \vdots \\ \psi_M \end{bmatrix} \tag{6.10}$$

式中,b_{km} 为心音构成系数,$k=1,2,\cdots,5$,$m=1,2,\cdots,M$。

经线性合成器合成的一个周期的心音信号可描述为

$$s_T(n)=\sum_{i=1}^{T}(c_{1i}s_1(n)+c_{2i}s_2(n)+c_{3i}s_3(n)+c_{4i}s_4(n)+c_{5i}s_5(n)) \tag{6.11}$$

根据如图 6.5 所示的由胸腔回声模型、辐射模型和心音传感器模型级联而成 $H(Z)$的心音传输系统所获得的心音信号可描述为

$$s(n)=\sum_{j=1}^{N}a_j s_T(n-j)+Gu(n) \tag{6.12}$$

式中，$Gu(n)$为系统的归一化冲击响应及其增益系数的乘积；G 控制心音的音量大小，则 $H(Z)$为

$$H(Z)=\frac{s(Z)}{Gu(Z)}=\frac{1}{1-\sum_{j=1}^{N}a_j Z^{-j}} \tag{6.13}$$

这里 $H(Z)$相当于一个短时稳定的时变滤波器。它的参数 a_j 由产生心声的人体器官所决定，实际上是随时间缓慢变化的，但在一个相对稳定短时间(一般为10～30ms)内，可以认为是稳定不变的。

在模型中特别给出了心音杂音信号，因为在识别个体生物特征中，一个人的心音中如果存在杂音，一方面表明该人可能存在器质性的病变，另一方面表明在短时间内这种杂音不会消除，可以作为该人进行生物识别的典型特征[16]。

2. 心音子波簇 $\psi(t)$的确定

图 6.6 所示为心音信号的子波分解图。其中，s_1 信号主要由 7 个双峰子波、8 个三峰子波和 1 个四峰子波组成；s_2 信号主要由 9 个双峰子波、1 个三峰子波和 3 个四峰子波组成。任取图 6.6 中的一组 s_1、s_2 信号，对其时域波形的细节进行分析，按正半周＋负半周为一个周期分段进行比较，发现 s_1、s_2 信号主要由三种类型的子波组成：双峰子波、三峰子波和四峰子波。因此，心音子波簇 $\psi(t)$应该包含这三种形式的子波[17]。

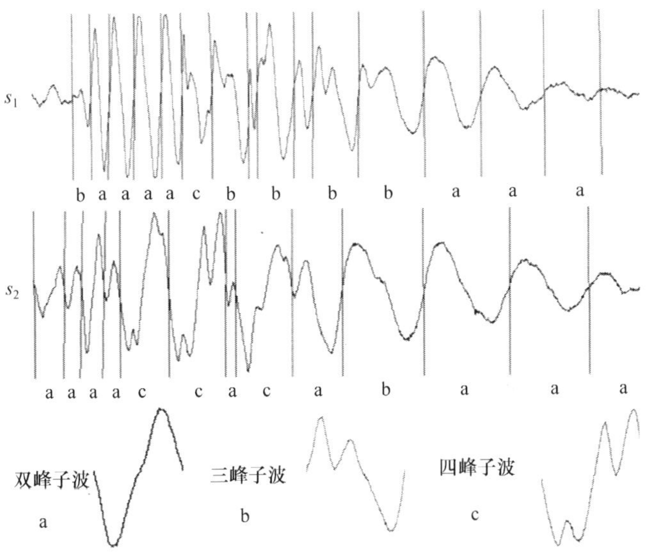

图 6.6　心音信号的子波分解图

在小波变换的多分辨率分析中，尺度函数 $\phi(x)$ 与小波函数 $\psi(x)$ 满足双尺度方程：

$$\begin{aligned}\phi(x) &= \sum_{k\in\mathbf{Z}} h_k \sqrt{2}\phi(2x-k) \\ \psi(x) &= \sum_{k\in\mathbf{Z}} g_k \sqrt{2}\phi(2x-k)\end{aligned} \tag{6.14}$$

式中，系数 h_k、g_k 分别为低通、高通滤波器系数，由尺度函数和小波函数决定。两者之间满足正交镜像关系，即 $g_k=(-1)^k h_{1-k}$。根据双尺度方程，小波基的构造既可以通过计算低通滤波器系数获得，也可以直接构造尺度函数 $\phi(x)$，由尺度函数生成小波。

按照第 4 章中构造心音子波函数的原则，从 db$N$、sym$N$、coif$N$ 等小波基中选择多种小波簇进行组合，获得了一组心音子波函数簇，如图 6.7 所示。其中，图(a)是用(db5＋sym4)/k 获得的心音尺度函数；图(b)是图(a)所对应的心音子波函数，它明显包含了三峰子波波形；图(c)是图(a)对应的分解低通滤波器；图(d)是图(a)对应的分解高通滤波器；图(e)是用(db3＋coif2)/k 获得的心音尺度函数；图(f)是图(e)所对应的心音子波函数，它明显包含了双峰子波波形；图(g)用(db3＋

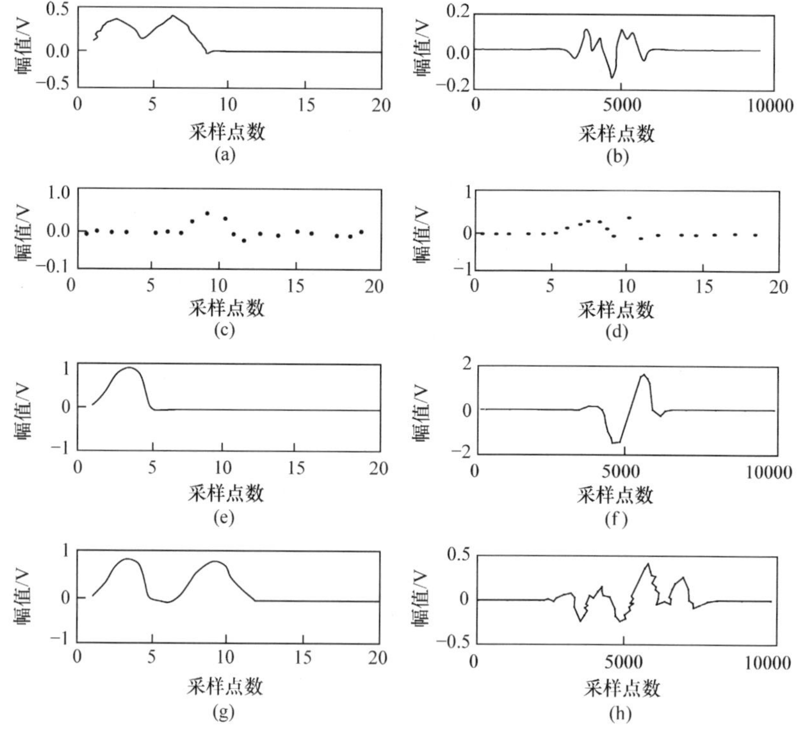

图 6.7 心音子波函数簇

coif2)/k 获得的心音尺度函数；图(h)是图(g)所对应的心音子波函数，它明显包含了四峰子波波形。

对心音信号进行频带分解时，分别用图 6.7 中的尺度函数(a)、(e)和(g)对心音信号进行分解，尺度函数的频带与心音信号的频带相同，将逼近函数分别在尺度空间和小波空间中进行分解，就得到三组心音信号的低频粗略部分和高频细节部分，它们在表征心音信号的细节特征方面有较好的效果[18]。但尺度函数(a)和(g)分解波形的相关性较大，所以实际应用时主要采用尺度函数(a)和(e)。

El-Asir 等用时频分析的方法分析心音信号，发现不同的心脏杂音表征了不同个体的不同心脏疾病，因此在心音中出现的不同杂音是个体的显著特征之一[17]。典型的杂音有二尖瓣关闭不全和肺动脉瓣狭窄，会出现高频杂音；主动脉瓣关闭不全和室间隔缺损时会出现中频杂音，如收缩期的喀啦音；二尖瓣狭窄时会出现低频杂音等。杂音信号通常都比同期出现的正常心音信号变化快，幅值和频率特征也比较明显，经实验比较，发现直接用 symN 小波函数就能较好地分解和重构心音杂音信号[18]。

由于第三、第四心音(s_3、s_4)较弱，在表征个体特征中作用不明显，一般情况下不予考虑。

3. 心音构成系数 $\sum b_{km}$ 和合成系数 c_i 的确定

根据小波变换理论，如果小波函数为

$$\psi_{j,k}(t) \overset{\text{def}}{=} \psi_{a_0^j, ka_0^j}(t) = |a_0|^{-j/2}\psi(a_0^{-j}t - k) \tag{6.15}$$

则它的变化系数为

$$C_{j,k} = (W_\psi f)(a_0^j, ka_0^j) = \langle f(t), \psi_{j,k}(t) \rangle \tag{6.16}$$

采用一段正常的心音作为标准心音信号，对预处理后的 s_1、s_2 信号分别用心音子波(图 6.7(b))和心音子波(图 6.7(f))进行小波变化，由式(6.10)可获得对应的心音构成系数 $\sum b_{km}$。

一个周期的典型心音信号可用线性合成器合成，根据 s_1、s_2、s_5 各分量出现的时间，对应取合成系数 c_{1n}、c_{2n}、c_{3n}的值分别为 1 或 0[19]。

4. 心音传输系统参数 a_j 的确定

心音信号是一种典型的时变周期信号，这里将产生心音的器官用一组子波簇的合成来模拟，由于子波簇是固定的，其合成的心音与实际产生的心音一样，不可能毫无规律地快速变化，所以在一个短时间内观察，心音是准稳定的，可以把 $H(Z)$视为一个线性预测系统，那么 $a_j(j=1,2,\cdots,N)$就是一组线性预测系数。因此，用 N 点来近似全段 $s(n)$的估计误差为

$$e(n) = s(n) - \sum_{j=1}^{N} a_j s_T(n-j) = Gu(n) \tag{6.17}$$

第 m 点的误差平方和为

$$E_n = \sum_m e_n^2(m) = \sum_m \left[s(m) - \sum_{j=1}^{N} a_j s_T(m-j)\right]^2 \tag{6.18}$$

为使误差最小化,令

$$\frac{\partial E_n}{\partial a_j} = 0 \tag{6.19}$$

并展开式(6.18),整理可得

$$\sum_m s(m-L)s(m) = \sum_{j=1}^{N} \hat{a}_j \sum_m s(m-L)s_T(m-j) \tag{6.20}$$

式(6.20)实际上是心音信号的一种相关函数表达式,即

$$\phi(L,j) = \sum_m s(m-L)s_T(m-j) \tag{6.21}$$

$$\phi(L,0) = \sum_j \hat{a}_j \phi(L,j), \quad j = 1,2,\cdots,N \tag{6.22}$$

式中,L 表示迭代次数。

根据 Durbin 的自相关递推求解公式,可得[12]

$$\begin{cases} E_n^{(0)} = R_n(0) \\ X_L = \dfrac{R_n(L) - \sum_{j=1}^{L-1} a_j^{(L-1)} R_n(L-j)}{E_n^{(L-1)}} \\ a_l^{(L)} = X_l \\ a_j^{(L)} = a_j^{(L-1)} - X_L a_{L-j}^{(L-1)}, \quad j = 1,2,\cdots,L \\ E_n^{(L)} = (1-X_L^2)E_n^{(L-1)} \end{cases} \tag{6.23}$$

由此可获得心音传输系统参数 a_j。

6.3.2 基于心音线性频带倒谱的心音特征提取与识别系统

特征提取的目标是找到一种变换,这种变换可以将原始的心音信号转换到相对低维状态特征空间,而且可以保存所有的原始信息以在身份识别中进行有意义的比较。由于心音的重叠、噪声以及其他内部器官信号的影响,心音信号的时域分析存在一些明显问题。对于生物识别技术,心音的生理特性比心律更重要,因此应该在频域展开对心音信号的研究[17-19]。

1. HS-LBFC 特征参数的提取技术

梅尔频率倒谱系数(Mel frequency cepstrum coefficient,MFCC)是广泛用于

说话人识别的语音特征参数。然而，与语音信号不同，心音频谱集中在 20～150Hz，在这种窄带情况下，为了在信号频谱中获得更多信息，需要突出该频段信号。而在提取 MFCC 参数的过程中需要对 Mel 滤波器组的输出频谱能量取对数，即

$$d(m)=\ln\left[\sum_{t=0}^{N-1}|X(t)|^2F_m(t)\right],\quad 0\leqslant m\leqslant M \tag{6.24}$$

式中，M 为 Mel 滤波器的个数；N 为 DFT 的窗宽。

由对数函数的特点可知：当滤波带能量较低时 $\ln(x)$ 函数上升快，斜率大，但从图 6.8 可以清楚地看出对低能量滤波带的影响远大于对能量较高的滤波带的影响，心音频谱在 20～150Hz 的信息被滤波器弯曲部分简单处理掉了[18]。因此，这里构造一个分段函数来代替 $\ln(x)$ 函数，在低能量段使用提升函数来代替 $\ln(x)$ 函数，在较高能量段仍然使用 $\ln(x)$ 函数。其效果如图 6.8 中 y' 所示。

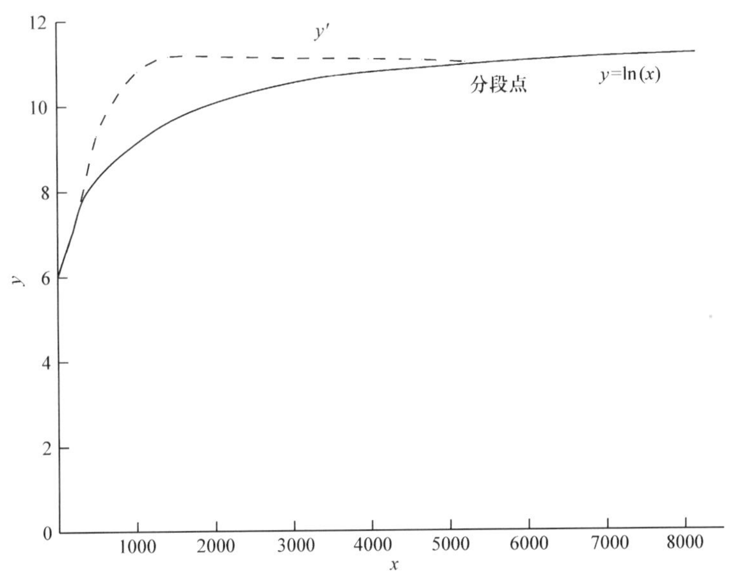

图 6.8　$\ln(x)$ 函数和使用提升函数后的比较

该分段函数可表示为

$$f_{\mathrm{HS}}=\begin{cases}\dfrac{x^{\frac{1}{\gamma}}}{\beta^{\frac{1}{\gamma}}}x+\ln(x), & \text{小于等于分段点值}\\ \ln(x), & \text{大于分段点值}\end{cases} \tag{6.25}$$

那么，其倒谱成分 $c[n,k]$ 可以写为

$$c[n,k]=\sum_{m=0}^{K-1}\langle f_{\mathrm{HS}}(|X(n,m)|)\rangle\cos\left(\frac{km\pi}{K}\right) \tag{6.26}$$

式中,K 为 20～350Hz 频段范围内的帧数。

把这种根据心音特性进行改进的频率倒谱系数称为心音线性频带倒谱系数(heart sounds linear band frequency coefficient,HS-LBFC)[20]。

2. 用倒谱减法消除传递函数变化的影响

在心音合成模型中,心音信号是经过一个传输通道才获得的,其效果是心音信号的频谱乘以系统的传递函数,在其倒谱域中,这被看成一个简单的乘法。由于听诊器的类型和位置不能一直被固定,心音的传送和记录总有一个"相对传递函数波动"的特点,可通过减去所有输入向量的倒谱均值来消除这种影响。虽然这个均值只是对一些有限的心音数据的估计,不够完善,但是这种简单的方法可以从某种程度上补偿不同听诊器和传输系统对心音造成的影响[21]。

在一个固定位置上测量信号的乘法,其相对位移频谱 $H[k]$ 相当于在对数域中的一个叠加,即

$$\log_2|Y[n,k]|=\log_2|X[n,k]|+\log_2|H[k]| \tag{6.27}$$

因此,所记录的信号的倒谱可以表示为

$$cY[n,k]=cX[n,k]+cH[k] \tag{6.28}$$

式(6.28)中的最后一个部分可以通过在每个维度 k 上的长期平均进行移除,即

$$cY,k[n]-\langle cY,k[n]\rangle=cX,k[n]-\langle cX,k[n]\rangle \tag{6.29}$$

3. 特征向量分布相图

利用特征向量分布相图可直观地看出心音识别中各特征向量的分布情况和心音的相似程度。设有两个心音信号 s_1、s_2,s_1 的幅值为 A_1,频率为 ω_1,相角为 φ_1,s_2 的幅值为 A_2,频率为 ω_2,相角为 φ_2,每个黑白圈代表 s_1、s_2 主成分的一组特征向量,某主成分的贡献率越大,该特征向量对应的黑白圈就越大,全部黑白圈的累计贡献率为 1[22]。

判断 1 特征向量分布相图如图 6.9(a)所示,是一条夹角为 45°的斜线,全部特征向量的彩圈是沿着该斜线互不重叠的对称分布,此种情况表明 s_1、s_2 两心音信号是完全相同的[22]。

判断 2 特征向量分布相图如图 6.9(b)所示,就像将图 6.9(a)顺时针旋转 90°,此种情况表明 s_1、s_2 两心音信号是完全相同的,但两心音信号刚好反相。

判断 3 特征向量分布相图如图 6.9(c)所示,是一条宽度不规则的粗斜线,特征向量的彩圈沿着该粗斜线两侧比较均匀地分布,此种情况表明 s_1、s_2 两心音信号是比较相似的[22]。

判断 4 特征向量分布相图如图 6.9(d)所示,出现了一组杂乱圈形图形,特征

向量的彩圈也是非均匀分布的，此种情况表明 s_1、s_2 两心音信号相似程度低，并且图形越杂乱，两心音信号越不相同。

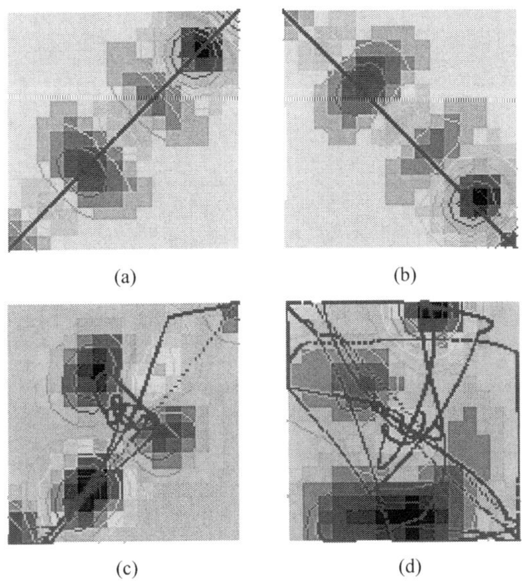

图 6.9　特征向量分布相图

6.3.3　识别实验

1. 验证识别实验

本实验采用 3.2 节提出的双听诊头的两路心声检测装置获取心音数据用于心音身份识别，以提高其识别率。使用 6.3.2 节所述的方法，选择 12 路单周期心音信号 $\hat{s}_T$ 作为标准组，它们的波形如图 6.10(a)所示，测试组的 12 路单周期心音信号 $\hat{s}_T$ 的波形如图 6.10(b)所示。它们的采样频率分别为 6400Hz 和 11025Hz，

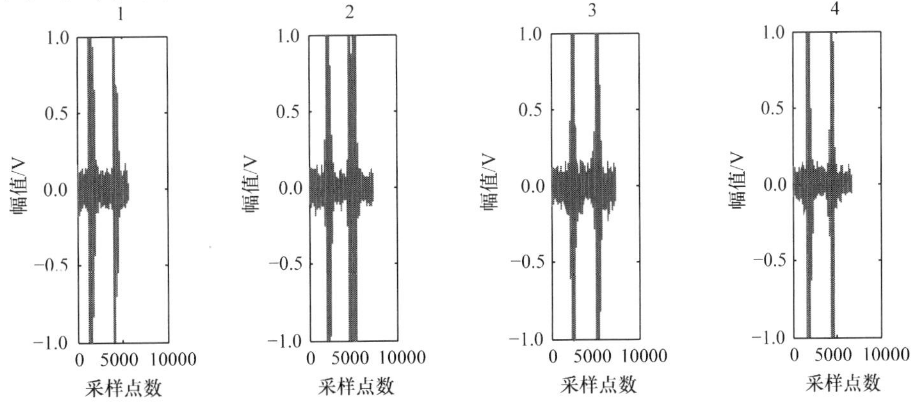

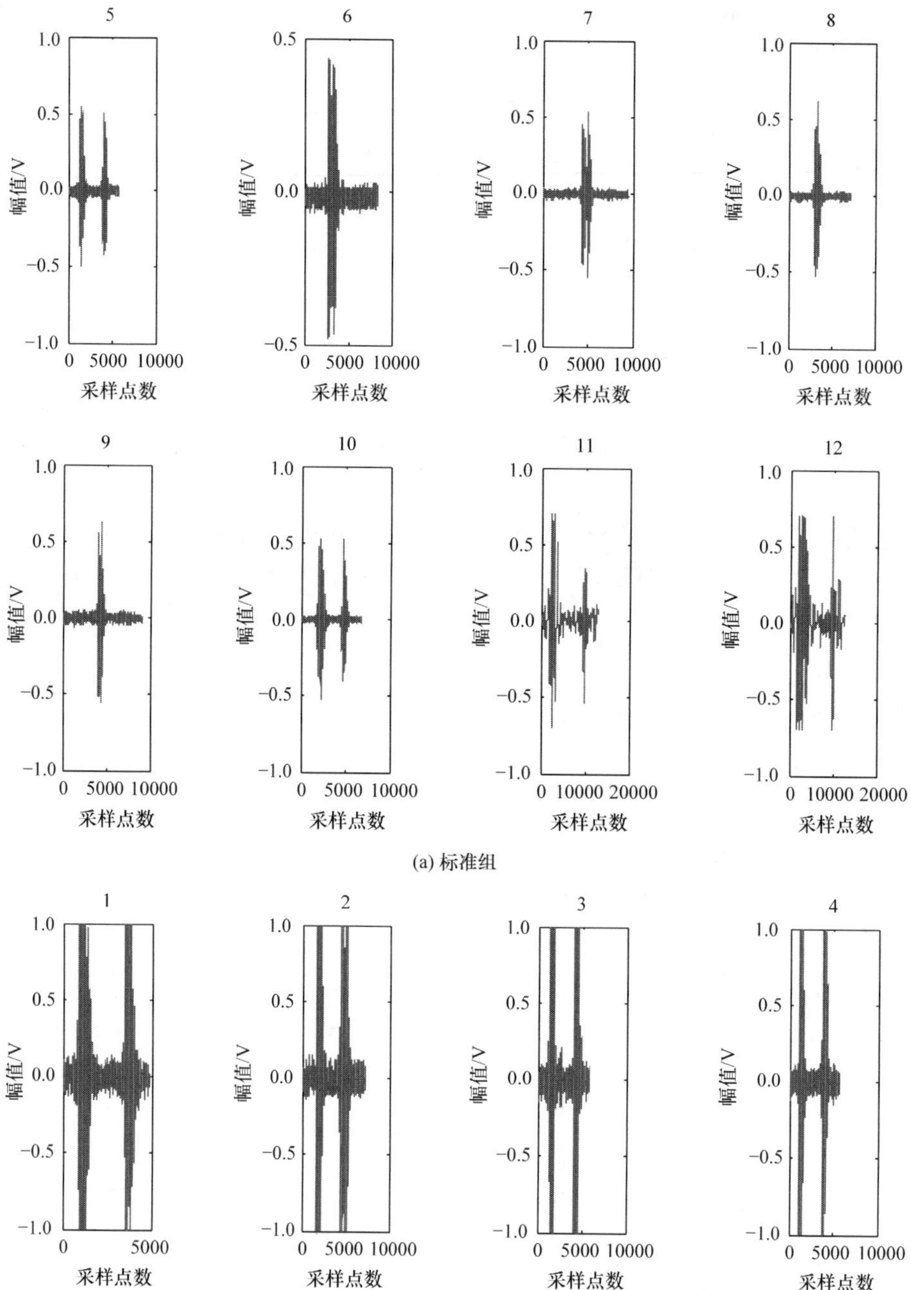

(a) 标准组

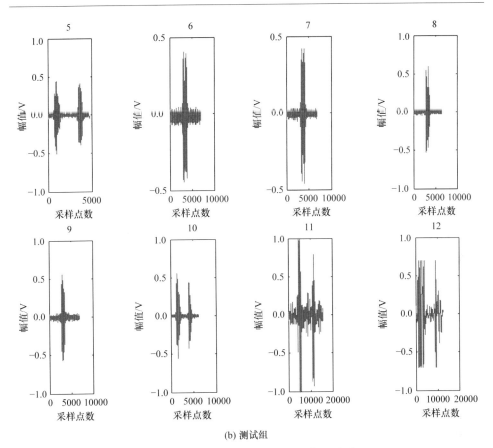

(b) 测试组

图 6.10　标准组和测试组的心音信号波形

是不同时间段采样的心音信号，按帧长 512 点、帧移 238 点分帧。其中一个单周期心音信号经预处理后的波形和按帧长 512 点、帧移 238 点分帧的结果如图 6.11(a)、(b)所示，图 6.11(c)为该信号的改进型 HS-LBFC 参数图。12 组心音信号识别所得的最小距离分布图如图 6.12 所示。它们的识别率可达 100%。

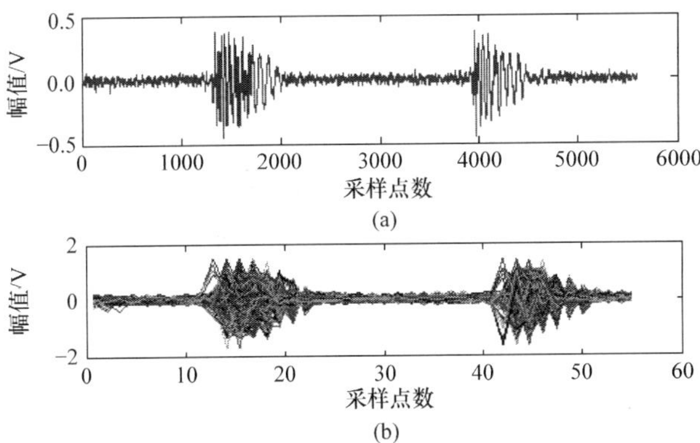

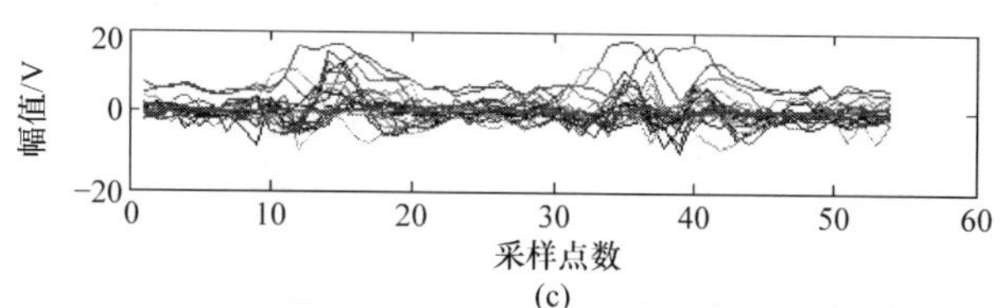

图 6.11　一路单周期心音信号的分帧图和 HS-LBFC 参数图

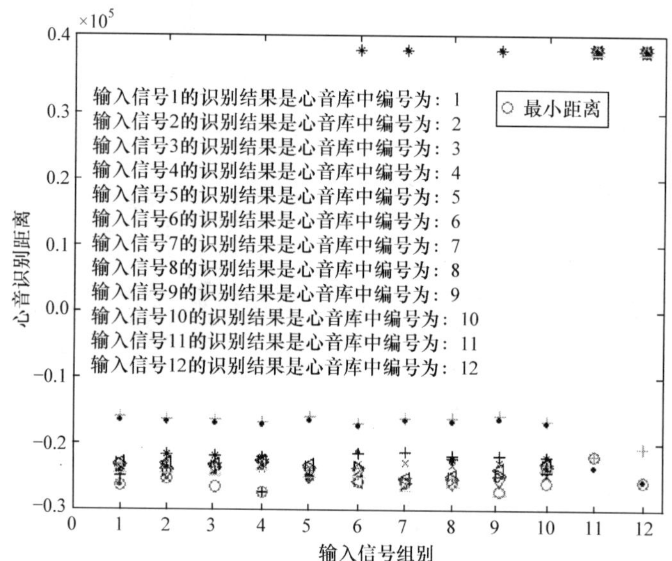

图 6.12　心音信号识别的最小距离分布图和识别结果

2. 常规识别实验

在识别模式下，将小型心音数据库中的心音资料作为标准组，现场测取一个心音信号作为测试组。要求标准组、测试组的信号用同一套设备，以相同的放大倍数获得，不能出现饱和失真(控制在最大不失真幅值的 70%～80%效果较好)。将该单路心音信号按上述方法预处理后，与标准组的心音信号一一对应进行比较，直接取相似距离最小的作为识别结果；若最小相似距离满足阈值要求，则认为该身份识别有正确结果；反之，若不满足阈值要求，则认为数据库中无此人的资料。

经过 300 多次的不同识别实验，得到同人同时段的自识别率为 100%，同人异时段的互识别率可达 95%以上，不同人之间的误接受率为 1%～8%，错误拒绝率低于 3%。实验表明，针对某几个特定人的正确识别可达 99%以上，基本满足可实际应用的条件。

与在文献[11]所述的方法相比，这里提出的方法获得的正确识别率提高了 10 个百分点，识别速度提高了 30%左右，可用于在线识别。

6.4　二维心音特征提取与识别方法

将一维心音信号转换成二维心音图，基于图像处理技术可在二维心音图中提取心音的图像特征。本节首先用一维信号处理方法对心音信号进行小波降噪和幅值归一化，将处理后的心音信号转换成具有统一性和可比性的二维心音图，并进行预处理；然后结合心音生理意义和二维心音图图像特征，对能表征二维心音图生理信息的图像特征进行分析研究，重点介绍二维心音图纵横坐标比和拐点序列码特征；最后基于纵横坐标比、拐点序列码、小波分解系数三个特征，探讨利用欧氏距离和支持向量机两种识别方法进行二维心音图分类与身份识别的可行性[23,24]。

6.4.1　二维心音图概念

本节描述的二维心音图概念与一般心音图概念不同，二维心音图是由心音声音信号转换成二维图像得到的，是声音信号图形化的结果。采样率、采集环境和采集设备等各种条件的不同导致采集到的心音信号不具备统一性和可比性，所以必须统一采样率、采集环境和采集设备。本节心音的采集采用一种双听诊头的心声检测装置，采样率统一为 22050，采样环境无法具体统一，只能尽量避免不必要的外界噪声干扰[5,6]。在转换成二维心音图前必须对心音进行小波降噪和幅值归一化。小波降噪是为了让二维心音图波形更加光滑，减少图像处理时的难度；幅值归一化将心音幅值统一为[－1,1]，使二维心音图在幅值上具有统一性和可比性。

心音主要分为第一心音和第二心音，二维心音图可以分为第一心音二维心音图、第二心音二维心音图和第一心音第二心音组合二维心音图三种[24]。

第一心音的时长通常为 0.1～0.12s，第一心音二维心音图取时长 0.1s，图 6.13 中左半部分为第一心音二维心音图；第二心音时长通常为 0.08～0.1s，第二心音二维心音图取时长 0.08s，图 6.13 中右半部分为第二心音二维心音图；组合二维心音图取第一心音和第二心音时长的总和，也就是 0.18s，它剪除了第一心音和第二心音之间的时间间隔，图 6.13 整体为组合二维心音图。二维心音图的宽度统一为 1090 像素，高度统一为 400 像素，这样得到的是 400 像素×1090 像素的二维心音图[25]。

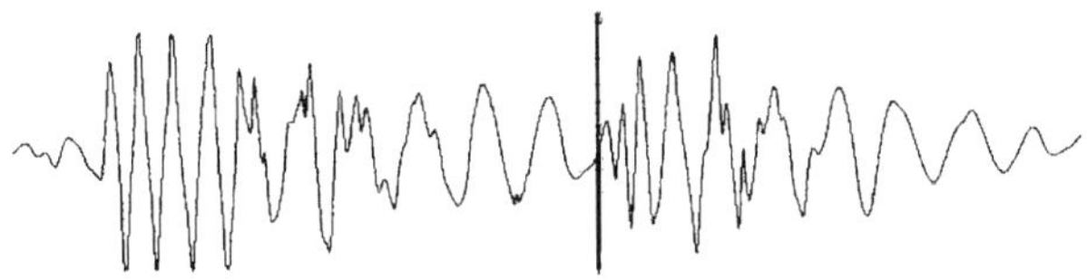

图 6.13　组合二维心音图

6.4.2 二维心音图预处理

二维心音图预处理工作包括灰度化、背景归一化、二值化和细化四个部分。一个良好的预处理结果对于后续的特征提取有至关重要的影响。二维心音图经预处理后的结果如图 6.14 所示。

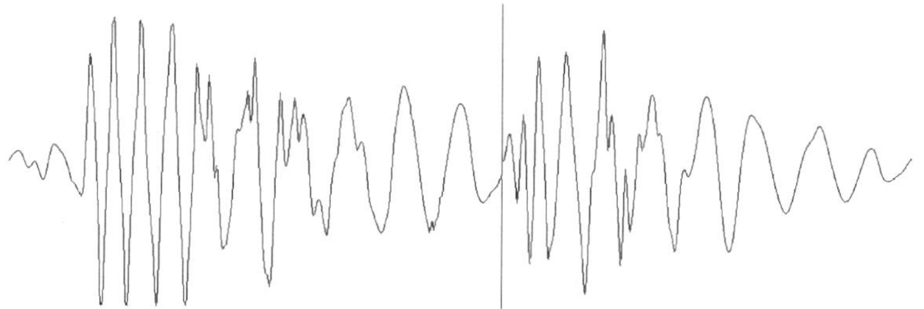

图 6.14 经预处理后的二维心音图

6.4.3 二维心音图特征提取

心音的生理信息丰富,转换后二维心音图上同样包含丰富的生理信息。这里提出纵横坐标比和拐点序列码两种二维心音图特征,其中纵横坐标比是根据一维心音中用心音幅值时间比来判断心音是否正常所提出来的图像特征,拐点序列码是根据一维心音可以由双峰子波、三峰子波、四峰子波组成所提出来的图像特征。

1. 纵横坐标比

从图像处理角度来看,心音信号的幅值体现在二维心音图上就是最高点坐标 Y_{max}和最低点坐标 Y_{min}之间的纵向距离,时间体现在二维心音图上就是图像横向距离 W,定义纵横坐标比为

$$R=\frac{|Y_{max}-Y_{min}|}{W} \tag{6.30}$$

图 6.15 所示二维心音图的图像距离 $W=1090$,最高点坐标为$(X_{max},Y_{max})=(217,40)$,最低点坐标为$(X_{min},Y_{min})=(305,375)$,那么纵横坐标比 $R=0.30734$,这是一个正常第一心音的纵横坐标比。从图 6.15 可以看出最高点和最低点并不一定是相邻的两个点。表 6.2 给出了 5 位(3 位男性,2 位女性)测试者 $A_1 \sim A_5$ 在不同时刻的第一心音纵横坐标比,这 5 位测试者的心音全部为正常心音[26]。

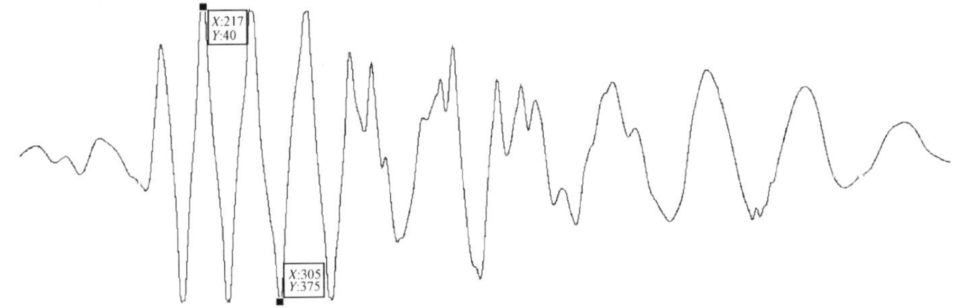

图 6.15　一个第一心音的纵横坐标比

表 6.2　一组第一心音的纵横坐标比

周期	A_1	A_2	A_3	A_4	A_5
T_1	0.30734	0.24312	0.31927	0.25688	0.30561
T_2	0.31193	0.22784	0.31835	0.26881	0.30725
T_3	0.30642	0.24270	0.31835	0.26514	0.30778
T_4	0.30826	0.22385	0.31651	0.28532	0.31125
T_5	0.30642	0.22569	0.30459	0.26422	0.30655
均值	0.308074	0.232752	0.315414	0.268074	0.307688

从表 6.2 可以看出：①这五位测试者纵横坐标比均值为 0.286534，其中最大纵横坐标比为 0.31193，最小纵横坐标比为 0.22385，可见正常第一心音纵横坐标比在一个比较固定的动态范围内变化；②同一人的心音纵横坐标比变化更小，通常小于 0.02；③不同人的心音纵横坐标比存在一定的差异，这种差异的动态范围相对较大。

2. 拐点序列码

链码是用曲线起始点的坐标和边界点方向代码来描述曲线或区域边界，常用于图像处理、计算机图形学、模式识别等领域。它是一种边界的编码表示法，一般用边界点集描述边界[26]。

受到链码概念的启发，这里提出描述二维心音图细节的特征参数——拐点序列码。它是统计二维心音图中所有拐点数，并生成拐点序列的结果。这里先取第一心音二维心音图作为研究对象，规定以第一心音的第一个上升过零点作为起始点，下一个上升过零点为终点，称这一段距离为一个拐点周期。一幅二维心音图中包含多个拐点周期，一个拐点周期内有多个拐点，统计每个拐点周期内的拐点数，组合起来就构成拐点序列码[27]。

拐点序列码确定步骤如下：首先确定中心线位置，即图中横线，第一列像素第一个零点就是横线的起点；其次找出所有拐点周期，并标记每个周期。如图 6.16 所示的竖线，每两条相邻竖线标出了一个拐点周期，下方数字标识这是第几个拐点周期。图 6.16 中共有 15 个拐点周期，但真实有效的拐点周期是 14 个，最后一个拐点周期并没能到达下一个上升过零点，通常最后一个拐点周期不做有效周期考虑。

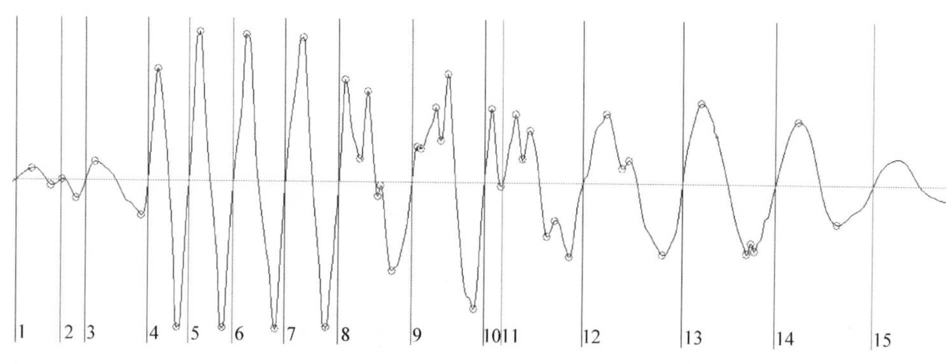

图 6.16 拐点序列码周期

正确找出所有拐点周期后就可以分别计算每个拐点周期的拐点个数，按照拐点周期的顺序组合成拐点序列码。统计拐点序列码的基本思想是：在一个拐点周期内，根据二维心音图波形上的像素点与像素点之间的坐标关系确定这两个像素点所连成的直线的斜率，根据斜率的正负变化来确定是否存在拐点。扫描图像的顺序是从上到下、从左到右，像素点与像素点之间斜率 k 的计算公式如下：

$$k=\frac{y_2-y_1}{x_2-x_1}\begin{cases}>0\\=0\\<0\end{cases} \tag{6.31}$$

式中，(x_1, y_1) 为一个像素点的坐标；(x_2, y_2) 为另一个像素点的坐标。

这里不考虑 k 的具体值，只分析 k 是大于 0、等于 0 和小于 0 这三种情况。

像素点间斜率 k 由正数逐渐变成负数，记为一个上拐点；相反，像素点间斜率由负数逐渐变成正数，记为一个下拐点。这中间也会出现斜率为 0 的情况，可将其忽略，记住前一个不为 0 斜率的正负，直到像素点间斜率出现非 0 的变化。统计出每个拐点周期内的拐点数，最后组合成拐点序列码。拐点序列码算法实现的具体步骤如下。

(1) 去除水平方向连续像素点。

(2) 去除垂直方向连续像素点。

(3) 确定起始点和拐点周期。

(4) 根据拐点周期对图像进行扫描，根据斜率计算方法找出上拐点和下拐点。

(5) 组合每个周期内的拐点个数成为拐点序列码。

图 6.17 为同一段心音内的第一心音(图 6.17(a))和第二心音(图 6.17(b)),可以发现组合二维心音图(图 6.17(c))的拐点序列码就是由第一心音拐点序列码和第二心音拐点序列码组合起来的,只在中间连接处会有所区别。

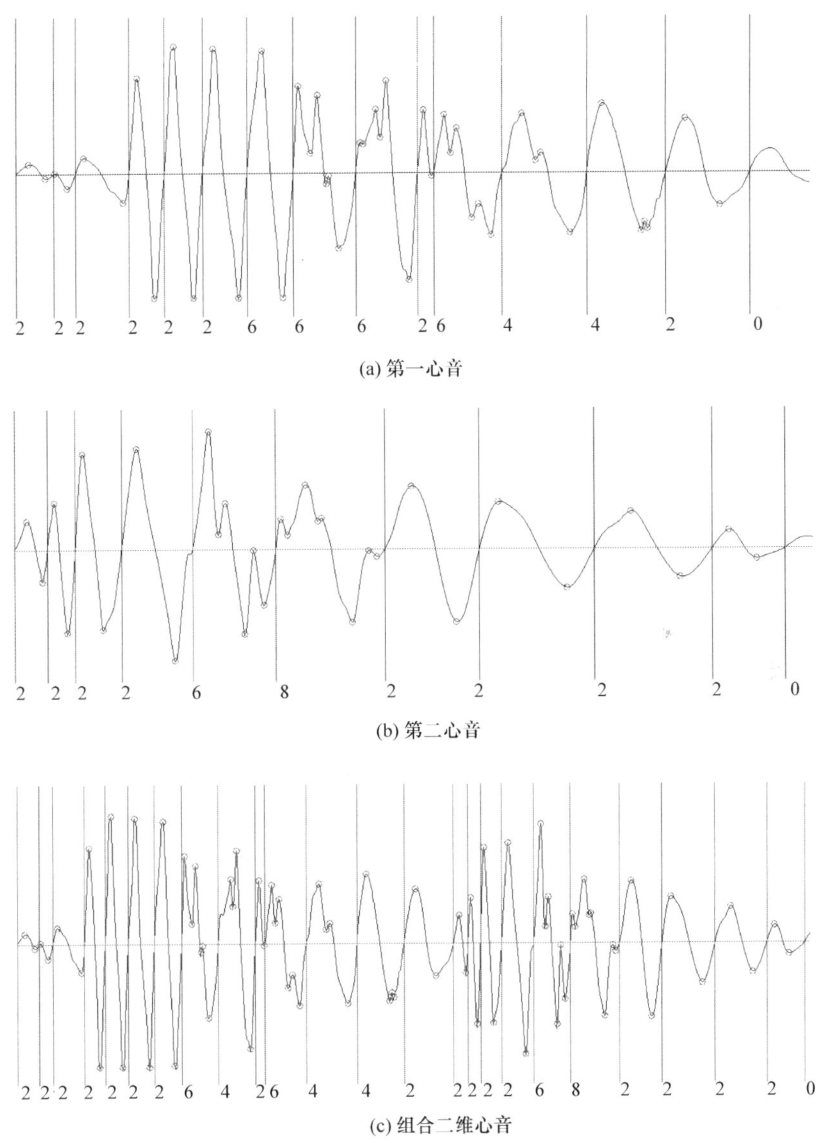

图 6.17　二维心音图拐点序列码

6.4.4　二维心音图分类和身份识别

特征提取是为了实现心音的分类和身份识别,有效特征的提取可以实现高识别率的心音分类和身份识别[28]。分类识别方法主要有两种，即欧氏距离法和LIBSVM(a library for support vector machine)法[29]。

欧氏距离在二维平面上就是两点之间的最短距离。在 n 维空间里欧氏距离的数学表达式为

$$d(X,Y) = \sqrt{\sum_{i=1}^{n} (x_i - y_i)^2} \tag{6.32}$$

欧氏距离法的思想就是根据 n 维欧氏距离得出来的。在识别时提取得到 n 维的识别特征向量，将它与训练时提取得到的 n 维训练特征向量进行欧氏距离计算，取欧氏距离最小的作为该识别样本最相似的结果。欧氏距离法最大的优点是概念简单、实现容易，且识别率高[30]。

基于 VC 维(Vapnik-Chervonenkis dimension)理论和结构风险最小原理，Cortes 和 Vapnik 提出了支持向量机方法。该方法利用有限的样本信息在模型的复杂性和学习能力之间寻找最优效果，即对特定训练样本的学习精度和无错误地识别任意样本的能力之间寻求最佳折中，以期获得最好的推广能力。支持向量机方法在小样本、非线性及高维模式识别中表现出许多特有的优势，并能够推广应用到函数拟合等其他机器学习问题中[12]。

最小二乘支持向量机(least squares support vector machine，LSSVM)算法[31]将平方项作为优化指标，把不等式约束转变成等式约束，对于估计函数 $f(x)=wx+b$，最优化问题变为如下训练向量的线性组合[32]：

$$W = \sum_{i=1}^{n} \alpha_i c_i \boldsymbol{X}_i \tag{6.33}$$

只有很少的 α_i 会大于 0，相应的 $\boldsymbol{X}_i$ 就是支持向量。

这里实验对象是 10 名测试者(6 名健康的人，4 名生病的人)，每一名测试者取 5 个不同时间段的组合二维心音作为训练识别数据。其中，纵横坐标比落在[0.20000，0.33000]内的是正常心音，在这个范围之外的是病态心音。在提取到纵横坐标比后只需与这个范围进行比较即可知道结果。取 30 个测试样本得到的识别率为 76.7%，识别率不高的主要原因是影响心音幅值的因素太多[33]。

用欧氏距离法(选择拐点序列码的特征提取方法)和 LIBSVM 法(选择小波分解系数的特征提取方法)分别对样本进行训练，分类识别的结果如表 6.3 所示。

表 6.3　心音分类识别率

拐点序列码的特征提取方法/%	小波分解系数的特征提取方法/%
85.27	80.06
95.67	93.00

用于身份识别的同样是 10 名测试者(正常),每名测试者取 10 个不同时间段的组合二维心音作为训练识别数据。选择同样的欧氏距离法和 LIBSVM 法分别对样本进行训练,身份识别的结果如表 6.4 所示。

表 6.4　心音身份识别率

拐点序列码的特征提取方法/%	小波分解系数的特征提取方法/%
83.77	79.93
94.03	89.18

实验结果表明,利用欧氏距离法和 LIBSVM 法进行二维心音图的分类与身份识别是可行的。

6.5　心音纹理图特征提取与识别方法

目前心音分析与识别主要集中在一维信号处理方面,为了获得心音信号更直观特征的表现形式,提高分类识别效果,这里提出了将心音与图像处理技术相结合的心音纹理图特征提取与识别方法。首先将心音进行降噪与周期划分,然后用心音窗函数对其进行短时傅里叶变换(short-time Fourier transform,STFT),实现一维心音到二维心音纹理图的转变,最后通过改进的脉冲耦合神经网络(improved pulse coupled neural network,IPCNN)模型进行特征提取与熵序列身份识别。大量实验表明,针对心音信号,心音窗相比传统窗得到的心音纹理图更具有优势,IPCNN 相比脉冲耦合神经网络(pulse coupled neural network,PCNN)模型计算量与计算时间减少,且相比 PCNN、线性预测倒谱系数(linear prediction cepstrum coefficient,LPCC)、MFCC 具有更高的识别率[34]。

6.5.1　心音纹理图

心音纹理图是用二维图像来描述心音频域参数随时间变化的规律以及能量随心音产生过程的变化情况,图像的每个像素的灰度值表示相应时刻和频率的信号能量密度,其条纹结构反映了心音随时间的变化,称这种条纹结构为心音纹理[35]。不同人具有不同的心音纹理,据此可以区分不同人的身份,这与指纹识别的原理相同。心音纹理图用于身份识别时,需要具有适中的数据量和良好时间-频率分辨率等。为获得较好的心音纹理图,这里用小波阈值法对心音进行去噪并运用希尔伯特-黄变化提取心音包络,根据 s_1、s_2 的特点,以包络线均值为阈值,对连续时间间隔小于 20ms 的变化不予考虑,可获得归一化的能量包络线。将上述信息反馈到原始心音信号中,可以得到心音周期。心音去噪与周期划定的效果如图 6.18 所示。

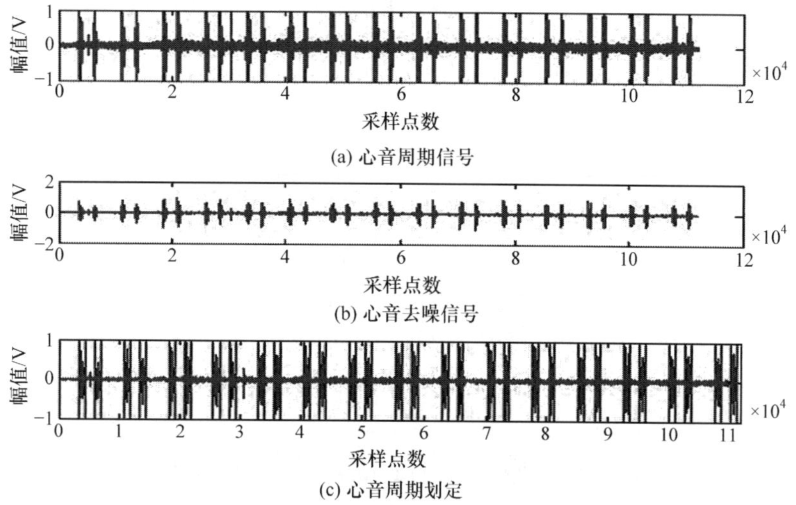

图 6.18 心音去噪与周期划定的效果

STFT 是一种在时域上将信号添加滑动时间窗，并对窗内信号进行傅立叶变换，得到信号时变频谱的分析方法。可由式(6.34)表示：

$$\mathrm{STFT}(t,f)=\int_{-\infty}^{+\infty}s(\tau)w(t-\tau)\mathrm{e}^{-\mathrm{i}2\pi f\tau}\mathrm{d}\tau \tag{6.34}$$

式中，$s(\cdot)$为输入信号；$w(\cdot)$为窗函数。

任意时刻 n 的离散时间 STFT 表达式为

$$S(n,k)=S(t,f)\big|_{f=k/N,t=nT} \tag{6.35}$$

式中，N 为窗函数中数据点的总数。

把式(6.35)代入式(6.34)，获得离散 STFT 表达式为

$$S(n,k)=\sum_{m=-\infty}^{+\infty}s(m)w(n-m)\mathrm{e}^{-\frac{\mathrm{i}2\pi km}{N}} \tag{6.36}$$

利用 STFT 来生成心音纹理图具有如下优势。

(1) STFT 是一种时频分析方法，可以在时频面上描述心音信号随时间平移时频率与幅值的变化情况，便于进行身份识别。

(2) 心音信号的能量集中在第一心音与第二心音中，对于能量较少的时间与频率间隔处，变换结果接近零，这可以充分体现特征信息[36]。

(3) 既可确定心音信号脉冲发生时刻，又可观测各个时刻的频率结构，适合用于特征频率的分析[37]。

1. 心音窗函数

众所周知，STFT 满足 Heisenberg 测不准原理，其窗函数的选择对 STFT 效果具有至关重要的作用，实际应用中针对不同的信号和处理目标来确定窗函

数[38]。为了获得更丰富、翔实的心音纹理图，这里基于心音信号自身特征，设计了心音窗函数(heart sound window function，HSWF)作为 STFT 窗函数[39]。下面给出构造心音窗函数的基本原则。

(1) 相似性原则：构造的心音窗函数需要最大限度上与心音信号相似，即

$$\mathrm{WT}_f(a,\tau)=\langle x(t),\mathrm{HSWF}_{a,\tau}(t)\rangle=\frac{1}{\sqrt{a}}\int_R x(t)\mathrm{HSWF}^*\left(\frac{t-\tau}{a}\right)\mathrm{d}t \tag{6.37}$$

式中，$\mathrm{WT}_f(a,\tau)$为心音信号 $x(t)$与构造的心音窗函数 $\mathrm{HSWF}_{a,t}(t)$的相似系数，其值越大，构造的心音窗函数与心音信号的相似性越好。

(2) 最优性原则：构造的心音窗函数与心音信号之间的误差尽可能小[40]。

设 $x_1(t)$为原心音信号，经构造的心音窗处理后得到信号 $x_2(t)$，其误差$|\varepsilon|$越小代表相似性越好。误差$|\varepsilon|$计算公式为

$$|\varepsilon|=\sum_{t=1}^{n}|x_2^2(t)-x_1^2(t)| \tag{6.38}$$

设 $h(t)$为心音窗函数，满足 $h(t)\in L^2(R)$，心音窗函数 $h(t)$的中心点(t_0,w_0)分别为

$$t_0=\frac{\int_{-\infty}^{+\infty}t\,|h(t)|^2\mathrm{d}t}{\|\hat{h}(w)\|^2},\quad w_0=\frac{\int_{-\infty}^{+\infty}w\,\|\hat{h}(w)\|^2\mathrm{d}w}{\|\hat{h}(w)\|^2} \tag{6.39}$$

式中，$\|h(\cdot)\|$为 $h(\cdot)$的范数；$\hat{h}(w)$为频域的心音窗函数。

心音窗函数 $h(t)$的时宽 Δ_h 和频宽$\Delta_{\hat{h}}$分别为

$$\Delta_h=\frac{\left(\int_{-\infty}^{+\infty}(t-t_0)^2\,|h(t)|^2\mathrm{d}t\right)^{1/2}}{\|h(t)\|} \tag{6.40}$$

$$\Delta_{\hat{h}}=\frac{\left(\int_{-\infty}^{+\infty}(w-w_0)^2\,|\hat{h}(w)|^2\mathrm{d}w\right)^{1/2}}{\|\hat{h}(w)\|} \tag{6.41}$$

由式(6.40)和式(6.41)可得心音窗是一个以(t_0,w_0)为中心、长为 $2\Delta_h$、宽为 $2\Delta_{\hat{h}}$的窗口。

STFT 对应的心音窗函数为 $h_{t,w}(t)=h(\tau-t)\mathrm{e}^{\mathrm{i}w\tau}$，由式(6.41)也可得心音窗函数 $h_{t,w}(t)$在相空间中形成的窗，其窗口中心(t,w)以及窗口的时宽 $\Delta_{h_{t,w}}$ 和频宽 $\Delta_{\hat{h}_{t,w}}$分别为

$$t=t_0,\quad w=w_0,\quad \Delta_{h_{t,w}}=\Delta_h,\quad \Delta_{\hat{h}_{t,w}}=\Delta_{\hat{h}} \tag{6.42}$$

这表明心音窗函数 $h_{t,w}(t)$不仅给出了心音信号 $s_T(t)$在时域内点 t 附近范围$[t-\Delta_h,t+\Delta_h]$的信息，同时也给出了心音信号 $s_T(t)$在频域内点 w 附近范围$[w-\Delta_{\hat{h}},w+\Delta_{\hat{h}}]$的局部信息，心音窗的面积为 $S=4\Delta_h\Delta_{\hat{h}}$，其与 $h(t)$有关，而与 t 和 w 无关。

STFT 的时频局部化能力是用心音窗面积 S 来衡量的。面积越小，心音窗函数对心音信号的时频局部化能力就越强。为了得到心音信号最精确的时频局部化描述，我们希望选择心音窗面积最小的窗函数。根据 Heisenberg 测不准原理，可知 $\Delta_h\Delta_{\hat{h}}\geqslant\frac{1}{2}$，这表明心音窗面积 $S\geqslant 2$，最小值为 2。由 Gabor 变换可知，当心音窗函数为高斯窗函数时可以取得最小值 2，具有最优的时间局部化窗函数，且高斯函数满足重构要求。因此，可在高斯窗函数基础上结合心音窗函数构造原则得到心音窗函数，其表达式为

$$\mathrm{HSWF}(t,f)=\mathrm{hswf}_1-\mathrm{hswf}_2 \tag{6.43}$$

其中

$$\mathrm{hswf}_1=a_1\mathrm{e}^{-\frac{t^2a_2}{2}} \tag{6.44}$$

$$\mathrm{hswf}_2=a_3\mathrm{e}^{-\frac{t^2a_4}{2}} \tag{6.45}$$

通过调整式(6.38)中 a_1、a_2、a_3、a_4 的值，可改变心音窗函数。基于以上理论可构造出一种与心音信号具有较高相似度的心音窗函数，其图形如图 6.19 所示。

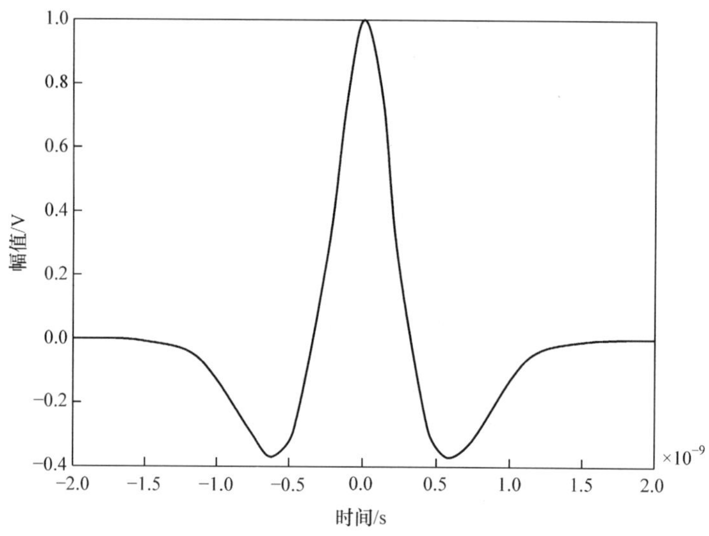

图 6.19　一种 HSWF 窗函数的图形

将式(6.43) 代入 STFT 变换式(6.34)可得心音窗函数 STFT，公式如下：

$$\mathrm{STFT}_{\mathrm{HSWF}}(t,f)=\int_{-\infty}^{\infty}s(\tau)(\mathrm{hswf}_1-\mathrm{hswf}_2)\mathrm{e}^{-\mathrm{i}2\pi f\tau}\mathrm{d}\tau \tag{6.46}$$

此时有

$$\mathrm{hswf}_1 = a_1 \mathrm{e}^{-\frac{(t-\tau)^2 a_2}{2}} \tag{6.47}$$

$$\mathrm{hswf}_2 = a_3 \mathrm{e}^{-\frac{(t-\tau)^2 a_4}{2}} \tag{6.48}$$

2. 心音窗长的选择

心音窗长的选择同样重要，既要尽可能用窄的窗口来保证心音信号时域局部平稳，又要选用较宽的窗口来提高心音纹理的频域分辨率。STFT 分辨率是时域和频域的联合分辨率。一般通过理论计算或实验选择合适的窗长以获得折中的效果。针对第一心音的特点，将样本点数设为 10000，得到不同窗长下第一心音的等高线，如图 6.20 所示。窗长取 45 个基点时，频域分辨率较低，纹理信息丢失较多，如图 6.20(a)所示；窗长取 63 个基点时，出现频率泄漏，如图 6.20(b)所示，因此心音窗长度选为 45～63 个基点的奇数。经大量实验可知，当心音窗长度取 61 个基点时可以获得较好的时-频分辨率，如图 6.20(c)所示。

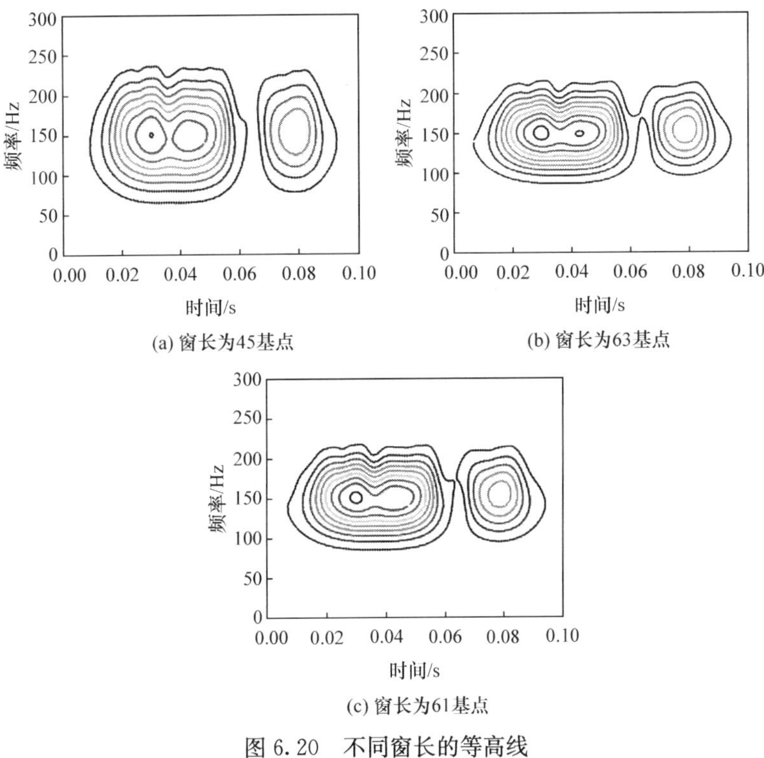

(a) 窗长为45基点　(b) 窗长为63基点　(c) 窗长为61基点

图 6.20　不同窗长的等高线

6.5.2 脉冲耦合神经网络与识别算法

1. 脉冲耦合神经网络

脉冲耦合神经网络(pulse coupled neural network,PCNN)是 Eckhorn 根据猫大脑视觉皮层同步脉冲放射现象而提出的一种展示脉冲发射现象的连接模型。PCNN 是第三代神经网络,与传统的人工神经网络相比,具有更符合生物的自然视觉特征,且不需要训练[41-43],目前在图像处理、决策优化等领域得到广泛应用。PCNN 基本模型由接收域部分、调制部分和脉冲产生器三部分组成,其结构如图 6.21 所示。

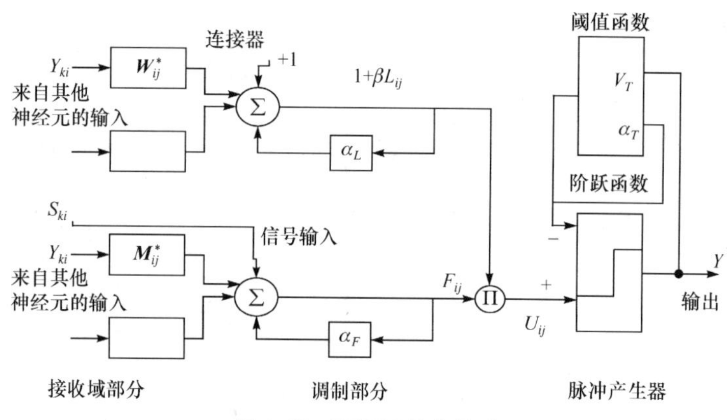

图 6.21 PCNN 基本模型

PCNN 模型的数学表达式为

$$
\begin{aligned}
&F_{ij}(n) = \mathrm{e}_F^{-\alpha_F} F_{ij}(n-1) + V_F \sum_{k,i} \boldsymbol{M}_{ij}^* Y_{ki}(n-1) + S_{ki} \\
&L_{ij}(n) = \mathrm{e}_F^{-\alpha_L} L_{ij}(n-1) + V_L \sum_{k,i} \boldsymbol{W}_{ij}^* Y_{ki}(n-1) \\
&U_{ij}(n) = F_{ij}(n)(1+\beta L_{ij}(n)) \\
&Y_{ij}(n) = \begin{cases} 1, & U_{ij}(n) > \theta_{ij}(n) \\ 0, & \text{其他} \end{cases} \\
&\theta_{ij}(n) = \mathrm{e}_\theta^{-\alpha_\theta} \theta_{ij}(n-1) + V_{ij} Y_{ij}(n)
\end{aligned}
\tag{6.49}
$$

式中,$F_{ij}(n)$为第(i,j)个神经元 N_{ij} 的第 n 次反馈输入;S_{ki} 为输入刺激信号;β 为连接系数;$L_{ij}(n)$为连接项;$\theta_{ij}(n)$为动态门限;$Y_{ki}(n)$为脉冲输出值;$\boldsymbol{M}_{ij}^*$、$\boldsymbol{W}_{ij}^*$ 为连接加权系数矩阵;α_F、α_L、α_θ 为 $F_{ij}(n)$、$L_{ij}(n)$、$\theta_{ij}(n)$的衰减时间常数;V_F、V_L 为 $F_{ij}(n)$、$L_{ij}(n)$的固有电势;$U_{ij}(n)$为 $F_{ij}(n)$与 $L_{ij}(n)$形成的内部活动项。当 $U_{ij}(n)$大于 $\theta_{ij}(n)$时,PCNN 输出 1,否则为 0。

在原先迭代式上增加如下公式:

$$g(n) = \sum_{ij} Y_{ij}(n) \tag{6.50}$$

式中，$Y_{ij}(n)$为 n 时刻点火神经元 N_{ij} 的输出；$g(n)$统计了 n 时刻 PCNN 发出脉冲的神经元总数，即每次迭代中整幅图像的点火神经元总数；$Y(n)$不仅包含图像的灰度分布信息，而且包含相邻像素间的相对位置的信息，即图像空间几何信息，这正是纹理图像的个性特征。心音纹理图的个性特征主要体现在各像素间的空间几何特征上。因此，只有充分获得像素的几何特征才能体现个体的心音个性特征[43]。

PCNN 考虑了各像素的邻域像素的影响，抗噪性能明显提高。但其相关参数较多，且参数间的关系相当复杂，因此计算工作量大。这里根据心音纹理图的灰度信息主要集中在第一心音和第二心音的特点，通过对阈值的调整来更好地处理心音纹理图，对 PCNN 原型进行如下改进[43]：

$$\begin{aligned}
&F_{ij}(n) = S_{ij} \\
&L_{ij}(n) = \sum_{i,j} Y_{ij}(n) - d \\
&U_{ij}(n) = F_{ij}(n)(1+\beta L_{ij}(n)) \\
&\theta_{ij}(n) = \begin{cases} w(n), & \text{未点火} \\ \Omega, & \text{点火} \end{cases} \\
&Y_{ij}(n) = \begin{cases} 1, & U_{ij}(n) > \theta_{ij}(n) \\ 0, & U_{ij}(n) \leqslant \theta_{ij}(n) \end{cases}
\end{aligned} \tag{6.51}$$

式中，d 为一个常数，它为抑制项可以对图像起平滑作用。

改进的 PCNN 模型输入反馈只与外部刺激信号和邻域像素相关且放弃了传统模型阈值门限指数衰减机制。选用非线性定阈值方式，既保留了传统模型的耦合机制，又保证了神经元之间的通信，这是 PCNN 模型的核心。阈值门限和耦合系数的运行机理鲜明地体现了改进模型各时刻的独立性，而传统模型阈值大部分时刻是指数衰减且有反复的，这是改进模型与传统模型根本的不同。这样不仅可以体现心音特征、提高识别率，而且可以减少计算量，便于硬件实现。

2. 识别算法

熵是图像统计特征的一种表现形式，它反映了图像所包含的信息量大小。这里使用时间信号 $g(n)=H_p(n)$，$H_p(n)$为 IPCNN 输出二值图像 $Y(n)$的熵，也就是每次循环迭代运算时计算分割输出的二值图像 $Y(n)$的熵值 $H(p)$：

$$H(p) = -P_1 \log_2 P_1 - P_0 \log_2 P_0 \tag{6.52}$$

式中，P_1、P_0 分别为 $Y(n)$中像素为 1 和 0 的概率。

IPCNN 的输出 $Y(n)$是脉冲序列，其输出的熵值是一个随迭代次数变化而变化的时间序列。不同图像经过一定次数的迭代后，其激活的神经元分布将不同，输出 $Y(n)$也跟着出现变化，对应相同迭代次数时，输出 $Y(n)$的熵值不同，即$g(n)$分布曲线不同[43]。将熵序列与数据库中的标准熵序列进行对比，计算其欧氏距离，根据距离的大小进行身份识别，欧氏距离定义如下：

$$ED = \left[\sum (g_0(n) - g_1(n))^2\right]^{1/2} \tag{6.53}$$

式中，$g_0(n)$、$g_1(n)$分别为标准熵序列和输出熵序列的值。

6.5.3 仿真实验

为测试本节提出的方法，使用 30 位测试者的心音数据，本实验的软件平台为 MATLAB 7.0。

1. 心音窗函数特性分析

取一个标准心音作为构造心音窗函数的参考对象，根据构造心音窗函数的基本原则，通过改变 a_1、a_2、a_3、a_4 的值，得到心音窗函数各种参数值的变化统计表，如表 6.5 所示。

表 6.5 心音窗函数各种参数值的变化统计表

a_1	a_2	a_3	a_4	相似系数	s_1 能量/J
2	0.5	1	0.0	0.67	0.711
2	0.5	1	0.1	0.85	0.895
2	0.5	1	0.2	0.82	0.859
2	0.5	1	0.3	0.76	0.813
2	0.5	1	0.4	0.69	0.745
2	0.5	1	0.5	0.60	0.658

表 6.5 的第一行参数和最后一行参数为典型高斯窗函数，当参数改变时，心音窗函数的特性逐步显示出来。其中，a_1、a_3 控制心音窗函数的幅值，通过 a_2、a_4 的取值调控其相似系数，当 a_2、a_4 之间的差值增大时，按式(6.36)计算得到的心音窗函数与原始心音的相似系数明显提高，但是随着 a_2、a_4 的差值进一步增大其相似系数并非一直提高，而是呈现如图 6.22 所示的趋势。

从图 6.22 可看出，a_2、a_4 的差值为 0.3～0.4 时，可以取得较好效果，相似系数趋近于 0.9，而且由表 6.5 可以看出随着相似系数的增加，提取出的第一心音 s_1 的能量也会相应增加。根据大量实验得到标准 HSWF 取值为 $a_1=2$、$a_2=0.5$、$a_3=1$、$a_4=0.125$，此时可以得到最高的相似系数 0.87，s_1 能量的提取比典型高斯窗函数提高了 39.01%。

将心音窗函数与凯泽窗、汉宁窗、三角窗这几种具有代表性的窗函数作为心音信号的 STFT 窗函数，窗长均取 61，得到仿真结果如图 6.23 所示。从图中均可看出心音信号的 s_1、s_2 纹理，说明使用这四种窗函数的 STFT 均可以提取心音信号

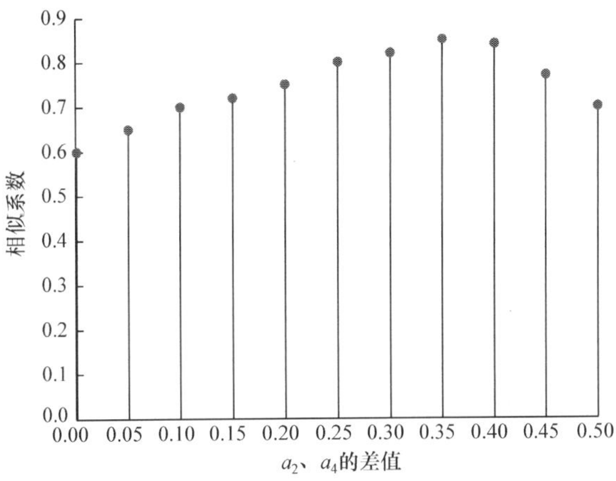

图 6.22　a_2、a_4 差值的变化趋势与相似系数的关系

的特征。然而，这四幅心音纹理图表征心音信号特征的效果存在明显差别，图中心音窗函数不仅划分出 s_1、s_2 纹理，而且纹理更加清晰，灰度值变化尖锐，噪声纹理得到很好的去除。由此可知，心音窗函数相比其他窗函数更具有优越性。

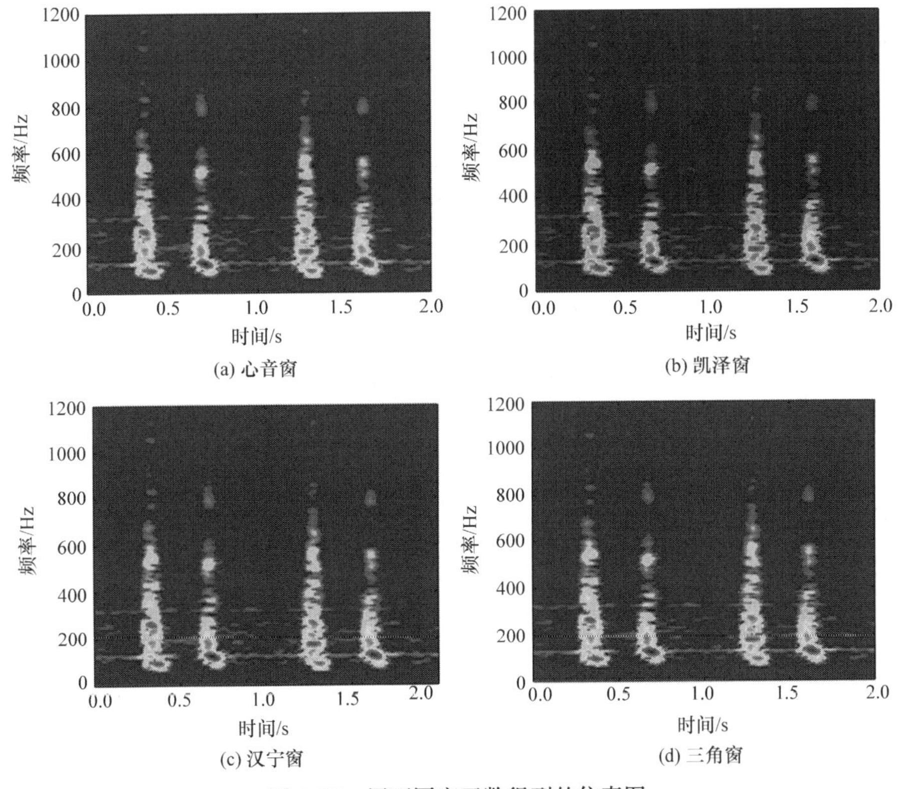

图 6.23　用不同窗函数得到的仿真图

2. IPCNN 特征提取与身份识别

将心音纹理图作为 IPCNN 模型的输入得到每个心音的特征参数心音熵序列,如图 6.24 所示,图中显示了三位测试者不同时刻心音纹理图的熵序列值。

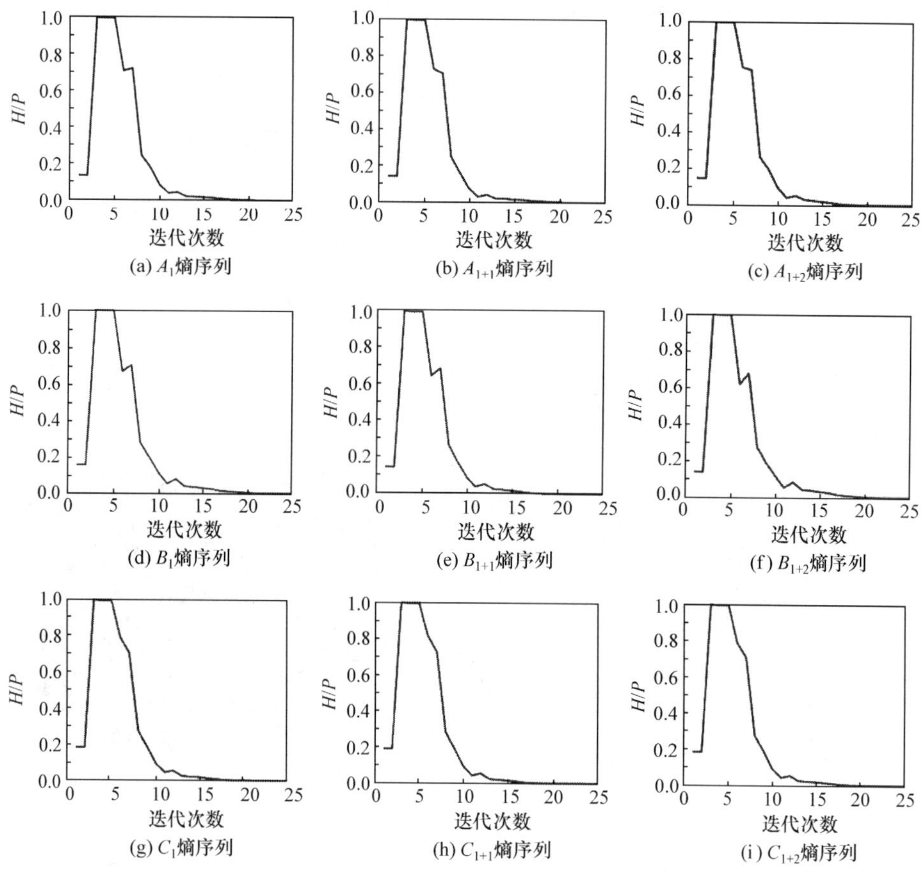

图 6.24 三位测试者不同时刻心音纹理图熵序列

3. 实验结论

通过大量实验可得出以下结论。

(1) 同一人不同时刻心音纹理图的熵序列与自采集心音库中同一人心音纹理图熵序列的欧氏距离较小,均小于 5.0×10^{-9},而与心音库中其他人心音纹理图熵序列的欧氏距离较大,如表 6.6 所示。

表 6.6　同一测试者不同时刻与心音库中不同测试者心音熵序列的相似距离

欧氏距离/m	A_{11}	A_{12}	A_{13}	A_{14}	A_{15}
A_{11}	0	4.96×10^{-10}	1.05×10^{-9}	3.44×10^{-11}	1.46×10^{-9}
B_{11}	1.60×10^{-8}	1.65×10^{-8}	1.70×10^{-8}	1.60×10^{-8}	1.75×10^{-8}
C_{11}	3.27×10^{-8}	3.32×10^{-8}	3.37×10^{-8}	3.27×10^{-8}	3.41×10^{-8}
D_{11}	3.01×10^{-8}	3.06×10^{-8}	3.11×10^{-8}	3.01×10^{-8}	3.15×10^{-8}

(2) IPCNN 的阈值设为 5.0×10^{-9}，当两个心音纹理图的欧氏距离小于 5.0×10^{-9}时，认为是同一个人，否则认为是不同人。

(3) 同一人不同周期数下的心音纹理图如图 6.25 所示，其熵序列只与心音纹理库中同一人熵序列的欧氏距离小于 5.0×10^{-9}，如表 6.7 所示。这说明心音纹理图相比一维心音具有很好的鲁棒性，只要是整数周期的心音都可以识别出身份，相比一维相似系数算法苛刻的识别条件具有较大的实际应用性和可操作性。

表 6.7　不同周期心音熵序列的相似距离

欧氏距离/m	A_{11}	B_{11}	C_{11}	D_{11}	E_{11}	F_{11}	G_{11}
E_1	1.75×10^{-8}	5.70×10^{-9}	5.64×10^{-9}	3.35×10^{-8}	3.75×10^{-9}	6.04×10^{-9}	1.08×10^{-8}
E_3	1.92×10^{-8}	5.19×10^{-9}	6.13×10^{-9}	3.52×10^{-8}	2.06×10^{-9}	7.73×10^{-9}	1.24×10^{-8}

(4) 利用心音窗函数的模型对 7 人样本心音识别率达到 100%，10 人样本心音识别率达到 100%，20 人样本心音识别率达到 98.42%，30 人样本心音识别率达到 96.55%。表 6.8 列出了 7 个不同测试者心音熵序列的欧氏距离。

表 6.8　不同测试者心音熵序列的欧氏距离

	A_1	B_1	C_1	D_1	E_1	F_1	G_1
A_1	0	1.60×10^{-8}	3.27×10^{-8}	3.01×10^{-8}	2.13×10^{-8}	1.15×10^{-8}	6.80×10^{-9}
B_1	1.60×10^{-8}	0	6.86×10^{-9}	3.01×10^{-8}	7.26×10^{-9}	7.95×10^{-9}	6.47×10^{-9}
C_1	3.27×10^{-8}	6.86×10^{-9}	0	3.27×10^{-8}	5.36×10^{-9}	5.14×10^{-9}	9.85×10^{-9}
D_1	3.01×10^{-8}	3.01×10^{-8}	3.27×10^{-8}	0	3.73×10^{-8}	2.75×10^{-8}	2.28×10^{-8}
E_1	2.13×10^{-8}	7.26×10^{-9}	5.36×10^{-9}	3.73×10^{-8}	0	9.79×10^{-9}	1.45×10^{-8}
F_1	1.15×10^{-8}	7.95×10^{-9}	5.14×10^{-9}	2.75×10^{-8}	9.79×10^{-9}	0	6.14×10^{-9}
G_1	6.80×10^{-9}	6.47×10^{-9}	9.85×10^{-9}	2.28×10^{-8}	1.45×10^{-8}	6.34×10^{-9}	0

可见，将心音信号转化为纹理图用于身份识别可得到良好的识别效果且具有很好的鲁棒性，将心音与成熟的图像处理技术相结合为心音信号用于身份识别领域提供了另外一种选择。

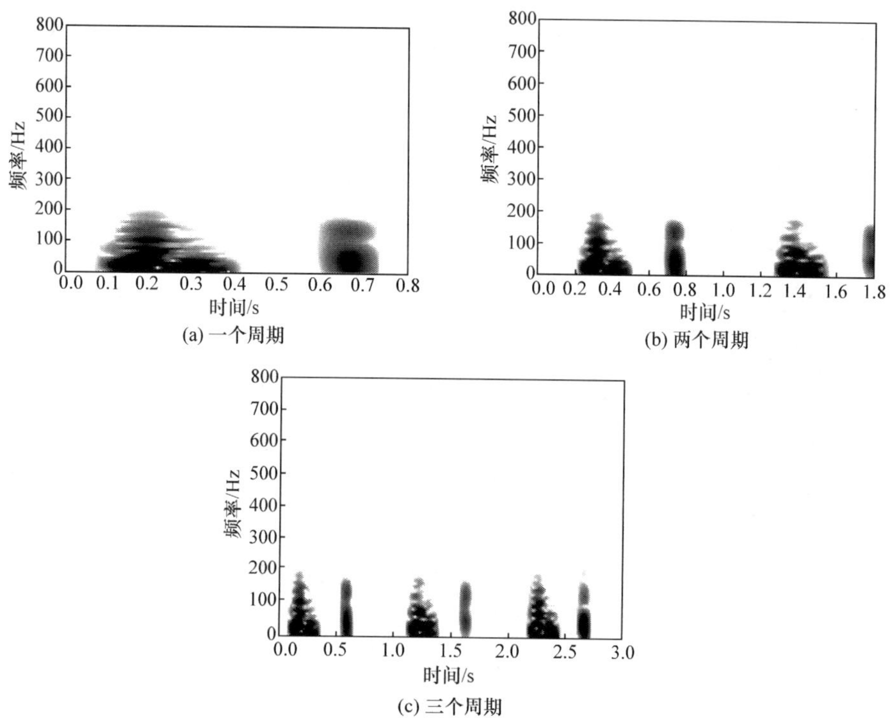

图 6.25　同一人不同周期数下的心音纹理图

4. 特征参数识别率比较

传统 PCNN 模型特征提取时间为 0.49s，IPCNN 模型特征提取时间为 0.258s，可以看出 IPCNN 模型的计算量减少，运算时间减少了 47.35%，对实时性要求较高的系统具有重大意义[43]。

在一维心音识别系统中应用较多的特征参数有 LPCC 和 MFCC。将这里的实验数据提取 LPCC 和 MFCC 特征参数，运用相似距离识别算法进行身份识别，得到的识别率对比如表 6.9 和图 6.26 所示。由表 6.9 可知，特征参数 IPCNN 与 PCNN、LPCC、MFCC 相比，识别率最高，有较好的识别效果。

表 6.9　不同特征参数识别率对比　　(单位：%)

特征参数	7 个数据	10 个数据	20 个数据	30 个数据
LPCC	90.05	88.89	86.32	82.76
MFCC	95.24	93.67	90.53	87.35
PCNN	100.00	97.78	96.84	95.40
IPCNN	100.00	100.00	98.42	96.55

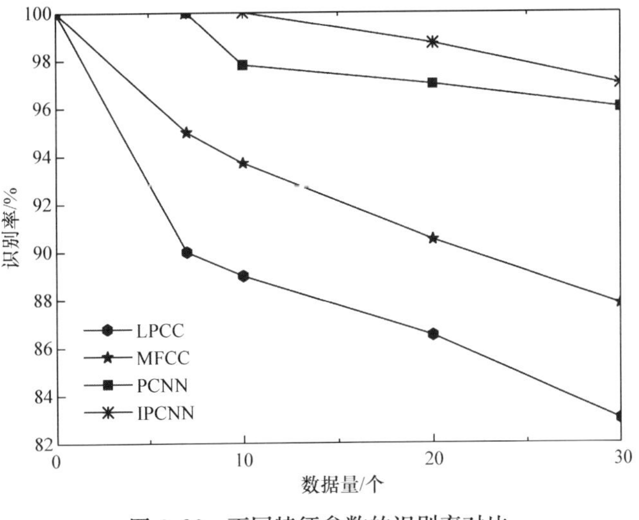

图 6.26　不同特征参数的识别率对比

6.6　径向基函数神经网络在心音识别中的应用

6.6.1　径向基函数神经网络的结构和特点

本节主要介绍在逼近能力、分类能力和学习速度等方面均很优异的径向基函数(radial basis function,RBF)神经网络[44]。RBF 神经网络由三层组成,即输入层、隐层和输出层,结构如图 6.27 所示。输入层节点只传递输入信号到隐层,隐层节点由像高斯函数那样的辐射状作用函数构成,而输出层节点通常是简单的线性函数[45,46]。

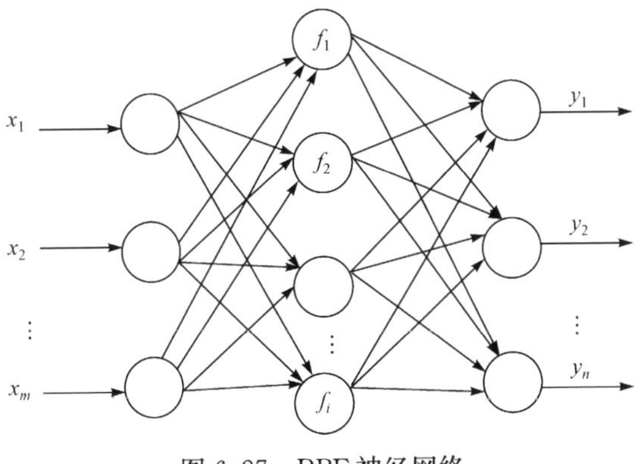

图 6.27　RBF 神经网络

隐层节点中的作用函数(基函数)对输入信号在局部产生影响,也就是说,当输入信号靠近随机函数的中央范围时,隐层节点将产生较大的输出,由此看出该网络具有局部逼近的能力。

RBF 神经网络(也称为局部感知场网络)作为基函数的形式有下列几种:

$$f(x)=\mathrm{e}^{-(x/\sigma)^2} \tag{6.54}$$

$$f(x)=1/(\sigma^2+x^2)^\alpha,\quad \alpha>0 \tag{6.55}$$

$$f(x)=(\sigma^2+x^2)^\beta,\quad \alpha<\beta<1 \tag{6.56}$$

上面这些函数都是径向对称的,径向基函数中最常用的基函数是高斯函数:

$$R_i(\boldsymbol{x})=\exp(-\|\boldsymbol{x}-\boldsymbol{c}_i\|^2/(2\sigma_i^2)),\quad i=1,2,\cdots,m \tag{6.57}$$

式中,$\boldsymbol{x}$ 为 n 维输入向量;$\boldsymbol{c}_i$ 为第 i 个基函数的中心,是与 $\boldsymbol{x}$ 具有相同维数的向量;σ_i 为第 i 个感知的变量(可以自由选择的参数),它决定了该基函数围绕中心点的宽度;m 为感知单元的个数;$\|\boldsymbol{x}-\boldsymbol{c}_i\|$ 为向量 $\boldsymbol{x}-\boldsymbol{c}_i$ 的范数,通常表示 $\boldsymbol{x}$ 和 $\boldsymbol{c}_i$ 之间的距离 $R_i(\boldsymbol{x})$ 在 $\boldsymbol{c}_i$ 处有一个唯一的最大值,随着 $\|\boldsymbol{x}-\boldsymbol{c}_i\|$ 的增大,$R_i(\boldsymbol{x})$ 迅速减少到零,对于给定的输入 $\boldsymbol{x}\in\mathbf{R}^n$,只有一小部分靠近 $\boldsymbol{x}$ 的中心被激活[47]。

6.6.2 心音信号的 LPCC 和 MFCC 特征参数

心音信号特征参数采用 LPCC 和 MFCC 两个特征参数,主要是由心音特点决定的。

1. LPCC 特征参数的提取

线性预测倒谱就是心音信号的线性对数的傅里叶变换,如图 6.28 所示。

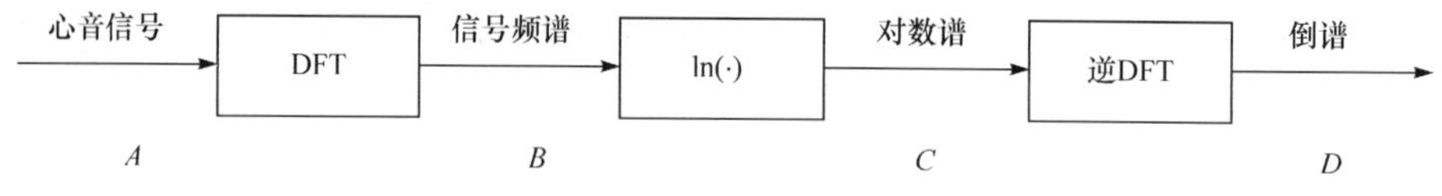

图 6.28 获得心音倒谱系数的方法

图 6.28 中,C 处得到的是傅里叶变换的对数之和;D 点所得到的信号称为 s 的倒谱 c',它是音源激励分量的倒谱 i' 与声道分量的倒谱 h' 之和,h' 描述了心音信号的频谱,是非常有效的心音所属人的个性特征参数[48]。

线性预测倒谱系数的求取相对容易,可以由线性预测编码(linear predictive coding,LPC)进行推导。首先通过自相关等方法求取线性预测系数 a_i,再用以下的递推公式推导其倒谱系数:

$$c_i = a_i + \sum_{k=0}^{i-1}\left(1-\frac{k}{i}\right)c_{i-k}a_k,\quad i=1,2,\cdots,p \tag{6.58}$$

式中,c_i 为线性预测倒谱系数;p 为倒谱系数的维数。

2. MFCC 参数的提取

近年来,一种能够比较充分地利用人耳感知得到的参数得到了广泛的应用,这就是梅尔频率倒谱参数[15],它是基于人的听觉特性利用人听觉的临界带效应,在梅尔标度频率域提取出来的倒谱特征参数。MFCC 参数的提取过程如下[49]。

(1) 对输入的声音信号进行分帧、加窗,再进行离散傅里叶变换,获得频谱分布信息。设声音信号的离散傅里叶变换为

$$X_a(k)=\sum_{n=0}^{N-1}x(n)\mathrm{e}^{-\mathrm{i}2\pi nk/N},\quad k=0,1,\cdots,N-1 \tag{6.59}$$

式中,$x(n)$为输入的声音信号;N 为傅里叶变换的点数。

(2) 求频谱幅度的平方,得到能量谱。

(3) 将能量谱通过一组 Mel 尺度的三角形滤波器组。定义 M 个滤波器组(滤波器的个数和临界带的个数相近),采用的滤波器为三角滤波器,中心频率为 $f(m)$,$m=1,2,\cdots,M$,通常取 $M=24$。

(4) 计算每个滤波器组输出的对数能量:

$$s(m)=\ln\left(\sum_{k=0}^{N-1}|X_a(k)|^2H_m(k)\right),\quad m=0,1,\cdots,M \tag{6.60}$$

MFCC 的阶数取为 12～16,通常不用 0 阶倒谱系数,因为它反映的是频谱能量,在一般识别系统中,将 c_0 称为能量系数,并不作为倒谱系数,这里选取 12 阶倒谱系数。

MFCC 特征参数是目前使用最广泛的声音特征参数之一,具有计算简单、区分能力好等优点,因此常常用于许多实际识别系统中。标准的 LPCC、MFCC 参数只反映声音参数的静态特性,而人耳对声音的动态特性更为敏感,在提取 LPCC、MFCC 参数后,可用式(6.61)提取 ΔLPCC、ΔMFCC 参数[46]:

$$d_t=\begin{cases}c_{t+1}-c_t, & t<\Theta\\ c_t-c_{t+1}, & t>T-\Theta\\ \dfrac{\sum\limits_{\theta=1}^{\Theta}\theta(c_{t+\theta}-c_{t-\theta})}{2\sum\limits_{\theta=1}^{\Theta}\theta^2}, & \text{其他}\end{cases} \tag{6.61}$$

式中,d_t 为第 t 个一阶差分倒谱系数;T 为倒谱系数的维数;Θ 为一阶倒数的时间差,其值取 1 或 2,$1\leqslant\theta\leqslant\Theta$;$c_t$ 为第 t 个倒谱系数。

一般 10s 的心音经端点检测后可得到 1000 帧,如果取 $c_1\sim c_{12}$ 共 12 阶的 MFCC 参数或者 LPCC 参数,则得到的心音特征为 1000×12 的矩阵。如果将这么多数据

直接送入神经网络训练，那么计算量会非常大，因此还需要通过 K 均值聚类算法[49]对特征参数做进一步处理：将相同类和相同状态的向量组合到 K 个向量中。LPCC 参数均值聚类图和 MFCC 参数均值聚类图分别如图 6.29 和图 6.30 所示，从图中可以看出心音信号特征数据划分成 7($K=7$)类，无论是 MFCC 参数还是 LPCC 参数都可以用均值聚类得到一组 7×12 的数据，这样再送入神经网络就合适多了；MFCC 参数均值聚类图的变化差异大于 LPCC 参数均值聚类图，容易将不同状态的参数分成不同的类，有利于提高识别结果的准确性。

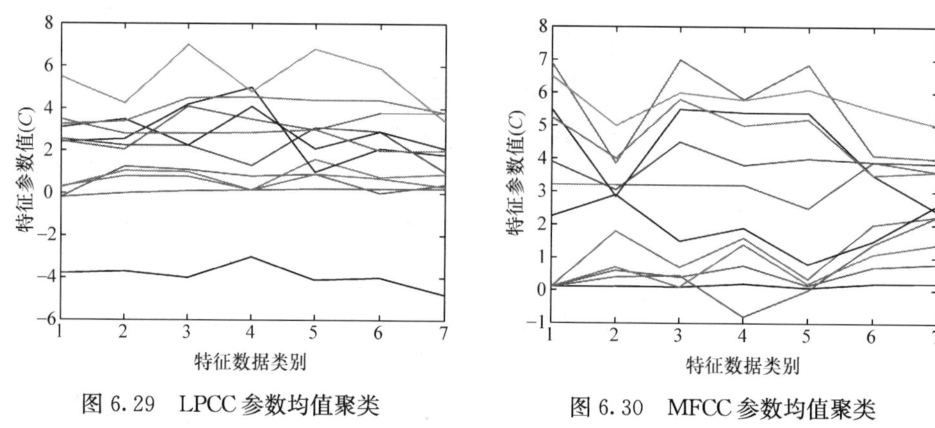

图 6.29 LPCC 参数均值聚类　　图 6.30 MFCC 参数均值聚类

6.6.3 基于 RBF 神经网络的心音身份识别

本节主要介绍基于 RBF 神经网络的心音身份识别实验过程及 RBF 神经网络识别的性能。其心音身份识别的流程如图 6.31 所示，图中的实箭头方向表示心音身份识别的训练过程，虚箭头方向表示心音身份识别的测试过程，即识别的过程[47]。

1. RBF 神经网络设计

1）网络拓扑结构

为了使网络简单化，同时减少训练时间，这里采用三层网络结构的 RBF 神经网络，即输入层、隐层和输出层[46,47]。计算得到每个心音样本的 LPCC、MFCC、ΔLPCC、ΔMFCC 特征参数，通过 K 均值聚类将心音信号特征数据划分成七类，每类含 12 阶特征参数，则神经网络的输入层节点为 84 维特征矢量，因此输入节点数为 84。因为样本不是很大，所以将测试者的人数作为隐节点数。本实验共有 31 个不同实验者的心音数据，隐节点数设为 31。输出层节点是待分类的类别总数，即待识别的测试者人数。同理输出节点数也为 31，则 RBF 神经网络的拓扑结构为 84-31-31。

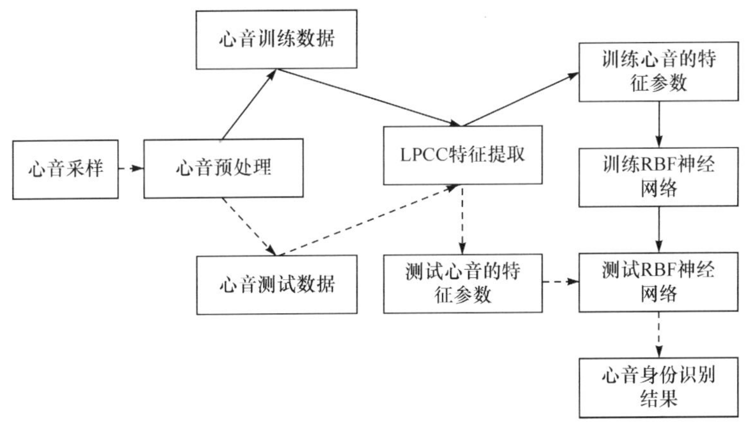

图 6.31　心音身份识别流程框图

为了节约识别过程中的训练和测试时间，建立四个心音信号特征资料库，分别存放规整好的 LPCC、MFCC、ΔLPCC、ΔMFCC 特征参数，存储格式为 84×1 的一维数组。

2) 权值选择

输入层到隐层为全连接，权值固定为 1；隐层到输出层的权值采用 RBF 神经网络的聚类或全监督训练算法进行训练。

3) 学习速度

学习速度取决于循环训练中所产生的权值变化量。在一般情况下，倾向于选取较小的学习速度以保证系统的稳定性，选取范围为 0.01～0.8。

4) 期望误差的选取

在设计网络的训练过程中，通过对比选取一个合适的期望误差。这里的期望误差定为 $\varepsilon=0.0001$。

2. 训练和识别的过程

1)网络训练

采用全监督训练算法，在基于 RBF 神经网络的心音身份识别系统上进行仿真实验，测试 RBF 神经网络的性能，并分析其在不同环境下的优劣。

2) 全监督训练算法

进入神经网络输入端每个心音的心音特征参数的维数为 84，即设定输入层的节点数为 84，再用 31 个人的训练心音特征训练网络的中心、半径和连接权值。由于每个训练特征文件对应于一个心音的分类号，训练方法采用梯度下降法，根据心音分类号不断地修改网络权值直到满足预先设置的误差精度。实验中设置网络学习步长为 0.001，误差精度为 10^{-4}，最大学习次数为 1000。具体训练过程如图 6.32 所示，这样就建立了一个 RBF 神经网络模型。

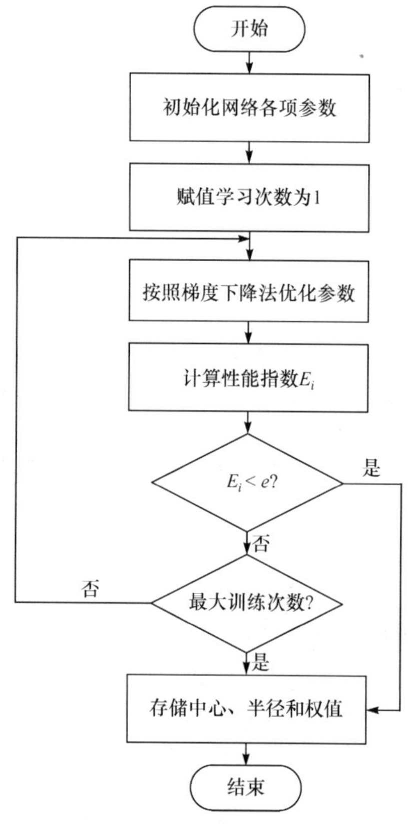

图 6.32　RBF 神经网络训练过程

3）网络识别

RBF 神经网络模型确定后，将测试集的心音输入网络进行识别测试。每输入一段心音的特征矢量，经过隐层、输出层的计算后就可以得到每段心音的分类号，从而确定心音所属的实验者。再将这个分类号与输入特征矢量自带的分类号比较，相等则识别正确；反之，识别错误。识别正确的个数与识别错误的个数的比值，就是最终的识别率。

6.6.4　实验结果和比较

训练心音和测试心音的特征参数都取 20s 长心音段的特征参数，按照全监督训练方法，用不同的特征参数提取方法所提取的特征参数，分别以 LPCC、MFCC、LPCC＋ΔLPCC 和 MFCC＋ΔMFCC 结构形式作为神经网络的输入，在 MATLAB 环境下进行仿真实验，其中 MFCC 特征参数和 LPCC 特征参数的训练过程分别如

图 6.33 和图 6.34 所示。图中，直线表示预先设定的误差精度，曲线代表 RBF 神经网络训练趋近预设的误差精度的过程，可见，在相同的训练条件下，MFCC 特征参数的训练速度比 LPCC 特征参数的训练速度要快。其实际实验结果如表 6.10 所示。

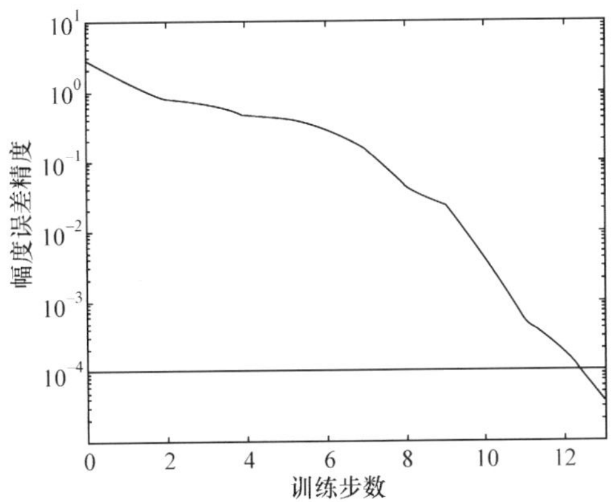

图 6.33　MFCC 特征参数训练过程

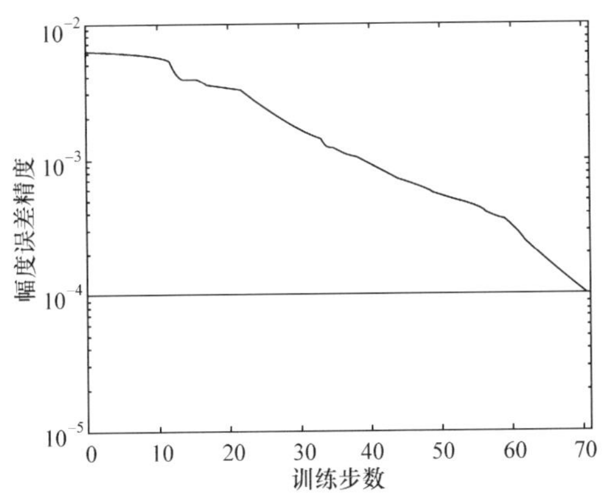

图 6.34　LPCC 特征参数训练过程

表 6.10　RBF 神经网络全监督训练方法的识别率

特征参数	LPCC	MFCC	LPCC＋ΔLPCC	MFCC＋ΔMFCC
识别率/%	81.64	86.31	91.03	93.07

从表 6.10 可以看到，RBF 神经网络用于心音身份识别得到了较好的识别率。比较不同特征参数的提取方法，可以看出分别用 LPCC、MFCC、LPCC＋ΔLPCC、MFCC＋ΔMFCC 特征参数作为输入参数的识别率时，识别率是逐渐提高的。这充分说明了全监督训练方法对 RBF 神经网络的性能提高有较大的作用，使其具备

了更强的分类能力[50]。

以上的心音识别是在实验室安静环境下进行的，且用于训练和测试的心音信号是在相同环境下所提取的。

仍选取训练心音的时长为 20s，为了比较对测试心音和实时心音的识别率，采用与普通 RBF 神经网络相同的参数训练 RBF 神经网络，取 10s 长度的心音作为待识别对象。其中，测试 1 是与训练心音同条件下提取的测试心音，实时测试 1 和实时测试 2 分别是在实验室和室外环境中实时提取的心音信号。结果示于表 6.11。

表 6.11　测试心音和实时测试心音在不同特征参数下识别率对比　(单位:%)

数据来源	训练方法	特征参数			
		LPCC	MFCC	LPCC+ΔLPCC	MFCC+ΔMFCC
测试 1	全监督	81.64	86.31	91.03	93.07
实时测试 1	全监督	77.94	79.34	84.07	87.36
实时测试 2	全监督	73.91	75.30	77.53	79.93

为了对比不同长度训练心音对识别率以及训练和识别时间的影响，仍用与普通 RBF 神经网络相同的参数训练 RBF 神经网络，此时统一采用识别率较高的 RBF 全监督方法，但是训练的心音时长为 30s，在实验室环境下实时采集实验者的心音信号作为待识别心音，分别用 5s、10s 和 20s 长的心音进行心音身份识别。表 6.12 列出了以 30s 长度心音信号为训练心音，用不同长度心音信号作为测试心音的识别率[50]。

表 6.12　不同长度测试心音在不同参数提取方式下的识别率　(单位:%)

测试长度	特征参数			
	LPCC	MFCC	LPCC+ΔLPCC	MFCC+ΔMFCC
5s	75.34	77.45	80.16	81.57
10s	80.74	82.31	85.03	86.97
20s	82.76	85.07	86.87	87.78

由表 6.12 可以看出，其他参数相同时，测试心音越长心音身份识别的识别率越高。当然，这种识别率的提高是以牺牲更多的识别时间为代价的。从表 6.12 与表 6.11 可以发现，在其他参数都相同的条件下，训练心音的长度对识别率是有影响的，训练心音越长，相应的识别率越高，同样它也是以牺牲更多的训练时间为代价的[51]。

6.7　小波神经网络在心音识别中的应用

6.7.1　小波神经网络的定义与特点

小波神经网络是一种以小波基为神经元非线性激励函数的网络模型，它集小波变换的时频局部特性、聚焦特性的优点与神经网络的自学习、自适应、鲁棒性、容错性的优点为一体，可以使网络从根本上避免局部最优，加快了收敛速度，具有很强的学习能力和泛化能力，在图像处理、模式识别等领域有着广泛的应用[52]。构造专用小波神经网络是提升网络性能、提高识别效果的一种有效方法。在神经网络隐层中引入针对性小波基，把信号的针对性学习和识别技术高度融合，实现特征抽取、分类识别的针对性表达，以解决复杂条件下的分类识别问题。

小波神经网络的构成原理是将神经网络隐层节点的激活函数由小波函数代替，相应的输入层到隐层的权值由小波函数的尺度伸缩因子 a 代替，隐层到输出层的权值由平移因子 b 代替，所以小波神经网络的构造实际上就是激活函数的构造[53]。小波与神经网络的融合主要有如下三种方式。

(1) 用连续参数的小波作为神经网络的隐层函数。

(2) 用多分辨率的小波作为神经网络的隐层函数。

(3) 用正交基作为神经网络的隐层函数。

因为激活函数可以引入非线性因素，解决线性模型所不能解决的问题，所以激活函数的选择无论对于识别率或收敛速度都有显著的影响。常用的激活函数包括阈值型函数、分阶段性函数和 sigmoid 函数等形式。

6.7.2　心音小波神经网络的构造

图 6.35 为心音小波神经网络识别系统的结构示意图，这是一种通过有针对性的限制条件来提升心音识别效果的方法。

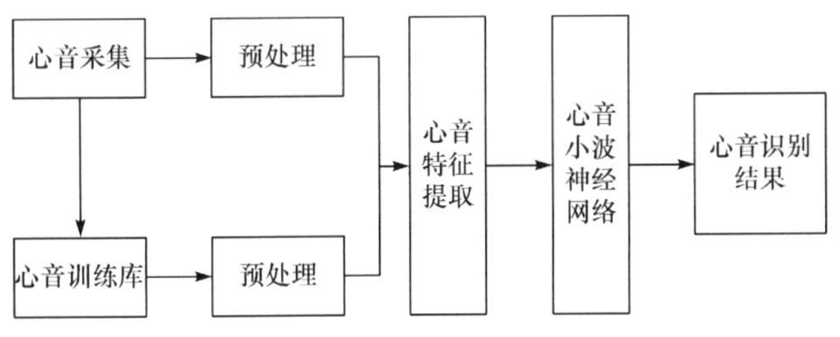

图 6.35　心音小波神经网络识别系统结构示意图

采用心音小波神经网络识别技术，一方面，将心音特征的优化技术和心音生理特性结合，获取有生理意义的心音特征；另一方面，将心音特征优化抽取和心音识别融合在一个针对心音的分类网络中进行处理，利用心音小波神经网络识别系统的有针对性的层次化架构，将心音特征抽取、心音分类识别实现有针对性的表达，以解决复杂条件下的心音分类识别问题。

构造心音小波神经网络的步骤如下。

(1) 构造心音小波基函数[52]。

构造流程如图 6.36 所示。首先设计小波尺度滤波器函数 $H(w)$，其次设计尺度滤波器 $h(n)$和$\tilde{h}(n)$，然后进行尺度空间正交化，最后获取小波基函数[53,54]。

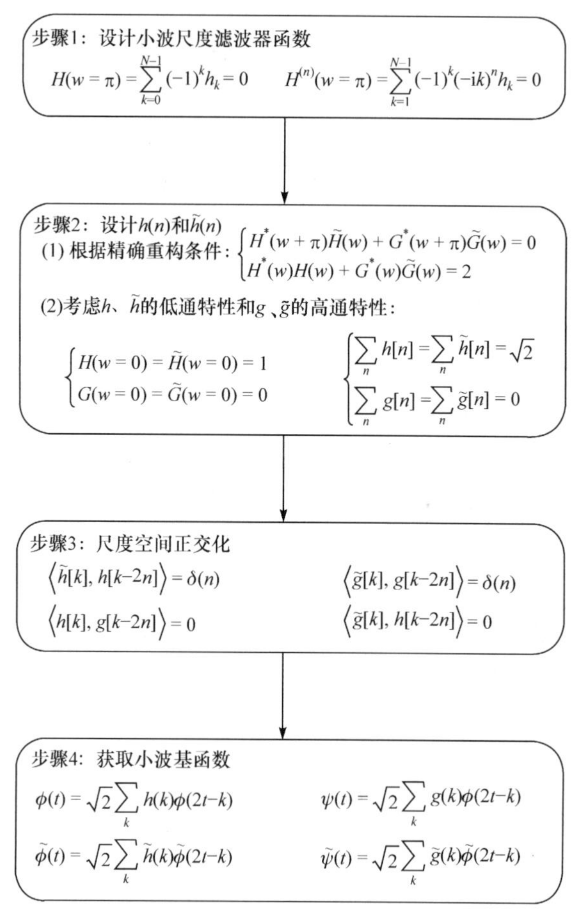

步骤1：设计小波尺度滤波器函数
$H(w=\pi)=\sum_{k=0}^{N-1}(-1)^k h_k=0$
$H^{(n)}(w=\pi)=\sum_{k=1}^{N-1}(-1)^k(-ik)^n h_k=0$
步骤2：设计$h(n)$和$\tilde{h}(n)$
(1) 根据精确重构条件：$\begin{cases}H^*(w+\pi)\tilde{H}(w)+G^*(w+\pi)\tilde{G}(w)=0\\ H^*(w)H(w)+G^*(w)\tilde{G}(w)=2\end{cases}$
(2)考虑h、$\tilde{h}$的低通特性和g、$\tilde{g}$的高通特性：
$\begin{cases}H(w=0)=\tilde{H}(w=0)=1\\ G(w=0)=\tilde{G}(w=0)=0\end{cases}$
$\begin{cases}\sum_n h[n]=\sum_n \tilde{h}[n]=\sqrt{2}\\ \sum_n g[n]=\sum_n \tilde{g}[n]=0\end{cases}$
步骤3：尺度空间正交化
$\langle \tilde{h}[k], h[k-2n]\rangle=\delta(n)$
$\langle \tilde{g}[k], g[k-2n]\rangle=\delta(n)$
$\langle h[k], g[k-2n]\rangle=0$
$\langle \tilde{g}[k], h[k-2n]\rangle=0$
步骤4：获取小波基函数
$\phi(t)=\sqrt{2}\sum_k h(k)\phi(2t-k)$
$\psi(t)=\sqrt{2}\sum_k g(k)\phi(2t-k)$
$\tilde{\phi}(t)=\sqrt{2}\sum_k \tilde{h}(k)\tilde{\phi}(2t-k)$
$\tilde{\psi}(t)=\sqrt{2}\sum_k \tilde{g}(k)\tilde{\phi}(2t-k)$

图 6.36　小波基构造流程

令滤波器长度为 10，消失矩为 5，可得到心音小波基的一组实数解：

$$
\begin{cases}
h(n)=\{0.0269,-0.0323,-0.2411,0.0541,0.8995,0.8995,0.0541,\\
\qquad -0.2411,-0.0323,0.0269\}\\
\tilde{h}(n)=\{0.0198,0.0238,-0.0233,0.1456,0.5411,0.5411,0.1456,\\
\qquad -0.0233,0.0238,0.0198\}
\end{cases}
\tag{6.62}
$$

再根据 $g(n)=(-1)^{1-n}\tilde{h}(1-n)$ 和 $\tilde{g}(n)=(-1)^{1-n}h(1-n)$，求得对应的心音小波滤波器 $g(n)$ 与 $\tilde{g}(n)$ 为

$$
\begin{cases}
g(n)=\{-0.0198,0.0238,0.0233,0.1456,-0.5411,0.5411,-0.1456,\\
\qquad -0.0233,-0.0238,0.0198\}\\
\tilde{g}(n)=\{0.0269,0.0323,-0.2411,-0.0541,0.8995,-0.8995,0.0541,\\
\qquad 0.2411,-0.0323,-0.0269\}
\end{cases}
\tag{6.63}
$$

(2) 心音小波系数的时域化表达式。

将式(6.62)和式(6.63)的解代入式(6.64)的双尺度方程，可得

$$
\begin{cases}
\phi(t)=\sqrt{2}\sum\limits_{k=0}^{N-1}h(k)\phi(2t-k)\\
\psi(t)=\sqrt{2}\sum\limits_{k=0}^{N-1}g(k)\phi(2t-k)\\
\tilde{\phi}(t)=\sqrt{2}\sum\limits_{k=0}^{N-1}\tilde{h}(k)\tilde{\phi}(2t-k)\\
\tilde{\psi}(t)=\sqrt{2}\sum\limits_{k=0}^{N-1}\tilde{g}(k)\tilde{\phi}(2t-k)
\end{cases}
\tag{6.64}
$$

令 $N=10$，可获得心音小波基的时域解析形式，同时也是神经网络的隐层函数。

(3) 将心音小波基替代神经网络中的激活函数，实现心音小波神经网络的构造。

分析图 6.37 所示的小波神经网络模型结构图。其中，$x_i(i=1,2,\cdots,m)$ 为输入层第 i 个样本输入，$y_k(k=1,2,\cdots,n)$ 为输出层第 k 个样本的输出，$f(x)=(f_1, f_2,\cdots,f_i)$ 为小波函数，输入层与隐层的连接权值为 $w1_{ij}$，隐层与输出层的连接权值为 $w2_{jk}$，则隐层神经元的输入为

$$
\text{input}1_j=\sum_{i=1}^{m}w1_{ij}x_i,\quad i=1,2,\cdots,m
\tag{6.65}
$$

将隐层神经元的输入代入小波函数 $\psi_{a,b}(t)=\frac{1}{\sqrt{a}}\psi\left(\frac{t-b}{a}\right)$，得到隐层神经元的输出为

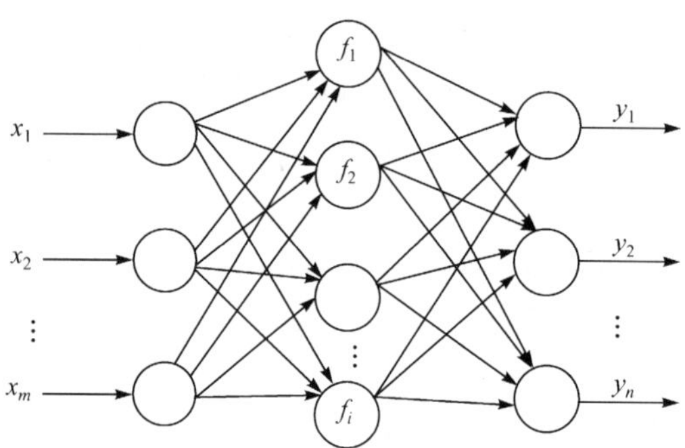

图 6.37　小波神经网络模型结构图

$$\psi_{a,b}(\text{input1}_j)=\psi[(\text{input1}_j-b_j)/a_j] \tag{6.66}$$

联立式(6.65)和式(6.66),则小波神经网络模型的输出可以表示为

$$y_k=f\left[\sum_{j=1}^{l} w2_{jk}\psi_{a,b}\left(\sum_{i=1}^{m} w1_{ij}x_i\right)+\theta\right] \tag{6.67}$$

式中,θ 为偏移值,又称为阈值。

一段长度为 N 的正常心音信号模型可描述为

$$\text{HS}(t)=\sum_{t=1}^{N}(k_1 s_1(t)+k_2 s_2(t)+k_3 s_3(t)+k_4 s_4(t)+k_5 s_5(t)) \tag{6.68}$$

式中,$k_i(i=1,2,3,4,5)$表示合成系数。

将式(6.64)和式(6.68)代入式(6.67)所示的小波神经网络模型,可构造出一种心音小波神经网络,其模型结构如图 6.38 所示。该心音小波神经网络的输出为

$$y_k(m)=\sum_{m=1}^{M} w_{mk}\prod_{i=1}^{m}\varphi_{M,\tau_k}(2^M x_i-\tau_k),\quad k=1,2,\cdots,K \tag{6.69}$$

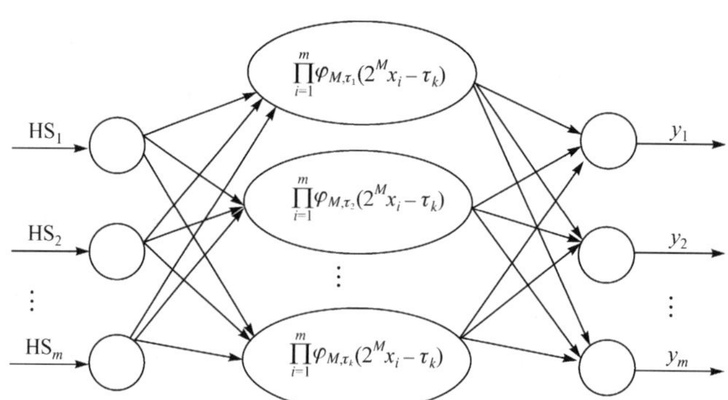

图 6.38　心音小波神经网络模型结构图

6.7.3　心音小波神经网络的训练算法

神经网络的训练实际上就是获得隐层到输出层的权值[55]。在心音小波神经网络(heart sound wavelet neural network，HSWNN)中，样本维数比较大，求解的代价也会变得很大，可以根据心音的特点定义一个最小化误差函数，从而得到权值 w_{kp} 的唯一解。

设第 n 个样本心音信号为 HS_n，对其进行特征提取，得到 m 个特征值 $HS_n=[hs_1(n),hs_2(n),\cdots,hs_{m-1}(n),hs_m(n)]$，定义 HSWNN 训练误差为

$$\mathrm{HSWNN}(e_N)=\frac{1}{N}\sum_{n=1}^{N}\sum_{p=1}^{P}\left[y_p(\mathrm{HS}_n)-\hat{y}_p(\mathrm{HS}_n)\right]^2 \tag{6.70}$$

式中，y_p 为期望输出；$\hat{y}_p$ 为网络实际输出；N 为样本总数。

那么，HSWNN 的训练算法为

$$\begin{cases} w_{kp}(l+1)=w_{kp}(l)-\lambda\dfrac{\partial \mathrm{HSWNN}(e_N)}{\partial w_{kp}} \\ \dfrac{\partial \mathrm{HSWNN}(e_N)}{\partial w_{kp}}=-\dfrac{2}{N}\displaystyle\sum_{n=1}^{N}\sum_{p=1}^{P}(y_p(\mathrm{HS}_n)-\hat{y}_p(\mathrm{HS}_n))\left[\prod_{i=1}^{d}\phi_{M,\tau_k}(2^M x_i-\tau_k)\right] \end{cases} \tag{6.71}$$

式中，l 为迭代次数；λ 为迭代步长。

该心音小波神经网络的最小化误差训练算法以误差为指导，不断对参数进行修改，使误差往小的方向发展，目的性很强，收敛速度具有优势[55,56]。

6.7.4　基于小波神经网络的心音身份识别

这里选取正常心音信号与期前收缩心音信号作为实验对象，其中一组正常心音信号和期前收缩心音信号的波形如图 6.39 所示。

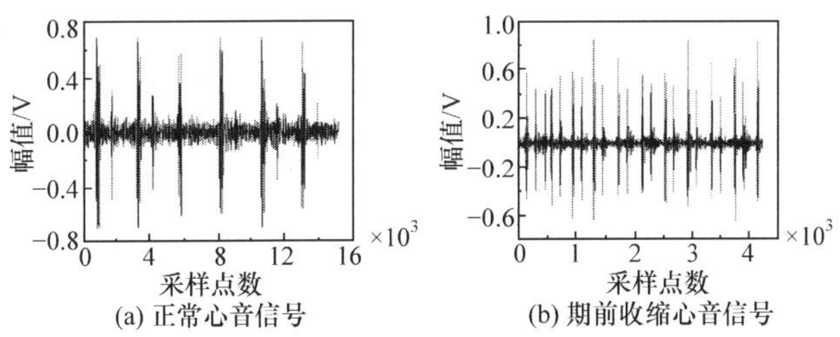

图 6.39　一组正常心音信号和期前收缩心音信号的波形

对图 6.39 所示的两类心音信号分别进行四层分解，将分解后的 16 个频率段的归一化能量值作为特征向量进行特征表征。图 6.40 为这两类心音信号的归一化能量图，其中频段 9 是频率 1000Hz 以上的归一化能量值之和。

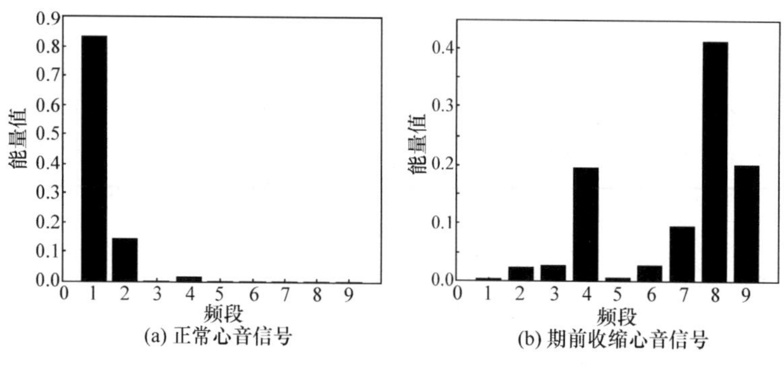

图 6.40　两类心音信号的归一化能量图

为了更好地评价自构小波神经网络的性能，选择常用的 Mexican hat 和 Morlet 小波神经网络进行对比分析。自构心音小波函数、Mexican hat 和 Morlet 小波函数的波形图如图 6.41 所示。

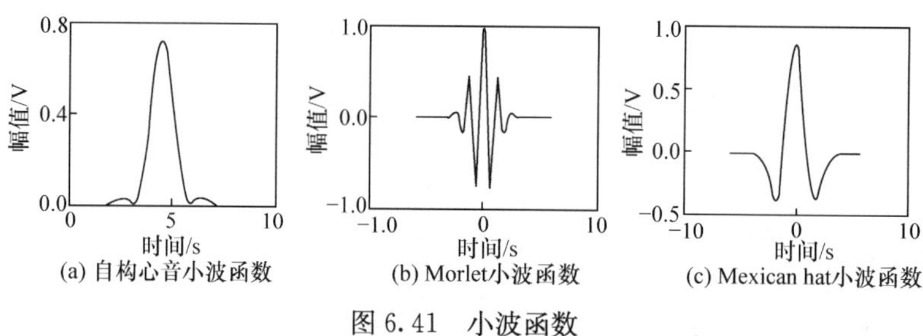

图 6.41　小波函数

建立心音数据库，先任意选定 20 组期前收缩心音信号和 20 组正常心音信号作为训练数据，分别编号为正常 1 到正常 20、期前收缩 1 到期前收缩 20；然后任意选定 10 组正常心音信号和 10 组期前收缩心音信号作为待测数据。因篇幅有限，这里分别只列出两组数据。表 6.13 为训练数据的能量特征值，表 6.14 为待测数据的能量特征值。

表 6.13　训练数据的能量特征值

心音类型	E_1	E_2	E_3	E_4	E_5	E_6	E_7	E_8	E_9
期前收缩 1	0.0554	0.3038	0.2091	2.1581	0.0412	0.2071	0.8093	3.2430	1.2542
期前收缩 2	0.0374	0.1314	0.1667	0.7537	0.0209	0.1911	1.3794	3.4995	1.1320
⋮									
正常 1	59.236	4.0632	0.0167	0.5612	0.0034	0.0035	0.0172	0.0385	0.0144
正常 2	51.867	7.4678	0.0300	1.5634	0.0004	0.0062	0.0282	0.0279	0.0092
⋮									

表 6.14　待测数据的能量特征值

心音类型	E_1	E_2	E_3	E_4	E_5	E_6	E_7	E_8	E_9
期前收缩 1	0.0288	0.3545	0.3633	2.2519	0.2922	1.0104	1.6630	12.174	6.1445
期前收缩 2	0.0114	0.3676	0.0833	0.8241	0.0290	0.2026	0.5465	1.3602	1.1216
⋮									
正常 1	42.524	0.0002	0.0005	0.0001	0.0001	0.0004	0.0003	0.0005	0.0001
正常 2	5.1044	3.8369	0.0137	0.0487	0.0002	0.0029	0.0232	0.0252	0.0011
⋮									

为了对期前收缩心音信号、正常心音信号进行模式识别，将识别目标值划定为两类：1 0 0 0 0 0 0 0 0 代表期前收缩心音，0 1 0 0 0 0 0 0 0 代表正常心音。

首先将训练数据输入如图 6.37 所示的心音小波神经网络进行训练，并根据式(6.70)和式(6.71)调整好网络中的各个参数；然后将待测数据代入训练好的心音小波神经网络进行验证；最后可得到 20 组输出值。在同等情况下，将 10 组正常心音信号输出值、10 组期前收缩心音信号输出值与目标值进行对比，如图 6.42 所示。

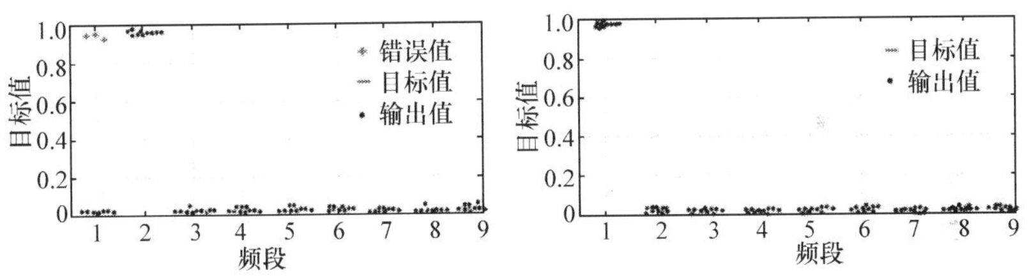

图 6.42　输出值与目标值对比

分析图 6.42 可知，在误差允许的范围内，运用自构心音小波神经网络对 10 组正常心音信号和 10 组期前收缩心音信号进行检测，重复 10 次，平均识别率为 97%。在同样的被测数据和待测数据下，利用 Morlet 小波神经网络和 Mexican hat 小波神经网络重复上述实验，分别得到其误差曲线图、运算时间和心音识别率。误差曲线如图 6.43 所示，性能比较结果如表 6.15 所示。

表 6.15　三种小波神经网络性能对比

神经网络名称	运算时间/s	收敛性	识别率/%
自构心音小波神经网络	0.0156	快	97
Morlet 小波神经网络	0.0312	中	97
Mexican hat 小波神经网络	0.0312	慢	97

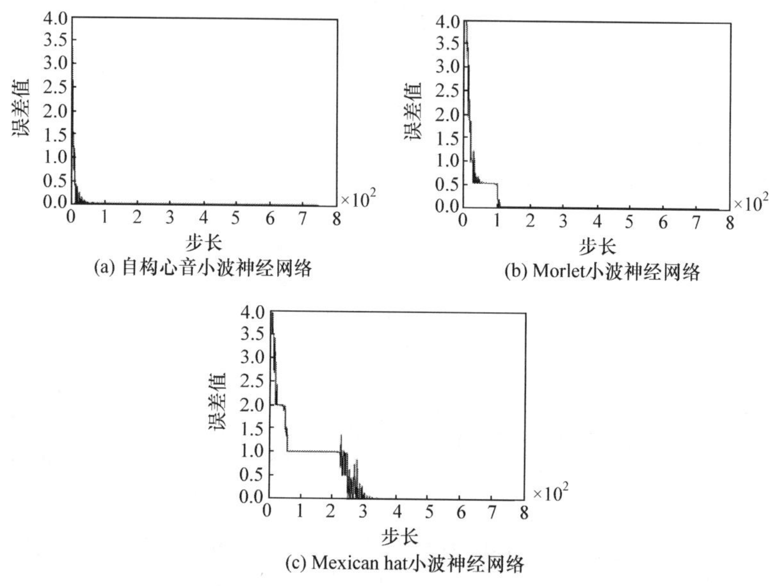

图 6.43 三种小波神经网络误差曲线

分析图 6.43 可知，自构心音小波神经网络训练次数到达 50 次左右收敛，Morlet 小波神经网络在训练次数接近 100 次时才收敛，而 Mexican hat 小波神经网络要训练将近 300 次才基本达到收敛。分析表 6.15 可知，在保证识别率不变的情况下，自构心音小波神经网络的计算代价是最小的。综上所述，自构心音小波神经网络具有较好的收敛性，运算时间也较少，识别率可达 97%。

6.8 本章小结

本章详细介绍了心音的预处理、特征提取和心音识别的一般方法，基于不同的特征提取技术，提出五种较有特色的心音身份识别算法。心音特征提取旨在从复杂多变的心音波形中抽取相对稳定的最能代表心音内容的特征向量，本章提出心音的一维和二维形式的特征表征形式，并采用多特征融合算法，探索在实际应用环境下的快速心音身份分析技术，以获得最佳的自动辨识效果。其中，一维形式特征包括由第一心音、第二心音和心音周期-功率-频率图组成的三段式识别模型，基于心音子波簇的心音信号合成模型和特征向量分布相图；二维形式特征包括二维心音图纵横坐标比和拐点序列码特征、心音纹理图特征；通过相似距离、RBF 神经网络、脉冲耦合神经网络和小波神经网络等识别算法实现心音的识别，并采用多周期段的数据层融合和改进的 Dempster-Shafer 数据决策层融合等行之有效的识别方法，提高了识别率。

参 考 文 献

[1] Li Y, Gao X R, Guo A W. Time-frequency analysis of heart sounds based on continuous wavelet transform[J]. Journal of Tsinghua University, 2001, 41(3): 77-80.

[2] Burhan E, Yetltin T. The analysis of heart sounds based on linear and high order statistical methods[C]. Proceedings of the 23th Annual IEEE-EMBS, Istanbul, 2001.

[3] Oskiper T, Watrous R. Detection of the first heart sound using a time-delay neural network[J]. Computers in Cardiology, 2002, 29(2): 537-540.

[4] 成谢锋，陶冶薇，张少白，等. 独立子波函数和小波分析在单路含噪信号中的应用研究：模型与关键技术[J]. 电子学报，2009，37(7)：1522-1528.

[5] Cheng X F, Li N Q, Cheng Y H, et al. A single-channel mix signal separation technique[C]. Proceedings of the International Conference on Bioinformatics and Biomedical Engineering, Wuhan, 2007.

[6] Stein P D, Sabbah H N, Lakier J B, et al. Frequency spectra of the first heart sound and of the aortic component of the second heart sound in patients with degenerated porcine bioprosthetic valves[J]. American Journal of Cardiology, 1984, 53(4): 557-561.

[7] 卢官明，李海波，刘莉. 生物特征识别综述[J]. 南京邮电大学学报(自然科学版)，2007，27(1)：81-88.

[8] Jain A K, Ross A, Prabhakar S. An introduction to biometric recognition[J]. IEEE Transactions on Circuits and Systems for Video Technology, 2004, 14(1): 4-20.

[9] Biel L, Pettersson O, Philipson L, et al. ECG analysis: A new approach in human identification[J]. IEEE Transactions on Instrumentation and Measurement, 2001, 50(3): 808-812.

[10] Ortega-Garcia J, Bigun J, Reynolds D, et al. Authentication gets personal with biometrics[J]. IEEE Signal Processing Magazine, 2004, 21(2): 50-62.

[11] Jang G J, Lee T W. A maximum likelihood approach to single-channel source separation[J]. Journal of Machine Learning Research, 2004, 28(7/8): 1365-1392.

[12] Hunter A, Liu W R. Fusion rules for merging uncertain information[J]. Information Fusion, 2006, 7(1): 97-134.

[13] Wu S L, Mclean S. Performance prediction of data fusion for information retrieval[J]. Information Processing and Management, 2006, 42(4): 899-915.

[14] Piella G. A general framework for multi resolution image fusion: From pixels to regions[J]. Information Fusion, 2003, 4(4): 259-280.

[15] Besson P, Kunt M. Hypothesis testing for evaluating a multimodal pattern recognition framework applied to speaker detection[J]. Journal of Neuro Engineering and Rehabilitation, 2008, 5(1): 11-19.

[16] Dunstone T, Yager N. Biometric System and Data Analysis: Design, Evaluation, and Data Mining[M]. New York: Springer, 2009.

[17] Hegde C, Prabhu H R, Sagar D S, et al. Statistical analysis for human authentication using ECG waves[J]. Communications in Computer & Information Science, 2011, 141: 287-298.

[18] Asir B E, Khadra L, Abasi A H. Time-frequency analysis of heart sounds[J]. Digital Signal Processing Application, 1996, 2(2): 287-314.

[19] Ergen B. Comparison of wavelet types and thresholding methods on wavelet based denoising of heart sounds[J]. Journal of Signal & Information Processing, 2013, 4(3): 164-167.

[20] Cheng X F, Tao Y W, Zhang S B, et al. Applications of independent sub-band functions and wavelet analysis in single-channel noisy signal BSS: Model and crucial technique[J]. Acta Electronica Sinica, 2009, 37(7): 1522-1528.

[21] Akay M, Akay Y M, Welkowitz W, et al. Investigating the effects of vasodilator drugs on the turbulent sound caused by femoral artery stenosis using short-term Fourier and wavelet transform methods [J]. IEEE Transactions on Biomedical Engineering, 1994, 41 (10): 921-928.

[22] Maglogiannis I, Loukis E, Zafiropoulos E, et al. Support vectors machine-based identification of heart valve diseases using heart sounds[J]. Computer Methods & Programs in Biomedicine, 2009, 95(1): 47-61.

[23] Lee E, Michaels A D, Selvester R H, et al. Frequency of diastolic third and fourth heart sounds with myocardial ischemia induced during percutaneous coronary intervention[J]. Journal of Electrocardiology, 2009, 42(1): 39-45.

[24] Cheng X F, Ma Y, Zhang S B, et al. Three-step identity recognition technology using heart sound based on information fusion[J]. Chinese Journal of Scientific Instrument, 2010, 31 (8): 1712-1719.

[25] Wang H, Johnson B R. The discrete wavelet transform for a symmetric-anti symmetric multiwavelet family on the interval[J]. IEEE Transactions on Signal Processing, 2004, 52(9): 2528-2539.

[26] Gao X, Zhou S. A study of orthogonal, balanced and symmetric multi-wavelets on the interval[J]. Science China: Information Sciences, 2005, 48(6): 761-781.

[27] Rabiner L, Juang B H. 语音识别基本原理[M]. 阮平望，译. 北京：清华大学出版社，1999.

[28] 成谢锋，马勇，刘陈. 心音身份识别技术的研究[J]. 中国科学：信息科学，2012，42(2)：235-249.

[29] Cheng X F, Tao Y W. Heart sound recognition—A prospective candidate for biometric identification[J]. Advanced Materials Research, 2011, (255): 433-436.

[30] 王建卫，吴宁，罗德红. 螺旋 CT 及其图像处理技术对喉部肿瘤侵犯的诊断价值[J]. 中华放射学杂志，2001，35(12)：949-952.

[31] 周光湖. 计算机断层摄影原理及应用(CT)[M]. 成都：成都电讯工程学院出版社，1986.

[32] Cheng X F, Yong M A, Chen L, et al. Research on heart sound identification technology[J]. Science China: Information Sciences, 2012, 55(2): 281-292.

[33] 李天生. 心音采集与分析方法研究[D]. 江门：五邑大学，2009.

[34] 成谢锋，马勇，张少白，等. 基于数据融合的三段式心音身份识别技术[J]. 仪器仪表学报，2010，31(8)：1712-1719.

[35] 于云之，聂邦畿. 心音的临床意义及研究现状[J]. 现代医学仪器与应用，1997，(3)：9-12.

[36] Wu W Z，Guo X M，Xie W，et al. Research on first heart sound and second heart sound amplitude variability and reversal phenomenon—A new finding in athletic heart study[J]. Journal of Medical and Biological Engineering，2009，29(4)：202-205

[37] 刘娟，赵治栋. 基于心音信号的身份识别方法[J]. 杭州电子科技大学学报，2011，27(2)：182-185.

[38] 刘勇奎，魏巍，郭禾. 压缩链码的研究[J]. 计算机学报，2007，30(2)：281-287.

[39] 马永华. 改进 BP 神经网络在心音身份识别中的应用研究[D]. 南京：南京邮电大学，2011.

[40] 成谢锋，吴晓晓. 基于 LabVIEW 的心音身份识别系统[J]. 南京邮电大学学报(自然科学版)，2014，34(5)：47-54.

[41] Schwerin B，Paliwal K. Using STFT real and imaginary parts of modulation signals for MMSE-based speech enhancement[J]. Speech Communication，2014，58(3)：49-68.

[42] 成谢锋，李伟. 基于心音窗函数的心音图形化处理方法的研究[J]. 物理学报，2015，64(5)：0587031-058703-11.

[43] Zhang J，Zhan K，Ma Y. Rotation and scale invariant antinoise PCNN features for content-based image retrieval[J]. Neural Network World，2007，17(2)：121-132.

[44] Li S，Kot A C. An improved scheme for full fingerprint reconstruction[J]. IEEE Transactions on Information Forensics & Security，2012，7(6)：1906-1912.

[45] 包桂秋，林喜荣，熊沈蜀，等. 掌纹图像处理方法的研究[J]. 计算机应用，2003，23(12)：82-84.

[46] 李艳君，吴铁军，赵明旺. 一种新的 RBF 神经网络非线性动态系统建模方法[J]. 系统工程理论与实践，2001，21(3)：64-69.

[47] 范文兵，陶振麟，张素贞. 基于递推正交最小二乘的 RBF 网络结构优化[J]. 华东理工大学学报(自然科学版)，2001，27(5)：503-506.

[48] Bowman D C，Lees J M. The Hilbert-Huang transform：A high resolution spectral method for nonlinear and nonstationary time series[J]. Seismological Research Letters，2013，84(6)：1074-1080.

[49] 马义德，袁敏，齐春亮，等. 基于 PCNN 的语谱图特征提取在说话人识别中的应用[J]. 计算机工程与应用，2005，41(20)：81-84.

[50] 刘琨，金文标. 基于脉冲耦合神经网络的孤立词语音识别研究[J]. 重庆邮电大学学报(自然科学版)，2008，20(2)：217 220.

[51] Deng L，Kheirallah I. Dynamic formant tracking of noisy speech using temporal analysis on outputs from a nonlinear cochlear model[J]. IEEE Transactions on Biomedical Engineering，1993，40(5)：456-467.

[52] 任方琴. 基于频域的心音身份识别算法[D]. 杭州：杭州电子科技大学，2013.
[53] 梁林，李春富，王桂增. 非线性递推部分最小二乘及其应用[J]. 系统仿真学报，2001，13(s1)：121-123，127.
[54] 张志华，郑南宁，史罡. 径向基函数神经网络的软竞争学习算法[J]. 电子学报，2002，30(1)：132-135.
[55] Han M，Xi J H. Efficient clustering of radial basis perception neural network for pattern recognition[J]. Pattern Recognition，2004，37(10)：2059-2067.
[56] 杨戈，吕剑虹，刘志远. 一种新型 RBF 网络序贯学习算法[J]. 中国科学：E 辑，2004，34(7)：763-775.

第 7 章　心音的混沌特性与深度信任网络

利用混沌预测方法由已知的心音信号对未知的心音波形做出预测，能为研究心脏状况的变化规律提供可靠依据。本章首先介绍心音的混沌特性表征方法，再根据心音信号混沌特性和 Volterra 级数理论，提出一种心音信号的短时预测方法和心音长期预测模型，可以分别获取 3～5s 后的心音变化情况，以及估计分析数年后心音波形的基本变化情况来研究心音混沌特征随着运动和年龄变化的规律，为心音的实际应用提供一条新途径。

对心音分类识别技术在大数据、云计算领域的应用进行先导性的研究，归纳出深度学习网络的一系列特点，将深度学习算法与心音识别技术相结合，构建一个适于在自然环境下对大量心音数据进行学习的深度学习网络，并辅以适当的分类器构建心音深度信任网络。

7.1　概　　述

心音是由心脏在舒张和收缩运动过程中心肌、血液、心血管及瓣膜等机械振动产生的复合音。心音信号作为人体最重要的生理信号之一，它能反映心脏心房、心室瓣膜与血管的运动状况，通过心音的变化可以了解人体某些生理和病理的改变[1,2]。然而，心音本身是一种非平稳的非线性信号，传统的时频线性分析方法并不能反映生物信号在复杂度与不规则性方面的变化，故无法揭示其内在的非线性本质。在信号处理领域中，时间序列的预测建模是一个重要的研究方向，随着现代信号处理理论的不断进步，人们发现在现实生活中，人类的生理信号就相当于一个复杂的非线性系统，而非线性动力学方法提供了处理非线性不规则时间序列的新的思路和方法。通过观测时间序列来预测系统未来的时间演化序列是时间序列分析中最重要的经典问题之一。

衰老是心音混沌特性渐变为零的过程。可采用实验为主导的方式讨论运动和年龄对心音混沌特性的影响，分析各种情况下心音关联维数的变化规律。通过运动负荷实验这一研究中常用的诱发潜在性心血管类相关疾病的方法，结合对不同年龄人群心音混沌特征发展趋势的分析，可研究年龄增长引起心脏自适应能力变化的规律和运动对心音混沌特性的影响，进一步尝试与临床检测相结合，更深入地研究心脏状态变化的机制。

深度学习算法因其在自然环境下对大数据处理的优良特性而成为图像、语音识别方面的主流算法。为解决深度学习网络结构选择困难的问题，这里探究深度学习网络的结构特性，提出一种进程择优法来帮助实现深度学习网络结构的选择，可方便、快速地给出深度学习网络的优选范围。

7.2 心音的混沌特征表示

7.2.1 心音信号的相空间重构

任意混沌时间序列的判定与分析都是建立在重构相空间的基础上的。对于心音信号，相空间重构是提取其混沌特征信息的重要方法，也是分析心音信号关联维数大小的第一步。根据 Takens 嵌入定理，若用 $x(t)(t=1,2,\cdots,N)$表示心音信号的观测序列，则可选择合适的时延 τ 以及嵌入维数 m 重构系统相空间，由 $x(t)$得到一组新的向量序列：

$$\boldsymbol{X}(t)=\{x(t),x(t+\tau),\cdots,x[t+(m-1)\tau]\}^{\mathrm{T}} \tag{7.1}$$

式中，$t=1,2,\cdots,M$；m 为状态空间维数；τ 为时延。

因此，这个由心音信号观测值及其时延值所构成的 m 维状态空间即重构的相空间，它与原始的状态空间是微分同胚的。选取合适的重构参数——延迟时间 τ 和嵌入维数 m 是进行相空间重构的关键。

7.2.2 用互信息法确定时延

由于互信息法具有保持时间序列的非线性特征的特点，其在时延 τ 的选取上比较有优势，可通过计算心音信号观测序列的互信息函数

$$I(\tau)=\sum_{k=1}^{N}P(x_k,x_{k+\tau})\log_2\frac{P(x_k,x_{k+\tau})}{P(x_k)P(x_{k+\tau})} \tag{7.2}$$

取 $I(\tau)$的第一个极小值点作为心音信号观测序列的最优时延。

7.2.3 用 Cao 法计算最佳嵌入维数

在计算心音时间序列嵌入维数 m 时，Cao 法[3]只需要时延 τ 一个参数，且计算效果较好，因此得到广泛的应用。定义

$$E(m)=\frac{1}{N-m\tau}\sum_{i=1}^{N-m\tau}a(i,m) \tag{7.3}$$

式中，$E(m)$为所有 $a(i,m)$的均值，它只与两个变量 m 和 τ 相关，为方便分析嵌入维数由 m 变为 $m+1$ 时相空间的变化情况，令 $E_1(m)=\dfrac{E(m+1)}{E(m)}$。若随着 m 的增

加，到达某一特定值 m_0 后 $E_1(m)$ 不再发生变化，则该心音时间序列是确定的。

7.2.4　用 GP 算法快速求解关联维数

在对心音信号进行相空间的重构之后，可提取关联维数这一度量心音混沌时间序列相空间吸引子复杂度的定量指标。根据心音信号的物理特性和 Takens 嵌入定理[2]，这里采用 GP 算法进行快速计算。

对于进行相空间重构之后的 M 个点，计算其有关联的向量对数，它在一切可能的 M^2 种配对中所占的比例称为关联积分：

$$C_n(r)=\frac{1}{M^2}\sum_{i,j=1}^{M}\theta[r-\|X(i)-X(j)\|] \tag{7.4}$$

式中，$\theta(\cdot)$ 为 Heaviside 单位函数，即

$$\theta(x)=\begin{cases}0, & x\leqslant 0\\ 1, & x>0\end{cases} \tag{7.5}$$

当 $r\to 0$ 时，关联积分 $C_n(r)$ 与 r 存在以下关系：$\lim\limits_{r\to 0}C_n(r)\propto r^D$，其中，$D$ 为关联维数，恰当地选取 r，使得 D 能够描述奇异吸引子的自相似结构，由式(7.5)可得 $D=\log_2 C_n(r)/\log_2 r$。在实际数值计算中，通常的做法是让嵌入维数从小到大增加，对每个嵌入维数取双对数关系 $\log_2 C_n(r)\sim\log_2 r$ 中的直线段，用最小二乘法进行拟合，得出一条最佳直线，该直线的斜率就是关联指数。关联指数会随嵌入维数的增加而增大，最后到达一个饱和值，这个饱和值就是心音混沌时间序列的关联维数 D。

7.3　心音的预测模型

7.3.1　基于混沌的 Volterra 级数预测模型

混沌作为一种非线性现象，在相空间中的轨迹服从一定的规律，它的内部动力学系统具有明确性的法则[3-5]。通过观测数据建立数学模型，进行混沌预测，可以预测非线性动态系统的变化。

常用的根据观测数据来建模的混沌预测方法包括全局预测法[6]、局部预测法[7]和自适应预测法[8-10]。其中得到广泛应用的是自适应预测法，它是一种动态调整预测模型参数的方法，将当前所获得的数据与当前的预测误差相结合，从而对模型参数进行不断的调整与修正，适用于已知的数据不完整或者系统存在时变特性的情况，因此特别适合用来解决心音信号这种非平稳、时变信号的预测问题。该方法适合小数据量的预测，具有仅需少量训练样本就能对时间序列做出预测的优点，便于实际应用[4]。

Volterra 级数法是一种自适应预测法，其原理是根据已有的时间序列，通过延

迟坐标法重构系统的相空间，之后估计映射函数，利用 Volterra 级数由当前状态找到下一状态，从而达到系统预测的目标[10-12]。Volterra 级数预测模型的原理如图 7.1 所示。

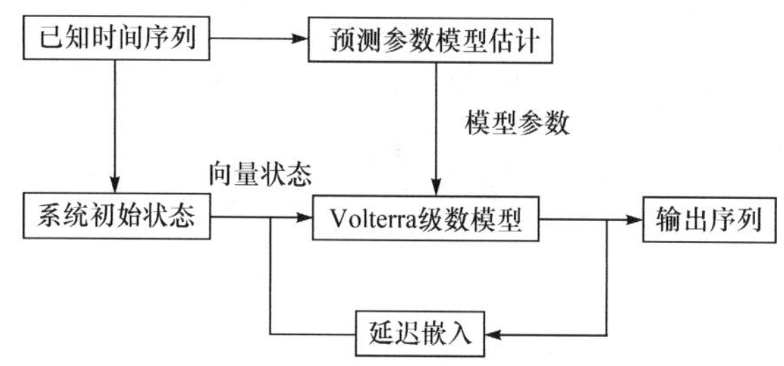

图 7.1　Volterra 级数预测模型的原理

Volterra 级数检验预测期模型如图 7.2 所示。

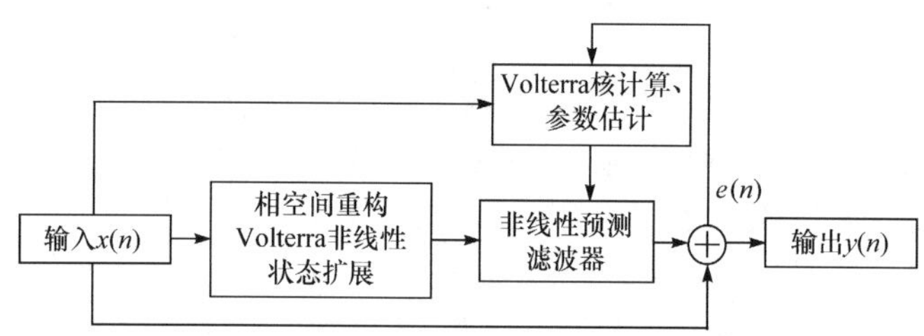

图 7.2　Volterra 级数检验预测期模型

处理混沌时间序列的 Volterra 自适应滤波器是基于系统相空间重构的基本思想和非线性 Volterra 级数展开式所提出的，它在光滑动力系统中的实际预测模型为

$$x(t+T)=F_i(x(t))+\zeta(t) \tag{7.6}$$

式中，$\zeta(t)$为系统噪声；$F_i(x(t))$为动力学系统产生的时间序列，通过延迟坐标法[13,14]可以重构出原动力学系统时间序列演化的预测模型。

设非线性动力学系统的输入为

$$x(n)=[x(n),x(n-1),\cdots,x(n-N+1)]^{\mathrm{T}} \tag{7.7}$$

输出为

$$y(n)=\hat{x}(n+1) \tag{7.8}$$

系统对输入 $x(n)$的响应 $y(n)$可用 Volterra 级数表示为

$$y(n)=h_0+\sum_{p=1}^{\infty}y_p(n) \tag{7.9}$$

式中

$$y_p(n)=\sum_{i_1,i_2,\cdots,i_p=0}^{\infty}h_p(i_1,i_2,\cdots,i_p)x(n-i_1)\cdots x(n-i_p) \tag{7.10}$$

此处，$h_p(i_1,i_2,\cdots,i_p)$称为 p 阶 Volterra 级数的核。同时，非线性系统函数的 Volterra 级数展开为

$$\hat{x}(n+1)=h_0+\sum_{i=0}^{m-1}h(i)x(n-i)+\sum_{i=0}^{m-1}\sum_{j=i}^{m-1}h_2(i,j)x(n-i)x(n-j) \tag{7.11}$$

Volterra 核的二阶截断求和形式可以表示绝大部分非线性系统。在上述预测模型的基础上就要根据已知时间序列来估计模型参数，即确定式(7.11)中的各阶 Volterra 级数核，将已知的时间序列 $x(n)$嵌入 m 维空间，之后组成输入输出对，并通过最小二乘法来计算各阶 Volterra 级数的核。Volterra 自适应滤波器属于非线性自适应 FIR 滤波器的一种，其滤波系数矢量为

$$\boldsymbol{W}(n)=[h_0,h_1(0),h_1(1),\cdots,h_1(m-1),h_2(0,0),h_2(0,1),\cdots,h_1(m-1,m-1)]^{\mathrm{T}} \tag{7.12}$$

输入信号矢量为

$$\begin{aligned}\boldsymbol{Z}(n)=[&1,x(n),x(n-\tau),\cdots,x(n-(m-1)\tau),\\&x^2(n),x(n)x(n-\tau),\cdots,x^2(n-(m-1)\tau)]^{\mathrm{T}}\end{aligned} \tag{7.13}$$

则式(7.11)可表示为

$$\hat{x}(n+1)=\boldsymbol{Z}^{\mathrm{T}}(n)\boldsymbol{W}(n) \tag{7.14}$$

采用归一化最小均方(normalized least mean square，NLMS)自适应算法来计算误差：

$$e(n)=x(n+1)-\boldsymbol{Z}^{\mathrm{T}}(n)\boldsymbol{W}(n) \tag{7.15}$$

将误差代入式(7.16)，对下一个点的参数进行估计：

$$\boldsymbol{W}(n+1)=\boldsymbol{W}(n)-\frac{\mu}{\boldsymbol{Z}^{\mathrm{T}}(n)\boldsymbol{Z}(n)}e(n)\boldsymbol{Z}(n) \tag{7.16}$$

式中，μ 为步长，收敛步长 $0<\mu<2$。

7.3.2　心音信号的短期预测模型

心音信号的短期预测模型如图 7.3 所示。首先将心音信号除噪生成心音时间序列 $x(n)$；然后利用互信息法[15]和 Cao 法[16]分别计算心音时间序列的延迟时间和最小嵌入维数 m，并进行相空间重构[17]；最后通过非线性回归算法[18]求解 Volterra 模型参数，从而得到 Volterra 预测模型。由于求解后的模型可以根据预测精度的控制范围确定模型的系统函数，该心音短期预测模型具有自适应能力。

利用短期预测模型对心音信号的时间序列进行预测的具体步骤如下。

(1) 截取长度为 14000 点的正常心音数据，进行归一化处理得到心音时间序

列 $x(n)$：

$$x(n)=\frac{y(n)-\dfrac{1}{N}\sum_{i=1}^{N}y(i)}{\max(y(n))-\min(y(n))} \tag{7.17}$$

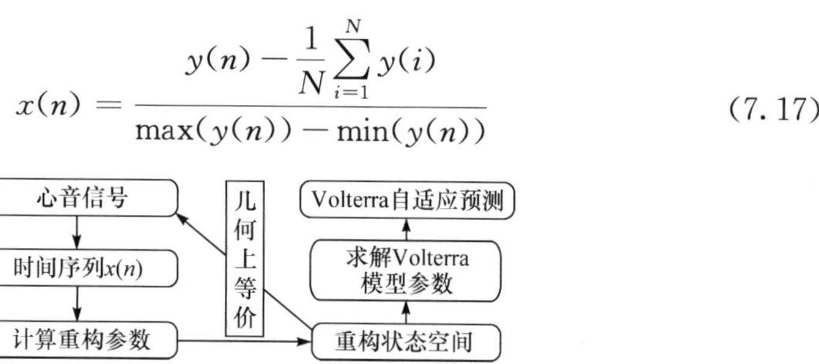

图 7.3　心音信号短期预测模型

(2) 对该段心音信号的前 7000 点进行预测模型的训练，并取后 7000 点进行测试，以预测绝对误差 $e(n)=x(n)-\hat{x}(n)$，以及预测相对误差

$$\varepsilon=\frac{\sum_{n=1}^{N}(x(n)-\hat{x}(n))^2}{\sum_{n=1}^{N}x^2(n)} \tag{7.18}$$

二者相结合作为预测评价标准。

设置所选的正常心音信号的平均最优延迟时间为 5，最小嵌入维数为 8，作为所选心音信号相空间的两个重构参数，同时设置预测阶数为 2，预测步长为 1 步，对正常心音的短期预测实验结果如图 7.4 所示，预测相对误差为 0.132。同理对 14000 点的异常心音数据用心音短期预测模型进行预测处理，获得的实验结果如图 7.5 所示，预测相对误差为 0.238。

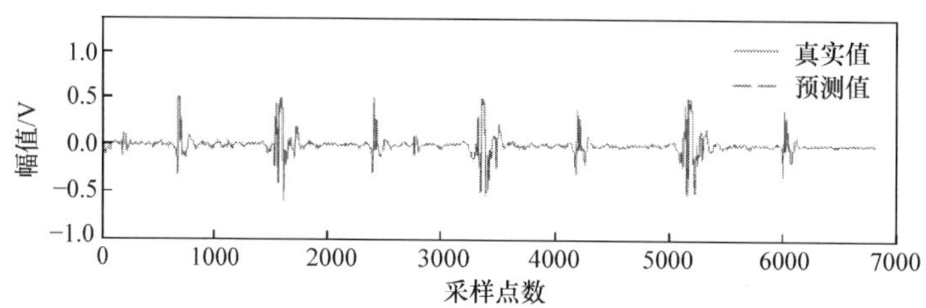

图 7.4　对正常心音信号的短期预测

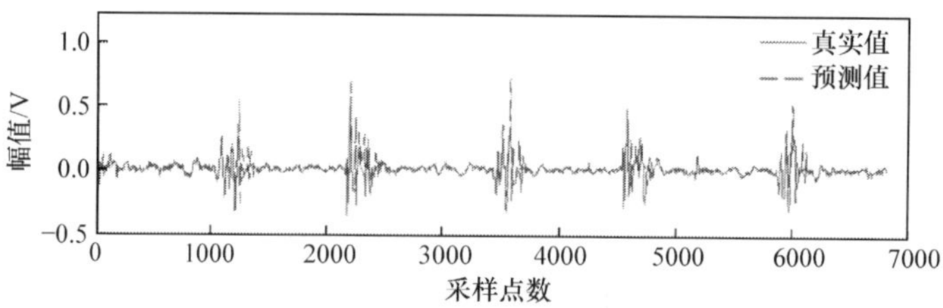

图 7.5　对异常心音信号的短期预测

对五组正常心音信号与异常心音信号分别进行预测处理，获得的预测相对误差统计如图 7.6 所示。

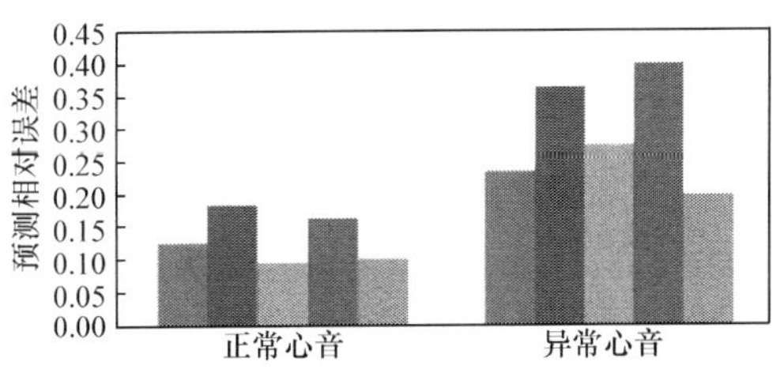

图 7.6　五组正常心音信号与异常心音信号预测相对误差统计图

从图 7.6 可知，对于正常心音信号，心音短期预测模型的预测误差较小，预测效果较好；而对于异常心音信号，预测误差增大，这是因为异常心音的混沌特性降低，与心音短期预测模型和基于心音混沌特性[19]的要求有一定偏离。

7.3.3　心音信号的长期预测模型

本节根据心音信号的传统线性时域表达式，结合体质调查表所了解的用户体质，并对照不同年龄段人群的心音信号的关联维数[20]的平均标准值，给出一种心音信号长期预测的模型，如图 7.7 所示。

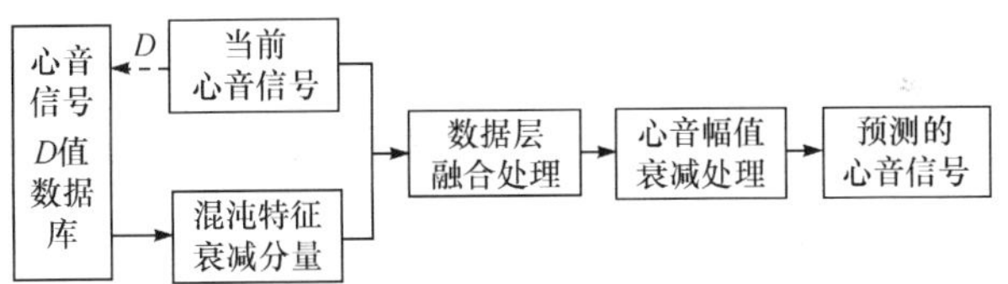

图 7.7　心音信号长期预测模型

当前心音信号为 $s(t)$，它是周期信号，可表示为

$$s(t)=c_1s_1+c_2s_2+c_3s_3+c_4s_4 \tag{7.19}$$

式中，s_1、s_2 为第一、第二心音；s_3、s_4 为第三、第四心音；$c_n(n=1,2,3,4)$为它们的合成系数。

心音混沌特征衰减分量 $s_c(Y)$由下面方法确定，Y 为预测年限长度。

(1) 获得心音混沌特征随年龄变化的趋势图。采集不同年龄段人群的心音：青年 10～28 周岁心音 9 例，中年 35～60 周岁 8 例，老年 60～80 周岁 5 例，三组心音共 22 例，男女皆有。所有受试者均为窦性心律，无心血管病史。计算出 22 个心音的关联维数，可获得心音关联维数 D 随年龄变化的趋势图，如图 7.8 所示，即心音的混沌特征随年龄变化的关系图。具体分析参见 7.4.2 节。

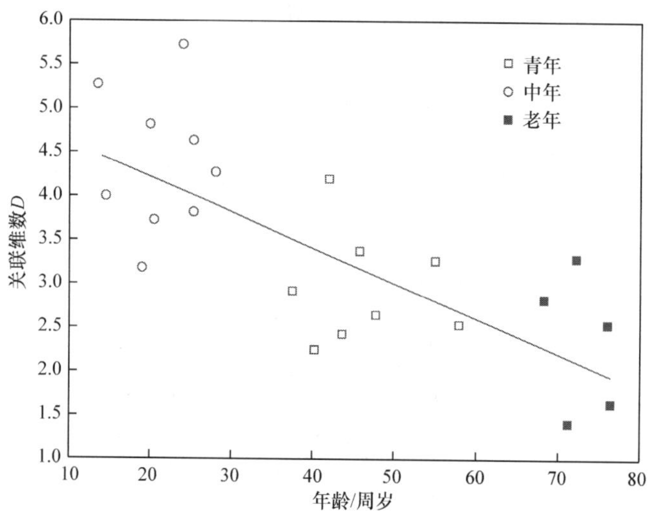

图 7.8　心音关联维数随年龄变化的趋势图

(2) 组建关联维数 D=0.3～4.5 所对应的心音信号 D 值数据库。

(3) 计算当前心音信号 $s(t)$的 D 值。

(4) 根据图 7.8，按每年 D 值平均降低 0.0398 计算预测年龄段的 D_c，即 $D_c=D-3.98\%DY$。

(5) 从心音信号 D 值数据库中选取 D_c 所对应的心音信号作为心音混沌特征衰减分量 $s_c(Y)$。

心音混沌特征衰减分量 $s_c(Y)$和当前心音信号 $s(t)$的数据层融合步骤如下。

(1) 通过插值法使得一个周期的 $s_c(Y)$和 $s(t)$信号的长度相等，通过信号归一化使二者幅值相同。

(2) 采用短时能量法确定 $s_c(Y)$和 $s(t)$一个周期信号的起点。

(3) 在一个周期信号的 $s_c(Y)$和 $s(t)$中划分出第一心音 s_1 段和第二心音 s_2 段。

(4) 分别对 $s_c(Y)$和 $s(t)$的 s_1、s_2 段进行等长度分层。例如，用小波包变换(wavelet packet transform，WPT)进行 N 层变换，可获得一个低频窄带信号 I_{L} 和 N 个高频窄带信号 $I_{\mathrm{H}}^{j}(j=1,2,\cdots,N)$。

(5) 对 $s_c(Y)$和 $s(t)$分解的所有窄带信号分别取加权平均，有

$$
\begin{aligned}
I_{\mathrm{L}}^{F} &= \frac{1}{T}\Big(\sum_{i=1}^{T}\beta_1 I_{\mathrm{L}}^{i}\Big) \\
I_{\mathrm{H}}^{F,j} &= \frac{1}{T}\Big(\sum_{i=1}^{T}\beta_2^{j} I_{\mathrm{H}}^{i,j}\Big),\quad j=1,2,\cdots,N
\end{aligned}
\tag{7.20}
$$

因为心音信息主要在低频成分，所以低频窄带信号的权重 β_1 取 1，高频窄带信

号的权重 β_2^j 取 $1/j$。

(6) 将新获取的 $s_c(Y)$、$s(t)$的高频信息和低频信息进行小波逆变换就可融合成一个周期的预测心音信号。如图 7.9 所示，$s(t)$是一个周期的当前心音信号，$s_c(Y)$是一个周期心音混沌特征衰减分量，通过插值法使它们等长，通过归一化法使它们的幅值相同。$s(t)$中的第一心音为 s_{11}、第二心音为 s_{12}，$S_c(Y)$中的第一心音为 s_{21}、第二心音为 s_{22}。按照所述步骤进行数据层融合后的结果分别为 x_s、x_{s_1}、x_{s_2}。将 $s(t)$和 $s_c(Y)$全部进行数据层融合后可获得融合心音信号 $s_R(Y)$。

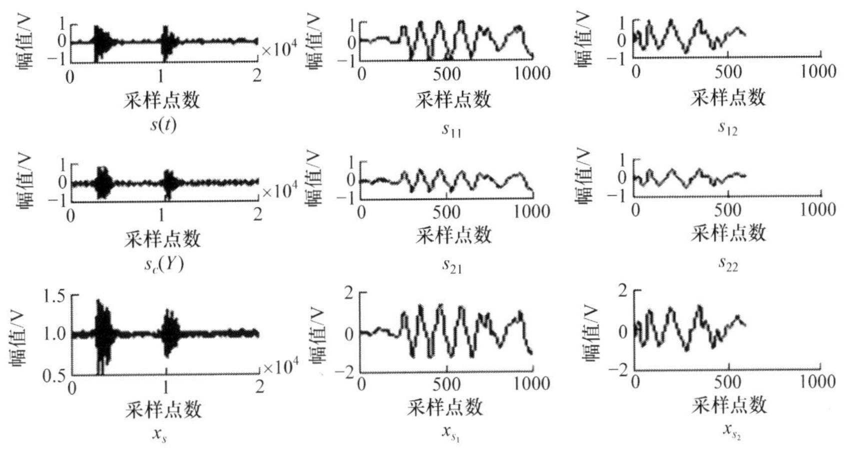

图 7.9　$s(t)$和 $s_c(Y)$中一个周期的信号进行数据层融合的效果

融合心音信号 $s_R(Y)$的幅值衰减处理公式为

$$s_d(Y)=s_R(t)-\Delta e^{\alpha}Ys_R(t) \tag{7.21}$$

式中，$\Delta e^{\alpha}Y$ 为非线性合成项；Δ 代表心音信号幅值每年的衰减幅度；α 为衰减组合系数。

根据本书作者课题组历年来的大量实验统计，无心脏病史人群在 55～70 周岁心音幅值开始出现较为明显的下降，衰减幅度为每年 0.04%～1.8%；而患有心脏病史的人群在各年龄段心音幅值均呈现更快速的下降趋势，衰减幅度为每年 1.5%～10%。

式(7.21)中，衰减组合系数 α 主要由以下几个因素合成。

(1) 体质指数(BMI)：体质指数(BMI)＝体重(kg)÷身高^2(m)，世界卫生组织给出的判断标准：过瘦(低于 18.5)；标准(18.5～25)；肥胖(大于 30)。

(2) 不良生活习惯：烟、酒、缺乏锻炼，工作压力大。

(3) 心脏类家族遗传病史：冠心病、糖尿病、高血压。

结合实验数据，这里给出了衰减组合系数 α 的计算评价标准，如表 7.1 所示。

表 7.1 衰减组合系数 α 的计算

影响因素	衰减组合系数
体质指数(BMI):过瘦或肥胖	+0.2
心脏类家族病史	+0.2
不良生活习惯(烟、酒、少锻炼、工作压力大)	+0.1

根据图 7.7 所示的心音信号长期预测模型，心音幅值衰减处理后的信号即预测的未来心音信号。

以图 7.10(a)所示的一位年龄为 50 周岁实验对象的一段心音为例，其心动周期平均幅值约为 0.4V，计算出当前心音信号的关联维数为 $D=3.1$，20 年后的 $D_c=D-3.98\%D\times Y=0.6324$，从心音信号 D 值数据库中选取 D_c 为 0.6324 所对应的心音信号作为心音混沌特征衰减分量 $s_c(Y)$，如图 7.10(b)所示，按照前面所述方法对心音混沌特征衰减分量 $s_c(Y)$ 和当前心音信号 $s(t)$ 进行数据层融合。

心音幅值衰减值分量按式(7.21)计算，因为该用户患有高血压，平时烟瘾较大，同时经体质指数计算知其属于肥胖人群，衰减组合系数 $\alpha=0.2\times2+0.1=0.5$，因此有

$$s_d(Y)=s_R(t)-\Delta e^{\alpha}Ys_R(t)=s_R(t)-0.015\times e^{0.5}\times20\times s_R(t)\approx0.505s_R(t) \tag{7.22}$$

根据心音信号长期预测模型对其 70 周岁心音波形进行预测，获得的 20 年后的预测心音信号如图 7.10(c)所示。

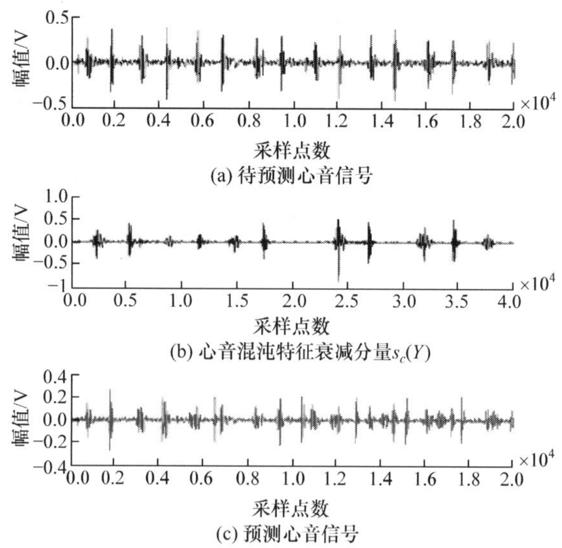

图 7.10 现在心音波形图和预测 20 年后的心音波形图

7.4　心音混沌特性的应用

本节讨论心音混沌特征随着运动和年龄变化的规律。利用 3.4 节自制的肩带式心音采集装置采集运动环境下和不同年龄段的心音信号，对心音信号进行相空间重构，给出在静息、运动中、运动后三种状态下的心音信号混沌吸引子，讨论运动和年龄对心音混沌特性的影响，重点分析心音关联维数的变化规律。

7.4.1　运动状态变化对心音混沌特征的影响规律

运动负荷方法是目前临床上常用于冠心病和心肌缺血疾病的模拟与检测的重要手段之一，一般采用特定的运动方式逐渐增加心脏的负荷，观测运动生理信号特征参数的变化来进行相关分析，从而评价心脏状态以及心肌缺血的程度。目前，常用的运动实验方法包括阶梯运动实验、活动平板实验和踏车运动实验等方法。

许多研究结果表明，在运动进行的过程中，人体心血管系统的交感神经呈现兴奋状态，而副交感神经呈现抑制状态[21]，这就导致了自主神经系统对心脏调节功能的不平衡，这种不平衡状态会引发心脏系统状态的改变。通过分析和提取运动负荷实验中心脏的 HRV 信号，可以得到有关心血管调节方面的模拟。然而，这些实验都是基于心电信号关联维数的研究。因此，采用新型便携装置测量心音信号分析不同运动状态下心脏混沌参数的变化规律是一个新的研究内容。

对静息、运动中、运动后的 10 人共 30 组心音信号进行混沌特征分析。首先分别求得每个心音信号的最优时延和最小嵌入维数，并进行系统相空间重构。图 7.11(a)、(b)、(c)左侧所示分别为同一测试者在静息、运动中、运动后三种状态下心音信号的吸引子重构图。从图中可以明显看出不同状态下心音的重构吸引子在轨迹分布的复杂度以及分布区域大小方面有着显著的区别。然后采用 GP 方法进行心音信号的关联维数计算，图 7.11(a)、(b)、(c)右侧分别为同一测试者在静息、运动中、运动后三种状态下心音信号所对应的关联积分 $\ln C_m(r)-\ln r$ 分布曲线，自上而下嵌入维数 m 由 2 逐渐增大到 20，$\Delta m=2$。确定该分布图中的标度区，即 $\ln C_m(r)$ 与 $\ln r$ 关系的曲线在饱和区域所存在的线性相关部分，用最小二乘法拟合上述区域中的点，得到的拟合直线斜率即心音信号的关联维数 D。若系统存在混沌特性，则随着嵌入维数 m 的增加，关联维数也有所增加，但当 m 增加到一定程度时，关联维数会逐渐呈现收敛的趋势。图 7.12 所示为同一测试者在静息、运动中、运动后三种状态下心音关联维数随嵌入维数变化的趋势图，当嵌入维数 $m>16$ 后，曲线趋于稳定。最后分别计算 $m=16$、18、20 时的关联维数，计算三者的平均值，作为心音关联维数 D 的值。

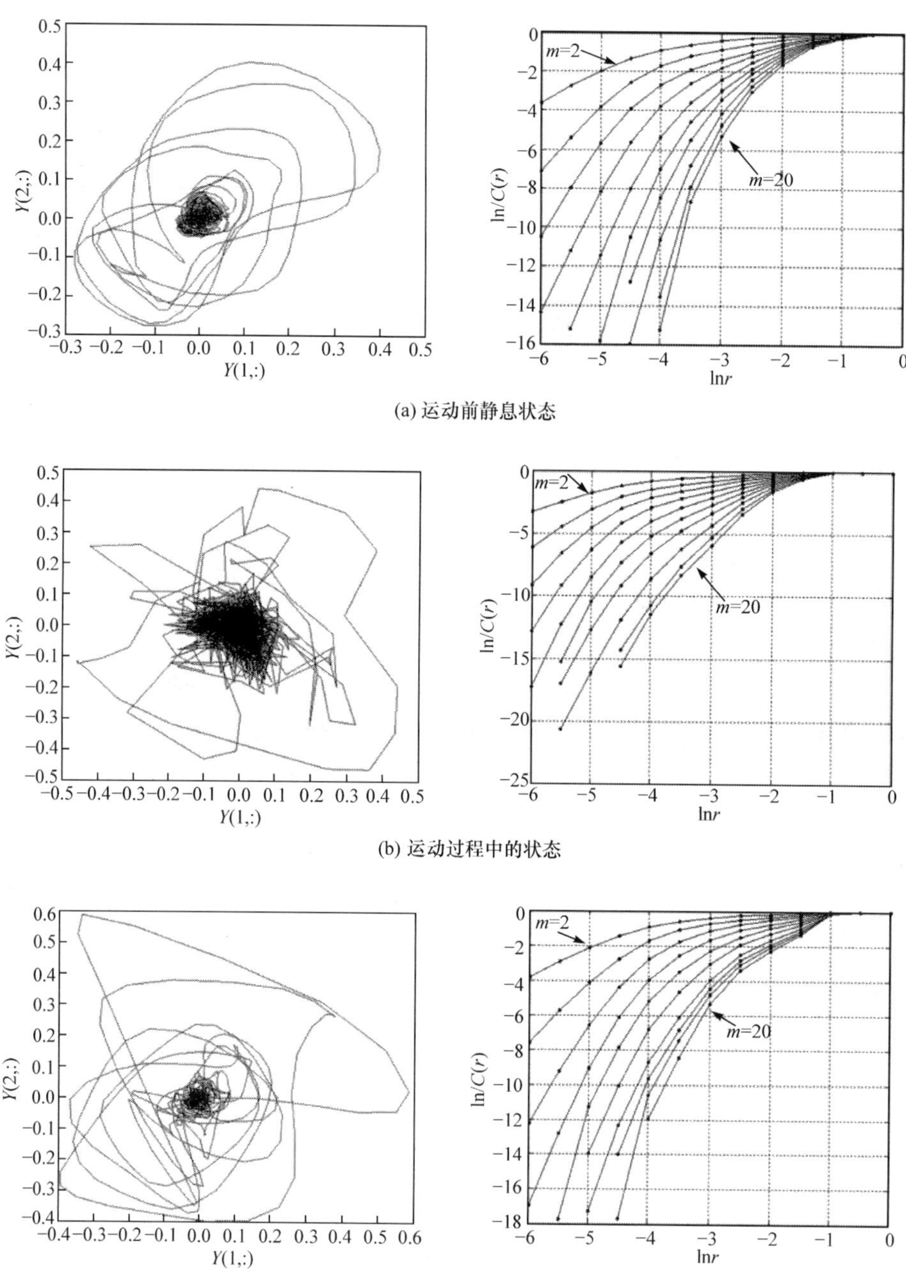

(a) 运动前静息状态

(b) 运动过程中的状态

(c) 运动恢复后的状态

图 7.11　某一测试者在不同运动状态下的心音吸引子相图和关联积分分布

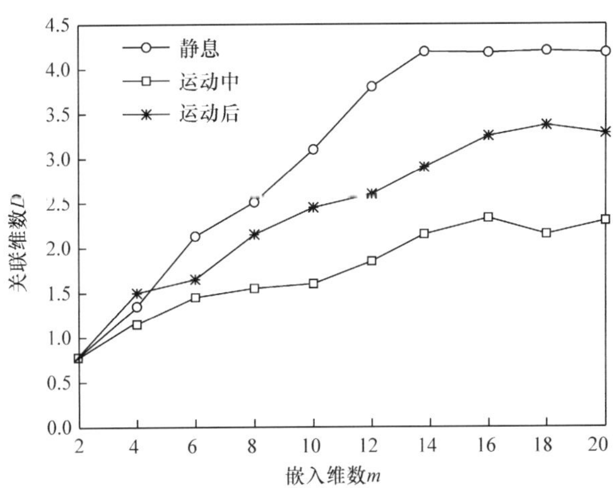

图 7.12　某一测试者心音关联维数随嵌入维数变化的趋势图

计算10位测试者在静息、运动中、运动后三种状态下的心音信号关联维数，结果如图7.13所示。由图7.13可知，当测试者静息时心音信号关联维数较高，运动过程中关联维数下降，下降比例为12.3%～53.8%，这是因为人在运动的过程中心率加快，自主神经中的交感神经部分变得兴奋而迷走神经部分受到了抑制，这种变化破坏了人体自主神经的平衡，使心脏心率变异性减弱，据此模拟出近似心脏受疾病影响的状态。这导致心血管系统心脏调节的能力降低，心脏混沌性减弱，进而引起了心音关联维数的下降。最后，在运动结束恢复3min的过程中，测试者的心音关联维数开始逐渐恢复，上升比例为7.8%～48.5%。这是因为恢复阶段有一个较长的过程，心率需要逐渐降低，心脏在进行不断的调节使交感神经与迷走神经之间达到新的平衡，在这个过程中影响心血管变化状况的因子增多，调节过程变得复杂，心血管系统的混沌性再次得到强化。经调查，测试者中爱好运动的人在静息时的心音关联维数最大($D=5.57$)，运动中、运动后的心音关联维数变化范围较小，因此运动会使心音混沌特性增强，长期运动会使心音混沌特征参数相对稳定。

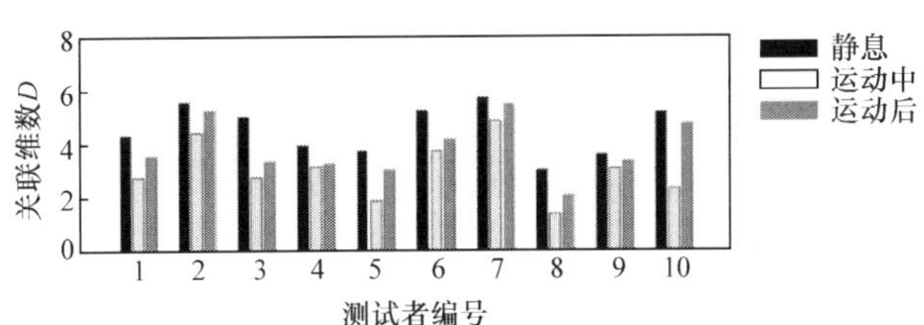

图 7.13　10位测试者心音关联维数在静息、运动中、运动后三种状态下的变化示意图

7.4.2 年龄变化对心音混沌特征的影响规律

年龄是心血管疾病的一个独立风险因子。关于年龄对心率变异性(heart rate variability,HRV)的影响,Goldberger 等指出健康生理控制系统中的非线性复杂性会随着年龄增长和疾病的出现而显著下降,这意味着个体适应能力的降低[22]。该结论源自对人体心率变异性(HRV)和步态(gait)的研究成果。文献[23]认为心肌在迷走神经和交感神经的调节下会表现出变力性、变时性和变传导性等多种特性,同时,年龄对自主神经功能的影响主要体现在迷走神经上。

从人体生理的角度,随着年龄的增加,迷走神经将会退化,对心肌的调节作用将会减弱,使得心肌收缩功能下降,心脏的自适应能力也随之下降。这会使心脏系统状态变量观测值时间序列中所包含的信息量减少,引起心血管混沌参数的下降。

一般认为,当参与输出信号系统的调节因素增加或者系统的复杂性增加时,系统的关联维数会呈现较高的数值,这也意味着系统中点与点之间的关联程度变得更加紧密;而当关联维数比较小时,参与输出信号系统的调节因素减少,系统的复杂性降低。这里对采集到的不同年龄段人群的心音信号进行混沌特性分析,计算出三组年龄段 22 个心音的关联维数,并用作图法进行线性拟合直观表现出关联维数随年龄增加的变化趋势。图 7.14 给出了心音关联维数随年龄变化的趋势图。

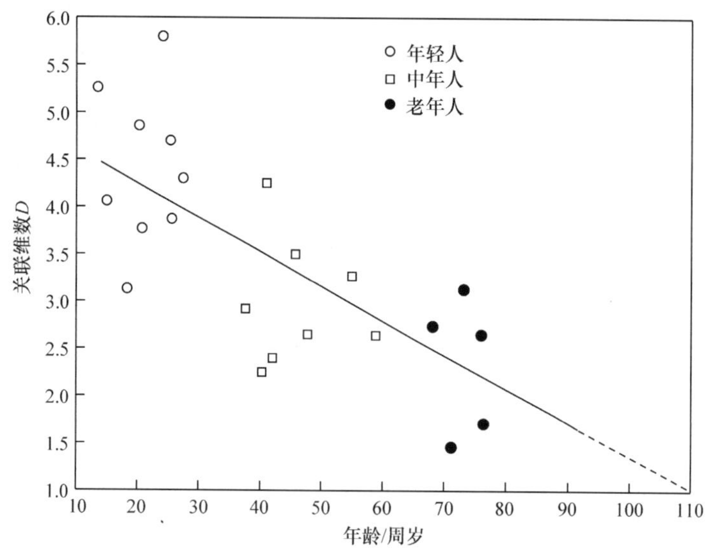

图 7.14 心音关联维数随年龄变化的趋势图

从图 7.14 可知,心音关联维数与年龄有明显的线性负相关关系,且其线性回归方程的 P 值小于 0.01,具有统计学意义。随着年龄的增长,心音的关联维数总体呈现减小的趋势。通过对实验数据的线性拟合可得到心音关联维数随年龄变化

的预测方程为

$$Y=4.51977-0.0398X \tag{7.23}$$

令 $Y=0$,则 $X=113.5621$,即人的心音关联维数约在 113 周岁时趋向于 0,每年心音关联维数平均降低 0.0398%,心音的混沌特性完全消失,这也证明通常描述人类的最长寿命大约为 125 周岁[24]是有一定理论基础的。

中青年人群心音的非线性混沌特征呈现较高的数值,说明该年龄层次的心音信号中 s_1、s_2 幅值较强,影响心血管变化状况的因子较多,调节过程比较复杂,心脏系统表现出更强的混沌状态,从而令心脏非线性动力学系统复杂化。而老年人群心血管系统和心脏的调节能力降低,导致心音信号中 s_1 和 s_2 强度减弱,同时受异常病理性心脏杂音影响,其心血管系统的混沌特征减弱,趋向有序运动,故衰老是心音混沌特性渐变为零的过程。

7.5 心音深度信任网络

深度学习是模拟人脑的功能,利用多层次的架构,获得对象在不同层次上的表达,以解决一些浅层结构无法很好解决的复杂、抽象的问题[25]。深度学习算法无须人工设计特征,由计算机自主地对数据进行学习,可有效地对复杂数据进行降维,极大地提高了系统的自组织性和效率。但也由于其强大的自主性,通常需要大量的数据进行学习才能获得良好的效果,而复杂的大数据条件恰好满足了深度学习算法对于数据量的要求[25-27]。

为了提高心音识别算法在自然环境下处理大数据的能力,这里使用进程择优法辅助构建出一种心音深度学习网络,经验证使用心音深度学习网络构建出的心音深度信任网络相比其他层次结构的深度信任网络拥有更低的误识别率,平均误识别率在 10%左右。特别是对心音进行简单的能量特征提取,将原系统优化为融合心音能量特征输入的心音深度信任网络,实验表明优化后系统的误识别率得到显著下降,仅为 3%左右,可达到传统识别方法所能达到的效果。

7.5.1 深度学习网络与深度信任网络

1. 学习网络

深度学习系统可以由多层的受限玻尔兹曼机(restricted Boltzmann machine, RBM)叠加而成。任意一个 RBM 的概率模型为[28]

$$P(x,h)=\frac{e^{-E(x,h)}}{Z} \tag{7.24}$$

$$E(x,h)=-b'x-c'h-h'wx \tag{7.25}$$

$$Z(x,h)=\sum_{x,h}\mathrm{e}^{-E(x,h)} \tag{7.26}$$

式中，x 为较低的可见层；h 为较高的隐层；w 表示可见层和隐层之间的连接权重；$E(\cdot)$为 RBM 的能量函数；Z 为 RBM 的归一化因子；b、c 分别为可见层和隐层的偏置，$'$表示转置。

深度学习是将训练数据由底层的 RBM 训练并输出，输出数据作为高一层的输入逐层传递。

对于一个 RBM 网络，若各隐层的状态已确定，则各可见层的条件概率即可确定，有

$$P(h\,|\,x)=\frac{\exp(b'x+c'h+h'wx)}{\sum_{h}\exp(b'x+c'h+h'wx)} \tag{7.27}$$

可化简为

$$P(h\,|\,x)=\prod_{i}P(h_i\,|\,x) \tag{7.28}$$

由式(7.28)可以看出，在已知输入数据层的情况下，所有的隐层节点之间是条件独立的，同理，在已知隐层的情况下，所有的可视节点都是条件独立的。由于神经元是二进制的，所以当神经元激活时(值为 1)其概率分布为

$$P(h_i=1\,|\,x)=\frac{\exp(c_i+w_ix)}{1+\exp(c_i+w_ix)} \tag{7.29}$$

或者为

$$P(h_i=1\,|\,x)=\mathrm{sigmoid}(c_i+w_ix) \tag{7.30}$$

同理，可见层的概率分布为

$$P(x_i=1\,|\,h)=\mathrm{sigmoid}(b_i+w_ih) \tag{7.31}$$

为了训练这个模型，需使此模型转化的数据与测试数据尽可能相似。从数学角度上讲，总是希望最大化训练数据的对数概率、最小化训练数据的负对数概率。对数概率比较容易计算，而负对数概率很难计算。为简化训练步骤，避免计算负相，需要对模型进行抽样。

在进行抽样时需要给定可见层状态，更新隐层，将隐层得到的数据返还给可见层从而更新可见层，依次循环，即

$$\begin{cases}h^{(0)}=P(h\,|\,x^{(0)})\\x^{(1)}=P(x\,|\,h^{(0)})\\h^{(1)}=P(h\,|\,x^{(1)})\\x^{(2)}=P(x\,|\,h^{(1)})\\\vdots\\x^{(n)}=P(x\,|\,h^{(n-1)})\end{cases} \tag{7.32}$$

在每次迭代中，整个层得以更新。而为了得到恰当的抽样，初始化应该是随机的，抽样次数也应该越多越好。为了简化，这里将训练样本作为初始化数据，迭代一步之后，将更新的数据作为负样本，这就是对比分歧算法[28,29]。

对比分歧算法也有一定的缺陷，即由于深度学习在训练过程中使数据收敛的方法是层与层数据之间进行对比，从而对网络权重进行调整，而非普通训练方法将训练后的数据与原数据进行对比，所以算法容易导致训练误差的逐层增大。因此，深度学习系统存在一个恰当的层数，而并非层数越多越好。每一层 RBM 的节点数的多少意味着其对数据的降维程度的高低，若网络收敛速度过快，则意味着每一层 RBM 所提取的信息量过少。

深度学习网络具有如下主要特点。

(1) 深度学习网络是由多个 RBM 叠加而成的，每一个 RBM 的隐层作为更高一层 RBM 的可见层使用，换句话说，每一个 RBM 的输出为其更高层 RBM 的输入。任何一个 RBM 输出的数据仅与输入有关，其权值的调整情况也仅与输入有关，与此 RBM 之后的状态、结构均无关。

(2) 深度学习网络的训练方式是无监督的。在深度学习网络的训练过程中需要的只是一个无标签的数据库，对数据的要求很低。但深度学习网络仅仅是一个用于数据学习的网络，可认为是一个对数据进行自适应特征提取的网络，并不能进行数据识别分类。

(3) 深度学习网络可对数据进行有效的降维。理论上，经过深度学习网络学习后的数据会比原数据更具有组织性、特征更明显。深度学习网络中每层的节点数决定了此层输出数据的维度。因此，选择合适的节点数可以对数据进行有效的降维，降低数据的运算代价。

(4) 深度学习网络中底层的误差最大且训练速度最慢。由于使用随机初始化的方法，最初的网络权值随机分布，初始的训练误差会很大且训练速度会比较慢。另外由于使用了反向传播，在计算梯度即误差导数时，随着网络一层层的增加，梯度的幅值会逐渐减小，整体上权值变化的导数即趋势会越来越缓。

(5) 由于使用散度(contrastive divergence，CD)算法，深度学习网络在进行训练时，往往迭代一次就可以获得一套比较好的网络权值，不需要很多次迭代，网络训练的效率较高。

(6) 深度学习网络可以与任意一种分类器结合。目前效果较好的是与 BP 神经网络结合，组成深度信任网络。BP 神经网络采用的是有监督的训练方式，可以使通过深度学习网络学习到的数据更好地拟合到所期望的输出。

(7) 深度学习网络中很多参数没有一个现行标准可以参考。深度学习网络中有很多可调参数，这一点保证了深度学习网络拥有很高的灵活性，可以按照个人要求进行定制。但节点数、层数、学习率、训练时每组数据的个数等参数并没有现行的标准可以参考，以往的研究中大多按照经验数据进行设定，这也限制了深度学习网络的性能。

2. 深度信任网络

在利用深度学习网络进行分类时，最简便的模型即深度信任网络。深度信任网络是将深度学习算法与BP算法结合，使用BP神经网络作为深度学习网络的最后一层，使等级最高的隐层作为分类器的一部分，并将整个网络作为一个反向神经网络进行训练，是无监督学习与有监督学习的结合[28-32]。整个网络将深度学习网络通过学习训练数据所得到的网络权值赋予BP神经网络的隐层，使得BP神经网络可以得到深度学习网络学习到的先验知识。通过这种方法，BP神经网络的训练成功率增加，收敛速度提高。图7.15为深度信任网络结构示意图。

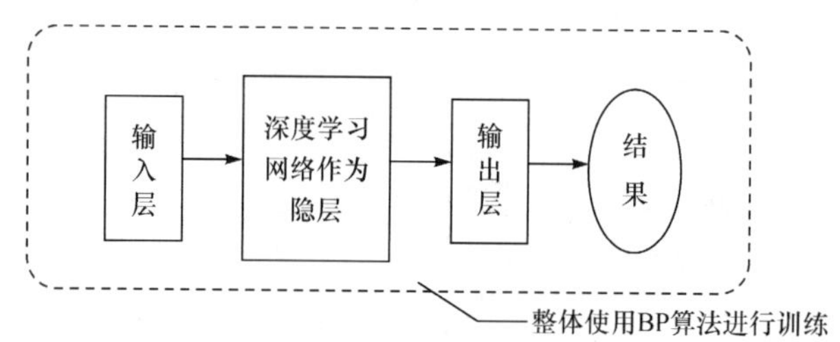

图7.15　深度信任网络结构示意图

深度信任网络的整体训练方法如下。

(1) 将一个多层的深度学习网络初始化，使用CD算法对训练数据进行训练，并得到网络的所有权值。

(2) 构建一个隐层层数、节点数与深度学习网络一致的人工神经网络，将深度学习网络学习后的权值赋予人工神经网络的各隐层。

(3) 使用BP算法对神经网络进行微调，最终获得一个可用的深度信任网络。

深度信任网络拥有BP神经网络的自组织性，对输入数据没有任何要求。由于增加了隐层层数，理论上可更好地学习到数据深层次的特征，提高系统的整体性能。另外，深度信任网络解决了BP神经网络收敛速度慢的问题，使得整个网络的效率得到显著提高。但深度信任网络仍未解决BP神经网络容易陷入局部最优的问题，且隐层层数的增加和训练时使用层与层数据进行比较，使得误差层层传递。因此，隐层层数和隐层节点数的确定成为改善深度信任网络性能的难题。

7.5.2　进程择优法和深度学习网络的快速设计方法

1. 进程择优法的理论基础

在深度信任网络中，确定网络的隐层层数和每层的节点数是进行系统架构的大前提。在以往的研究中，常采用经验值来确定网络的隐层层数和每层的节点数。

这里提出一种在进程中进行网络架构择优的方法——进程择优法，可以给出深度学习网络的深度与节点数的优选范围。利用分类器得出的训练集误差进行网络的适当微调，即可方便地得到拥有最优识别率的深度学习网络。根据文献[33]，可认为重构误差与网络能量是成正比的，因此有以下结论。

定理 7.1　重构误差与网络能量正相关。

证明　令

$$\mathrm{Err}=\frac{\sum_{i}^{n}\sum_{j}^{m}(F_{i,j}-T_{i,j})}{nmN} \tag{7.33}$$

为重构误差的定义公式，式中，n、m 分别为数据的维度，N 为数据的总个数，F 为经过网络处理后的值，T 为原始值，则有

$$\begin{aligned}F&=P(x_0)P(h\mid x_0)P(x\mid h)\\&=P(x_0)\frac{P(x_0,h)}{P(x_0)}\frac{P(x,h)}{P(h)}\\&=P(x_0,h)\frac{P(x,h)}{P(h)}\\&=P(x_0\mid h)P(h)\frac{P(x,h)}{P(h)}\\&=P(x_0\mid h)P(x,h)\end{aligned} \tag{7.34}$$

$$T=P(x_0) \tag{7.35}$$

将(7.34)代入重构误差式(7.33)，可得

$$\mathrm{Err}=\frac{\sum_{i}^{n}\sum_{j}^{m}(F_{i,j}-T_{i,j})}{nmN}=P-T \tag{7.36}$$

将式(7.35)代入式(7.36)，有

$$\begin{aligned}\mathrm{Err}&=P(x_0\mid h)P(x,h)-P(x_0)\\&=P(x_0)[P(x,h)-1]\end{aligned} \tag{7.37}$$

由式(7.24)的 RBM 概率模型可得

$$\mathrm{Err}\propto E(x,h) \tag{7.38}$$

证毕。

也就是说，网络的重构误差可体现网络的整体特性。在使用网络重构误差对网络层数进行选择时，其规则为：当重构误差下降至所设定的阈值时，保留原有的网络结构，否则网络层数增加一层。

定义 7.1　深度学习层重构误差(deep learning layer-layer reconstruction error)，是深度学习网络中每一个 RBM 输入与输出数据的重构误差。它可表示为

$$\mathrm{Err}_{单}=\frac{\sum(x_i-x_{i-1})^2}{N} \tag{7.39}$$

式中，x_i 为第 i 个 RBM 的输出，即第 $i+1$ 个 RBM 的输入；x_{i-1} 为第 i 个 RBM 的输入，即第 $i-1$ 个 RBM 的输出；N 为测试数据集的数据量。

为避免出现负值导致计算上的误差，这里对式(7.33)的重构误差进行改进，使用二阶范式，不仅可以减少计算量，而且改进后的重构误差仍可表现每个 RBM 对数据的转移情况。深度单层重构误差是进程择优法中十分重要的参考量。由于深度学习网络每一层是独立的，每一个 RBM 是单独训练的，则如果将每一层看成一个网络，由定理 7.1 可知，每一层的重构误差与每一层网络的能量相关，每一层重构误差所体现出的趋势就与网络的整体特性相关。因此，深度单层重构误差与网络的总体特性也是相关的。

引理 7.1 通过无监督的学习，深度学习网络的权值已经处于一个比较好的位置。后续的训练对其权值的调整十分微小。

引理 7.2 网络的训练精度随层数的增加而提高。

引理 7.3 由于使用反向梯度算法，系统的训练误差会层层叠加。

引理 7.4 对于每层 RBM 节点数相同的系统，节点数与系统提取的数据量正相关，随着层数的增加每层的收敛速度应慢慢下降。

引理 7.5 深度学习网络迭代一次所得出的重构误差与迭代多次稳定后的误差趋势大致相同。

引理 7.1～引理 7.4 由深度学习网络的结构特点引出，引理 7.5 由深度学习算法使用的对比分歧算法的原理引出。

推理 7.1 在深度学习网络中，某层深度单层重构误差下降到最底层深度单层重构误差的 20%时，系统可能达到最优。

推理 7.1 是将经济学中的二八定律转移到系统学中。二八定律又名帕累托定律，是 19 世纪末 20 世纪初意大利经济学家帕累托提出的[33,34]。他认为，在任何一组东西中，最重要的只占其中一小部分，约 20%，其余 80%的尽管是多数，却是次要的。现在，二八定律已不仅仅运用在社会学和经济学中。研究发现，在计算机系统中也存在二八定律[33]，如 80%的错误存在于 20%的代码中、80%的读写操作应用在 20%的硬盘空间中等。这里，将二八定律应用在深度学习网络中。推理 7.1 表明，当深度单层重构误差下降到最底层深度单层重构误差的 20%时，该网络可能达到最优。

2. 深度学习网络的快速设计方法

基于上面的分析，可以获得进程择优法及深度学习网络的快速设计方法。

(1) 构建一个层数、节点随机的深度学习网络，将训练数据导入网络中进行训练，得出每层的深度单层重构误差。

(2) 对深度单层重构误差进行以下分析。

① 若该深度学习网络的重构误差随着层数加深逐渐下降，且在某层已到达所

设定的误差阈值,则保留此网络结构。

② 若在达到阈值之前重构误差加大,则说明该网络的节点过多,所提取数据量过多,应减少节点。重新构建一个深度学习网络。

③ 若最后一层重构误差未达到阈值,则说明层数过少,应增加层数,重新构建一个深度学习网络。

④ 若该网络深度单层重构误差下降过快,当出现某层重构误差快速下降到上层重构误差所设定的阈值时(该阈值通常设定为某层重构误差快速下降到上层重构误差的 10%～15%),则代表网络节点过少,该网络降维剧烈,所提取的信息量过少,应适当增加节点数。需重新构建一个深度学习网络。

步骤(1)和步骤(2)所描述的进程择优法的应用流程如图 7.16 所示。

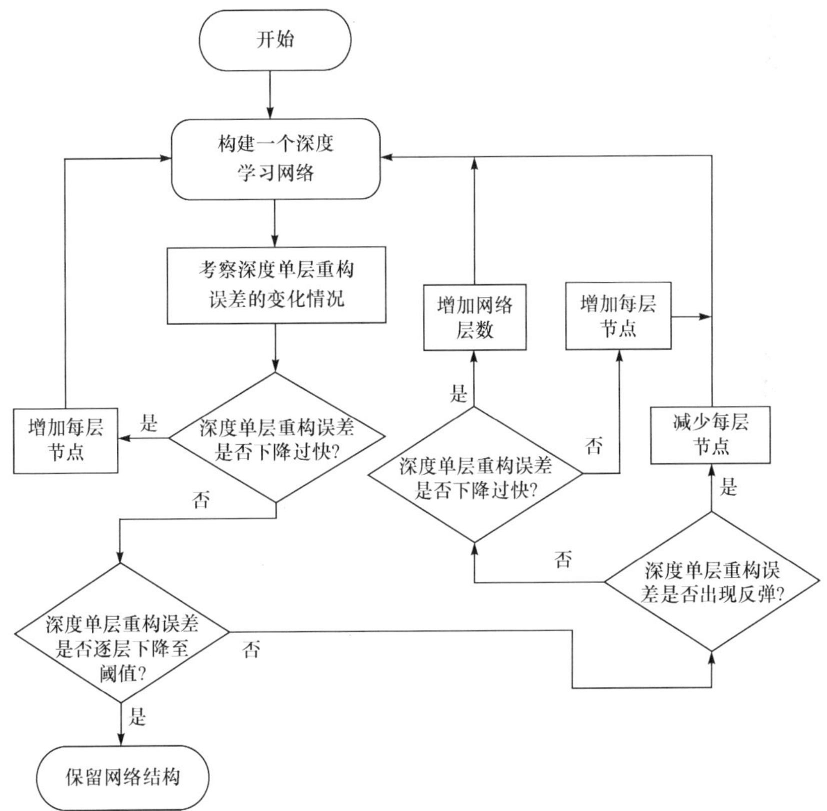

图 7.16　进程择优法应用流程

(3) 挑选出符合以上两条步骤的网络,加入分类器组成一种深度信任网络,利用训练数据对它进行训练,得出相关的误识别率,在对全部误识别率进行对比分析的基础上,最终构建出最优的深度学习网络。

使用本节提出的进程择优法，一方面解决了目前深度学习网络的节点数、层数和学习率等参数没有选择标准的问题，另一方面可方便、快速地给出深度学习网络结构的优选范围，实现深度学习网络的快速构建。

7.5.3 心音深度学习网络的构建

按照上述深度学习网络的快速设计方法，这里构建一种用于对自然环境下的心音信号进行分类处理的深度学习网络，其系统示意图如图 7.17 所示。

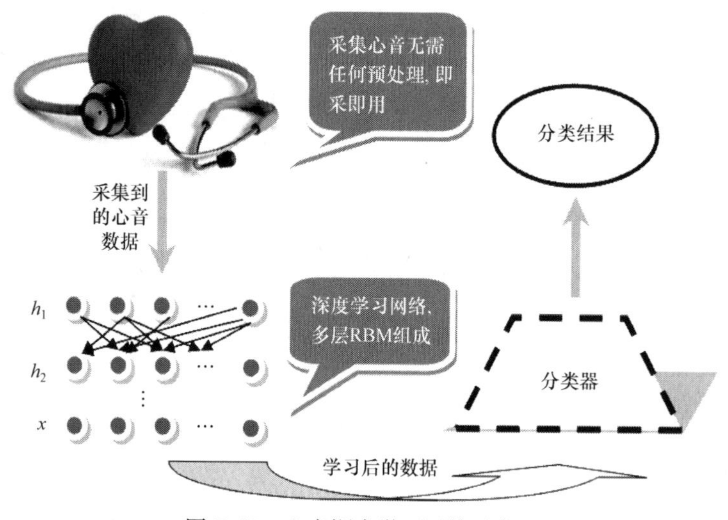

图 7.17 心音深度学习网络示意图

要处理的心音数据库由 1600 条正常与非正常心音组成，每条心音样本时长不少于 3s，正常心音样本有 800 条，非正常心音有 800 条(包括期前收缩心音)，采样频率统一为 4kHz。该数据库主要由本书作者团队自行采集取得，同时参考使用了部分其他心音信号[34,35]。使用该数据库的心音时不需要做任何的预处理。图 7.18 为四种不同心音的波形图。

在以往的心音识别中，心音往往要进行一系列复杂的预处理，如去噪、分段，而且一次性输入系统进行识别的心音个数也非常有限。这里构造的心音深度学习网络要识别的是数据大、自然环境下的心音信号，相比传统的实验室方法更加实用，并有一定的工程应用性。在心音库中随机提取 800 个心音作为训练库使用，另外 800 个心音分为两个测试库(测试库 1 和测试库 2)，训练库与测试库没有任何交集，排除相同数据对训练与测试的干扰。

(1) 随机构造一个深度学习网络，层数为 2～6，每层节点数为 20～300，表 7.2 为使用训练库数据所获得的层与层之间的重构误差。a 为每层的节点数，b 为深度重构误差，c 为深度学习网络的层数序号，后面其他表格中 a、b、c 与表 7.2 中的意义相同。

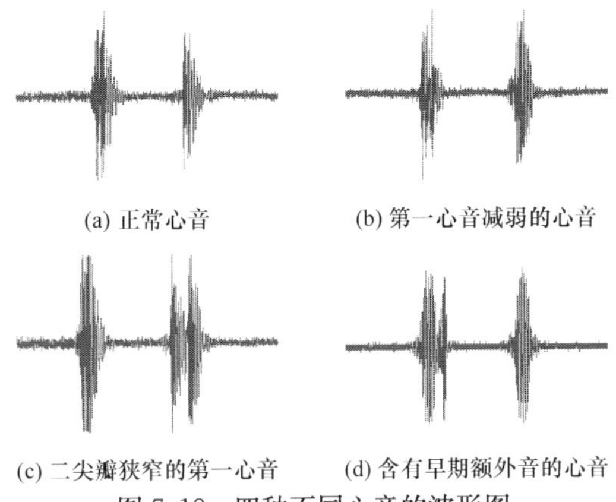

(a) 正常心音　(b) 第一心音减弱的心音

(c) 二尖瓣狭窄的第一心音　(d) 含有早期额外音的心音

图 7.18　四种不同心音的波形图

表 7.2　使用训练库数据所获得的层与层之间的重构误差　（单位:%）

b \ a / c	20	40	60	80	100	120	150	200
1	59.1436	54.6718	53.5645	52.1117	51.1032	49.8868	49.8606	47.801
2	5.4684	13.1525	20.1444	28.4842	37.2516	44.4062	55.7666	75.2152
3	2.1638	4.5349	6.9003	7.8344	8.8434	11.1311	9.2948	10.224
4	2.3663	3.1348	3.8904	5.2701	6.4173	9.1442	9.9193	12.4477
5	1.5783	2.6103	2.5187	3.0984	3.61	4.3294	4.1229	4.6726
6	0.98919	1.7434	2.9409	4.0001	4.0132	4.2219	5.9614	7.7641

(2) 按照上述步骤进行实验，发现当每层的节点数超过 150 时，从第二层开始重构误差就逐步增加，这说明网络节点数过多，第一层即底层累积了过多的误差。适当减少节点数后，网络每层的重构误差开始下降，当节点数减少到 20 之后，第二层的重构误差即下降到底层的 10%以下，这说明网络降维太过剧烈，应适当增加节点数。此时，得到每层节点数为 40～120 的深度单层重构误差随层数变化的情况，如图 7.19 所示。

根据深度学习网络的特点和进程择优法的要求，深度单层重构误差下降的速度应慢慢变缓。从图 7.19 可以看出，对于节点数大于 80 的各网络层，深度单层重构误差的下降速度有升高的过程，这不符合进程择优法中深度单层重构误差下降速度应慢慢减缓的原则。通过上述分析，得到一个网络架构范围如表 7.3 所示(后面各表中无底纹的部分为网络参数备选范围)。根据进程择优法的要求，当深度单

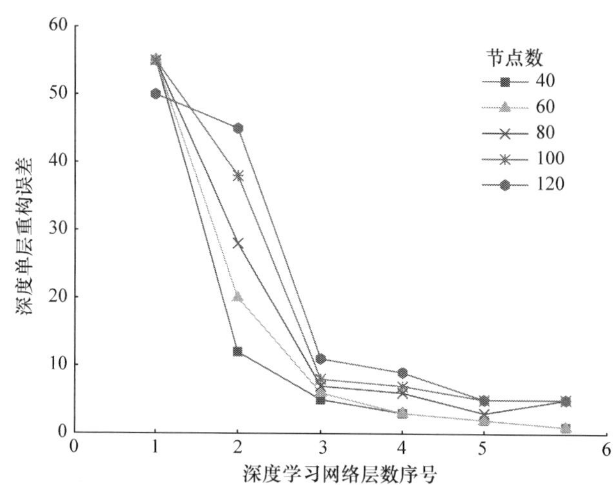

图 7.19　每层节点数为 40～120 的深度单层重构误差随层数变化图

层重构误差逐层下降到所设定的最底层重构误差的 20%时，选定该网络。从表 7.3 可得，每层节点数 40、60 的最底层(第一层)重构误差分别为 54.6718 和 53.5645，它们的 20%为 10.8 左右。因此，按照该深度单层重构误差阈值，最终选定的心音深度学习网络的大致网络结构为 40-40-40 或 60-60-60 的结构。

表 7.3　初步选择出的网络结构

b \ a / c	20	40	60	80	100	120	150	200
1	59.1436	54.6718	53.5645	52.1117	51.1032	49.8868	49.8606	47.801
2	5.4684	13.1525	20.1444	28.4842	37.2516	44.4062	55.7666	75.2152
3	2.1638	4.5349	6.9003	7.8344	8.8434	11.1311	9.2948	10.224
4	2.3663	3.1348	3.8904	5.2701	6.4173	9.1442	9.9193	12.4477
5	1.5783	2.6103	2.5187	3.0984	3.61	4.3294	4.1229	4.6726
6	0.98919	1.7434	2.9409	4.0001	4.0132	4.2219	5.9614	7.7641

(3) 将 BP 神经网络作为分类器组成心音深度信任网络，使用心音训练数据库对它进行训练。BP 神经网络对数据的种类、数据量没有要求，也不需要参考标准心音，训练后的训练误差和识别误差可作为衡量标准。表 7.4 为不同节点数、不同层数的心音深度信任网络的训练误差表。

表 7.4　不同节点数、不同层数的心音深度信任网络的训练误差

b \ a / c	20	40	60	80	100	120	150	200
2	0.0512	0.0325	0.0225	0.0225	0.0225	0.0313	0.0325	0.0775
3	0.075	0.025	0.0225	0.0338	0.0525	0.0288	0.0425	0.0462
4	0.2062	0.0525	0.0462	0.0537	0.0638	0.0537	0.125	0.1125
5	0.2062	0.095	0.09	0.0612	0.1588	0.1038	0.1575	0.1425
6	0.2062	0.125	0.185	0.0688	0.1762	0.1437	0.2062	0.155

与训练集误差结合分析，按照深度学习网络的快速设计方法，可得出 60-60-60 的网络结构最优，它的训练误差为 0.0225，最低，即每层 60 个节点共三层的网络为最优网络结构。图 7.20 为 60-60-60 结构的深度学习网络对正常心音进行学习后，每一层输出数据的波形图。其中，图 7.20(a)为原始心音数据的波形；图 7.20(b)为经过第一层网络学习后获得的心音特征数据；图 7.20(c)为经过第二层网络学习后获得的心音特征数据；图 7.20(d)为经过第三层网络学习后获得的心音特征数据；可见经过 60-60-60 结构的深度学习网络后，心音特征数据变得比较丰富。

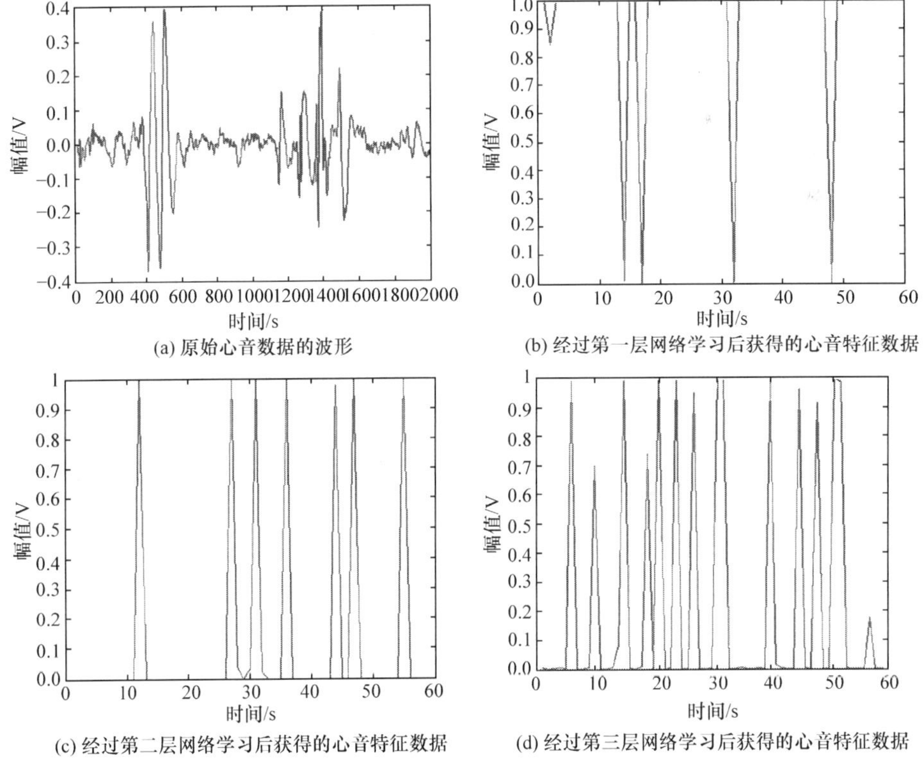

(a) 原始心音数据的波形

(b) 经过第一层网络学习后获得的心音特征数据

(c) 经过第二层网络学习后获得的心音特征数据

(d) 经过第三层网络学习后获得的心音特征数据

图 7.20　深度学习网络对正常心音进行学习后每一层输出数据的波形图

采用心音测试库进行验证，如表 7.5 所示。显然，60-60-60 最优网络结构相比其他结构的深度信任网络拥有更低的误识别率，平均误识别率为 10%左右。因此，证实本节提出的进程择优法行之有效。

表 7.5 多组网络结构的误识别率比较

网络结构	误识别率/%	
	测试库 1	测试库 2
60-60-60	10.75	9.75
60-60-60-60	11.25	11.75
40-40-40	12.75	11.50
100-100-100	17.00	14.00

7.5.4 心音深度信任网络的识别实验

1. 心音能量特征的提取

小波分析可将原始信号从时域转移到频域内，转为一系列小波的组合，从而对原信号进行频率上的分解。分解后，计算出各频率段上的小波归一化能量即可得到信号的一组能量特征。

在对信号进行小波分解前，一般要先选定需要分解的层数。例如，原信号的频率为 f，使用小波对信号进行 N 层分解，则可将原始信号分解到 2^N 个频率段上，每一个频率段的带宽为 $f/2^N$。利用原信号在不同频带上的特性选定小波分解的层数。能量为信号每点幅值的平方和。设 E_i 为心音信号经过 N 层分解后第 i 个频率段的能量值，则相应的归一化能量值为 $E_i' = E_i / \sum_{k=1}^{2^N} E_k$ 。

一般来说，心音信号的主要成分位于 0～600Hz，第一心音主要集中在 0～150Hz，第二心音主要集中在 0～200Hz，在 250～350Hz 第二心音会出现第二个峰值。这里所使用的心音数据频率为 4kHz，为更好地体现心音的频率特性，将数据库中的心音进行 5 层分解，经分解后每个数据段的带宽为 125Hz。由于频率在 1000～2000Hz 以上，心音的有效成分已经非常少，2000Hz 以上基本都是无用的噪声由此可得 10 个频率段：0～125Hz、126～250Hz、251～375Hz、376～500Hz、501～625Hz、626～750Hz、751～875Hz、876～1000Hz、1001～2000Hz、2001～4000Hz。由归一化能量公式可得到心音数据的能量特征向量 $\boldsymbol{T}=(E_1', E_2', E_3', E_4', E_5', E_6', E_7', E_8', E_9', E_{10}')$。

2. 基于心音能量特征的心音深度信任网络的仿真与分析

使用 db5 小波对原始心音数据库进行特征提取，并输入上述心音深度信任网络中。图 7.21 为一组正常心音提取出的能量特征向量柱状图。

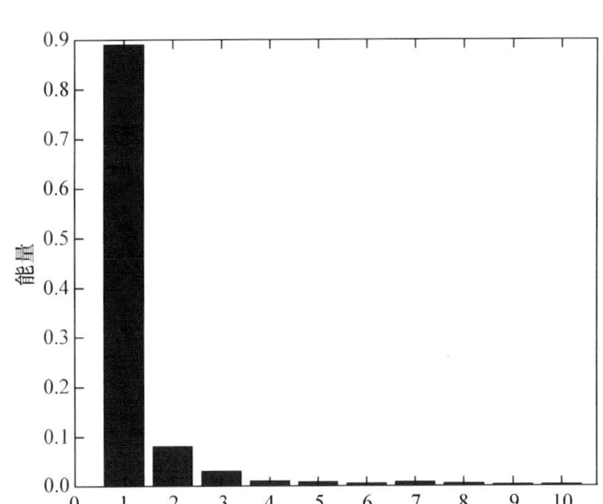

图 7.21　一组正常心音提取出的能量特征向量柱状图

表 7.6 为基于心音能量特征的心音深度信任网络识别率统计表。可见该网络拥有良好的识别效果，误识别率与原先不采用心音能量特征的心音深度信任网络相比明显提高，误识别率仅为 3%，已接近传统实验室小数据心音识别方法的效果。

表 7.6　基于心音能量特征的心音深度信任网络误识别率统计表

测试库	误识别率/%
测试库 1	3.0
测试库 2	3.5

心音深度信任网络对输入数据的限制很小，可以提取出多种心音的特征向量，并将其简单结合为一个融合的特征向量输入心音深度信任网络中进行识别。因此，提取心音特征是大幅度提高识别率的一种有效方法。

3. 与 KNN 和 SVM 算法识别效果的比较

下面测试单纯使用最近邻（K-nearest neighbor，KNN）算法以及支持向量机（support vector machine，SVM）算法对心音数据库的数据进行识别的效果。

最近邻算法中的 K 值使用最大类间方差法获得。经计算，当 $K=20$ 时类间方差最大。表 7.7 为 KNN、SVM 分类器对原始心音数据的误识别率表。从识别效果上看，这两种分类器并不适合直接应用于心音数据的识别，错误率高，SVM 分类器甚至无法在有限的迭代次数中收敛。通常对心音进行去噪、分段、特征提取后再使用 KNN、SVM 分类器效果才好。当基于心音能量特征进行识别实验时，

KNN、SVM 分类器的识别效果明显上升，误识别率分别降为 5.25、4.50 和 7.50、6.00。

表 7.7　KNN、SVM 分类器对原始心音数据的误识别率表　(单位：%)

误识别率	KNN		SVM	
	测试库 1	测试库 2	测试库 1	测试库 2
原始心音数据误识别率	58.50	59.25	在有限迭代次数内不收敛	在有限迭代次数内不收敛
心音能量特征误识别率	5.25	4.50	7.50	6.00

7.6　本章小结

本章介绍了心音信号的混沌特征表征方法，根据心音信号混沌特性和 Volterra 级数理论，提出一种心音信号的短时预测方法和心音长期预测模型，可以分别获取 3～5s 后未来心音的变化情况，以及估计分析数年后未来心音波形的基本变化情况，重点分析心音混沌特征随着运动和年龄变化的规律。最后介绍了心音深度信任网络在心音模式识别中的应用。

心音深度信任网络的研究对于快速构建一种深度学习网络，特别是有针对性地设计心音深度学习网络，具有一定的指导作用，对提高心音识别算法在自然环境下处理大数据的能力，具有积极的意义。构建更完善的心音深度识别系统，则是下一步的研究工作。

参考文献

[1] 陈天华，韩立群，唐海滔，等. 心音信号分析方法及应用性研究[J]. 北京工商大学学报(自然科学版)，2009，27(3)：35-39.

[2] Goldberger A L，Amaral L A N，Hausdorff J M，et al. Fractal dynamics in physiology：Alterations with disease and aging[C]. Colloquium of the National-Academy-of-Science on Self-Organized Complexity in the Physical，Biological，and Social Sciences，Irvine，2002：2466-2472.

[3] Devaney R L，Eckmann J P. An introduction to chaotic dynamical systems[J]. Acta Applicandae Mathematica，1990，19(2)：204-205.

[4] 吕金虎，陆君安，陈士华. 混沌时间序列分析及其应用[M]. 武汉：武汉大学出版社，2005.

[5] 成谢锋，姜炜，刘子山. 一种新的人体运动强度检测方法的研究[J]. 仪器仪表学报，2013，34(5)：1153-1159.

[6] Casdagli M. Nonlinear prediction of chaotic time series[J]. Physica D：Nonlinear Phenomena，1989，35(3)：335-356.

[7] Lazzús J A. Predicting natural and chaotic time series with a swarm-optimized neural network[J]. Chinese Physics Letters,2011,28(28):2510-2513.

[8] 张家树,肖先赐. 混沌时间序列的自适应高阶非线性滤波预测[J] 物理学报,2000,49(7):1221-1227.

[9] 张家树,肖先赐. 用于混沌时间序列自适应预测的一种少参数二阶 Volterra 滤波器[J]. 物理学报,2001,50(7):1248-1254.

[10] 张家树,肖先赐. 混沌时间序列的 Volterra 自适应预测[J]. 物理学报,2000,49(3):403-408.

[11] Guo Y Z,Guo L Z,Billings S A,et al. Volterra series approximation of a class of nonlinear dynamical systems using the Adomian decomposition method[J]. Nonlinear Dynamics,2013,74(1/2):359-371.

[12] Li L M,Billings S A. Analysis of nonlinear oscillators using Volterra series in the frequency domain[J]. Journal of Sound & Vibration,2011,330(2):337-355.

[13] Takens F. Detecting strange attractors in turbulence[J]. Lecture Notes in Mathematics,1981,898:366-381.

[14] Packard N H,Crutchfield J P,Farmer J D,et al. Shaw Geometry from a time series[J]. Physical Review Letters,1980,45(9):712-716.

[15] 肖方红,阎桂荣,韩宇航. 混沌时序相空间重构参数确定的信息论方法[J]. 物理学报,2005,54(2):550-556.

[16] 许小可. 基于非线性分析的海杂波处理与目标检测[D]. 大连:大连海事大学,2008.

[17] 马红光,李夕海,王国华,等. 相空间重构中嵌入维和时间延迟的选择[J]. 西安交通大学学报,2004,38(4):335-338.

[18] 岳继光,杨臻明,孙强,等. 区间时间序列的混合预测模型[J]. 控制与决策,2013,28(12):1915-1920.

[19] 罗传文. 250 步混沌强度解析混沌特征及其在心率研究中的应用[J]. 物理学报,2007,56(11):6282-6287.

[20] 练军,陈丹梅,郭爱克,等. 生物实验数据的某些非线性分析方法[J]. 生物化学与生物物理进展,1997,24(4):300-303.

[21] Mayer-Kress G,Yates F E,Benton L,et al. Dimensional analysis of nonlinear oscillations in brain,heart,and muscle[J]. Mathematical Biosciences,1988,90(1/2):155-182.

[22] de Sousa M R,Huikuri H V,Lombardi F,et al. Abnormalities in fractal heart rate dynamics in Chagas disease[J]. Annals of Noninvasive Electrocardiology,2006,11(2):145-153.

[23] Nakamura Y,Yamamoto Y,Muraoka I. Autonomic control of heart rate during physical exercise and fractal dimension of heart rate variability[J]. Journal of Applied Physiology,1993,74(2):875-81.

[24] 程学旗,靳小龙,王元卓,等. 大数据系统和分析技术综述[J]. 软件学报,2014,25(9):1889-1908.

[25] Zhou S S,Chen Q C,Wang X L. Active semi-supervised learning method with hybrid deep

belief networks[J]. PLoS One,2014,9(9):e107122-1-e107122-7.

[26] Yann L C,Bengio Y H,Hinton G. Deep learning[J]. Nature,2015,521(7553):436-444.

[27] George E D. Deep learning approaches to problems in speech recognition,computational chemistry,and natural language text processing[D]. Toronto:University of Toronto,2015.

[28] Mohamed A R,Sainath T N,Dahl G,et al. Deep belief networks using discriminative features for phone recognition[C]. Proceedings of the IEEE International Conference on Acoustics,Speech,and Signal Processing,Prague,2011.

[29] Ian F,Jeff B. Deep belief networks for real-time extraction of tongue contours from ultrasound during speech[C]. Proceedings of the 20th International Conference on Pattern Recognition,Stroudsburg,2010.

[30] 潘广源,柴伟,乔俊飞. DBN 网络的深度确定方法[J]. 控制与决策,2015,(2):256-260.

[31] 焦李成,赵进,杨淑媛,等. 稀疏认知学习、计算与识别的研究进展[J]. 计算机学报,2016,39(4):835-852.

[32] Zhou M K,Zhang X Y,Yin F,et al. Discriminative quadratic feature learning for handwritten Chinese character recognition[J]. Pattern Recognition,2016,49(6):7-18.

[33] Lay S R,Lee C H,Cheng N J,et al. On-line Chinese character recognition with effective candidate radical and candidate character selections[J]. Pattern Recognition,1996,29(10):1647-1659.

[34] Heart sound & murmur library[EB/OL]. http://www.med.umich.edu/lrc/psb_open/html/repo/primer_heartsound/primer_heartsound.html. [2016-5-18].

[35] 成谢锋,傅女婷. 心音身份识别综述[J]. 上海交通大学学报,2014,48(12):1745-1750.

第 8 章　心音模式识别的应用

本书第 1～7 章全面介绍了心音模式识别的相关理论知识，本章将上述理论知识与主流的应用开发平台相结合，介绍一些具有工程应用价值的案例，做到从理论研究与实际应用的融合。

首先介绍一种基于 LabVIEW 开发平台、结合 MATLAB 开发、设计、实现的心音身份识别系统。然后介绍一种基于 Android 平台的集心音采集、心音显示和心音识别等功能于一体的心音身份识别系统。

除了上述介绍的两个心音模式识别的应用，本章还介绍了一种人体运动强度检测新方法，通过心音的小波包分解和能量熵算法实现对运动强度的评估，自动辨识过度运动产生的异常心音，预防猝死发生；随后提出一种基于心音特征分析的汽车主动安全技术，探讨利用心音信号对驾驶员现场健康状况进行监测的可行性和具体实施方法，并结合心音信号与汽车背景噪声的特点，给出一种基于独立子波函数的心音分类识别方法；最后介绍一种胎儿心音的提取与识别系统，通过此系统可以得到比较纯净的胎音信号，为怀孕期间的胎儿检测与监护提供一种新的方式。

8.1　基于 LabVIEW 的心音分析与身份识别系统

8.1.1　概述

本节以 LabVIEW 2012 为开发平台开发一种心音身份识别系统。该系统主要包括心音采集、数据处理和身份识别三个模块。心音采集模块利用自制传感器采集心音并去噪；数据处理模块完成心音特征提取和建立心音特征数据库；身份识别模块采用两种算法对心音特征数据进行分类识别，并使用决策层融合算法提高识别率。根据心音信号 s_1、s_2 的频谱特性和虚拟仪器的特点[1-10]，结合第 1 章介绍的基于矢量化欧氏距离的分类方法和第 6 章介绍的最小相关距离分类识别方法，提出一种低频加强型 Mel 倒谱系数和频域分段相关系数的特征提取算法。实际应用的结果证明该系统界面友好、操作方便、运算速度快、辨识效率较高，具有一定的推广应用价值。

8.1.2　系统模块

1. 心音采集模块

心音采集模块是采用第 3 章介绍的自制传感器进行心音信号的采集和去噪，

此模块是心音身份识别系统能够准确、高效运行的前提和基础。心音采集模块具有实时显示采集数据的能力，即在实验过程中显示采集的心音波形，便于进行实时观察与分析，及时判断实验对象的状态和性能，得到所需的波形，保存心音信号并进行实时处理以确保其实验的准确性。

1) 心音去噪和波形截取

心音采集参数一般设置为 11.025kHz，采样位数为 16 位，通道数(number of channels)选取单通道为最佳。

在心音信号采集的过程中不可避免地会伴随一定的噪声。一方面，因为传感器本身敏感度较高，所以部分噪声是测量环境的干扰；另一方面，由于心音强度本身就很弱，在测量时传感器与测量对象的直接接触与摩擦也会产生噪声。这些噪声是随机的，为了提高识别率，必须设法加以滤除或减弱。

LabVIEW 2012 增加了很多新功能，可以利用 LabVIEW 的生物医学工具包和小波分析包对心音信号进行滤波及小波去噪处理，再对心音进行截取与保存。图 8.1(a)为心音去噪、截取部分的程序框图设计，去噪前后的心音波形对比如图 8.1(b)所示。

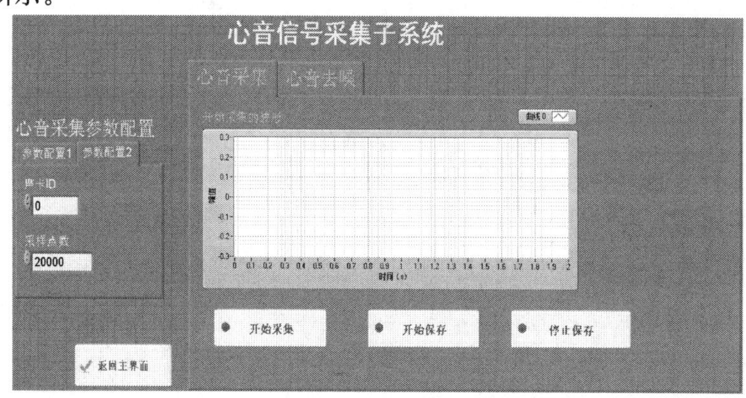

(a) 心音采集模块前面板

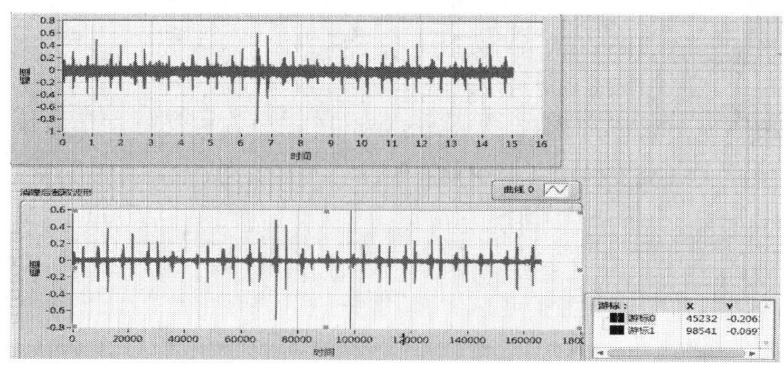

(b) 去噪前后的心音波形对比

图 8.1　心音采集模块和去噪波形对比

2）标准库信息存储

在进行数据处理之前需要对测试者的信息(如编号、姓名、性别和年龄等)进行注册、存储,其编号可作为身份识别依次比较的顺序。图 8.2 所示为采集者信息录入的前面板设计。

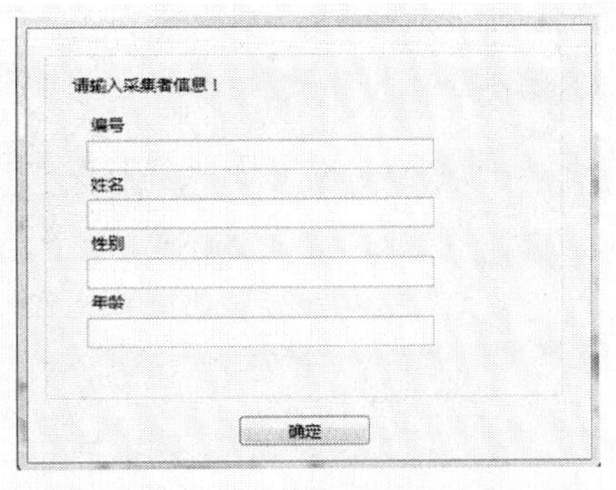

图 8.2 录入采集者信息的前面板设计

3）心音播放器

心脏听诊已有悠久的历史,通过听取心脏正常及病理的音响,对心脏疾患进行诊断,是检查心脏的重要方法之一[10,11]。这里通过调用 ActiveX 控件"Windows Media Player"加入一个附加模块对心音进行播放(不仅可以听到心音的播放,还可以看到播放心音的周期)。"Windows Media Player"的功能与一般播放器相同。图 8.3(a)所示为心音播放器的程序框图设计,图 8.3(b)所示为心音播放器的前面板设计。

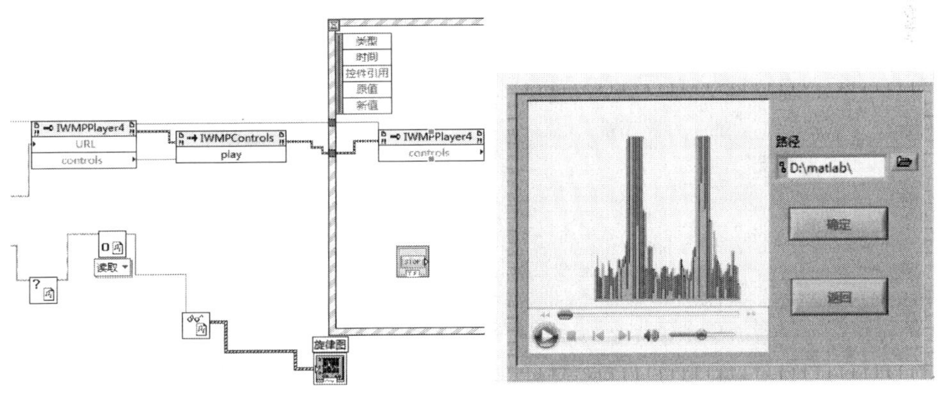

(a) 心音播放器的程序框图设计 (b) 心音播放器的前面板设计

图 8.3 心音播放器程序框图设计和前面板设计

2. 数据处理模块

由前面章节介绍的理论可知,心音的数据处理模块是心音身份识别系统中的主要环节,因此本模块是心音身份识别系统中最核心的模块之一。为了建立一个可靠的心音特征数据库进行身份识别，根据心音的频谱特性和 LabVIEW 2012 新增的特点[12-21]，提出一种低频加强型 Mel 倒谱系数和频域分段相关系数的算法，实现对心音特征参数的提取。

图 8.4(a)为心音频域分段相关性分析的程序框图设计[22]，图 8.4(b)为不同人之间心音频域分段相关性分析的效果图，图 8.4(c)为同一人在不同时间段的心音频域分段相关性分析效果图。

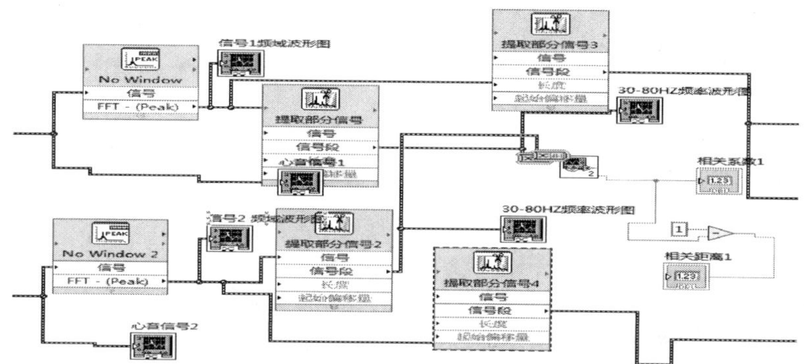

(a) 心音频域分段相关性分析的程序框图设计

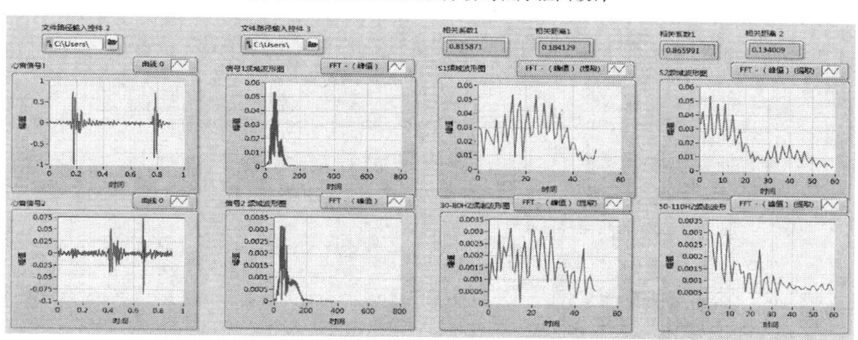

(b) 不同人之间心音频域分段相关性分析的效果

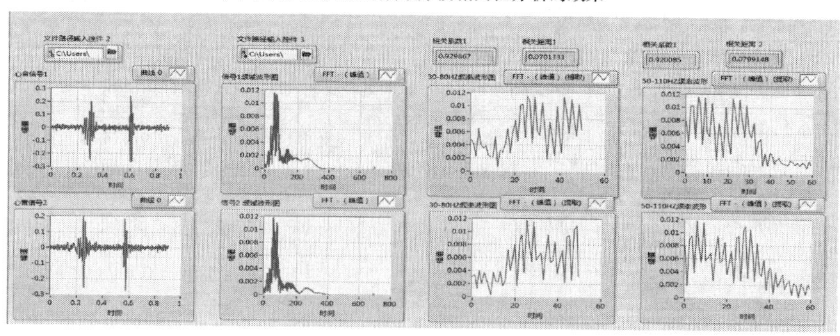

(c) 同一人在不同时间段的心音频域分段相关性分析效果

图 8.4 数据处理模块的相关效果图

从图 8.4(b)和(c)可以看出不同人的心音相关系数较小，表明两个心音的相关性不强，而同一个人在不同时间段的心音相关系数较大，表明其相关性较强。

3. 心音身份识别模块

身份识别模块主要是调用存储在标准心音库中的特征参数，采用矢量化欧氏距离(vectorized Euclidean distance，VEDC)和 s_1、s_2 两个频段最小相关距离(minimum correlation distance，MMDC)对心音特征数据进行分类识别[6]，输出识别结果，并采用对应的数据层融合算法以提高心音身份识别的识别率。

心音身份识别模块前面板如图 8.5 所示，部分程序框图设计如图 8.6 所示。心音身份识别模块前面板主要包括矢量化欧氏距离、30～80Hz 频段最小相关距离和 50～110Hz 频段最小相关距离的显示图以及最终识别结果显示框。

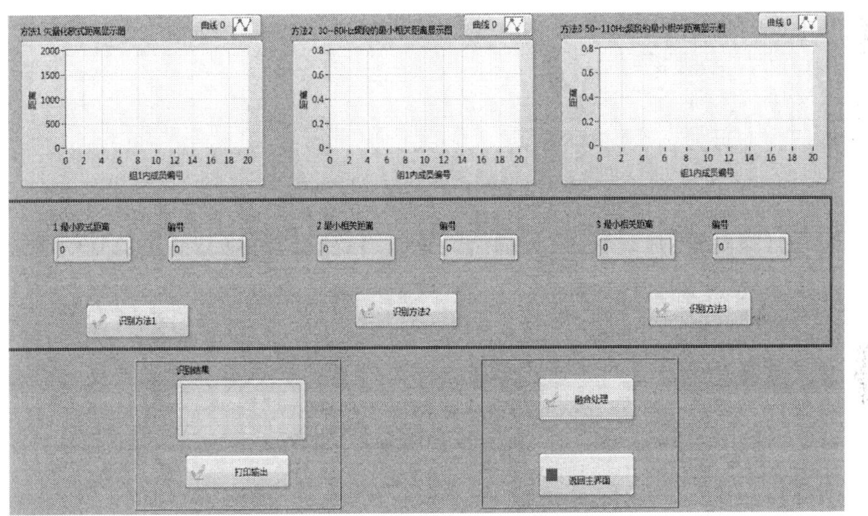

图 8.5　心音身份识别模块前面板

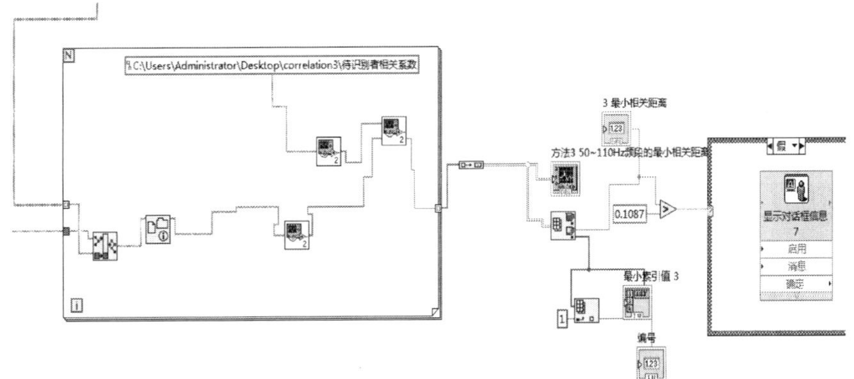

图 8.6　心音身份识别模块部分程序框图设计

在身份识别模块中要进行矢量化欧氏距离和最小相关距离的计算，需要用到存储在标准心音库中的特征参数，在程序框图设计中用到了读取电子表格文件的函数。读取电子表格文件的函数接线端子如图 8.7 所示。

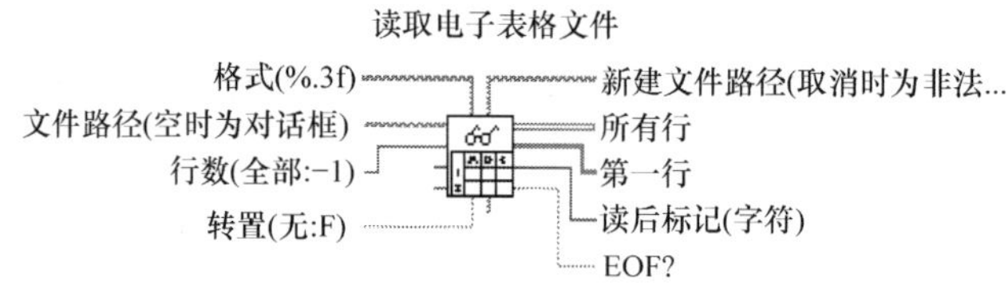

图 8.7　读取电子表格文件的函数接线端子

8.1.3　实验结果与结论分析

本系统所用心音数据库为实测的 60 个正常人的心音信号，采样频率为 11.205kHz，量化精度为 8bit。随机分配 20 人一组，命名为组 1、组 2 和组 3。使用自制心音传感器进行采集，在采集者心情比较平稳的状况下进行。实验中每人的心音采集 3 次并记录，采集间隔的时间不小于 30min。选取其中两个记录用于训练，另一个记录用于最后的身份识别。

首先利用低频加强型 MFCC 进行特征提取，采用矢量化欧氏距离作为识别方法 1 进行身份识别；然后利用频域分段相关系数的算法对心音 s_1、s_2 进行特征提取，采用最小相关距离作为识别方法 2 和 3 进行身份识别；最后进行决策层融合。

1. 验证识别实验

将组 1 作为测试组，对组内全体成员进行相同识别次数的实验，得到心音识别结果如表 8.1 所示。

表 8.1　心音识别结果

组成员编号	1	2	3	4	5	6	7	8	9	10	11	12	13	14	15	16	17	18	19	20
识别次数	10	10	10	10	10	10	10	10	10	10	10	10	10	10	10	10	10	10	10	10
误识别次数	0	0	0	1	0	0	0	2	0	0	0	1	0	0	1	0	0	2	1	0
正确识别率	1	1	1	0.9	1	1	1	0.8	1	1	1	0.9	1	1	0.9	1	1	0.8	0.9	1

同理，对组 2、组 3 进行相同的实验，这样可得这三组心音的正确识别率，其识别结果的对比如图 8.8 所示。

2. 常规识别实验

将组 1 作为测试组，验证待识别者是否在标准心音库中，其识别结果如下。

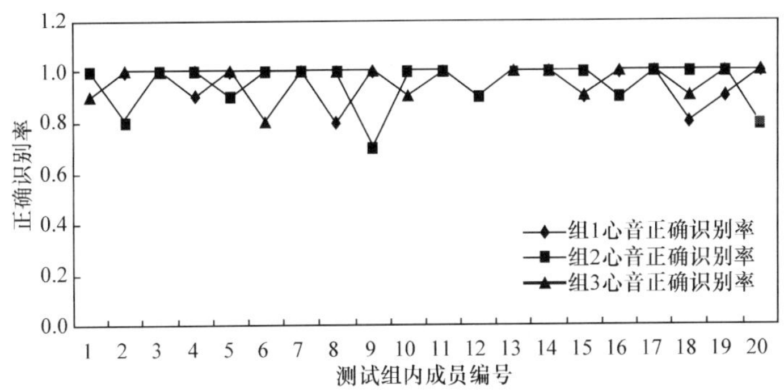

图 8.8　三组心音正确识别率结果对比图

(1) 待识别者在标准心音库内的实验结果如图 8.9 所示。

(2) 待识别者不在标准心音库内的实验结果如图 8.10 所示。

图 8.9 和图 8.10 中左上角第一个图所显示的是方法 1 矢量化欧氏距离的识别结果，图下显示的是其中的最小欧氏距离值及其编号。类似地，中间图显示的是方法 2 最小相关距离的识别结果，图下显示的是其中的最小欧氏距离值及其编号，第三个图显示是方法 3 最小相关距离识别结果图，图下显示的是其中的最小欧氏距离值及其编号。单击预识别方法 1、2、3 按钮可以显示这三种方法的识别结果。单击“身份识别”按钮将显示利用决策层融合所得出的最终识别结果。

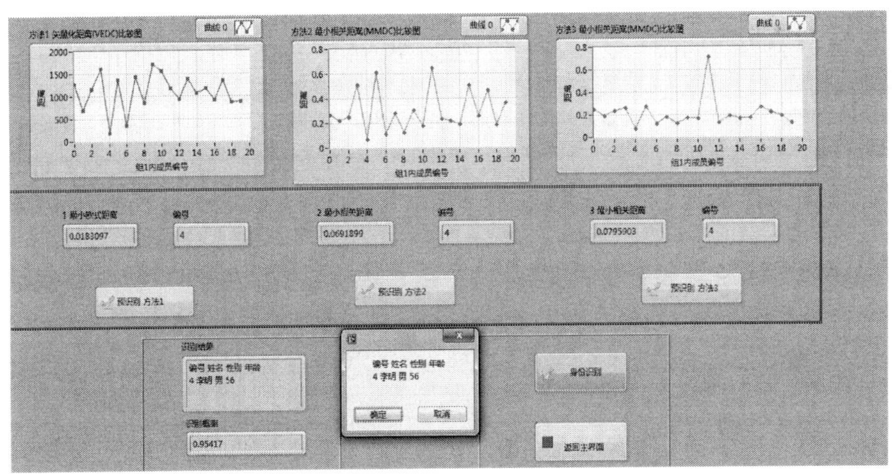

图 8.9　待识别者在标准心音库内的实验结果

同理对组 2、组 3 进行常规识别实验，可确定待识别者是否在其标准心音库中。

实验结果表明，在相同采集和实验的环境下，利用低频加强型 MFCC 提取特征参数和最小欧氏距离的识别方法，识别率为 85%左右；利用频域分段相关系数

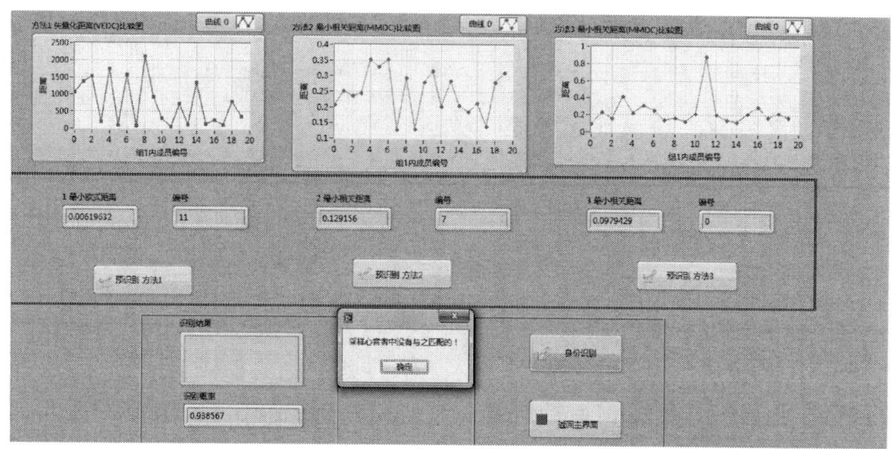

图 8.10　待识别者不在标准心音库内的实验结果

和最小相关距离的识别方法，识别率为 86%～88%；采用决策层融合算法，识别效率有明显的提高，可达到 95%以上。

实验结果表明，此系统具有一定的推广应用价值，在以后的研究中将继续增加标准心音库中测试成员的数量，对心音识别算法进行进一步优化，使系统更加完善、实用。

8.2　基于 Android 平台的心音识别系统

本节基于 Android 平台设计开发了一款集心音采集、心音显示和心音识别等多功能于一体的心音身份识别系统。此系统共分为三个模块：心音注册与采集模块、心音显示模块和心音识别模块。其中，采集模块由软硬件共同完成；心音显示模块主要进行心音的显示和播放；心音识别模块主要用于将待测心音与模版数据库中的心音进行对比和身份识别。

心音身份识别系统首先对待检测的心音信号进行预处理，接着采用双门限的端点检测方法来准确提取心音信号的起始端和结束端，然后利用 MFCC 算法提取出心音信号的 Mel 特征参数，利用动态时间规整(dynamic time warping，DTW)算法对待比较的心音进行模式匹配，最后将拥有最小欧氏距离的心音作为最终匹配结果。

8.2.1　系统功能模块设计

本系统可实现心音注册、心音显示和心音识别的主要功能，能够将不同的心音匹配结果以声音、文字和图片的形式展示出来。本系统的功能主要包括以下方面。

(1) 实时采集。此功能能够实时地采集心音并命名心音文件,将其以 AMR 或者 WAV 格式存储到心音模板数据库中,以便将来使用。

(2) 心音搜索。此功能存在于波形显示模块中,用于心音文件的搜索。

(3) 心音播放。此功能能够播放指定的心音文件,以及截取心音图中任意一段进行播放,并进行保存。

(4) 心音图的缩放。此功能能够对心音图的局部或整体进行放大或缩小。

(5) 心音识别。利用 MFCC 特征提取算法[23-25]和 DTW 模式匹配算法对待测心音与模板数据库心音进行对比及识别,反馈比较结果,使用户对两者的区别有直观和准确的认识。

(6) 心音对比的图像显示。用图像显示出待测心音和数据库标准心音的对比结果。本系统采用心音共振峰对比图来反映待测心音和数据库标准心音共振峰的不同,在一定程度上直接反映了待测心音和数据库标准心音的不同特点。

(7) 报告发送。完成心音识别结果的发送。

系统功能图如图 8.11 所示。

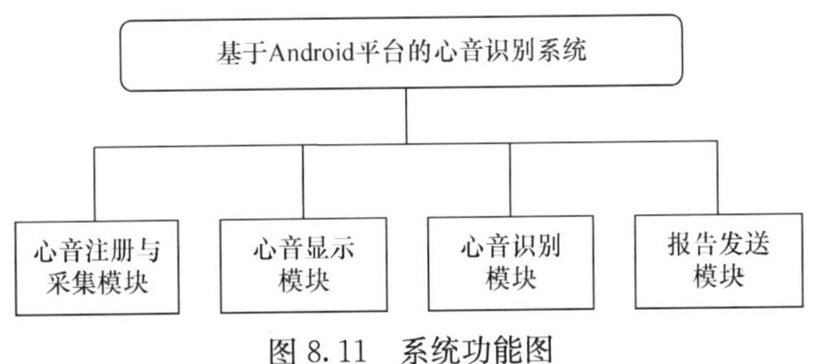

图 8.11　系统功能图

1. 心音采集模块

采集模块有两种实现方法。一种是由硬件采集装置采集实时心音,对采集到的心音进行滤波处理,并将其以 WAV 格式保存在心音数据库中。另外一种是用麦克风当作心音的输入设备,现场采集心音,并以 AMR 格式保存到心音数据库。

Android SDK 中有 Media Recorder 和 Audio Record 两个类可以提供录音的接口。Media Recorder 类用来记录媒体文件,它会以 MP4、RAW、3GP 等格式把从麦克风录制到的音频信号存储到手机 SD 卡中,不足的是开发人员不能设置底层的采样和编码信息。而 Audio Record 类解决了这个问题,开发人员可以通过调用 Audio Record 类的方法方便灵活地设定采样频率、采样位数和音频缓冲区大小等基本参数信息。最终确定本系统的信号采样频率为 8000Hz,采样位数为 16 位,采样声道选取单声道。

2. 心音显示模块

心音显示模块包括心音搜索功能、波形显示功能和心音播放功能。

心音搜索功能:在搜索框中输入想要查找的心音文件的名称,则会在列表中显示出这个文件。

波形显示功能:单击搜索到的指定心音文件可观察其波形,也可以截取其中一段波形进行保存,或者放大(缩小)心音波形,观察每个细节,方便进行心音分析。当不需要该心音文件时可以将其删除。

心音播放功能:可对采集的实时心音进行视频播放,使用户能够清楚地听出心脏的声音。

3. 心音识别模块

心音识别模块包含心音识别和共振峰展示两项功能。

1) 心音识别

心音识别是先载入待识别的心音文件和数据库中的标准心音文件,分别对它们进行预加重和分帧加窗等预处理;然后提取它们的 MFCC 特征参数,利用 DTW 匹配算法将得到的特征参数进行模式匹配,得到两者的帧平均匹配距离,记录下每次匹配的结果;最后比较所有距离,选取匹配距离最小的标准心音文件作为最终的匹配结果。心音识别的工作流程如图 8.12 所示。

2) 心音共振峰展示

心音共振峰展示是以图形化的形式展示了现场待测心音和数据库标准心音共振峰随时间的变化情况。该模块首先对现场待测心音和数据库标准心音信号进行预处理,然后分别对它们进行快速傅里叶变换,提取它们的共振峰,通过 Android 图表引擎 Achart Engine 将提取到的共振峰信息以图形化的形式展示出来。心音共振峰展示的工作流程如图 8.13 所示。

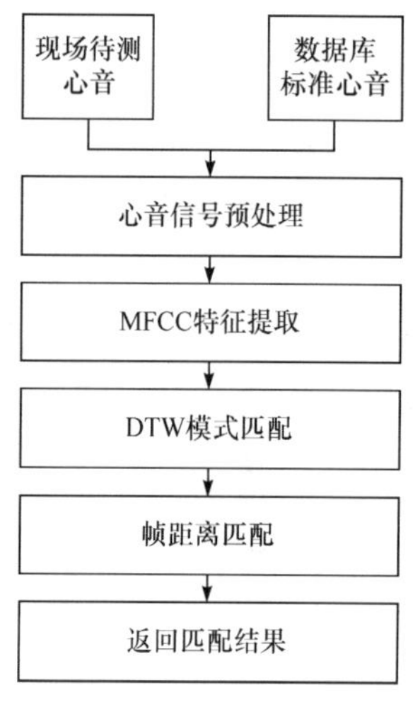

图 8.12 心音识别的工作流程

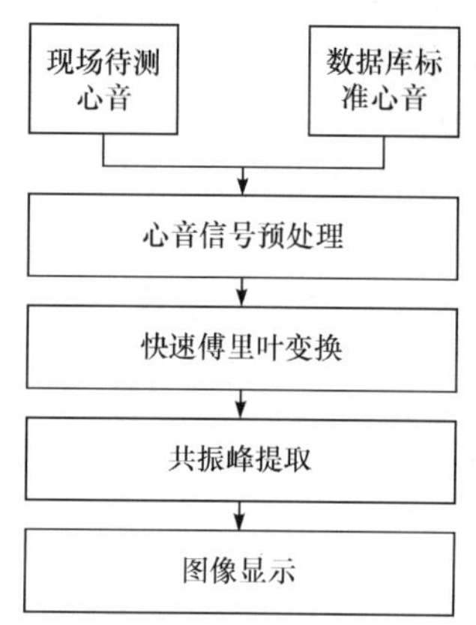

图 8.13 心音共振峰展示的工作流程

8.2.2　系统用户界面设计与实现

良好的系统界面设计和用户体验能够使用户操作方便，提升兴趣。根据系统要实现的模块功能，系统的用户界面分为进入系统时的欢迎界面和主界面。

当运行软件后，首先进入系统的欢迎界面，此时界面上出现三个按钮：进入心音系统、帮助和退出，单击任一按钮都会进入相应的功能模块。系统欢迎界面如图 8.14 所示。单击“进入心音系统”按钮即进入本系统的主界面，界面上有四个功能按钮，分别为心音注册、波形显示、心音分析和发送报告。系统主界面如图 8.15 所示。

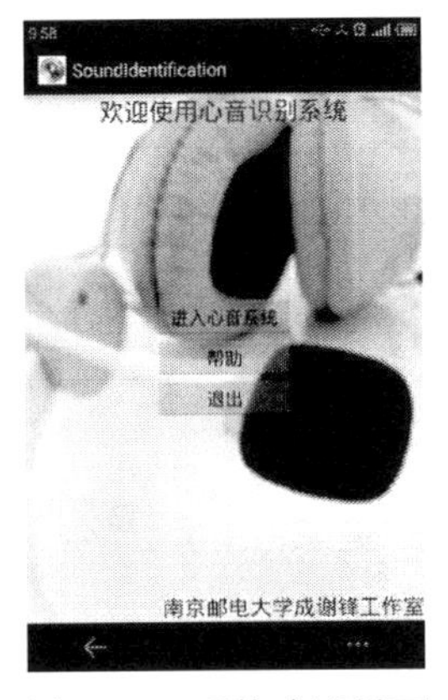

图 8.14　系统欢迎界面

图 8.15　系统主界面

1. 心音注册界面

在主界面中单击“心音注册”按钮就会进入心音注册界面，如图 8.16 所示。心音注册模块是结合硬件采集设备和软件代码部分共同完成心音的采集。该界面由背景图片、“采集”按钮、“停止”按钮、“播放”按钮、“注册心音”按钮和“文件命名”编辑框组成。

采集心音的具体操作方法为：首先在编辑框中输入即将录入的心音的文件名；然后单击“采集”按钮，这时系统便开始采集心音，等采集了一段时间后单击“停止”按钮即停止采集，若想听刚才录入的心音，单击“播放”按钮即可。

2. 波形显示界面

在系统主界面单击“波形显示”按钮进入波形显示界面，如图 8.17 所示。该模块能够对心音文件进行播放、缩放、截取等操作。界面的上半部分是波形的展示，下半部分是控制功能按钮。

3. 心音识别界面

在主界面单击“心音识别”按钮，进入心音识别界面，如图 8.18 所示。心音识别模块具有三大功能：①心音对比功能，播放指定的心音数据库中的心音文件和现场采集的心音，使用户直观地感受其中的不同；②心音分析功能，可以比较现场采集的心音和任意指定心音数据库中的心音，给出近似程度和共振峰对比图；③最佳匹配功能，可以返回与指定心音最为匹配的心音文件，并给出相似程度和共振峰对比图。

图 8.16　心音注册界面

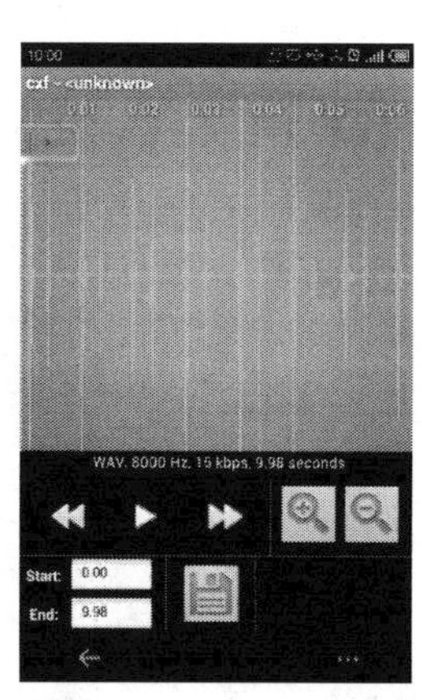

图 8.17　波形显示界面

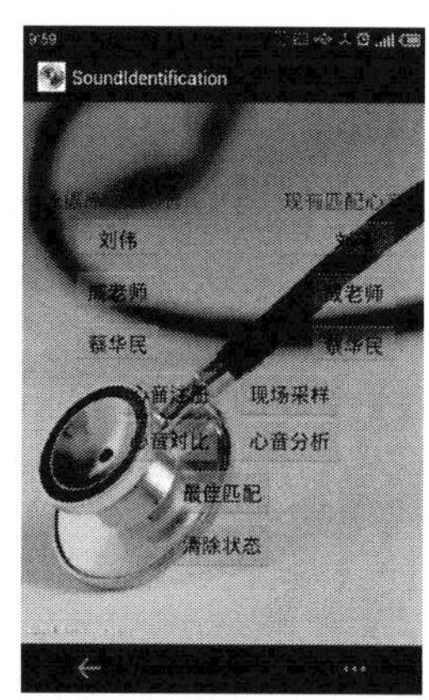

图 8.18　心音识别界面

心音识别界面中，“心音对比”按钮的功能是播放待测心音文件和心音数据库中指定的心音文件，先单击代表数据库中心音文件的控件按钮，再单击“心音对比”按钮，系统就会先播放现场采集的心音，后播放数据库中指定的心音。“心音分析”按钮的功能是比较指定的两个心音的相似度，先选中两个待比较的心音，再单击“心音分析”按钮，系统就会反馈出结果，实验结果如图 8.19 所示。心音识别模块中最核心的功能为最佳匹配，单击心音识别界面上的“最佳匹配”按钮，系统就会反馈出与待测心音最为匹配的心音，结果如图 8.20 所示。

8.2.3　系统测试实验

1. 已采集心音测试

对已采集的心音信号进行测试，将已消除噪声并存在于心音数据库中的所有心音进行最佳匹配测试，一共测试三组，每组重复测试 20 次，三组的正确识别率如表 8.2 所示。

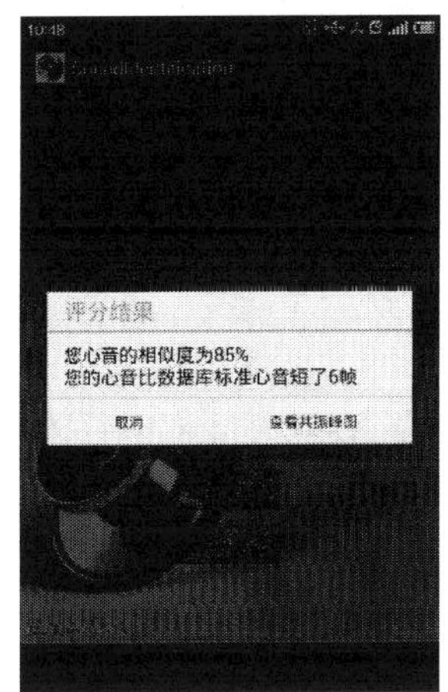

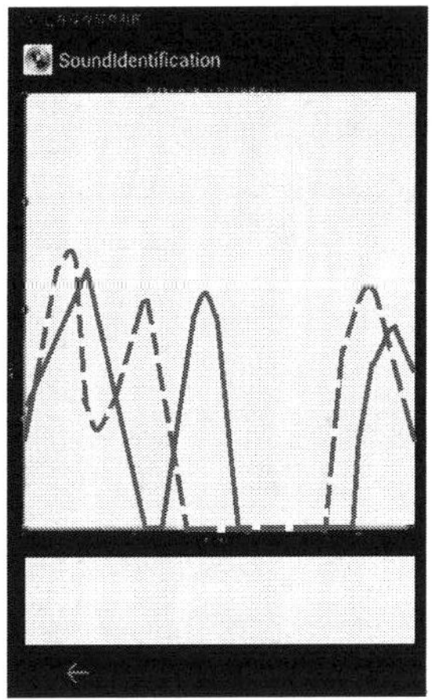

图 8.19　心音分析结果界面

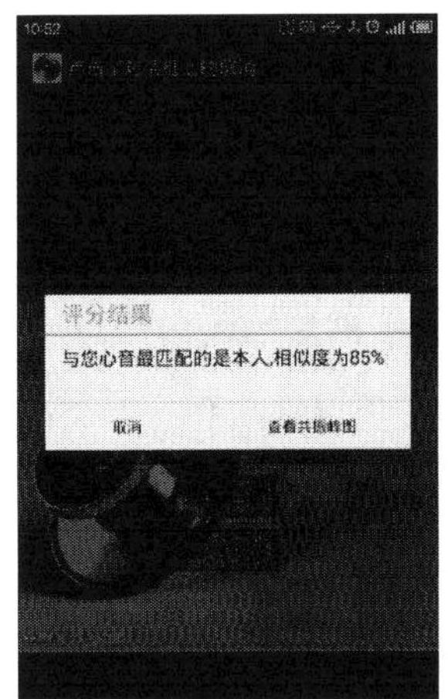

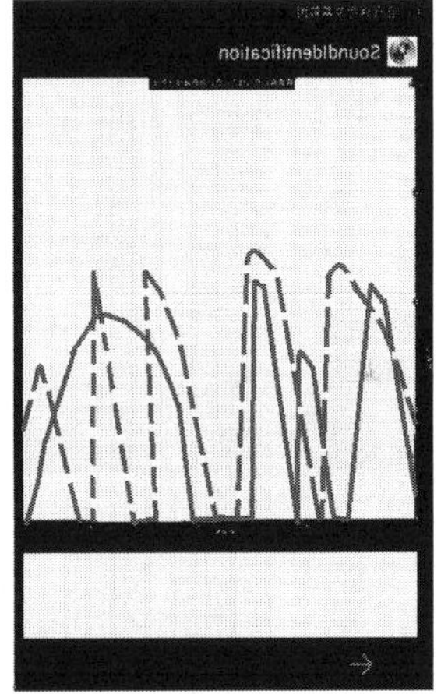

图 8.20　心音最佳匹配结果界面

表 8.2　测试结果信息

组号	第一组	第二组	第三组
正确识别率	90%	95%	80%

由表 8.2 中的结果可知,对已经消除噪声的心音,正确识别的概率较高,因为此时噪声对识别结果的影响很小。

2. 现场采集心音信号测试

除了对已采集心音信号进行测试,也可以对现场采集的心音与标准心音数据库中的所有心音进行匹配测试,同样测试三组,每组重复测试 20 次。表 8.3 为测试的正确识别率的情况。

表 8.3 测试结果信息

组号	第一组	第二组	第三组
正确识别率	65%	55%	70%

从表 8.3 中的结果可知，这种情况下的匹配正确识别率较低，这是因为增加了环境噪声的影响，对心音识别结果的干扰很大，从而导致系统识别测试的结果不够理想。

由上述实验可以看出，系统对于已采集心音信号匹配的正确识别率较高，而对于现场采集心音信号的正确识别率较低，这是因为本系统是在实验室环境下测试的，没有考虑到现场心音采集的抗噪性，所以在后续优化中应在软件中添加去噪功能并对系统的识别算法加以改进，以提高系统的匹配正确识别率和运算效率。

8.3 人体运动强度检测方法

近年来，我国因运动强度过量而猝死的人员死亡事件频频发生。据统计，在参与运动健身的人群中，每年的运动猝死率达到二十五万分之一。及时对运动健身人群的体质健康和运动强度进行测试及评估，可使人们对自身体质状况和运动能力有一个较详细的了解，从而避免严重事故的发生。

心音、心电信号作为人体最重要的两个生理信号，含有大量关于人体心脏和血管的生理、病理信息[7-9]。因此，对心音、心电信号的检测和分析是了解人体心脏健康与否的一种必不可少的手段。心脏健康与否直接关系到运动强度的大小，心音、心电生理信号的特性可以运用到各种运动场所，对人体进行体质评价和运动强度的判断。

本节融合心音、心电信号提出一种人群运动强度的检测方法，利用小波包多分辨分析技术，提出一种小波包分解频带能量熵的新方法，旨在将归一化能量结合到小波包分解中，利用频带能量熵作为检测人体运动前后心音、心电信号的生理参数；另外，还给出一种人体运动强度检测仪的实现方案。

8.3.1 小波包分解和能量熵算法

1. 小波包分解和重构算法

(1) 小波包变换二尺度方程：

$$w_{2n}(t) = \sqrt{2}\sum_{k\in \mathbf{Z}} h_{0k} w_n(2t-k) \tag{8.1}$$

$$w_{2n+1}(t) = \sqrt{2}\sum_{k\in \mathbf{Z}} h_{1k} w_n(2t-k) \tag{8.2}$$

式中，当 $n=0$ 时，$w_0(t)=\phi(t)$ 为尺度函数，当 $n=1$ 时，$w_1(t)=\psi(t)$ 为小波函数；

定义函数序列$\{w_n(t)\}$($n\in\mathbf{Z}$)为由$w_0(t)=\phi(t)$所确定的小波包。

(2) 小波包系数递推公式:

$$d_k^{j+1,2n}=\sum_l h_{0(2l-k)}d_l^{j,n} \tag{8.3}$$

$$d_k^{j+1,2n+1}=\sum_l h_{1(2l-k)}d_l^{j,n} \tag{8.4}$$

(3) 小波包重建公式:

$$\begin{aligned}d_l^{j,n}&=\sum_k\left(h_{0(2l-k)}d_k^{j+1,2n}+h_{1(2l-k)}d_k^{j+1,2n+1}\right)\\&=\sum_k g_{0(l-2k)}d_k^{j+1,2n}+\sum_k g_{1(l-2k)}d_k^{j+1,2n+1}\end{aligned} \tag{8.5}$$

式中,h 和 g 分别为尺度函数 $\phi(t)$ 和小波函数 $\psi(t)$ 对应的低通滤波器和高通滤波器[26-28]。

2. 小波包分解频带交错问题

信号经过小波包分解,对应于小波包节点的顺序,频带的分布并不连续,存在交错现象。经研究发现,这是由 Mallat 算法所决定的。

Mallat 算法[29-31]定义如下。令 $a_j(k)$、$d_j(k)$为多分辨率分析中的离散逼近系数,$h_0(k)$、$h_1(k)$为满足二尺度差分方程的两个滤波器,则 $a_j(k)$、$d_j(k)$存在如下递推关系:

$$a_{j+1}(k)=\sum_{n=-\infty}^{\infty}a_j(n)h_0(n-2k)=a_j(k)\bar{h}_0(2k) \tag{8.6}$$

$$d_{j+1}(k)=\sum_{n=-\infty}^{\infty}a_j(n)h_1(n-2k)=a_j(k)\bar{h}_1(2k) \tag{8.7}$$

式中,$\bar{h}(k)=h(-k)$。

事实上,由于 Mallat 算法的特性,多层小波包分解在每一层上都存在频带交错的现象,这就需要在对每层的子频带信号进行分析之前先找到它们的正确排列顺序。

3. 基于小波包分解的能量熵算法

心音和心电信号都存在各种杂音。杂音可见于正常人,也见于心脏疾病患者。经研究发现,良性杂音频率与正常心音频率相仿,属于中低频,而心脏疾病患者的杂音频率一般较高[10]。因此,将信号进行小波包分解,分析其低频分量的能量占信号总能量的比例,就可以判断出心脏的健康程度,而心脏健康与否直接关系到运动强度的大小,这便是将能量熵用于运动强度检测的理论依据。

定义能量熵为

$$R=\frac{E(i)}{E}\times 100\% \tag{8.8}$$

式中，$E(i)=|g_i(k)|^2$ 表示频带 i 归一化能量；$E=\sum_{k=1}^{n}|g_n(k)|^2$ 表示某层频带能量总和，n 为频带序号，$n=0,1,2,\cdots,2^m-1$。

8.3.2 运动强度检测仿真实验

本节将进行三个实验，下面分别进行介绍。

实验一 将心音信号进行小波包分解，验证心音能量熵作为一种运动强度检测方法的合理性。

实验二 将心电信号进行小波包分解，验证心电能量熵作为一种运动强度检测方法的合理性。

实验三 检验能量熵算法的运算效率。

实验一、实验二和实验三均基于 Intel(R) Core(TM) i5-2430M CPU @ 2.40GHz 处理器和 Windows 7 系统、MATLAB 7.10 平台进行。

1. 实验一

选取 80 组人体心音信号作为实验对象，其中 40 组为正常心音信号，40 组为心脏疾病患者心音信号。将上述信号进行小波包分解，分解时采用 db6 小波；计算小波包频带能量时采用 wenergy 指令和 db6 小波。小波包分解的层数取决于实验信号的时频分析精度，由于实验所用心音信号采样频率为 4000Hz，又已知正常心音信号频率主要集中在 250Hz 以内，根据采样定理，决定对心音信号进行三层小波包分解。小波包第三层分解的频带分布为 0～250Hz、251～500Hz、501～750Hz、751～1000Hz、1001～1250Hz、1251～1500Hz、1501～1750Hz 和 1751～2000Hz。由频带分布可以看出，第三层分解的第一子频带符合正常心音的频率集中范围。因此，这里用第三层分解中的第一子频带的归一化能量来定义来心音能量熵：

$$R_1=\frac{E(1)}{E}\times 100\% \tag{8.9}$$

心音小波包分解-频带交错图如图 8.21 所示。图 8.21(a)所示为实验心音信号经小波包分解后各层频带的能量熵分布情况。为了防止频带交错现象带来的计算错误，这里先将小波包分解后的心音信号进行重构，再分析各子频带的频率分布顺序。图 8.21(b)为各子频带重构以后的频率分布情况，从图中可以看到确实存在频带交错现象，且各频带交错后排列顺序为 1、2、4、3、7、8、6、5。因为算法所需的第一频带(第三层分解的最低频带)并没有错位，所以无须调整，可以进行下一步的数据统计。

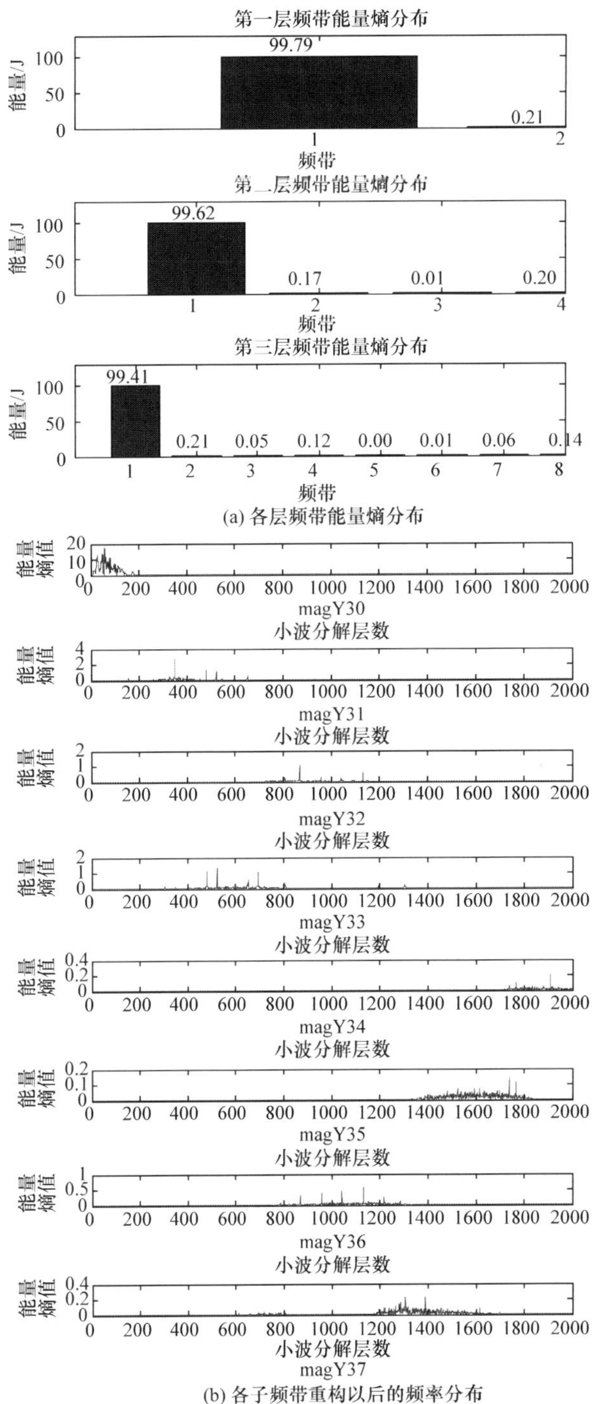

(a) 各层频带能量熵分布

(b) 各子频带重构以后的频率分布

图 8.21　心音小波包分解-频带交错

表 8.4 中的数据表明正、异常心音能量熵的均值差异明显,标准差相差近 50 倍,可尝试将心音能量熵用于检测运动强度。基于心音能量熵的运动强度判别数据如表 8.4 所示:第一次检测选取异常数据最小值为判定阈值,第二次检测选取正常数据最小值为判定阈值。现实应用中,第一次检测可放在受测者热身运动之前进行,以筛选出心脏健康状况较差的人员。第二次检测可放在受测者完成热身运动之后进行,以筛选出热身运动后心脏出现不适的人员。两次检测均通过的人可以继续参加强度较大的体育运动。该检测方法可以根据现场成员的普遍体质情况将两次判定阈值进行调节。表 8.4 中最后为阈值确定后的检测结果,统计表明只有两组数据错漏检,总体检测准确率达到 97.5%。因此,心音能量熵可以作为一种检测运动强度大小的方法。

表 8.4 心音能量熵数据统计

<table>
<tr><td colspan="2">心音第三层分解</td><td colspan="2">异常心音数据</td><td colspan="2">正常心音数据</td></tr>
<tr><td colspan="2">均值</td><td colspan="2">92.58%</td><td colspan="2">99.84%</td></tr>
<tr><td colspan="2">最大值</td><td colspan="2">99.51%</td><td colspan="2">100%</td></tr>
<tr><td colspan="2">最小值</td><td colspan="2">65.24%</td><td colspan="2">99.04%</td></tr>
<tr><td colspan="2">标准差</td><td colspan="2">9.47</td><td colspan="2">0.19</td></tr>
<tr><td colspan="2" rowspan="2">第一次检测</td><td colspan="2">$X/65.24\% \geqslant 1$</td><td colspan="2">通过</td></tr>
<tr><td colspan="2">$X/65.24\% < 1$</td><td colspan="2">不通过</td></tr>
<tr><td colspan="2" rowspan="2">第二次检测</td><td colspan="2">$X/99.04\% \geqslant 1$</td><td colspan="2">通过</td></tr>
<tr><td colspan="2">$X/99.04\% < 1$</td><td colspan="2">不通过</td></tr>
<tr><td rowspan="2">总体</td><td colspan="2">实验数据组数</td><td>检测正确数据/个</td><td>错漏检数据/个</td><td>准确率</td></tr>
<tr><td colspan="2">80</td><td>78</td><td>2</td><td>97.5%</td></tr>
</table>

注:X 为某一组心音数据的能量熵。

2. 实验二

选取 60 组人体心电信号作为实验对象,其中 20 组为正常心电信号,异常心电信号采用美国麻省理工学院提供的研究心律失常的数据库(MIT-BIH)中的八种病变数据,分别为一般性心律失常、恶性心律失常、呼吸暂停、心力衰竭、S-T 段异常、房颤、心动过速和心肌梗死。每种病变数据选取 5 组,共 40 组。MIT-BIH 数据库采用的心电信号采样频率为 360Hz,已知正常心电信号频率主要集中在 35Hz 以内,所以决定对心电信号进行四层小波包分解。分解后的第四层频带分布为0~11.25Hz、11.26~22.5Hz、22.6~33.75Hz、33.76~45Hz、46~56.25Hz、56.26~67.5Hz、67.6~78.75Hz、78.76~90Hz、91~101.25Hz、101.26~112.5Hz、112.6~123.75Hz、123.76~135Hz、136~146.25Hz、146.26~157.5Hz、157.6~168.75Hz 和 168.76~180Hz。可以看出,前三个子频带符合正常心电信号的频率集中范围。因此，选取第四层分解中的前三个子频带的归一化能量来定义心电能量熵：

$$R_2=\frac{E(1)+E(2)+E(3)}{E}\times 100\% \tag{8.10}$$

心电小波包分解-频带交错图如图 8.22 所示，显示了实验心电信号经小波包分解后各层频带的能量熵分布情况。

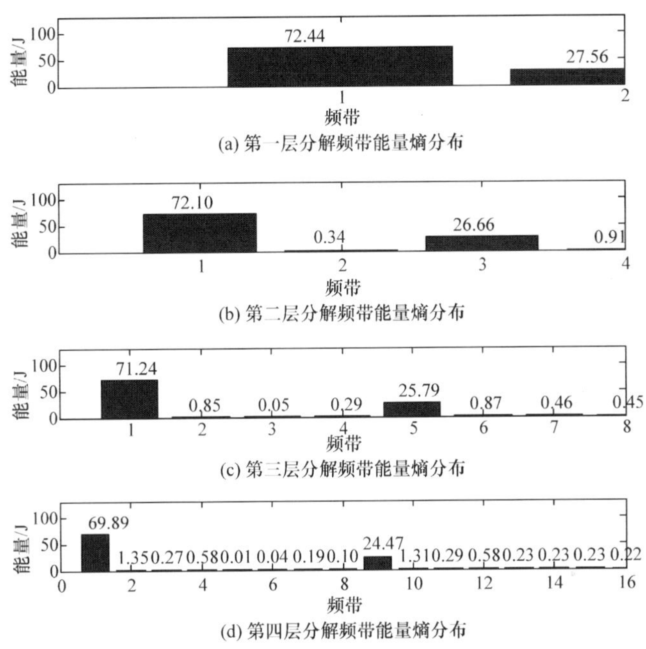

(a) 第一层分解频带能量熵分布

(b) 第二层分解频带能量熵分布

(c) 第三层分解频带能量熵分布

(d) 第四层分解频带能量熵分布

图 8.22　心电小波包分解-频带的各层频带能量熵

表 8.5 中的数据表明正、异常心电能量熵统计数据差异明显，可尝试将其用于检测运动强度。基于心电能量熵的运动强度判别法则，第一次检测选取异常数据均值为判定阈值，第二次检测选取正常数据最小值为判定阈值。现实应用中的检测步骤与心音相同。表 8.5 中最后为阈值确定后的检测结果，总体检测准确率为 100%。因此，心电能量熵可以作为一种检测运动强度大小的方法。

表 8.5　心电能量熵数据统计

心电第四层	异常心电数据	正常心电数据
均值	43.79%	99.69%
最大值	80.39%	99.92%
最小值	16.85%	98.86%
标准差	13.65	0.25
第一次检测	$X/43.79\%\geqslant 1$	通过
	$X/43.79\%<1$	不通过

续表

心电第四层		异常心电数据	正常心电数据	
第二次检测		$X/98.86\%\geqslant 1$	通过	
		$X/98.86\%<1$	不通过	
总体	实验数据组数	检测正确数据/个	错漏检数据/个	准确率
	60	60	0	100%

3. 实验三

选取心音、心电信号各 10 组，用能量熵、功率谱、QRS 波（Q、R、S 波）检测、LZ(Lempel-Ziv)复杂度、近似熵等常用信号特征参数分别对心音、心电信号进行分析处理，计算主程序的运算时间使用 cputime 指令。

表 8.6 的数据表明，功率谱和近似熵的主程序运算时间较快，但仿真实验结果表明，能量熵的实际应用效果最好，运算效率也较高。

表 8.6　主程序运算时间

特征参数	能量熵	功率谱	QRS 波检测	LZ 复杂度	近似熵
平均时间/s	1.05	0.98	6.55	13.91	0.65

8.3.3　运动强度检测的硬件实现

1. 人体运动强度检测仪实现方案

基于以上仿真实验结果，本节提出一种人体运动强度检测仪的硬件方案：将两个金属圆形电极相隔一定距离固定在同一个平面上，并与心电信号检测功能模块连接，由此构成一个平面掌心接触式单极联心电图测试装置。使用者在运动前将双手掌心分别紧贴两个金属圆形电极，检测一次心电信号，热身运动后再用相同方法检测一次心电信号，通过比较两次心电信号的变化情况，反映运动强度对人体生理参数的影响；利用心音进行测试的方法与心电检测相似。在心音、心电均测试完之后，可对使用者是否适合参加更大强度的体育锻炼给出一个评估或建议。方案实现的结构框图如图 8.23 所示。

通过检测运动前后人体的心电、心音信号并进行比较，可以反映运动强度对身体健康的影响，而用于检测心电信号的平面掌心式单极联心电测试装置和用于检测心音信号的双听诊头，其本身操作方便、结构简单、物美价廉，并可快速地检测生理信号，体现了本方案的合理性。

2. 显示模块人性化处理方案

本方案在具体操作时需要分别对使用者进行心音检测和心电检测，且根据仿

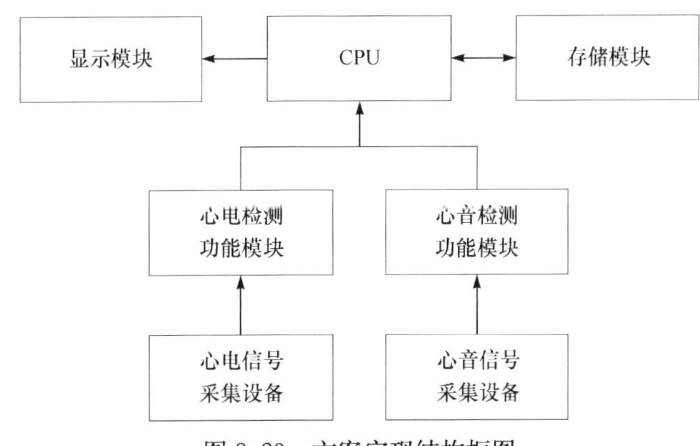

图 8.23　方案实现结构框图

真实验中的判别法则要求，需进行两次检测。这里将检测结果“通过”赋值为“1”，将“不通过”赋值为“0”。考虑到现场使用者的心理感受，最终确定对检测结果进行如表 8.7 的处理。

表 8.7　显示模块人性化处理方案

<table>
<tr><th></th><th>心音检测</th><th>心电检测</th><th>温馨提示</th><th></th><th>心音检测</th><th>心电检测</th><th>温馨提示</th></tr>
<tr><td rowspan="4">热身前</td><td>0</td><td>0</td><td>建议根据自身情况尽快去医院检查(仅供参考)</td><td rowspan="4">热身后</td><td>0</td><td>0</td><td rowspan="3">建议再检测一次</td></tr>
<tr><td>0</td><td>1</td><td rowspan="2">建议再检测一次</td><td>0</td><td>1</td></tr>
<tr><td>1</td><td>0</td><td>1</td><td>0</td></tr>
<tr><td>1</td><td>1</td><td>建议参加热身</td><td>1</td><td>1</td><td>建议继续锻炼</td></tr>
</table>

表 8.7 中针对显示模块进行的人性化处理可以达到检测人体运动强度大小的效果，且不会对使用者造成心理伤害，并通过合理的建议，使人们对自身当前的身体健康状况有了初步的认识。图 8.24 为一种供各类学校使用的人体运动强度检测仪的可视化操作界面。

以上仿真实验证实心音和心电信号在检测人体运动强度方面具有较好的判定能力，并且算法的运算效率较高，运动强度判别阈值可适时调节。近年来，因汽车驾驶员疲劳驾驶导致交通事故和心脏性猝死的事件时有发生。对心音的相关基础研究结果表明，心音能反映不同人的健康状况，基于现有的驾驶员疲劳检测系统和汽车主动安全系统，合理地进行多信息融合处理，可以提升汽车驾驶的可靠性和安全性。

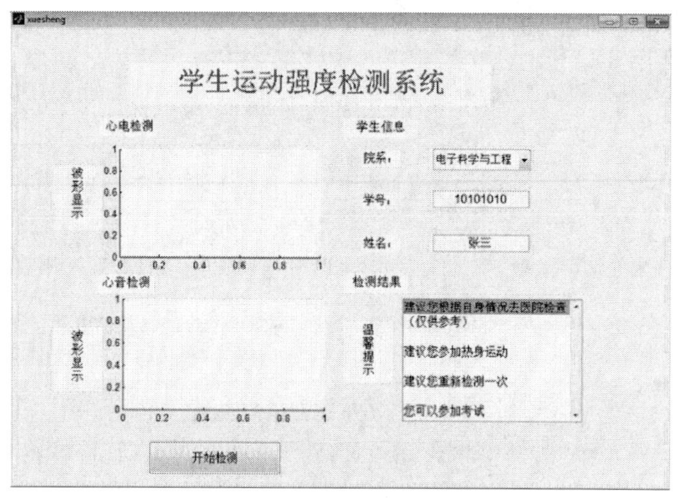

图 8.24　显示模块的操作界面

8.4　基于心音特征分析的汽车主动安全技术

近几年来，随着人口的老龄化趋势增长，汽车驾驶员也普遍存在高龄化问题，其中存在一定比例的潜在心脏疾病患者，一旦在驾驶车辆的过程中心脏病突发，这是目前主动安全设施不能及时检测的情况，更是一种明显的安全隐患。根据心音的相关基础研究表明，心音能反映不同人的健康状况，结合现有驾驶员疲劳检测系统以及汽车主动安全系统，合理地进行多信息融合处理，可以实现更全面的汽车可靠性和安全性的统一。

本节提出一种基于心音特征分析的汽车主动安全技术，探讨利用心音信号对驾驶员现场健康状况进行监测的可行性和具体实施方法。首先分析心音信号与汽车背景噪声的特点，提出汽车环境中的心音信号模型，据此设计出一种汽车主动安全的心音采集装置，然后给出一种基于独立子波函数的心音分类识别方法。然后重点讨论心音独立子波函数的构成准则，获取心音独立子波函数的算法。最后通过一个实际的心音采集与分类识别实验，验证所提方法的有效性和可行性。

8.4.1　汽车背景噪声的特点

心音信号的产生机理和特点在第 2 章已详细介绍，一组心音信号与典型车内噪声的波形比较如图 8.25 所示。

汽车环境中的背景噪声主要有喇叭声、马达声、刹车声、语音（音响）、风声、轮胎行驶声及其他噪声等，又可分为车内噪声和车外噪声，这里重点分析车内噪声。典型车内噪声具有如下特点。

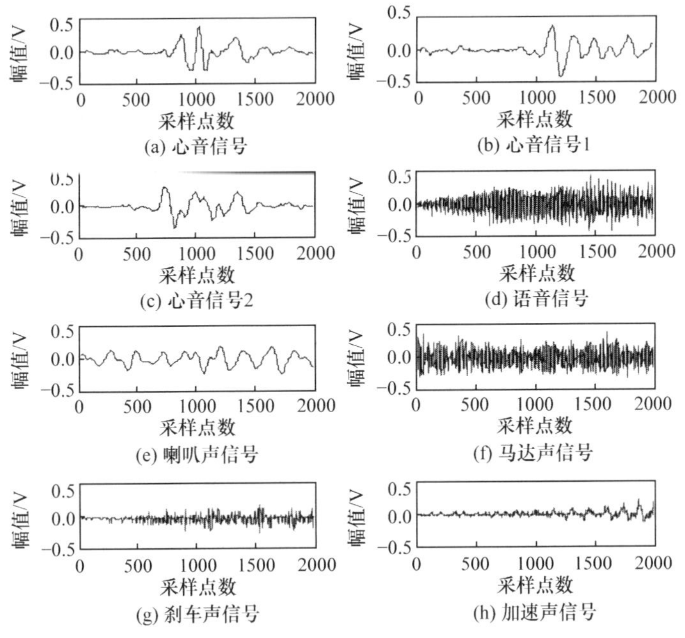

图 8.25 心音信号与典型车内噪声的波形比较

马达声指发动机噪声,通常包括汽油燃烧产生的噪声和机械振动产生的噪声,当汽车低速行驶或怠速时,汽油燃烧噪声大于机械振动噪声,当汽车高速行驶时,机械振动噪声大于汽油燃烧噪声。它是车内噪声的主要来源之一,频率主要集中在 0～200Hz,平稳的马达声在 100Hz 处有明显的峰值点[32]。汽车加速声是马达声的一种特殊形式,它的频谱呈现明显的超低频性,具有典型的低通频带谱。

语音是车内乘客的说话声或音响的声音,它是一种主动型车内噪声,与乘车人的生理特点、情绪和语言内容等因素有关。语声基音的频率范围为 130～350Hz,谐波的频率范围可达 130～4000Hz,但能量主要集在基音范围内。而音乐信号的频谱范围更宽,包含更丰富的高次谐波。

刹车声是指在刹车时,刹车片抱死轮胎,轮胎和地面发生剧烈摩擦,所发出刺耳的声音;汽车速度越快,质量越重,刹车越急刹车声就越响,有时可高达 70～90dB。其能量频主要集中在 0～200Hz,但也存在明显的高音成分,是车内噪声中频谱较宽的一种噪声。

喇叭声是一种汽车与人及车辆之间进行交通信息沟通的特有语言,是汽车安全系统中不可缺少的内容。喇叭声是一个稳态信号,具有良好的指向性和音色,其基频一般在 400IIz 左右,频谱表现为基频及其若干次倍频,在发声阶段无明显波动。这些噪声在 0～200Hz 内明显与心音信号的频谱重合,这给去噪工作带来一定的困难。

8.4.2 用于汽车主动安全的心音采集装置

本节介绍一种用于汽车主动安全的心音采集装置，该装置主要包括心音采集探头阵列、信号处理电路、指示灯、锂电池以及配有尼龙套带的隔音腔体。心音采集探头阵列安装在一个可形变的椭圆形隔音腔体内壁，信号处理电路模块、声光报警器固定在隔音腔体的顶部，在腔体上配置有内嵌锂电池的长方形尼龙套带，该套带可安装于汽车安全带上，并可沿安全带上下调整位置以便于心音信号的采集，当心脏生理状态出现异常状态时报警提醒，如图 8.26 所示。

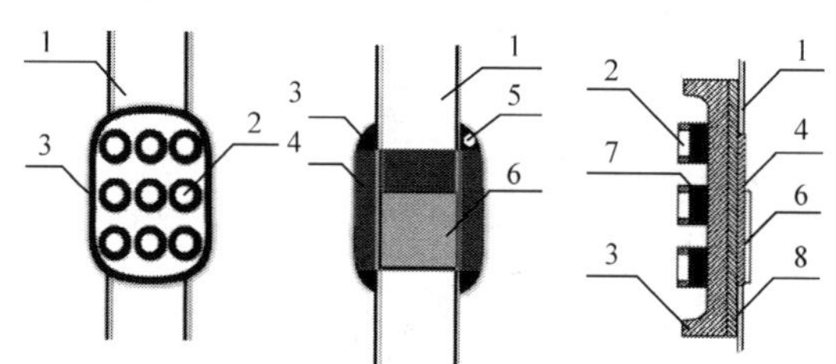

图 8.26 一种用于汽车主动安全的心音采集监控装置

1. 汽车安全带；2. 心音采集探头阵列；3. 椭圆形隔音腔体；4. 长方形尼龙套带；5. 声光报警器；6. 锂电池；7. 记忆材料；8. 信号处理电路模块

为了提高心音采集效果，装置中采用多心音采集探头阵列形式排列，这些心音采集探头置于接触面可形变的隔音腔体中，其底部垫衬有记忆材料。在心音采集探头位置固定后，能保证心音采集探头与心脏的距离最小，以有效获取心音信号。

8.4.3 心音信号的提取方法

1. 汽车环境中的心音信号模型

设心音信号为 $s(t)=s_1(t)+s_2(t)+s_3(t)+s_4(t)=\sum_{i=1}^{4}s_i(t)$，$g_{N_j}(t)$ 为车内背景噪声，包括喇叭声、马达声、刹车声、语声及其他噪声等，即 $g_N(t)=g_{N_1}(t)+g_{N_2}(t)+g_{N_3}(t)+\cdots$，则汽车环境中的心音模型应为

$$\sum_k x_k(t)=\sum_{i=1}^{4}s_i(t)+\sum_j g_{N_j}(t) \tag{8.11}$$

2. 基于 ICA 的心音信号分离方法

针对心音信号和车内噪声的特点，这里采用第 5 章介绍的 ICA 方法[33]将心音信号从车内噪声中分离出来，具体有关 ICA 算法的内容在此不再赘述，详情请见 5.2 节和 5.3 节。在上述 ICA 方法中要求混合信号 x_k 的个数等于或大于源信号

个数,而心音采集装置中采用心音采集探头阵列就满足这个条件。

8.4.4　心音独立子波函数的算法实现

获取心音独立子波函数[34-36]的具体步骤如下。

(1) 对心音信号 $s(t)$ 进行分层处理。信号分层相当于在一组正交基上投影,而分层信号的正交性有利于对信号进行独立成分分析,同时各分层信号的长度应保持相同。满足这两个条件的各种分层方法均可使用,如小波分层法、EMD 分层法等。

(2) 对分层信号去均值、预白化。

(3) 对预处理后的分层信号进行独立成分分析,最终得到心音独立子波函数簇。

图 8.27(a)所示为单个周期心音信号。采用 EMD 的经验模态分解将 s 分解为一系列近似简单的分量信号的组合,即

$$s_k(t)=\sum_{l=1}^{L}\lambda_l Z_l+r \tag{8.12}$$

式中,Z_l 为第 l 个由信号的性质自适应分解的本征模态函数 IMF;r 为残余函数,代表信号的平均趋势;λ_l 为系数。

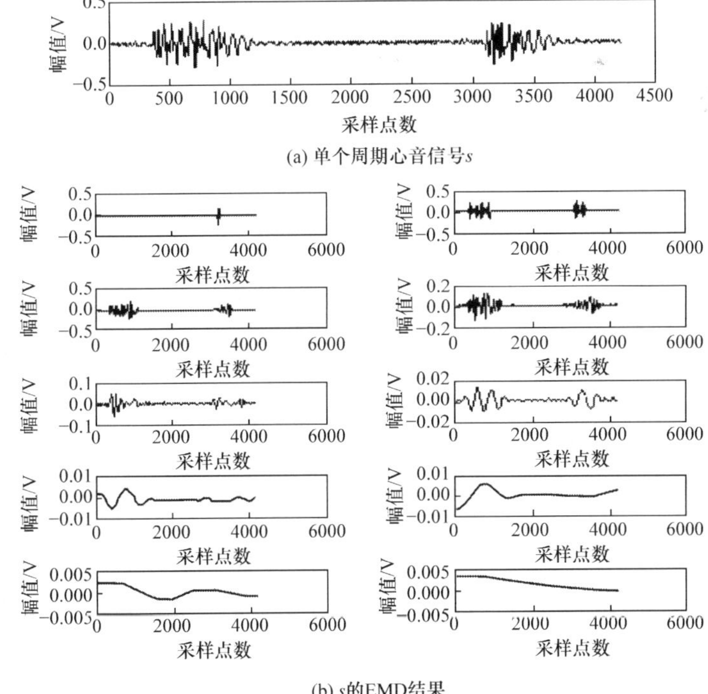

图 8.27　一种心音信号的分层结果

图 8.27(b)为 s 的 EMD 结果。将 $s_k(t)$合并成 $s_{11}(t)$、$s_{12}(t)$两组幅值基本相等的分层信号,如图 8.28(a)所示;分别用 fastica(定点迭代算法)、infomax(信息最大化算法)和 dwt_ica 三种算法对 $s_{11}(t)$、$s_{12}(t)$进行统计独立处理,以获取心音独立子波,如图 8.28(b)、(c)、(d)所示。从图中可以看到独立心音子波函数的采样点数和源信号 s 相同,但是三种算法获得的心音独立子波函数在幅值上有很大的区别。利用 dwt_ica 算法每次获得的心音独立子波 b_{1d}、b_{2d}基本相同,而用 fastica 和 infomax 算法每次获得的心音独立子波 b_{1f}、b_{2f}、b_{1i}、b_{2i}就略有不同,特别是 infomax 算法有明显的不确定性,最好的结果比 dwt_ica、fastica 算法的效果都好,但常常出现比这两种算法都差的情况。图中的心音独立子波函数簇是三次实验结果的平均值[36-39]。

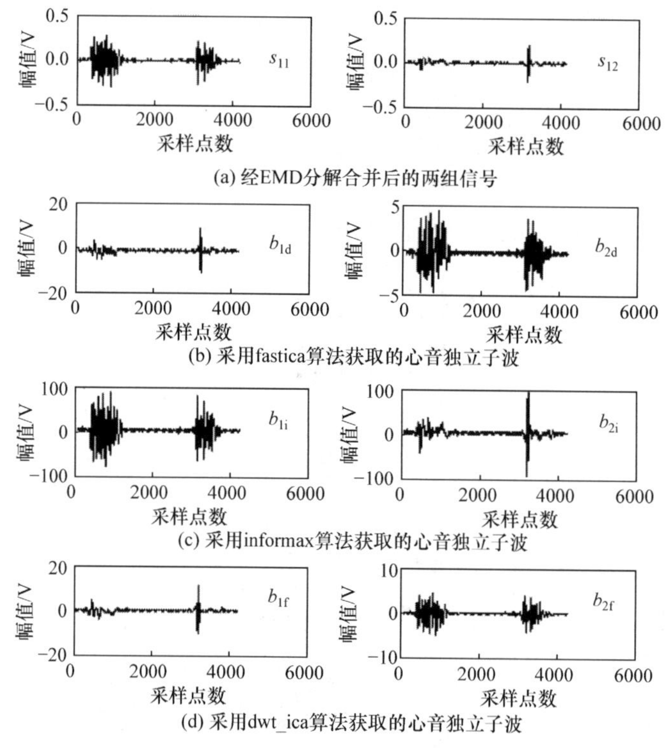

图 8.28　三种算法获取的心音独立子波函数

重构性用相似系数[36]描述:两个心音独立子波 b_1、b_2 重构心音信号与原心音信号间的相似系数越大越好;不相关性用相关系数 r 描述:它是心音独立子波函数之间不相关程度的度量指标,b_1、b_2 的相关性越小越好。比较数据的结果如表 8.8 所示,表中的值是三次实验结果的平均值。

表 8.8　三种算法获取心音独立子波函数的效果比较

算法	重构性	相关性	计算时间/s	综合评价
fastica	0.9979	0.0000	0.4836	好
dwt_ica	0.9983	0.0000	0.0624	很好
infomax	0.9919	0.4352	0.4212	较好

从信号的重构性判断，三种算法的效果都不错；而从独立心音子波函数的相关程度判断，fastica 算法和 dwt_ica 算法的效果都很好，但 infomax 算法获取子波的相关性明显较大；从花费的计算时间分析，dwt_ica 算法的时间最短。

综上所述，dwt_ica 算法在各个方面都显示出明显的优势，因此采用 dwt_ica 算法获取心音独立子波函数。

8.4.5　心音的分类识别

心音的分类识别过程实质上是一个自动化的模式匹配过程，如图 8.29 所示。

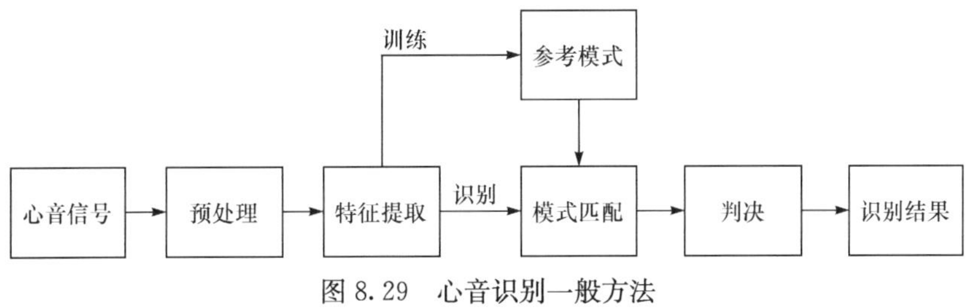

图 8.29　心音识别一般方法

心音分类识别的算法较多，如统计识别法、神经网络识别法等。心音独立子波函数是一种新的统计特征参数显然需要一种与之相适应的模式匹配方法，这里使用 5.3.2 节介绍的相似距离公式来实现。

8.4.6　实验结果

1. 采集与分离心音

在汽车主动安全的心音采集装置中需要设置采样频率、通道数等参数。因为心音的主要频率范围为 10～400Hz，而心脏杂音在 1500Hz 以下，根据采样定律，采样频率至少要大于 3000Hz 才能不失真。在车内噪声相对较大的环境下，采用 4 通道、11025Hz 采样，它们的一组采集结果如图 8.30(a)～(d)所示。按照 8.4.4 节所述心音信号的提取方法，用 ICA 对采集的四个混叠信号进行盲分离，获得的四个分离信号如图 8.30(e)～(h)所示。

为了判断四个分离信号中哪些是心音信号，哪些是汽车背景噪声，可利用心音信号的相似度进行分析。设标准组的心音信号为 $C_i(t)$，被识别信号为 $s_j(t)$，分离

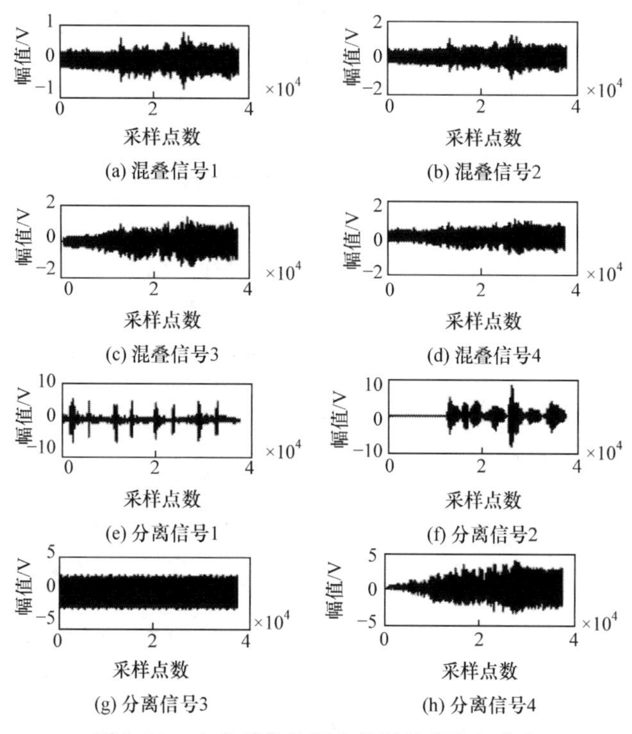

图 8.30　心音采集装置中信号的获取与分离

信号的相似度 D_k 值大于 0.95，就认为是心音信号。

2. 心音信号的预处理

心音信号的预处理主要完成如下工作：①确定一段心音信号中每一个第一心音、第二心音的起点和终点；②找出一个周期心音信号的起点和终点，计算出心率，以更好地显示心音的特征，突出心音的主要成分，为心音信号的分类识别做好前期准备。首先计算如图 8.31(a)所示心音信号(即分离信号 1)的能量谱 $P(i)=s_y(i)^2, i=0,1,2,\cdots$，利用希尔伯特-黄变换的包络提取方法提取心音包络，结果如图 8.31(b)所示；然后以包络线均值为阈值，获得归一化的能量包络线如图 8.31(c)所示，优化后的归一化包络比直接取得的包络更能准确地反映出心音的分段，其中每个较宽脉冲分别代表第一心音，较窄脉冲分别代表第二心音，这样可方便计算出心音间隔和心率[40-45]；最后将心音按周期分段，其结果如图 8.31(d)所示。

在识别模式下，将小型心音数据库中的心音资料作为标准组，这个心音数据库中包含正常心音(如比较心音信号 1)和异常心音(如比较心音信号 2 是期前收缩心音、比较心音信号 3 是房颤心音)，任选如图 8.31(d)所示的一个周期心音信号作为测试组，如图 8.32(a)～(d)所示。

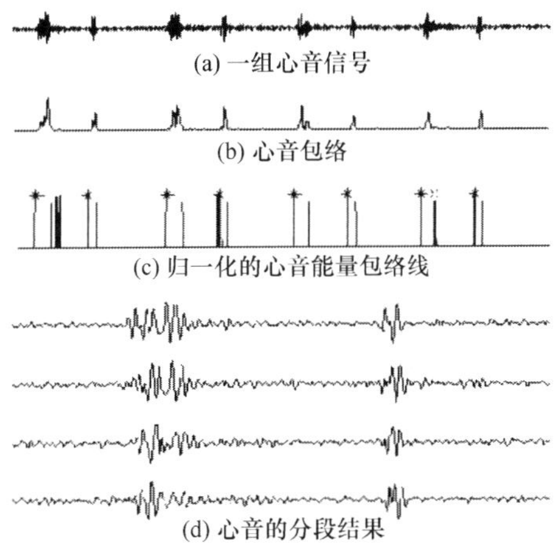

图 8.31　心音信号的预处理

要求标准组、测试组的信号用同一套设备，相同的放大倍数进行采集，不能出现饱和失真(最好控制在最大不失真幅值的 70%～80%效果较好)。将这些数据按 8.4.3 节的方法分别提取心音独立子波函数作为一种统计特征参数，设标准组的心音信号的独立子波函数为 $b_i^c(t)$，被识别心音信号的独立子波函数为 $b_j^s(t)$，计算它们的平均相似距离，分别为 0.0790、0.6114、0.8942，直接取相似距离最小的作为识别结果，该测试信号识别为正常心音信号。心音信号的识别如图 8.32(e)～(g)所示，可直观地看出，相似相图 1 中测试信号与心音库中的正常心音信号是最相似的，它们的相似相图是一条 45°的细斜线[9]。

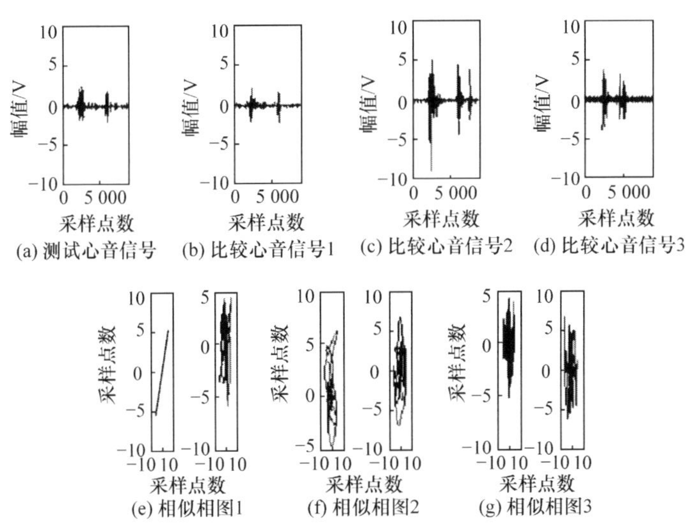

图 8.32　心音信号的分类识别效果

经上百次的不同心音分类识别实验表明，同人同时段的分类识别率为 100%；

同人异时段的分类识别率可达 97%以上;针对特定某个人的心音处理,可以不断地以新采集的心音去更新标准数据库,那么正确分类识别率可达 99%以上。

8.5 胎儿心音的提取与分析系统

怀孕期间的胎儿检测是母婴保健的重要环节。进行长期有效的胎儿生长状况监测,可以更好地帮助产科医生诊断胎儿的健康状况,使其尽可能早地对胎儿进行先天疾病治疗,以达到较好的治疗效果。要实现胎儿监护,先要取得反映胎儿健康状况的信号。人们首先想到的是反映胎儿心脏功能的信号,即心音和心电信号。心音是心肌舒缩和瓣膜启闭时振动所产生的声信号,它反映了心脏活动的状态,可根据第一心音和第二心音的时间间隔,计算出胎心率[46]。

本节针对胎儿心音信号的生物特征,提出一种比较新颖的单路胎儿心音信号盲源分离算法。该算法利用 EMD 对胎音信号进行分层并得到独立子波函数,然后把独立子波函数加入单路混合信号中,从而实现母体心音、杂音和胎音信号的分离,这是目前最适合单路胎儿心音信号提取处理的算法之一[47]。这里成功地将盲信号处理技术与对胎儿心音信号的提取及分析结合起来,完成了对孕妇肚中胎儿心音信号的提取与处理,得到比较纯净的胎音信号,为怀孕期间的胎儿检测与监护提供了一种新的方式。

8.5.1 基于 EMD 方法的单路混合信号盲分离方法

根据 5.2~5.4 节介绍的基于 EMD 方法[48-52]的单路混合信号盲分离方法对采集到的混合胎儿心音信号进行提取,实现母体心音、杂音和胎音信号的分离。

具体的分离算法步骤如下。

(1) 对单路混合信号进行 EMD 分层。

(2) 对分层后的信号进行独立成分分析,获取它们的独立子元。

(3) 将独立子元代入原混合信号中,进行维数扩展。

(4) 对增维后的数据进行 ICA 处理,最终分离出混合信号。

系统流程如图 8.33 所示。

8.5.2 单路混合胎音的盲分离实验

本实验所采用的数据均是用高精度智能医用电子听诊器从孕妇身上采集得来的,确保真实有效。对怀孕 30~36 周的孕妇,自怀孕第 30 周起,每周进行采样,得到一组数据,实时记录这 6 个周期间胎儿心音信号变化的程度。

对该混合胎音信号的盲分离可以按以下步骤进行。

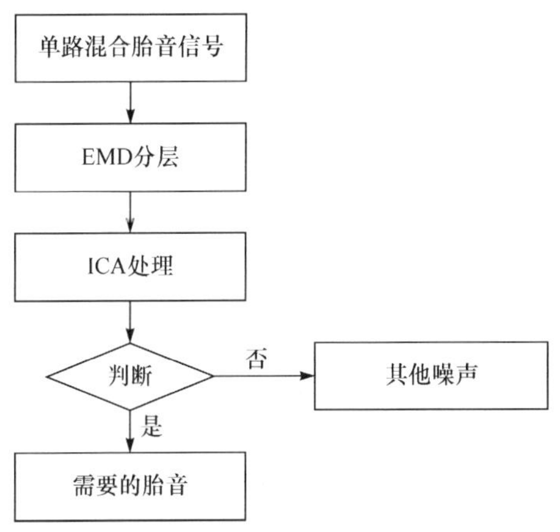

图 8.33　胎音信号盲分离方法流程图

(1) 对采集到的单路混合胎音信号进行 EMD 分层。

(2) 对分层后的信号进行 ICA 处理，最终分离出混合信号。

(3) 对分离出的混合信号进行频率谱分析与判定，提取符合判定要求的信号，即需要的胎音信号，将不符合要求的信号作为噪声信号去除。

1. 单路混合胎音信号的 EMD 分层

设提取到的混合胎音信号为 $x(t)$，如图 8.34 所示。利用 EMD 方法对该混合信号 $x(t)$ 进行分层，结果如图 8.35 所示。

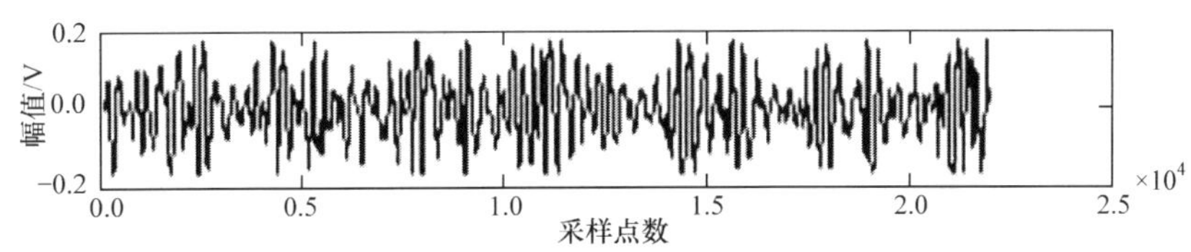

图 8.34　混合胎音信号

从图 8.35 可以看到，通过 EMD 将 $x(t)$ 分成 9 层，得到 9 个信号（IMF1、IMF2、IMF3、IMF4、IMF5、IMF6、IMF7、IMF8、IMF9）。在这个方案中，认为混合信号 $x(t)$ 由三部分组成，分别是胎儿心音信号、母体心音信号和其他噪声。因此，通过 8.5.1 节所述的方法把这 9 个分量进行 ICA 处理，得到 3 个独立子波函数。把得到的独立子波函数加入单路混合信号 $x(t)$ 中，按照一维混合信号转化成多维信号的公式，将一维信号 $x(t)$ 扩展到四维向量，并进行第二次 ICA 处理，可以获得 $x(t)$ 的一个估计信号 $s(t)$。

图 8.36 中给出了其独立子波函数，图 8.37 给出了经过 ICA 处理后得到的分离信号及估计信号 $s(t)$。

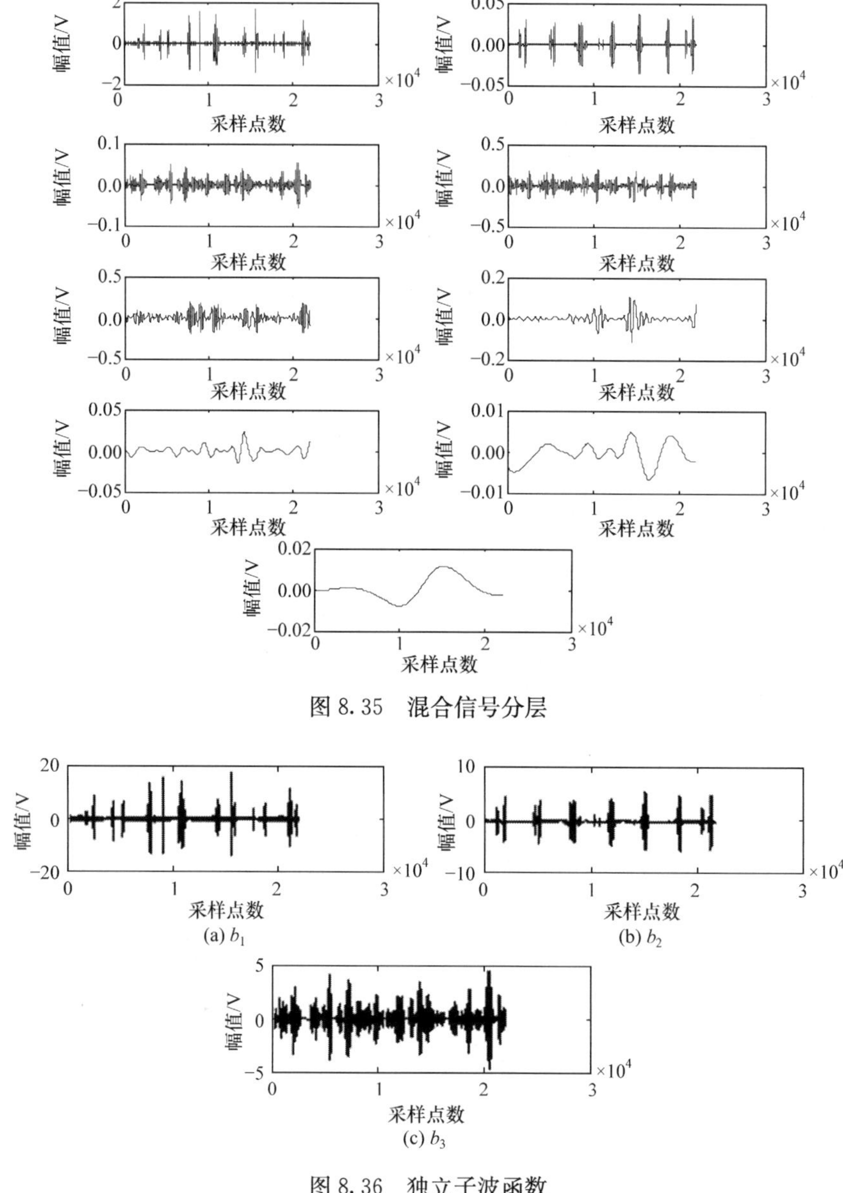

图 8.35 混合信号分层

图 8.36 独立子波函数

2. 实验结果及实验数据分析

1）利用 EMD 分层与 ICA 处理提取胎音信号

在孕妇怀孕 30 周之后，胎儿基本成形，此时的胎儿心音最为明显且清晰，因此本实验所采集到的音频数据无须经过放大器处理。将采集到的胎音信号直接存储

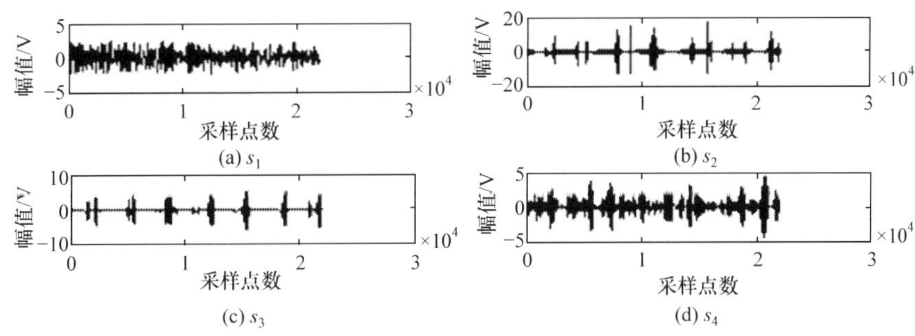

图 8.37　ICA 处理后得到的分离信号及估计信号

在计算机中，通过 MATLAB 仿真软件得到两组数据，如图 8.38 所示。

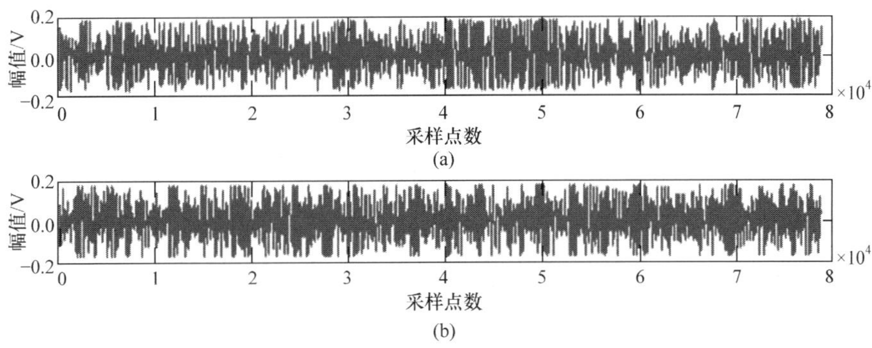

图 8.38　采集的心音信号数据

由图 8.38 可以看出，原始的胎心信号噪声非常多，数据不清晰。这是因为该胎音的混合信号中包含的噪声成分多而复杂，主要如下。

(1) 胎儿所在环境的干扰，主要是母体内羊水等的干扰。

(2) 胎儿心音信号中不可避免地含有母体的心音信号，母体的心音信号相对于要提取的胎儿心音则变成了噪声。

(3) 8～9 个月的胎儿已经成型，且非常好动。胎儿在母体内运动所产生的信号源也变成了噪声。

将上面两组数据用 8.5.1 节提到的 EMD 分层与 ICA 处理的方法进行提取，最终可以得到比较纯净的胎音信号。

2) 实验数据分析

通过对分离后的数据进行分析，可以得到以下结论。

(1) 由于采集的心音信号的周期是从第 30 周到第 36 周，在此期间胎儿逐渐长大，胎儿心脏逐渐成长，胎音也就逐渐清晰，能量逐渐增大，各组数据振幅会各不相同。在图 8.39 中，可以看到第一心音非常清楚，一方面说明此时的胎音能量最强，另一方面也说明该条件下的采集状况最为理想。

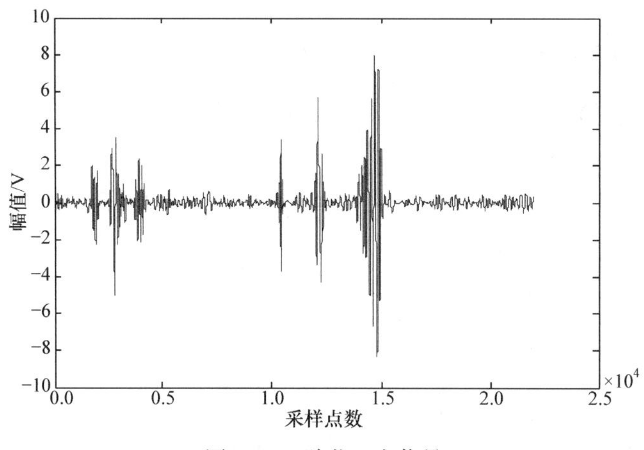

图 8.39 胎儿心音信号

(2) 由于在采集过程中,通过高精度探头从孕妇肚子上摸索找寻胎儿心脏的位置,通过听诊器听寻胎儿心跳之后开始录音。该过程中,孕妇本身的心跳和胎儿自身的活动可能会对采集过程造成干扰,会误以为那就是胎儿心跳声。在录音的起始阶段,会有一段幅度很小的波形出现。正是这些困难的存在,给采集工作带来很大的困难和干扰,使得很多数据都是无用的。每次录音为 10s,并不是每一次的录音都能做到很完美。胎音采集的数据如图 8.40(a)、(b)所示。其中,图 8.40(a)显示在录音的起始阶段有一段幅度很小的波形出现的情况,图 8.40(b)所示为采集失败情况下的数据。

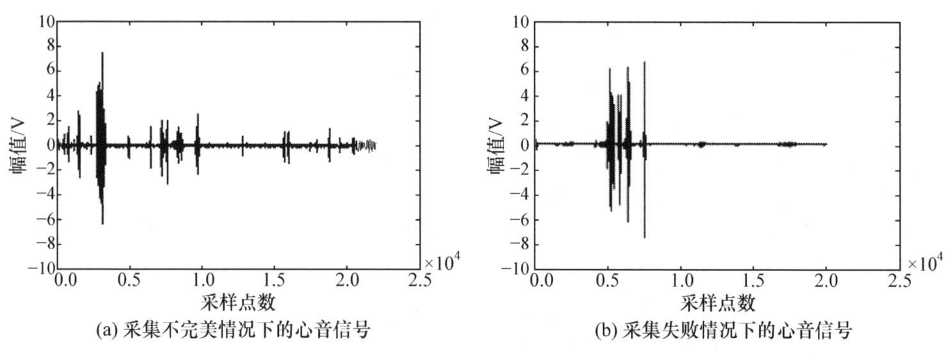

图 8.40 胎音采集的心音信号

(3) 找到合适的胎儿心脏位置,在胎儿熟睡即静止的情况下,利用高精度的传感器进行录音采集,即可得到很完美的胎儿心音信号。再将采集得到的干净胎音信号进行 ICA 处理得到准确的胎儿心音,如图 8.41 所示。

实验证明,使用该方法可以将胎儿心音信号从混合信号中提取出来,但分离出来的胎音不同程度地带有母体心音和噪声干扰,且分离出的信号存在顺序上的不

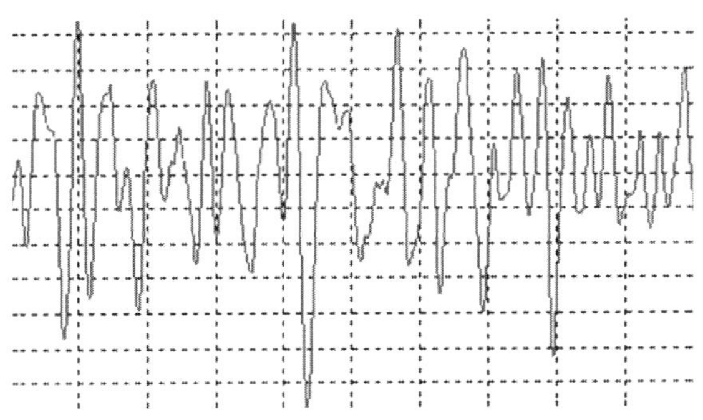

图 8.41　经 ICA 提取出的胎儿心音

确定性。基于 ICA 算法提取的胎音具有非常重要的临床价值,对胎儿健康的实时监测具有非常实际的意义。

8.6　本 章 小 结

本章重点介绍了心音模式识别的应用,包括基于 LabVIEW 和 Android 平台的心音识别系统,实现了理论到实际应用的过渡,突出研究的重要性和可行性。

本章还提出了人体运动检测的新方法,为防止在运动中出现的猝死提供了一种预测方法;另外还介绍了胎儿心音的提取和识别系统,为胎儿的监护提供了新的方式。通过这些应用实例,可以看出心音模式识别具有一定的可行性和实用性。

参 考 文 献

[1] 杨乐平,李海涛. 虚拟仪器技术概论[M]. 北京:电子工业出版社, 2003.

[2] Williams T. Graphical tool speed instrument software development[J]. Computer Design, 1996,(3):61-71.

[3] 刘阳. 虚拟仪器的现状及发展趋势[J]. 电子技术应用,1994,(4):4-5.

[4] Jelecanin J,Palm S,Mrcela T. Open-loop control and data acquisition of a biomechanical research device using LabVIEW development environment[J]. Annals of DAAAM for & Proceedings,2008,48(2):36-45.

[5] 雷永. 虚拟仪器设计与实践[M]. 北京:电子工业出版社,2005.

[6] 田启川,张润生. 生物特征识别综述[J]. 计算机应用研究,2009,26(12):4401-4406.

[7] 吴延军,徐径平. 心音的产生与传导机制[J]. 生物医学工程学杂志,1996,13(3):280-288.

[8] 陈间,郭兴明,肖守中. 心音信号识别的意义及其方法的研究[J]. 生物医学工程分册,2004,27(2):87-89.

[9] Wang J Z,Tie B,Welkowitz W,et al. Modeling sound generation in stenosed coronary arteries[J]. IEEE Transactions on Biomedical Engineering,1990,37(11):1087-1094.

[10] 于云之,聂邦歌. 心音的临床意义及研究现状[J]. 现代医学仪器与应用,1997,9(3):9-12.

[11] Brown E M. 心脏听诊简明教程[M]. 薛小林，艾文婷，梁磊，等译. 西安：世界图书出版公司，2005.

[12] Köymen H，Altay B K，Ider Y Z. A study of prosthetic heart valve sounds[J]. IEEE Transactions on Bio medical Engineering，1987，34(11)：853-863.

[13] 张凯. LabVIEW 虚拟仪器工程设计与开发[M]. 北京：国防工业出版社，2004.

[14] National Instruments Corporation. LabVIEW Measurement Manual[M]. Austin：National Instruments Corporation，2007.

[15] 汪敏生. LabVIEW 基础教程[M]. 北京：北京航空航天大学出版社，2002.

[16] Novăcescu F，Velcea D，Ciocârlie H. The study of vibrations of an elastic system using the labVIEW graphic programming medium[J]. International Journal of Modeling & Optimization，2012，2(3)：208-212.

[17] Chai J，Liao K，Pan D，et al. Study and implementation on program method of LabVIEW combined with MATLAB[J]. Computer Measurement & Control，2008，16(5)：737-739，745.

[18] Li S，Li S，Liu J L，et al. Study on program method of LabVIEW mixs with MATLAB and engineering applications[J]. Instrument Technique & Sensor，2007，36(1)：22-25.

[19] 曾璐，陆荣双. 基于 LabVIEW 的数据采集系统设计[J]. 电子技术，2004，31(12)：16-18.

[20] 朱启琨，李雯. 基于虚拟仪器的心音分析系统研制[J]. 仪表技术，2008，(12)：40-42.

[21] 罗保钦，曾庆宁，陈远贵，等. 基于 LabVIEW 的心音信号分析系统设计[J]. 仪器仪表学报，2009，30(10)：110-118.

[22] 张孝桂，何为，周静，等. 基于嵌入式系统的便携式心音分析仪的研究[J]. 仪器仪表学报，2007，28(2)：303-307.

[23] 元秀华，谢定. 心音信号测量中的噪声干扰分析与滤除方法[J]. 中国现代医学杂志，1999，9(6)：65-67.

[24] 张国华，袁中凡，李彬彬. 心音信号特征提取小波包算法研究[J]. 振动与冲击，2008，27(7)：47-49.

[25] Bulgrin J R，Rubal B J，Thompson C R，et al. Comparison of short-time Fourier，wavelet and time domain analyses of intercardiac sounds[J]. Biomedical Sciences Instrumentation，2003，29：465-472.

[26] Feldman M，Braun S. Description of free responses of SDOF systems via the phase plane and Hilbert transform：The concepts of envelope and instantaneous frequency[C]. Proceedings of the International Modal Analysis Conference，Orlando，1997.

[27] 成谢锋，张正. 一种双正交心音小波的构造方法[J]. 物理学报，2013，62(16)：168701-1-168701-12.

[28] Beritelli F，Spadaccini A. An improved biometric identification system based on heart sounds and Gaussian Mixture Models[C]. Proceedings of the Biometric Measurements and Systems for Security and Medical Applications，Taranto，2010.

[29] Ercelebi E. Electrocardiogram signal de-noising using lifting-based discrete wavelet trans-

form[J]. Computers in Biology and Medicine,2004,34:479-493.

[30] 章熙春,曹燕,张军,等. 语音 MFCC 特征计算的改进方法[J]. 数据采集与处理,2005,20(2):161-165.

[31] 刘娟,赵治栋. 基于心音信号谱分析的身份特征提取算法[J]. 杭州电子科技大学学报,2010,30(4):181-185.

[32] 张军,韦岗. 基于相对自相关序列 MFCC 特征的模型补偿技术[J]. 信号处理,2003,19(3):284-28.

[33] 丁爱明. 作为说话人识别特征参量的 MFCC 的提取过程[J]. 信息化研究,2006,32(1):51-53.

[34] 成谢锋,陶冶薇,张少白,等. 独立子波函数和小波分析在单路含噪信号中的应用研究:模型与关键技术[J]. 电子学报,2009,37(7):1522-1528.

[35] 成谢锋,姜炜,刘子山. 一种新的人体运动强度检测方法的研究[J]. 仪器仪表学报,2013,34(5):1153-1159.

[36] 郭红霞. 相关系数及其应用[J]. 武警工程学院学报,2010,26(2):68-72.

[37] Guo X, Ding X, Lei M, et al. Non-invasive monitoring and evaluating cardiac function of pregnant women based on a relative value method[J]. Acta Physiologica Hungarica,2012,99(4):382-91.

[38] 吉尔. 常微分方程初值问题的数值解法[M]. 费景高,刘德贵,高永春,译. 北京:科学出版社,1978.

[39] 成谢锋,马勇,刘陈,等. 心音身份识别技术的研究[J]. 中国科学:信息科学,2012,42(2):237-251.

[40] Spoelder H J W. Virtual instrumentation and virtual environments[J]. IEEE Instrumentation & Measurement Magazine,1999,2(3):14-19.

[41] 胡登鹏,李宏伟,郭英,等. 基于决策树的便携式心音诊断仪[J]. 仪器仪表学报,2007,(S2):76-80.

[42] 李冬冬. 非特定人、小词表、孤立词语音识别实时系统的实现[D]. 北京:清华大学,1991.

[43] Skowronski M D, Harris J G. Increased MFCC filter bandwidth for noise-robust phoneme recognition[C]. Proceedings of the IEEE International Conference on Acoustics, Speech, and Signal Processing, Orlando, 2002.

[44] Wang W, Guo Z, Yang J, et al. Analysis of the first heart sound using the matching pursuit method[J]. Medical & Biological Engineering & Computing,2001,39(6):644-648.

[45] 曾日波. 小词表实时语音识别系统的定点 DSP 实现[J]. 现代电子技术,2004,27(11):62-64.

[46] Wu W Z, Guo X M, Xie M L, et al. Research on first heart sound and second heart sound amplitudc variability and reversal phenomenon—A new finding in athletic heart study[J]. Journal of Medical and Biological Engineering,2009,29(4):202-205.

[47] 朱树先,张仁杰. BP 和 RBF 神经网络在人脸识别中的比较[J]. 仪器仪表学报,2007,28(2):375-379.

[48] 杨毅明,陈东华. 一种实时说话人身份识别系统的设计[J]. 华侨大学学报(自然科学版),2009,30(5):517-519.

[49] Liang H, Lukkarinen S, Hartimo I. Heart sound segmentation algorithm based on heart-sound envelogram[J]. Computers in Cardiology,1997,24(24):105-108.

[50] Zhou J, He W, Dan C, et al. Computer based analysis and recognition of heart sound[C]. Proceedings of the 2nd International Conference on Bioinformatics and Biomedical Engineering, Shanghai, 2008.

[51] 沈琴琴,赵治栋. 基于 DWTMFC 特征参数提取的心音身份识别[J]. 杭州电子科技大学学报,2011,31(4):102-105.

[52] 刘佳佳,周红标,鞠勇. 基于 CPSO-LSSVM 的心音身份识别[J]. 南京师范大学学报(工程技术版),2013,13(1):68-73.

附　　录

1. 基于 Android 平台的心音识别系统的欢迎界面

心音识别系统欢迎界面的程序如下：

```
public class Main_Activity extends Activity {
      private Button Entersystem= null;
       private Button Exit= null;
       private Button AboutHelp= null;
     @ Override
     protected void onCreate(Bundle savedInstanceState){
       setContentView(R.layout.activity_main);
       Entersystem=(Button)findViewById(R.id.mainEnterSystem);
       …
       EntersystemListener entersystemlistener=new EntersystemListener();
       Entersystem.setOnClickListener(entersystemlistener);
     }

     class AboutHelpListener implements OnClickListener{
       …
       {
       Intent intentAboutHelp=new Intent();
       intentAboutHelp. setClass (Main _ Activity. this, AboutHelp _ main.
       class);
       startActivity(intentAboutHelp);
       }
     }

   class EntersystemListener implements OnClickListener{
       …
       {
       Intent intentEnterSystem=new Intent();
         intentEnterSystem. setClass (Main _ Activity. this, StartActivity.
         class);
       startActivity(intentEnterSystem);
```

```
    }
  }

  class ExitListener implements OnClickListener{
   ...
    {
    finish();
    }
  }
}
```

2. 基于 Android 平台的心音识别系统的心音采集界面

心音采集界面的程序如下：

```
private void record(){
      ...
      sdcardPath=Environment.getExternalStorageDirectory();
      dir=Environment.getExternalStorageDirectory()+ "/HeartSoundFile";
      ...
      try
      {
       register_recordstatus.setText("当前状态:录音");
       operateStatus=1;
       String filename=register_filename.getText().toString();
       //创建保存录音的音频文件
       soundFile=new File("/mnt/sdcard/HeartSoundFile",filename+".amr");
       mr=new MediaRecorder();
       mr.setAudioSource(MediaRecorder.AudioSource.MIC);
       mr.setOutputFormat(MediaRecorder.OutputFormat.DEFAULT);
       mr.setAudioEncoder(MediaRecorder.AudioEncoder.DEFAULT);
       mr.setOutputFile(soundFile.getAbsolutePath());
       mr.prepare();
       mr.start();
        }

  private void stop(){
  ...
```

```
        if(1==operateStatus)
        {
            operateStatus=0;
            if (soundFile!=null && soundFile.exists())
            {
              mr.stop();
              mr.release();
              mr=null;
              …
             }
}

private void play()
{
        String play_filename=register_filename.getText().toString();
        playfile=new File(dir,play_filename+ ".amr");
        if(null!=playfile && playfile.exists())
        {
          try
          {
            register_recordstatus.setText("当前状态:播放录音");
            mPlayer=new MediaPlayer();
            mPlayer.setDataSource(playfile.getAbsolutePath());
            mPlayer.prepare();
            mPlayer.start();
              …
          }
}
```

3. 基于Android平台的心音识别系统的心音识别界面

心音识别界面的程序如下：

```
Button word1,word2,word3,clear,word4,word5,word6;
          Button caiyang,duibi,fenxi,pipei,benren;
          protected void onCreate(Bundle savedInstanceState){
          //TODO Auto- generated method stub
          word1=(Button)findViewById(R.id.start_soundanalyse);
          word1.setOnClickListener(new ButtonListener());
          word2=(Button)findViewById(R.id.start_soundanalyse2);
```

```
            word2.setOnClickListener(new ButtonListener());
            word3=(Button)findViewById(R.id.start_soundanalyse3);
            word3.setOnClickListener(new ButtonListener());

            clear=(Button)findViewById(R.id.start_clear);
            clear.setOnClickListener(new ButtonListener());
            rd=new RecordDisplay();
            pipei=(Button)findViewById(R.id.pipei);
            pipei.setOnClickListener(new ButtonListener());
            benren=(Button)findViewById(R.id.benrenxinyin);
            benren.setOnClickListener(new ButtonListener());
            }

class ButtonListener implements OnClickListener{
            public void onClick(View v){
              // TODO Auto-generated method stub
              if(v==word1){
                  wordsID=1;startShifan();
              }
              if(v==word2){
                  wordsID=2;startShifan();
              }
              if(v==word3){
                  wordsID=3;startShifan();
              }
              if(v==clear){
                  wordsID=1;wordsID2=0;
              }
              if(v==caiyang){
                  startRecord();
              }
              if(v==duibi){
                  if(isexist==1){
                    startDisplay(initial_data);
                    startDisplay(rd.initial_data);      //rd为刚录音的音频
                  }
                  else{
                    startShifan();
```

```
                    startDisplay(rd.initial_data);
                }
            }
            if(v==fenxi){
                showEvaluation();
            }
            if(v==pipei){
                showEvaluation2();
            }
            if(v==benren){
                startRecord2();
            }
        }
    }
```

(1) 心音识别界面上"心音注册"按钮功能的实现。

```
private void startRecord(){
        rd.audioRecord.startRecording();
        rd.isRecording=true;
        caiyang.setEnabled(false);
        Toast.makeText(WordsActivity.this,"请发音",Toast.LENGTH_LONG).
show();
        //这个线程被 handler 调用来更新设置 UI
        final Runnable updateResults=new Runnable(){
          public void run(){
        rd.audioRecord.stop();
        caiyang.setEnabled(true);
         }
        };

        new Thread(new Runnable(){
          public void run(){
            int sum=0;
                while(rd.isRecording && sum<24* 1024){
                    int readSize=rd.audioRecord.read(rd.initial_data,
sum,rd.bufferSizeInBytes/2);
    sum+=readSize;
                }
                    rd.isRecording=false;
                  myHandler.post(updateResults);}
```

```
            }
    }
```

(2)“心音对比”按钮功能的实现。

```
private void startDisplay(short[] for_display_data){
            rd.audioTrack.play();
             SoundDataProcess soundDataProcess=new SoundDataProcess(for_
display_data,256);
            if(soundDataProcess.getResult()==true){
              short[] format_sound=soundDataProcess.getResultData();
               System.out.println("format sound length is"+ format_sound.
length);
              rd.audioTrack.write(format_sound,0,format_sound.length);
              rd.audioTrack.stop();
            }
            else {
            System.out.println("could not detect the endpoint of the sound");
            }
    }
```

(3)“心音分析”按钮功能的实现。

```
byte[] aa;
        try {
         if(isexist==0)
         {
             aa=new byte[is.available()- 44];
             byte[] bb=new byte[44];
             int index1=is.read(bb,0,44);
             int index2=is.read(aa,0,is.available()- 44);
             short[]sh=CalFactory.byteArray2ShortArray(aa,index2/2);
             factory=new CalFactory(sh,rd.begin_data,12);
         }
         else
         {
         factory=new CalFactory(begin_data,rd.begin_data,12);
         }
         compared_frames=factory.getComparedFrames();      //得到相差帧数
         double result1=factory.getScore(X,Y);             //得到评价分数
         result=(int)(result1);
}
```

(4) "最近匹配"按钮功能的实现。

```
private void showEvaluation2(){
          final Runnable updateResults2=new Runnable(){
            public void run(){
          String message2="";
          if(score1> =score2 && score1> =score3 && score1> =score4){
            score_end=score1;
            message2="刘伟";
            factory=factory1;
          }
          else if(score2> =score1 && score2> =score3 && score2> =score4){
            score_end=score2;
            message2="成老师";
            factory=factory2;
          }
          …
          String message="与您心音最匹配的是"+ message2+",相似度为"+ score_
          end+"%\n";
          showDialog(WordsActivity.this,message,true);
            }
          };
}
```

4. 基于Android平台的心音识别系统的预处理模块

预处理模块程序如下:

(1) 数字化。

```
private void createAudioRecord(){
        this.bufferSizeInBytes=AudioRecord.getMinBufferSize(8000,
        AudioFormat.CHANNEL_CONFIGURATION_MONO
AudioFormat.ENCODING_PCM_16BIT);
        this.audioRecord=new AudioRecord(MediaRecorder.AudioSource.MIC,
8000,AudioFormat.CHANNEL_CONFIGURATION_MONO
AudioFormat.ENCODING_PCM_16BIT,bufferSizeInBytes);
        }
private void createAudioTrack(){
      this.disBufferSizeInBytes=AudioTrack.getMinBufferSize(8000,//每秒8000点
```

```
        AudioFormat.CHANNEL_CONFIGURATION_MONO,//单声道
        AudioFormat.ENCODING_PCM_16BIT);//一个采样点16位
    this.audioTrack=new AudioTrack(AudioManager.STREAM_MUSIC,8000,
        AudioFormat.CHANNEL_CONFIGURATION_MONO,
        AudioFormat.ENCODING_PCM_16BIT,disBufferSizeInBytes,Audio-
        Track.MODE_STREAM);}
```

(2) 预加重。

```
public void pre_emphasis(){
    short[]pre_ed=new short[sound_data.length];
    pre_ed[0]=sound_data[0];
    for(int i=1;i<sound_data.length;i++){
      pre_ed[i]=(short)(sound_data[i]- 0.97* sound_data[i- 1]);//预加重
    }
    sound_data=pre_ed;
    System.out.println("pre_emphasis");
}
```

(3) 端点检测。

```
public void endpoint(){
    //求每帧的平均过零率及平均能量,放置在数组中
    for(int i=0;i< frames;i++){
    crosses=0;
    mag=0;
    for(int j=0;j< frame_wide;j++){
      if(i==0&&j==0) j=1;
        if(((sound_data[i* frame_wide+ j]> door)
&&(sound_data[i* frame_wide+ j- 1]+ door< 0)) ||((sound_data[i* frame_wide
+ j- 1]> door)
&&(sound_data[i* frame_wide+ j]+ door< 0))){
              crosses++ ;
            }
      double pingfang=(sound_data[i* frame_wide+ j])
* (sound_data[i* frame_wide+ j]);
      mag+ =pingfang;
      }
      cross_zero[i]=crosses;
      System.out.println("cross"+ i+ "="+ cross_zero[i]);
      magnitude[i]=mag;
      System.out.println("mag"+ i+ "="+ magnitude[i]);
```

```
        }
        System.out.println("endpoint1");
        for(int i=1;i< frames;i++ ){
          //起始点检测
          if((flag==false)&&(cross_zero[i-1]> 2) &&(magnitude[i-1]>
9000000)&&(cross_zero[i]> 2)&&(magnitude[i]> 9000000)){
                start=i-1;
                flag=true;
          }

          if((flag ==true)&&(magnitude[i-1]< 800000)&&(magnitude[i]<
800000)){
            if(numberofendpoint! =1)
              numberofendpoint-- ;
          else
          {
              flag=false;
              end=i;
              System.out.println("endpoint3");
              break;
              }         }

            //如果有了起始点但一直到数据最后一点都没有检测到终止点,则数据最后
              一点就是终止点
            if((flag ==true)&&(i==frames-1)){
                flag=false;
                end=i;
                break;
            }
          }
          if((end<=0)||(end> frames)){
            result=false;
          }
          else{
            result_data=new short[(end-start)* frame_wide];
            for(int i=start,x=0;i< end;i++ ,x++){
              for(int j=0;j<frame_wide;j++){
                result_data[x* frame_wide+j]=sound_data[i* frame_wide+j];
```

```
            }
          }
        }
}
```

5. 基于Android平台的心音识别系统中信号处理的算法实现

心音信号处理模块的程序如下：

(1) MFCC特征提取。

```
for(int i=0;i < m_nnumberOfFilters;i++ ){
              m_dfilterOutput[i]=0.0;
              if(m_ousePowerInsteadOfMagnitude){
                  double[]fpowerSpectrum=m_fft.calculateFFTPower(fspeech-
Frame);
for(int j=m_nboundariesDFTBins[i][0],k=0;j <=m_nboundariesDFTBins[i][1];
j++ ,k++ ){
                  m_dfilterOutput[i]+ =fpowerSpectrum * m_dweights[i][k];
                  }
              }
          else {
          fmagnitudeSpectrum=m_fft.calculateFFTMagnitude(fspeechFrame);
for(int j=m_nboundariesDFTBins[i][0],k=0;j <=m_nboundariesDFTBins[i][1];
j++,k++){
              m_dfilterOutput[i]+ =fmagnitudeSpectrum * m_dweights[i][k];
              }
}

private void calculateMelBasedFilterBank(double dsamplingFrequency,
            int nnumberofFilters,int nfftLength){
double[][] dfrequenciesInMelScale=new double[nnumberofFilters][3];
double[] dfftFrequenciesInHz=new double[nfftLength / 2+ 1];
            double ddeltaFrequency=dsamplingFrequency / nfftLength;
            for(int i=0;i < dfftFrequenciesInHz.length;i++ ){
              dfftFrequenciesInHz[i]=i * ddeltaFrequency;
              //fft后每个点所代表的频率值
            }
            double[] dfftFrequenciesInMel=this.convertHzToMel(
             //每个点代表的mel频率
                dfftFrequenciesInHz,dsamplingFrequency);
```

```
            double[] dfilterCenterFrequencies=new double[nnumberofFilters+2];
              ddeltaFrequency = dfftFrequenciesInMel [dfftFrequenciesInMel.
length- 1]/(nnumberofFilters+ 1);
        for(int i=1;i <  dfilterCenterFrequencies.length;i++ ){
dfilterCenterFrequencies[i]=i * ddeltaFrequency;//每个中心频率点的梅尔频率值
            }
            m_nboundariesDFTBins=new int[m_nnumberOfFilters][2];
            m_dweights=new double[m_nnumberOfFilters][];

            for(int i=1;i<=nnumberofFilters;i++ ){//i 表示滤波器序号
              m_nboundariesDFTBins[i- 1][0]=Integer.MAX_VALUE;
              for(int j=1;j< dfftFrequenciesInMel.length- 1;j++ ){
              if((dfftFrequenciesInMel> =dfilterCenterFrequencies[i-1])
                &(dfftFrequenciesInMel<=dfilterCenterFrequencies[i+1])){
                if(j< m_nboundariesDFTBins[i- 1][0]){
                  m_nboundariesDFTBins[i- 1][0]=j;
                }
                if(j> m_nboundariesDFTBins[i- 1][1]){
                  m_nboundariesDFTBins[i- 1][1]=j;
                }
              }
            }
}
```

(2) 动态时间规整(DTW)。

```
    private double cal_distance_frame(int num1,int num2){
            double sum=0;
                  for(int k=0;k< num_of_parameters;k++ ){
                    sum+ =(sound1[num1][k]- sound2[num2][k]) * (sound1[num1]
                    [k]- sound2[num2][k]);
              }
            return sum;
        }

        public double cal_big_distance(){
            for(int i=1;i< num_of_frames1;i++ ){
        for(int j=0;j< num_of_frames2;j++ ){
            D1=distance[i- 1];
```

```
          if(j> 0){
            D2=distance[i-1][j-1];
          }
        else{
            D2=Double.MAX_VALUE;
          }
         if(j> 1){
           D3=distance[i-1][j-2];
         }else {
           D3=Double.MAX_VALUE;
         }
         distance[i]=cal_distance_frame(i,j)+ min(D1,D2,D3);
        }
      }
double distance_result=distance[num_of_frames1-1][num_of_frames2-1] /num_
of_frames1;
        return distance_result;
}
```

(3) 共振峰提取及图形展示。

```
XYSeries series=new XYSeries("数据库心音各帧共振峰估计");
        for(int i=1;i<=file_frames;++ i){
      series.add(i,file_peak_data[i-1]);
        }
        dataset.addSeries(series);
        series=new XYSeries("输入心音各帧共振峰估计");
        for(int i=1;i<=input_frames;++i){
          series.add(i,input_peak_data[i-1]);
        }
        dataset.addSeries(series);
        //对点的绘制进行设置
        XYSeriesRenderer xyRenderer=new XYSeriesRenderer();
        //设置颜色
        xyRenderer.setColor(Color.BLUE);
        //设置点的样式
        xyRenderer.setPointStyle(PointStyle.SQUARE);
        //将要绘制的点添加到坐标绘制中
        renderer.addSeriesRenderer(xyRenderer);
```

```
//重复步骤(1)～(3)绘制第二个系列点
xyRenderer=new XYSeriesRenderer();
xyRenderer.setColor(Color.RED);
xyRenderer.setPointStyle(PointStyle.CIRCLE);
renderer.addSeriesRenderer(xyRenderer);
System.out.println("i am here5");
renderer.setChartTitle("数据库心音与输入心音的共振峰估计对比");
renderer.setXTitle("时间(帧)");
renderer.setYTitle("频率(Hz)");
renderer.setXAxisMin(0);
renderer.setXAxisMax(xMax);
renderer.setYAxisMin(0);
renderer.setYAxisMax(4000);
renderer.setAxesColor(Color.LTGRAY);
renderer.setLabelsColor(Color.LTGRAY);
```

6. 五种小波在心音信号处理中的比较

五种小波在心音信号处理中的应用程序如下：

(1) 双正交心音小波去噪。

```
% ************************************************************ %
clc;
clear;
clear all;
[y1,Fs1]=audioread('01 Apex,Normal S1 S2,Supine,Bell.mp3');  % 读取心音数据
y1=y1/max(abs(y1));                  % 归一化处理
y11=xiaoboquzao(y10);                % 心音双正交小波去噪处理
figure
subplot(211);plot(y10);subplot(212);plot(y11);  % 显示结果
% ************************************************************ %
function [x1]=xiaoboquzao(x)   % "xiaoboquzao"函数
wavemngr('add','XinYinXiaoBo','xyxb',4,'','xinyinyiaobo');
                          % 添加小波,XinYinXiaoBo 为全称名;xyxb 为缩写名
[c1,l1]=wavedec(x,4,'xyxb');
[thr2,nkeep1]=wdcbm(c1,l1,2);
[x1,cxd1,lxd1,perf1,perfl]=wdencmp('lvd',c1,l1,'xyxb',4,thr2,'s');
                          % x1 即去噪后心音信号
end
% ************************************************************ %
```

```
function[Rf,Df]=xinyinyiaobo(wname)
% [Rf,Df]=XinYinXiaoBo(wname)
% 此为双正交心音小波构造方程

syms a1 a2 a3 a4 a5 b1 b2 b3 b4 b5;
eq1=a1+a2+a3+a4+a5- sqrt(2)/2;
eq2=b1+b2+b3+b4+b5- sqrt(2)/2;
eq3=a1*b1+a2*b2+a3*b3+a4*b4+a5*b5+a5*b5+a4*b4+a3*b3+a2*b2+
a1*b1-1;
eq4=a1*b3+a2*b4+a3*b5+a4*b5+a5*b4+a5*b3+a4*b2+a3*b1;
eq5=a2-2*a3+3*a4-4*a5+5*a5-6*a4+7*a3-8*a2+9*a1;
eq6=a2-2^2*a3+3^2*a4-4^2*a5+5^2*a5-6^2*a4+7^2*a3-8^2*a2+9^2
*a1;
eq7=a2-2^3*a3+3^3*a4-4^3*a5+5^3*a5-6^3*a4+7^3*a3-8^3*a2+9^3
*a1;
eq8=b2-2*b3+3*b4-4*b5+5*b5-6*b4+7*b3-8*b2+9*b1;
eq9=b2-2^2*b3+3^2*b4-4^2*b5+5^2*b5-6^2*b4+7^2*b3-8^2*b2+9^2
*b1;
eq10=b2-2^3*b3+3^3*b4-4^3*b5+5^3*b5-6^3*b4+7^3*b3-8^3*b2+9^3
*b1;
eq11=a1*b2+a2*b1;
eq12=a1*b4+a2*b3+a3*b2+a4*b1;
x=solve(eq1,eq2,eq3,eq4,eq5,eq6,eq7,eq8,eq9,eq10,eq11,eq12,a1,a2,a3,
a4,a5,b1,b2,b3,b4,b5);
Rf=double([x.a1(1),x.a2(1),x.a3(1),x.a4(1),x.a5(1),x.a5(1),x.a4(1),x.
a3(1),x.a2(1),x.a1(1)]);
Df=double([x.b1(1),x.b2(1),x.b3(1),x.b4(1),x.b5(1),x.b5(1),x.b4(1),x.
b3(1),x.b2(1),x.b1(1)]);
end
% *************************************************************** %
```

(2) 其他四种小波(hcc,db5,bior5.5,sym5)去噪。

```
% *************************************************************** %
clc
clear
clear all
% db5 小波去噪
[c2,l2]=wavedec(X,5,'db5');  % 小波分解
```

```
thr2=wdcbm(c2,l2,2);
[xd2,cxd2,lxd2,perf2,perfl2]=wdencmp('lvd',c2,l2,'db5',5,thr2,'s');

% bior5.5 小波去噪
[c3,l3]=wavedec(X,5,'bior5.5');
thr3=wdcbm(c3,l3,2);
[xd3,cxd3,lxd3,perf3,perfl3]=wdencmp('lvd',c3,l3,'bior5.5',5,thr3,'s');

% sym5 小波去噪
[c4,l4]=wavedec(X,5,'sym5');
thr4=wdcbm(c4,l4,2);
[xd4,cxd4,lxd4,perf4,perfl4]=wdencmp('lvd',c4,l4,'sym5',5,thr4,'s');

% coif5 小波去噪
[c5,l5]=wavedec(X,5,'coif5');
thr5=wdcbm(c5,l5,2);
[xd5,cxd5,lxd5,perf5,perfl5]=wdencmp('lvd',c5,l5,'coif5',5,thr5,'s');
% ************************************************************* %
```

（3）小波分解与重构。

```
% ************************************************************* %
% 以 sym5 小波为例,其他几种小波与此类似
[C,L]=wavedec(x1,4,'sym5');
si1=waverec(C,L,'sym5');
error=x1- si1;          % 计算重构误差
subplot(312),plot(si1),title('重构信号');
subplot(313),plot(error),title('重构误差');
% ************************************************************* %
```

（4）计算类间距离。

```
% ************************************************************* %
clc
clear
clear all
close all
[X1]=wavread('zaobo1.wav');
[X2]=wavread('zaobo2.wav');
[X3]=wavread('xsy1.wav');
```

```
CA1=fecture1bu(X1);
CA2=fecture3bu(X2);
CA3=fecture15bu(X3);
m1=0;
d1=0;
m2=0;
d2=0;
m3=0;
d3=0;
m4=0;
d4=0;
m5=0;
d5=0;
m6=0;
d6=0;
m7=0;
m8=0;
m9=0;
for i=1:3
    for j=1:3
        d1=CA1(:,i)- CA1(:,j);
        m1=(norm(d1,'fro'))^2+m1;
    end
end
m1=m1/6;
for i=1:3
    for j=1:3
        d2=CA2(:,i)- CA2(:,j);
        m2=(norm(d2,'fro'))^2+m2;
    end
end
m2=m2/6;
for i=1:3
    for j=1:3
        d3=CA3(:,i)- CA3(:,j);
        m3=(norm(d3,'fro'))^2+m3;
    end
end
```

```
m3=m3/6;
for i=1:3
for j=1:3
        d4=CA1(:,i)- CA2(:,j);
        m4=(norm(d4,'fro'))^2+m4;
    end
end
m4=m4/9;
for i=1:3
    for j=1:3
        d5=CA1(:,i)- CA3(:,j);
        m5=(norm(d5,'fro'))^2+m5;
    end
end
m5=m5/9;
for i=1:3
    for j=1:3
        d6=CA2(:,i)- CA3(:,j);
        m6=(norm(d6,'fro'))^2+m6;
    end
end
m6=m6/9;
m7=m4/(m1+m2);
m8=m5/(m1+m3);
m9=m6/(m3+m2);
% ************************************************************************** %
function data=fecture1bu(X)    % fecture1bu(X)函数
x1=resample(X,20,80);
x2=x1(1:2000);
figure
plot(x2),title('非正常 1 心音');
T=wpdec(x2,4,'coif5');            % 创建小波包树,得 T 为 1 * 1 的 wptree
figure;
plot(T);

ca1=wpcoef(T,[4,0]);
% 求解某个节点的小波包系数 X=WPCOEF(T,N)
ca2=wpcoef(T,[4,1]);
```

```
ca3=wpcoef(T,[4,2]);
ca4=wpcoef(T,[4,3]);
ca5=wpcoef(T,[4,4]);
ca6=wpcoef(T,[4,5]);
ca7=wpcoef(T,[4,6]);
ca8=wpcoef(T,[4,7]);
ca9=wpcoef(T,[1,1]);

E9=(norm(ca9,'fro'))^2;       % norm计算矩阵的范数,
% 'fro'时返回A和A'的积的对角线和的平方根,即sqrt(sum(diag(A'*A)))
% 此处E9为ca9与ca9'的对角线和
E8=(norm(ca8,'fro'))^2;
E7=(norm(ca7,'fro'))^2;
E6=(norm(ca6,'fro'))^2;
E5=(norm(ca5,'fro'))^2;
E4=(norm(ca4,'fro'))^2;
E3=(norm(ca3,'fro'))^2;
E2=(norm(ca2,'fro'))^2;
E1=(norm(ca1,'fro'))^2;
E=E1+E2+E3+E4+E5+E6+E7+E8+E9;
d1=[E1/E,E2/E,E3/E,E4/E,E5/E,E6/E,E7/E,E8/E,E9/E];
figure
b1=bar(d1);                     % 函数bar绘制直方图
ch1=get(b1,'children');         % get获取对象属性的当前值
set(gca,'XTickLabel',{'1','2','3','4','5','6','7','8','9'});
                                % set设置对象属性的当前值
ylabel('能量');

x3=x1(2001:4000);
T=wpdec(x3,4,'bior5.5');
ca1=wpcoef(T,[4,0]);
ca2=wpcoef(T,[4,1]);
ca3=wpcoef(T,[4,2]);
ca4=wpcoef(T,[4,3]);
ca5=wpcoef(T,[4,4]);
ca6=wpcoef(T,[4,5]);
ca7=wpcoef(T,[4,6]);
ca8=wpcoef(T,[4,7]);
```

```
ca9=wpcoef(T,[1,1]);
E9=(norm(ca9,'fro'))^2;
E8=(norm(ca8,'fro'))^2;
E7=(norm(ca7,'fro'))^2;
E6=(norm(ca6,'fro'))^2;
E5=(norm(ca5,'fro'))^2;
E4=(norm(ca4,'fro'))^2;
E3=(norm(ca3,'fro'))^2;
E2=(norm(ca2,'fro'))^2;
E1=(norm(ca1,'fro'))^2;
E=E1+E2+E3+E4+E5+E6+E7+E8+E9;
d2=[E1/E,E2/E,E3/E,E4/E,E5/E,E6/E,E7/E,E8/E,E9/E];
figure
b2=bar(d2);                       % 函数 bar 绘制直方图
ch2=get(b2,'children');           % get 获取对象属性的当前值
set(gca,'XTickLabel',{'1','2','3','4','5','6','7','8','9'});
                                  % set 设置对象属性的当前值
ylabel('能量');

x4=x1(4501:6500);
T=wpdec(x4,4,'bior5.5');
ca1=wpcoef(T,[4,0]);
ca2=wpcoef(T,[4,1]);
ca3=wpcoef(T,[4,2]);
ca4=wpcoef(T,[4,3]);
ca5=wpcoef(T,[4,4]);
ca6=wpcoef(T,[4,5]);
ca7=wpcoef(T,[4,6]);
ca8=wpcoef(T,[4,7]);
ca9=wpcoef(T,[1,1]);
E9=(norm(ca9,'fro'))^2;
E8=(norm(ca8,'fro'))^2;
E7=(norm(ca7,'fro'))^2;
E6=(norm(ca6,'fro'))^2;
E5=(norm(ca5,'fro'))^2;
E4=(norm(ca4,'fro'))^2;
E3=(norm(ca3,'fro'))^2;
E2=(norm(ca2,'fro'))^2;
```

```
E1=(norm(ca1,'fro'))^2;
E=E1+E2+E3+E4+E5+E6+E7+E8+E9;
d3=[E1/E,E2/E,E3/E,E4/E,E5/E,E6/E,E7/E,E8/E,E9/E];
figure
b3=bar(d3);                     % 函数 bar 绘制直方图
ch3=get(b3,'children');         % get 获取对象属性的当前值
set(gca,'XTickLabel',{'1','2','3','4','5','6','7','8','9'});
                                % set 设置对象属性的当前值
ylabel('能量');
data=[d1',d2',d3'];
% ************************************************************* %
```

（5）计算小波分解层数与重构误识别率之间的关系。

```
% ************************************************************* %
% 以 db5 小波为例,其他几种小波与此类似
function perror1=fenjie(X)      % 计算 db5 小波分解重构心音误识别率
perror1=[0];                    % perror1 为重构误识别率,初始值设为 0
a=length(X);
[C,L]=wavedec(X,2,'db5');       % 分解 2 层
si1=waverec(C,L,'db5');
k=0;
for i=1:a
if(X(i)-si1(i)< 0.0000000000000001)&&(X(i)-si1(i)> -0.0000000000000001)
  k=k+1;
end
end
perror1(1)=(a- k)/a;            % 分解 2 层的重构误识别率

[C,L]=wavedec(X,3,'db5');       % 分解 3 层
a=length(X)
si1=waverec(C,L,'db5');
k=0;
for i=1:a
if(X(i)-si1(i)< 0.0000000000000001)&&(X(i)-si1(i)> -0.0000000000000001)
  k=k+1;
end
end
perror1(2)=(a-k)/a;             % 分解 3 层的重构误识别率
```

```
[C,L]=wavedec(X,4,'db5');       % 分解 4 层
a=length(X);
si1=waverec(C,L,'db5');
k=0;
for i=1:a
if(X(i)-si1(i)< 0.0000000000000001)&&(X(i)-si1(i)> -0.0000000000000001)
  k=k+1;
end
end
perror1(3)=(a- k)/a;            % 分解 4 层的重构误识别率

[C,L]=wavedec(X,5,'db5');       %  分解 5 层
a=length(X);
si1=waverec(C,L,'db5');
k=0;
for i=1:a
if(X(i)-si1(i)< 0.0000000000000001)&&(X(i)-si1(i)> -0.0000000000000001)
  k=k+1;
end
end
perror1(4)=(a- k)/a;            % 分解 5 层的重构误识别率
a=length(X);

[C,L]=wavedec(X,6,'db5');       %  分解 6 层
si1=waverec(C,L,'db5');
k=0;
for i=1:a
if(X(i)-si1(i)< 0.0000000000000001)&&(X(i)-si1(i)> -0.0000000000000001)
  k=k+1;
end
end
perror1(5)=(a- k)/a;            % 分解 6 层的重构误识别率
% ************************************************************************ %
```

7. 一种双正交心音小波的构造方法

双正交心音小波的构造程序如下：

```
% ************************************************************************ %
function[Rf,Df]=build(wname)  % 求解双正交心音小波的尺度滤波器系数的构造函数
```

```
syms a1 a2 a3 a4 a5 b1 b2 b3 b4 b5;

eq1=a1+a2+a3+a4+a5-sqrt(2)/2; % 双正交心音小波的尺度滤波器系数生成方程组
eq2=b1+b2+b3+b4+b5-sqrt(2)/2;
eq3=a1*b1+a2*b2+a3*b3+a4*b4+a5*b5+a5*b5+a4*b4+a3*b3+a2*b2+
a1*b1-1;
eq4=a1*b3+a2*b4+a3*b5+a4*b5+a5*b4+a5*b3+a4*b2+a3*b1;
eq5=a2-2*a3+3*a4-4*a5+5*a5-6*a4+7*a3-8*a2+9*a1;
eq6=a2-2^2*a3+3^2*a4-4^2*a5+5^2*a5-6^2*a4+7^2*a3-8^2*a2+9^2
*a1;
eq7=a2- 2^3*a3+3^3*a4-4^3*a5+5^3*a5-6^3*a4+7^3*a3-8^3*a2+9^3
*a1;
eq8=b2-2*b3+3*b4-4*b5+5*b5-6*b4+7*b3-8*b2+9*b1;
eq9=b2-2^2*b3+3^2*b4-4^2*b5+5^2*b5-6^2*b4+7^2*b3-8^2*b2+9^2
*b1;
eq10=b2-2^3*b3+3^3*b4-4^3*b5+5^3*b5-6^3*b4+7^3*b3-8^3*b2+9^3
*b1;
eq11=a1*b2+a2*b1;
eq12=a1*b4+a2*b3+a3*b2+a4*b1;

% 方程组求解
x=solve(eq1,eq2,eq3,eq4,eq5,eq6,eq7,eq8,eq9,eq10,eq11,eq12,a1,a2,a3,
a4,a5,b1,b2,b3,b4,b5);
Rf=double([x.a1(1),x.a2(1),x.a3(1),x.a4(1),x.a5(1),x.a5(1),x.a4(1),x.
a3(1),x.a2(1),x.a1(1)]);
Df=double([x.b1(1),x.b2(1),x.b3(1),x.b4(1),x.b5(1),x.b5(1),x.b4(1),x.
b3(1),x.b2(1),x.b1(1)]);
end
% ************************************************************ %
```